사관학교

기출문제 정복하기

수학(나)

Preface

사관학교는 문무를 겸비한 지도자를 양성하는 국비 교육기관입니다. 흔히 장교 양성 교육기관으로만 오해하기 쉽지만, 실제로 사관학교는 학사학위를 수여하는 특수 목적 대학입니다. 선진국형 교육 시스템과 최신 설비의 교육시설을 갖추고 있는 최고의 교육기관으로 세계화에 발 맞춰 정보화 시대에 부합하는 교과과정을 편성하고, 인성을 중시하는 교육으로 많은 학생들에게 인기를 얻고 있기도 합니다.
첨단과학기술과 무기체계의 발전에 따라 현대전에서 군인의 역할과 위상이 높아지고 있는 가운데, 올바른 품성과 탁월한 역량을 구비하고 국가와 군에 헌신하며 장차 우리 군을 선도할 군인을 양성하는 것은 가장 중요한 과제이기도 합니다. 이러한 역할을 사관학교가 해나가고 있는 것입니다.

본서는 큰 뜻을 가지고 사관학교에 진학하고자 하는 수험생들에게 도움을 주고자, 총 15개년의 기출문제를 수록하였습니다. 2006학년도부터 2020학년도까지의 기출문제를 통해 사관학교의 출제 경향을 살펴볼 수 있도록 하였습니다. 해를 거듭할수록 문제가 더욱 어렵고 까다로워지고 있습니다. 자세한 해설집을 통해서 자신의 실력을 점검해볼 수 있는 기회가 될 것입니다.

신념을 가지고 도전하는 사람은 반드시 꿈을 이룰 수 있습니다.
서원각이 수험생 여러분의 꿈을 응원합니다.

Contents

01 사관학교 기출문제

02 사관학교 정답 및 해설

15 2020학년도 수학영역(나형)

▶ 해설은 p. 133에 있습니다.

1. 전체집합 $U=\{1, 2, 3, 4, 5\}$의 두 부분집합 $A=\{1, 3\}$, $B=\{3, 5\}$에 대하여 집합 $A^C \cap B^C$의 모든 원소의 합은? [2점]

① 3 ② 4 ③ 5 ④ 6 ⑤ 7

2. $\sqrt[3]{36} \times \left(\sqrt[3]{\frac{2}{3}}\right)^2 = 2^a$일 때, a의 값은? [2점]

① $\frac{4}{3}$ ② $\frac{5}{3}$ ③ 2 ④ $\frac{7}{3}$ ⑤ $\frac{8}{3}$

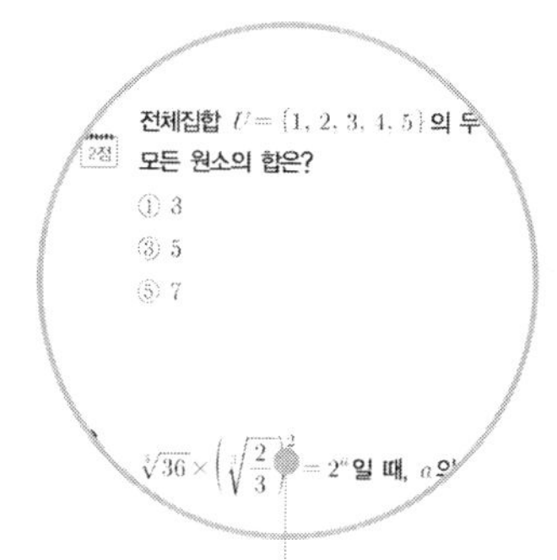

15 2020학년도 정답 및 해설

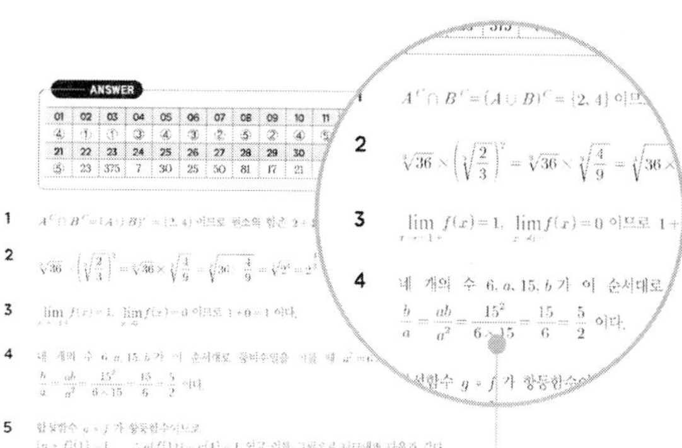

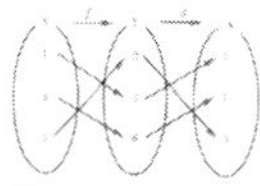

정답 및 해설

상세하고 꼼꼼한 해설을 함께 수록하여 학습 효율을 확실하게 높였습니다.

기출문제

2006학년도부터 2020학년도까지 15개년의 사관학교 기출문제를 수록하여 실전에 완벽하게 대비할 수 있습니다.

※ 2019학년도 모집요강을 바탕으로 작성하였습니다.
자세한 사항은 각 홈페이지를 참고바랍니다.

01 육군사관학교

1. 모집인원 : 330명(여자 40명 포함)

남자 문과 50%, 이과 50%

여자 문과 60%, 이과 40%

2. 입학 자격

① **만 17세 이상 21세 미만의 미혼일 것** : 2000년 3월 2일부터 2004년 3월 1일 사이(만 17세 이상~21세 미만)에 출생한 미혼 남녀

② 「군인사법」 제10조 제2항에 따른 다음 결격사유에 어느 하나에도 해당하지 아니할 것

> ㉠ 대한민국의 국적을 가지지 아니한 사람 또는 대한민국 국적과 외국 국적을 함께 가지고 있는 사람
> ※ 복수국적자가 입학을 희망하는 경우는 가입학 등록일 전까지 해당 외국에 국적 포기 신청을 마치고 관련 증빙서류를 제출하여야 함. 이후, 화랑기초훈련 수료일 전까지 해당 외국에서 발급한 「국적포기(상실) 증명서」를 제출하여야 하며, 최종 「외국국적 포기확인서」를 2021년 6월 30일까지 제출하여야 하며, 제출하지 않을 경우 입학이 취소될 수 있음.
> ㉡ 피성년후견인 또는 피한정후견인
> ㉢ 파산선고를 받은 사람으로서 복권되지 아니한 사람
> ㉣ 금고 이상의 형을 선고받고 그 집행이 종료되거나 집행을 받지 아니하기로 확정된 후 5년이 지나지 아니한 사람
> ㉤ 금고 이상의 형의 집행유예를 선고받고 그 유예기간 중에 있거나 그 유예기간이 종료된 날부터 2년이 지나지 아니한 사람
> ㉥ 자격정지 이상의 형의 선고유예를 받고 그 유예기간 중에 있는 사람
> ㉦ 공무원 재직기간 중 직무와 관련하여 「형법」 제355조 또는 제356조에 규정된 죄를 범한 사람으로서 100만원 이상의 벌금형을 선고받고 그 형이 확정된 후 3년이 지나지 아니한 사람
> ㉧ 「성폭력범죄의 처벌 등에 관한 특례법」 제2조에 따른 성폭력범죄로 100만 원 이상의 벌금형을 선고받고 그 형이 확정된 후 3년이 지나지 아니한 사람
> ㉨ 미성년자에 대한 다음 각 목의 어느 하나에 해당하는 죄를 저질러 파면 해임되거나 형 또는 치료감호를 선고받아 그 형 또는 치료감호가 확정된 사람(집행유예를 선고받은 후 그 집행유예기간이 경과한 사람을 포함한다)
> 가) 「성폭력범죄의 처벌 등에 관한 특례법」 제2조에 따른 성폭력범죄
> 나) 「아동 청소년의 성보호에 관한 법률」 제2조 제2호에 따른 아동 청소년 대상 성범죄
> ㉩ 탄핵이나 징계에 의하여 파면되거나 해임처분을 받은 날부터 5년이 지나지 아니한 사람
> ㉪ 법원의 판결 또는 다른 법률에 따라 자격이 정지되거나 상실된 사람

③ 「고등교육법」 제33조 제1항에 따른 학력이 있을 것 : 고등학교를 졸업한 사람이나 법령에 따라 이와 같은 수준 이상의 학력이 있다고 인정된 사람

※ 고등학교 졸업학력 검정고시 응시자는 2018년 9월 1일 이전 합격자에 한해 응시자격이 있음

④ 학칙으로 정하는 신체기준에 맞을 것 : 육군사관생도 선발시험에서 시행하는 신체검사, 체력검정 등의 기준에 합격한 사람

3. 전형 유형

구분			정원	선발방법	배점							비고
					계	1차 시험	2차시험			내신	수능	
							신체	면접	체력			
일반전형	우선 선발	고교 학교장 추천	30%	• 고교학교장 추천 공문 제출(학교당 재교생 3명, 졸업생 2명) • 고교교사 추천서 제출 • 배점기준에 따라 총점 득점 순으로 성별/계열별로 구분하여 우선 선발	1000	합불	합불	640	160	200	–	선발되지 않은 인원은 적성 우수선발 대상이 됨
		적성 우수	30%	• 고교교사 추천서 제출 • 배점기준에 따라 총점 득점 순으로 성별/계열별로 구분하여 우선 선발	1000	300	합불	500	100	100	–	선발되지 않은 인원 중 2차 시험 합격자는 종합선발 대상이 됨
	종합 선발		35% 내외	• 고교교사 추천서 제출 • 종합선발 최종 성적의 득점 순으로 성별/계열별로 구분하여 선발	1000	50	합불	200	50	100	600	수능포함
특별전형	독립유공자 손자녀 및 국가유공자 자녀		5% 내외	• 고교교사 추천서 제출 • 선발심의 대상자 중 전형 내 최종 성적 득점 순으로 선발	1000	300	합불	500	100	100	–	• 선발되지 않은 인원은 적성 우수 선발 대상이 됨 • 적성 우수에 선발되지 않은 인원 중 2차 시험 합격자는 종합선발 대상이 됨 (단, 재외국민 자녀의 경우 남 5배수, 여 8배수 이내 인원에게만 기회부여)
	고른 기회	농어촌 학생		• 고교교사 추천서 제출 • 선발심의 대상자 중 전형 내 최종 성적 득점 순으로 선발								
		기초생활 수급자 및 차상위 계층		• 고교교사 추천서 제출 • 선발심의 대상자 중 전형 내 최종 성적 득점 순으로 선발								
	재외국민자녀		5명 이내	• 외국어 : 7개국 언어로 제한(영어, 독일어, 프랑스어, 스페인어, 중국어, 러시아어, 일본어) • 선발심의 대상자 중 전형 내 최종 성적 득점 순으로 선발	600	합불	합불	500	100	–	–	

4. 1차시험

① 일자 : 매년 7월 말

② 장소 : 전국 9개 지역 15개 고사장

③ 시험 과목 및 범위

㉠ 시험 과목 : 국어, 영어, 수학(대학수학능력시험과 유사한 형식)

㉡ 출제 범위 : 대학수학능력시험과 동일(영어 듣기 제외)

영역		과목
국어		화법과 작문, 문학, 독서, 언어
영어		영어Ⅰ, 영어Ⅱ
수학	가형	수학Ⅰ, 수학Ⅱ, 확률과 통계
	나형	미적분, 확률과 통계, 수학Ⅰ

④ 계열별 반영 과목

㉠ 문과 : 국어, 영어, 수학 나형

㉡ 이과 : 국어, 영어, 수학 가형

⑤ 합격자 선발 : 아래 수식에 의한 1차시험 성적순으로 남자는 전체 모집정원의 5배수, 여자는 8배수 이내의 지원자를 1차시험 합격자로 선발(계열별, 성별 구분 선발)

$$\text{1차시험 성적(50점 만점 기준)} = \frac{1}{3}\sum_{i=1}^{3}\left(\frac{\text{과목 개인 취득 표준점수}}{\text{과목별 최고 표준점수}}\times 50\text{점}\right)$$

5. 2차시험

① **일자** : 매년 8월 말~9월

② **시험 분야** : 신체검사, 체력검정, 면접시험

구분	1일차	2일차	
오전	등록, 2차시험 OT, 면접시험 준비	신체검사(A조)	면접시험(B조)
오후	면접시험 준비, 체력검정	면접시험(A조)	신체검사(B조)
야간	신체검사 OT	–	–

※ 조별 1박 2일(교내숙박)

㉠ **신체검사**

- 신체등위(신장/체중) 및 장교 선발 및 입영기준 신체검사로 구분
- 신체등위(신장/체중) 3급인 경우 2차 시험 최종심의위원회에서 합 · 불 결정
- 신체등위 4급 이하인 경우 불합격
- 장교 선발 및 입영기준 신체검사 기준표에서 하나라도 4급 이하인 경우 불합격

㉡ **체력검정**

- 평가 종목 : 오래달리기(남자 1.5km / 여자 1.2km), 윗몸일으키기(2분), 팔굽혀펴기(2분)
- 불합격 기준
  - 오래달리기에만 불합격 기준 적용 : 남자 7분 39초 이상, 여자 7분 29초 이상은 불합격
  - 2종목 이상 16급(보류) 획득 시 2차 시험 최종심의위원회에서 합불 결정
- 우선선발 지원자의 체력검정 과락 기준 : 오래달리기 종목 기준 별도 적용

㉢ **면접** : 집단토론, 구술면접, 학교생활, 자기소개, 외적자세, 심리검사, 종합판정 등 총 7개 분야 면접 실시

㉣ **한국사능력검정시험 가산점** : 우선선발 및 특별전형 합격자 선발 시에만 적용

가. 등급별 가산점

1) 舊 급수체계 (46회 시험('20. 2. 8. 시행)까지 적용)

등급	고급		중급		초급	
	1급	2급	3급	4급	5급	6급
가산점	3점	2.6점	2점	1.6점	1점	0.6점

2) 新 급수체계 (47회 시험('20. 5. 23. 시행)부터 적용)

등급	고급		중급		초급	
	1급	2급	3급	4급	5급	6급
가산점	3점	2.6점	2.2점	1.5점	1.1점	0.7점

나. 성적 유효기간 : 2021년 3월 1일 기준, 3년 이내 검정시험 성적

※ 舊급수체계 인정 시험 회차 : 한국사능력검정시험 39회 ~ 46회

※ 新급수체계 인정 시험 회차 : 한국사능력검정시험 47회

02 해군사관학교

1. 모집인원 : 170명

① 남자 : 150명(문과 45%, 이과 55%)

② 여자 :20명(문과 60%, 이과 40%)

2. 수업연한 : 4년

3. 입학자격

2000년 3월 2일부터 2004년 3월 1일 사이에 출생한 대한민국 국적을 가진 미혼 남 · 여로서, 다음 조건을 모두 갖추어야 함

① 고등학교 졸업자와 2021년 2월 졸업예정자 또는 교육부 장관이 이와 동등 이상의 학력이 있다고 인정한 자('20. 9. 1일 이전 검정고시 합격자)

② 외국에서 12년 이상의 학교 교육과정을 이수하였거나, 정규 고교 교육과정을 이수한 자

③ 군 인사법 제10조 1항의 임용자격이 있는 자

④ 군 인사법 제10조 2항에 의한 결격 사유에 해당되지 않는 자

※ 단, 복수 국적자는 지원 가능하나, 가입교 등록일 전까지 외국국적을 포기하여야만 입학 가능

4. 전형종류

① 고교학교장추천 전형

㉠ 대상 : 해당 고교학교장 추천을 받은 자(학교장 추천인원은 2명 이내)

㉡ 선발인원 : 모집인원의 20% 이내

㉢ 선발절차

- 1차시험 성적 : 과목별 환산식[(과목 개인취득 표준점수 ÷ 과목 최고 표준점수) × 100점]에 의한 3과목 점수의 합계 × $\frac{200}{300}$
- 비교과영역 평가 : 학교장 추천서, 학교생활기록부, 자기소개서
- 1차시험 합격자 발표, 2차시험 등록
- 2차시험 : 신체검사(합 · 불), 체력검정, 면접, 잠재역량평가
- 학교생활기록부 성적 반영
- 우선선발 : 1/2차 시험, 학생부 성적 등을 종합하여 최종합격자 선발

※ 고교학교장추천 전형 지원자 중 2차시험까지 합격하였으나, 해당 전형으로 미선발된 자는 일반우선 전형으로 전환되며, 일반우선 전형에서도 미선발된 자는 종합선발 대상자로 전환

㉣ 선발배점

구분	총점	1차시험	학생부	면접	잠재역량평가 (비교과, 심층면접 등)	체력검정	한국사 가산점	체력 가산점
점수	1,000	200	100	400	200	100	(5)	(3)

② 일반우선 전형

㉠ 선발인원 : 모집인원 55~60% 내외

㉡ 선발절차

- 1차시험 성적 : 과목별 환산식[(과목 개인취득 표준점수 ÷ 과목 최고 표준점수) × 100점]에 의한 3과목 점수의 합계 × $\frac{400}{300}$
- 1차시험 합격자 발표, 2차시험 등록
- 자기소개서 입력(1차시험합격자 필수사항)
- 2차시험 : 신체검사(합 · 불), 체력검정, 면접
- 학교생활기록부 성적 반영
- 우선선발 : 1/2차 시험, 학생부 성적을 종합하여 최종합격자 선발

※ 2차시험 합격자 중 우선선발되지 않은 사람은 종합선발 대상자로 전환

㉢ 선발배점

구분	총점	1차시험	학생부	면접	체력검정	한국사 가산점	체력 가산점
점수	1,000	400	100	400	100	(5)	(3)

③ 독립 · 국가유공자 전형

㉠ 대상 : 독립유공자 (외)손자녀 및 국가유공자 자녀

㉡ 선발인원 : 2명 이내

㉢ 선발절차 : 일반우선 전형과 동일

㉣ 선발배점 : 일반우선 전형과 동일

④ 고른기회 전형

㉠ 대상

㉡ 선발인원 : 4명 이내

㉢ 선발절차 : 일반우선 전형과 동일

㉣ 선발배점 : 일반우선 전형과 동일

⑤ 재외국민자녀 전형

㉠ 대상

㉡ 선발인원 : 2명 이내

㉢ 선발절차 : 일반우선 전형과 동일

㉣ 선발배점

구분	총점	1차시험	학생부 또는 비교내신	면접	체력검정	한국사 가산점	체력 가산점
점수	1,000	400	100	400	100	(5)	(3)

⑥ 종합선발 전형

㉠ 선발인원 : 모집정원 20% 내외

㉡ 선발절차

• 총점 순으로 성별 및 계열별 선발비율에 따라 선발

• 대학수학능력시험 반영 방법

※ 국어, 수학 : (지원자의 해당 과목 표준점수÷해당 과목 전국 최고 표준점수)×200

※ 영어 : 등급별 점수 반영

등급	1	2	3	4	5	6	7	8	9
점수	200	180	160	130	100	80	60	40	20

※ 탐구영역 : (지원자의 해당 과목 표준점수÷해당 과목 전국 최고 표준점수)×50

※ 한국사 배점 : 등급별 점수 반영

등급	1	2	3	4	5	6	7	8	9
점수	50	45	40	35	30	25	20	15	10

※ 총점 환산 : 국어, 영어, 수학, 탐구영역, 한국사 전 과목 취득점수의 합계×500/750

㉢ 선발배점

구분	총점	수능시험	학생부	면접	체력검정	체력 가산점
점수	1,000	500	100	300	100	(3)

5. 1차시험

① 일시 : 매년 7월 말

② 장소 : 전국 12개 중 · 고교

③ 출제형식 및 범위

㉠ 출제형식 : 대학수학능력시험과 유사

㉡ 출제범위 : 대학수학능력시험과 동일(국어 및 영어 듣기 제외)

과목		문항수	비고
국어(공통)		45문항(객관식)	5지선다형
영어(공통)		45문항(객관식)	
수학	가형(이과)	30문항 (객관식 70%, 주관식 30%)	1~21번 5지선다형 22~30번 단답형
	나형(문과)		

6. 2차시험

① 일정 : 매년 8월 말~9월(기간 중 개인별 2박3일)

② 시험 종목 및 방법

구분		주요 내용
공통	신체검사	• 신체검사 기준에 따라 합격 · 불합격 판정
	체력검정	• 3개 종목 : 윗몸일으키기, 팔굽혀펴기, 1500m(남) · 1200m(여)
	면접	• 5개 영역에 대해 심층면접 실시 ※ 국가관 · 역사관 · 안보관, 군인기본자세, 주제토론, 적응력, 종합평가
	AI 면접	• 2차시험 응시 전 별도 기간에 AI 면접 ※ 응시기간 등 세부사항은 1차시험 합격자 대상 별도 공지 예정 ※ AI 면접은 반드시 실시하여야 하며, 면접 결과는 선발과정에 참고자료로 활용됨

03 공군사관학교

1. 모집인원 : 215명(여자 22명 포함)

① 남 · 여 비율 : 남자 90%, 여자 10% 내외

② 계열별 비율

- 남자 : 인문계열 45%, 자연계열 55% 내외
- 여자 : 인문계열 50%, 자연계열 50% 내외

2. 모집전형

구분		내용
일반전형		공중근무자 신체검사 기준 충족자 선발
특별전형	• 재외국민자녀전형 • 독립유공자 (외)손자녀 · 국자유공자 자녀전형 • 고른기회전형(농 · 어촌 학생, 기초생활수급자 · 차상위계층 학생)	
종합선발(정원의 20% 내외) ※ 우선선발 비선발자 대상 '수능' 성적 포함 선발		

3. 지원자격

① 대한민국 국적을 가진 미혼 남 · 여

② 2000년 3월 2일부터 2004년 3월 1일까지 출생한 자

③ 고등학교 졸업자, 2021년 2월 졸업예정자 또는 교육부장관이 이와 동등한 학력이 있다고 인정한 자

④ 군인사법 제10조 2항의 결격사유에 해당되지 않는 자

4. 1차시험

① 시험일자 : 매년 7월 말

② 시험장소 : 전국 16개 시험장

③ 선발인원 : 남자(인문 4배수, 자연 4배수), 여자(인문 6배수, 자연 6배수)

④ 시험과목 및 배점(표준점수 반영)

구분	시험과목	시험시간(소요시간)	배점	비고
수험생 입실 09 : 20~09 : 30				※ 09 : 20까지 시험장 도착, 교실 확인
1교시	국어	09 : 50~10 : 00(10분)	200	시험지 배부 : 인문/자연 '공통'
		10 : 00~11 : 20(80분)		45문항
휴식 11 : 20~11 : 40(20분)				
2교시	영어	11 : 40~11 : 50(10분)	200	시험지 배부 : 인문/자연 '공통'
		11 : 50~13 : 00(70분)		45문항(듣기 제외)
중식 13 : 00~14 : 20(80분)				

3교시	수학	14 : 20~14 : 30(10분)	200	시험지 배부 : 인문 '나'형/자연 '가'형
		14 : 30~16 : 10(100분)		30문항

※ 출제범위는 해당년도 대학수학능력시험과 동일(출제형식 유사)

※ 과목별 '원점수 60점 미만이면서 표준점수 하위 40% 미만'인 자는 불합격

5. 2차시험

① **신체검사** : 신체검사 당일 합격 · 불합격 판정

㉠ 공중근무자 신체검사 기준 적용

㉡ 공중근무자 신체검사 시력 및 굴절 기준 미충족자 중 공군사관학교 신체검사를 통해 PRK/LASIK 수술 적합자는 합격 가능(단, 신체검사 이전에 굴절교정술을 받은 경우 불합격)

② **체력검정** : 합격/불합격, 150점

㉠ **3개 종목** : 오래달리기(남자 1,500m/ 여자 1,200m, 65점), 팔굽혀펴기(40점), 윗몸일으키기(45점)

㉡ 불합격 기준

- 오래달리기 불합격 기준 해당자
- 3개 종목 중 15등급이 2개 종목 이상인 자
- 총점이 150점 만점에 80점 미만인 자

㉢ 합격자는 취득점수를 최종선발 종합성적에 반영

③ **역사 · 안보관 논술** : 30점

㉠ **논제 형식 및 문항** : 우리나라 역사와 국가안보 관련 지문을 읽고, 그에 대한 수험생의 견해 논술(1문제, 30분 이내로 평가)

㉡ 취득점수는 최종선발 종합성적에 반영

④ **면접** : 300점

㉠ **평가항목** : 품성, 가치관, 책임감, 국가 · 안보관, 학교생활, 자기소개, 가정 · 성장환경, 지원동기, 용모 · 태도 등 9개 항목 및 심리 / 인성검사

㉡ 적격자는 취득점수를 최종선발 종합성적에 반영

6. 최종선발

① **선발기준** : 2차시험 합격자 중 모집단위별(성/계열) 종합성적 서열 순으로 선발

② **종합성적**(1,000점)

구분	1차시험	2차시험			학생부	한능검 가산점	합계
		역사 · 안보관 논술	체력검정	면접			
점수	400점	30점	150점	300점	100점	20점	1,000점

※ 한국사능력검정시험 가산점 부여방법 : 중급 이상 취득점수 × 0.1(고급 성적도 중급 성적과 동일하게 반영) + 10

04 국군간호사관학교

1. 모집인원 : 90명(남자 10% 내외, 여자 90% 내외)

2. 교육기간 : 4년

3. 지원자격

   ① 2000년 3월 2일부터 2004년 3월 1일 사이에 출생한 대한민국 국적을 가진 미혼 남 · 여로서 신체 건강하고 사관생도로서 적합한 가치관을 가진 사람

   ② 고등학교 졸업자 또는 2021년 2월 졸업예정자와 이와 동등 이상의 학력이 있다고 교육부 장관이 인정한 사람

   ③ 군인사법 제10조 제2항에 의한 결격사유에 해당되지 않는 사람(복수국적자는 기초군사훈련 등록일까지 출입국관리사무소 발급 외국국적포기 확인서 제출 필요)

   ④ 국군간호사관학교 학칙으로 정하는 신체기준에 적합한 사람

   ⑤ 현역 복무 부적합 등 불명예 전역한 사람과 본교 또는 각 군 사관학교 및 후보생과정에서 퇴교된 사람(신병으로 인한 퇴교는 제외)은 지원할 수 없음

4. 전형별 모집인원

구분		비율	성별	계열			비고
				계	인문	자연	
총 모집인원				90	36	54	
일반전형	우선선발	50% 이내	남/여	42	17	25	
	종합선발	50% 이내	남/여	42	16	26	
특별전형	독립유공자 손자녀 및 국가유공자 자녀 전형			2	1	1	종합성적 서열이 종합선발 정원의 2배수 이내 선발
	고른 기회 전형			2	1	1	
	재외국민 자녀 전형			2	1	1	종합성적 서열이 우선선발 정원의 2배수 이내 선발

5. 1차시험

① 일자 : 매년 7월 말

② 장소 : 전국 8개 시험장

③ 1차 선발인원 : 모집정원 기준 남자 인문 4배수, 자연 8배수 / 여자 4배수(총점 순)

④ 시험과목 및 배점(표준점수 반영)

구분	시험과목	시험시간(소요시간)	배점	내용
• 수험생 입실 09 : 00~09 : 20 • 주의사항 및 답안지 작성요령 교육 09 : 30~09 : 50				• 09 : 00까지 도착, 시험장 확인 • 09 : 50 이후는 시험교실 입장불가
1교시	국어(45)	09 : 50~10 : 00(10분)	100	시험지 배부 : 인문/자연 '공통'
		10 : 00~11 : 20(80분)		시험
휴식 11 : 20~11 : 40(20분)				
2교시	영어(45)	11 : 40~11 : 50(10분)	100	시험지 배부 : 인문/자연 '공통'
		11 : 50~13 : 00(70분)		시험, 듣기 제외
중식 13 : 00~14 : 20(80분)				3교시 시작 10분 전 입장완료
3교시	수학(30)	14 : 20~14 : 30(10분)	100	시험지 배부 : 인문 '나'형/자연 '가'형
		14 : 30~16 : 10(100분)		시험

※ 원서접수 시 지원계열과 대학수학능력시험 응시계열, 고교재학 이수계열은 일치해야 함

6. 2차시험

① 일자 : 매년 9월 중

② 일자별 시험내용 및 배점

구분		내용	배점	
			우선/특별	종합선발
1일차		등록, 신체검사 문진, 다면적 인성검사(MMPI), 역사관 약술(면접 시 활용)	–	–
2일차	신체검사	신체검사 당일 합격 · 불합격 판정	–	–
	체력검정	• 3개종목 : 오래달리기, 윗몸일으키기, 팔굽혀펴기 • 체력검정 결과 종합 합격 · 불합격 판정, 취득점수 최종선발에 반영	50	50
3일차	면접	• 내적영역, 대인영역, 외적 영역 · 역사관 · 안보관 등 • 면접 분과에서 한 분과라도 40% 미만 득점하면 불합격 처리됨	200	150

PART 01

기출문제 정복하기

01 2006학년도 수리영역

▶ 해설은 p. 2에 있습니다.

01 2점

$n=2006$ 이고 $a=\dfrac{3}{4}$ 일 때, 세 수 A, B, C 를 각각 $A=\sqrt[n]{a^{n-1}}$, $B=\sqrt[n]{a^{n+1}}$, $C=\sqrt[n+1]{a^{n}}$ 이라 하자. 다음 중 세 수 A, B, C 의 대소관계로 옳은 것은?

① $A<B<C$
② $A<C<B$
③ $B<A<C$
④ $B<C<A$
⑤ $C<A<B$

02 2점

첫째항이 -312 이고 공차가 8 인 등차수열 $\{a_n\}$ 에 대하여 수열 $\{b_n\}$을 $b_n=\sum_{k=1}^{n}(a_{k+1}-a_k)$ 로 정의할 때, 극한 $\lim_{n\to\infty}\dfrac{1}{(2n+1)^2}\sum_{k=1}^{n}b_k$ 의 값은?

① -2
② -1
③ 0
④ 1
⑤ 2

03 3점

그림과 같이 개폐식 스위치 s_1, s_2, s_3를 갖춘 전기체계가 있다. 이 전기체계의 각 스위치들은 모두 서로 독립적으로 작동되고, 전류는 스위치 s_1과 s_2가 모두 닫혀있거나 s_3가 닫혀있을 때, A 에서 B 로 흐르도록 되어있다. 이 때, 각각의 스위치 s_k ($k=1$, 2, 3)가 닫혀있을 확률이 모두 $\dfrac{1}{3}$ 로 같다고 할 때, 전류가 A에서 B로 흐를 확률은?

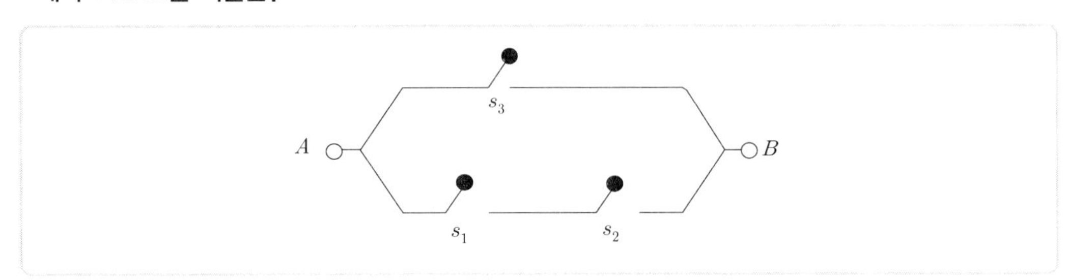

① $\frac{1}{27}$　　② $\frac{1}{9}$

③ $\frac{5}{27}$　　④ $\frac{1}{3}$

⑤ $\frac{11}{27}$

04 3점

헌혈을 하려는 학생 10명에게 자신의 혈액형을 A형, B형, AB형, O형으로만 기록하도록 하였더니 다음과 같은 결과가 나왔다. 이 때, 이 10명의 학생이 모두 헌혈을 하였고, 각 학생의 혈액을 혈액형만 표시된 혈액팩에 넣었다. 이 10개의 혈액팩 모두를 일렬로 나열하는 방법은 모두 몇 가지인가? (단, 각 혈액팩은 A형, B형, AB형, O형으로만 혈액형이 기록되어 있고, 기록된 혈액형으로만 구별할 수 있다)

(가) A형인 학생 수와 B형인 학생 수의 합은 AB형인 학생 수와 O형인 학생 수의 합과 같다.
(나) A형인 학생 수와 AB형인 학생 수의 합은 B형인 학생 수와 O형인 학생 수의 합과 같다.
(다) A형인 학생 수는 4명이다.

① 2100가지　　② 3900가지

③ 4200가지　　④ 6300가지

⑤ 12600가지

05 2점

무한수열 $\{a_n\}$의 첫째항부터 제 n항까지의 합을 S_n이라 하자. $\lim_{n\to\infty} S_n = 2$이라 할 때, 극한 $\lim_{n\to\infty} \frac{a_n + S_n}{{S_n}^3}$의 값은?

① $\frac{1}{8}$　　② $\frac{1}{4}$

③ $\frac{3}{8}$　　④ $\frac{1}{2}$

⑤ $\frac{5}{8}$

06 3점 다음은 극한 $\lim_{n\to\infty}\left(1+\frac{1}{n}\right)^n$ 의 값의 범위를 구하는 풀이 과정의 일부이다. 다음의 과정에서 (가), (나), (다)에 알맞은 것을 순서대로 쓰면?

이항정리에 의해

$$\lim_{n\to\infty}\left(1+\frac{1}{n}\right)^n=\lim_{n\to\infty}\sum_{k=0}^{n}\boxed{(가)}\left(\frac{1}{n}\right)^k$$

$$=\boxed{(나)}+\lim_{n\to\infty}\sum_{k=2}^{n}\frac{1}{k!}\times\frac{n(n-1)\cdots(n-k+1)}{n^k}$$

$$=\boxed{(나)}+\lim_{n\to\infty}\sum_{k=2}^{n}\frac{1}{k!}\left\{\left(1-\frac{1}{n}\right)\left(1-\frac{2}{n}\right)\cdots\left(1-\frac{k-1}{n}\right)\right\}$$

$$<\boxed{(나)}+\lim_{n\to\infty}\sum_{k=2}^{n}\frac{1}{k!}$$

$$<\boxed{(나)}+\lim_{n\to\infty}\sum_{k=2}^{n}\frac{1}{2^{k-1}}$$

그런데, $\lim_{n\to\infty}\sum_{k=2}^{n}\frac{1}{k!}\times\frac{n(n-1)\cdots(n-k+1)}{n^k}>0$이므로

$$\boxed{(나)}<\lim_{n\to\infty}\left(1+\frac{1}{n}\right)^n<\boxed{(다)}$$

	(가)	(나)	(다)
①	${}_{n}\mathrm{C}_{k}$	1	2
②	${}_{n-1}\mathrm{C}_{k}$	1	2
③	${}_{n}\mathrm{C}_{k}$	1	3
④	${}_{n-1}\mathrm{C}_{k}$	2	3
⑤	${}_{n}\mathrm{C}_{k}$	2	3

07 4점 이차정사각행렬 A에 대하여 $A^2-5A+6E=O$, $A\begin{pmatrix} 2 \\ -3 \end{pmatrix}=\begin{pmatrix} 11 \\ 1 \end{pmatrix}$이 성립할 때, $A\begin{pmatrix} -22 \\ -2 \end{pmatrix}+A\begin{pmatrix} 20 \\ -30 \end{pmatrix}$는? (단, E는 단위행렬이고, O는 영행렬이다)

① $\begin{pmatrix} -24 \\ -36 \end{pmatrix}$　② $\begin{pmatrix} 24 \\ 36 \end{pmatrix}$　③ $\begin{pmatrix} 24 \\ -36 \end{pmatrix}$　④ $\begin{pmatrix} -36 \\ 24 \end{pmatrix}$　⑤ $\begin{pmatrix} 36 \\ -24 \end{pmatrix}$

08 3점 0이 아닌 두 실수 a, b에 대하여 이차함수 $ax^2+y=4$의 그래프와 직선 $by=7$이 $(1, 3)$에서 만난다. 이 때, 행렬 $A=\begin{pmatrix} a & 1 \\ 0 & b \end{pmatrix}$에 대하여 $A^{-1}\begin{pmatrix} 4 \\ 7 \end{pmatrix}$의 모든 성분의 합은? (단, A^{-1}은 A의 역행렬이다)

① 1　② 2　③ 4　④ 7　⑤ 10

09 3점 빨간 공 4개와 파란 공 2개가 들어 있는 상자 A가 있다. 상자 A에서 동시에 공 3개를 꺼내어 비어 있는 상자 B에 넣은 다음 다시 상자 B에서 공 1개를 꺼냈다. 상자 B에서 꺼낸 공이 파란 공이었을 때 상자 A에서 상자 B로 옮겨진 공 3개가 빨간 공 2개와 파란 공 1개일 확률은?

① $\frac{1}{6}$　② $\frac{1}{5}$　③ $\frac{1}{2}$　④ $\frac{2}{3}$　⑤ $\frac{3}{5}$

10 3점

수열의 합 $\sum_{k=1}^{n} 2^k$의 값이 65의 배수가 되도록 하는 자연수 n의 최솟값은?

① 10
② 11
③ 12
④ 13
⑤ 14

11 3점

어떤 혈압강하제를 투여하면 혈액 속에 남아 있는 그 약의 양은 매 4시간이 지날 때마다 4시간 전의 양의 반으로 줄어든다고 한다. 그 약은 일단 투여를 시작하면 매 12시간마다 계속하여 일정한 양을 투여하도록 되어있고, 혈액 속에 남아 있는 그 약의 양은 560mg이하를 유지해야 한다. 이 약을 규칙적으로 장기간 투여해야 하는 환자에게 매회 투여 가능한 약의 최대량은 몇 mg인가?

① 300 mg
② 375mg
③ 400mg
④ 490mg
⑤ 520mg

12 3점

자연수 n에 대하여 $f(n)=\left[\frac{n}{4}\right]$이라 하고, 수열 $\{a_n\}$을 $a_1=a_2=a_3=0$, $a_n=\sum_{k=1}^{f(n)} k$ (단, $n=4, 5, 6, \cdots$)으로 정의할 때, $\sum_{n=1}^{28} a_n$의 값은? (단, 실수 x에 대하여 $[x]$는 x보다 크지 않은 최대의 정수이다)

① 204
② 212
③ 220
④ 224
⑤ 252

13 3점 어느 대학에서는 공개선발시험으로 40명의 학생을 선발하여 해외연수를 보내려고 한다. 이 시험에 응시한 학생 1600명의 시험성적은 평균 65점, 표준편차 10점인 정규분포를 따른다고 한다. 다음 표준정규분포표를 이용하여 선발된 학생의 최저점수를 구하면?

〈표준정규분포표〉

z	$P(0 \leq Z \leq z)$
1.53	0.4370
1.96	0.4750
2.17	0.4850
2.24	0.4875
2.58	0.4951

① 80.3점
② 84.6점
③ 86.7점
④ 87.4점
⑤ 90.8점

14 4점 좌표평면 위의 두 점 $P_1(1, -1)$, $P_2(4, -2)$에 대하여 선분 P_1P_2를 $2:1$로 내분하는 점을 P_3, 선분 $\overline{P_2P_3}$을 $2:1$로 내분하는 점을 P_4이라 하자. 이와 같은 과정을 계속하여 선분 $\overline{P_nP_{n+1}}$을 $2:1$로 내분하는 점을 P_{n+2}(단, $n=1, 2, 3, \cdots$)라 하자. 이 때, 점 P_n의 좌표를 $P_n(x_n, y_n)$이라 하면 $x_{2005}-y_{2005}$의 값은?

① $6+3^{-2003}$
② $6-3^{-2003}$
③ $5+3^{-2003}$
④ $5-3^{-2003}$
⑤ $5-3^{-2005}$

15 3점 사건 A가 1회의 시행에서 일어날 확률이 p일 때, n회의 독립시행에서 사건 A가 일어나는 횟수를 확률변수 X라 하자. 확률변수 X의 평균이 80이고 분산이 64라 할 때, $\sum_{r=0}^{n} 5^r P(X=r)$의 값은? (단, $P(X=r)$은 $X=r$일 때의 확률이다)

① $\left(\frac{9}{5}\right)^{400}$
② $\left(\frac{7}{5}\right)^{450}$
③ $\left(\frac{9}{5}\right)^{399}$
④ 2^{399}
⑤ 2^{400}

16 4점

두 부등식 $\begin{cases} \log_y (1-x^2) \le 2 \\ 2^y \le 2 \cdot 4^x \end{cases}$ 을 동시에 만족시키는 영역의 넓이는?

① $\frac{1}{4}(\pi+1)$
② $\frac{1}{4}(\pi+3)$
③ $\frac{1}{4}(\pi+5)$
④ $\frac{1}{4}$
⑤ $\frac{9}{4}$

17 4점

실수 a, b와 두 행렬 $A=\begin{pmatrix} a & b \\ a & 0 \end{pmatrix}$, $P=\begin{pmatrix} 1 & 0 \\ 1 & 1 \end{pmatrix}$에 대하여 행렬 B를 $B=PAP^{-1}$라 하자. 다음에서 옳은 것을 모두 고르면? (단, E는 단위행렬이고 O는 영행렬이다)

> ㉠ $B=O$이면 $A=O$이다.
> ㉡ $A^3=E$이면 $B^{100}=B$이다.
> ㉢ $AB=E$를 만족하는 행렬 A가 존재한다.

① ㉠
② ㉠, ㉡
③ ㉡, ㉢
④ ㉠, ㉢
⑤ ㉠, ㉡, ㉢

18 4점

1보다 큰 세 실수 a, b, c에 대하여 두 등식

$$\begin{cases} a^2 b^3 = 64 \\ 3(\log_a c)^2 - 2(\log_b c)^2 = -(\log_a c)(\log_b c) \end{cases}$$

이 성립하도록 하는 두 수 a와 b에 대하여 $\log_2 ab$의 값은?

① 1
② $\frac{3}{2}$
③ 2
④ $\frac{5}{2}$
⑤ 3

19 4점 다음은 각 항이 정수이고 공차가 d 인 등차수열 $\{a_n\}$ 에 대하여 $a_1 \cdot a_2 \cdot a_3 \cdot a_4 + d^4$ 이 어떤 정수의 제곱임을 증명하는 과정이다. 다음의 과정에서 (가), (나), (다)에 알맞은 것을 순서대로 쓰면?

> 수열 $\{a_n\}$ 이 등차수열이므로 $a_1 = a - 3k$, $a_2 = a - k$, $a_3 = a + k$, $a_4 = a + 3k$ 이 성립하도록 $a =$ (가), $k =$ (나) 를 택하면 $a_1 \cdot a_2 \cdot a_3 \cdot a_4 + d^4 = ($ (다) $)^2$ 이 성립한다.
> 이 때, (다) $= a_2{}^2 + a_2 d - d^2$ 이고, a_2 와 d 는 정수이므로 $a_1 \cdot a_2 \cdot a_3 \cdot a_4 + d^4$ 는 정수의 제곱이 된다.

	(가)	(나)	(다)
①	$\frac{a_2 + a_3}{2}$	$\frac{d}{2}$	$a^2 - 5k^2$
②	$\frac{a_2 + a_3}{2}$	$\frac{d}{2}$	$a^2 - 3k^2$
③	$\frac{a_2 + a_3}{2}$	$\frac{d}{4}$	$a^2 - 5k^2$
④	$\frac{a_1 + a_4}{2}$	$\frac{d}{2}$	$a^2 - 3k^2$
⑤	$\frac{a_1 + a_4}{2}$	$\frac{d}{4}$	$a^2 - 3k^2$

20 3점 모든 자연수 n 에 대하여 각 항이 실수인 두 수열 $\{a_n\}$ 과 $\{b_n\}$ 이 $a_{n+1}{}^2 + 4a_n{}^2 + (a_1 - 2)^2 = 4a_{n+1}a_n$, $b_n = \log_{\sqrt{2}} a_n$ 과 같이 정의될 때, $\sum_{k=1}^{m} b_k = 72$ 가 성립하도록 하는 자연수 m 의 값은?

① 8
② 9
③ 10
④ 11
⑤ 12

21 4점 $a_n = 3n^2 - 3n$ $(n = 1,\ 2,\ \cdots)$과 같이 정의된 수열 $\{a_n\}$의 첫째항부터 제 n항까지의 합을 S_n이라 할 때, S_n이 처음으로 16자리의 정수가 되도록 하는 n을 10으로 나눈 나머지는?

① 0
② 1
③ 2
④ 8
⑤ 9

22 4점 양궁대회에 참가한 어떤 선수가 활을 쏘아 과녁의 10점 부분을 명중시킨 다음 다시 활을 쏘아 10점 부분을 명중시킬 확률이 $\frac{8}{9}$이고, 10점 부분을 명중시키지 못한 다음 다시 10점 부분을 명중시키지 못할 확률이 $\frac{1}{5}$이다. 이 선수가 반복하여 계속 활을 쏜다고 할 때, n번째에 10점 부분을 명중시킬 확률을 p_n이라 하자. 이 때, $\lim_{n\to\infty} p_n$의 값은?

① $\frac{14}{27}$
② $\frac{17}{27}$
③ $\frac{25}{41}$
④ $\frac{32}{41}$
⑤ $\frac{36}{41}$

23 4점 두 지수함수 $f(x) = 9^x + a$, $g(x) = b \cdot 3^x + 2$에 대하여 곡선 $y = f(x)$와 곡선 $y = g(x)$의 그래프가 서로 다른 두 점에서 만나고 두 교점의 x 좌표가 $x = \log_3 2$, $x = \log_3 k$ (단, $k > 2$)일 때, 다음에서 a, b에 대한 설명으로 옳은 것을 모두 고르면?

㉠ $b^2 = 4a - 8$	㉡ $a = 2b - 2$	㉢ $a > 6$

① ㉡
② ㉠, ㉡
③ ㉡, ㉢
④ ㉠, ㉢
⑤ ㉠, ㉡, ㉢

24 4점 다음 그림과 같이 중심이 O 이고 반지름의 길이가 r_0인 원 C_0가 있다. 원 C_0의 반지름을 3등분하여 원점 O에서부터 가까운 점을 차례로 P_1, Q_1이라 하고, 중심이 O이고 반지름을 $\overline{OP_1}$, $\overline{OQ_1}$으로 하는 원을 각각 C_1, D_1이라 하자. 같은 방법으로 원 C_1의 반지름 $\overline{OP_1}$을 3등분하여 원점 O 에서부터 가까운 점을 차례로 P_2, Q_2이라 하고, 중심이 O 이고 반지름을 $\overline{OP_2}$, $\overline{OQ_2}$으로 하는 원을 각각 C_2, D_2이라 하자. 이와 같은 과정을 계속하여 원 C_n, D_n(단, $n=1, 2, 3, \cdots$)을 만든다. 이 때, 원 D_n의 넓이에서 원 C_n의 넓이를 뺀 값을 s_n이라 하면 $\sum_{n=1}^{\infty} s_n$ 의 값은?

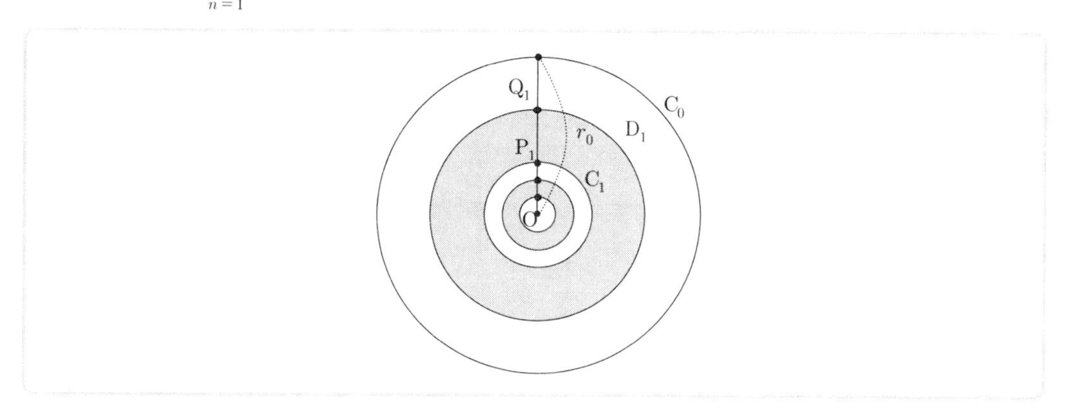

① $\frac{3}{4}\pi {r_0}^2$

② $\frac{3}{8}\pi {r_0}^2$

③ $\frac{5}{8}\pi {r_0}^2$

④ $\frac{9}{16}\pi {r_0}^2$

⑤ $\frac{9}{64}\pi {r_0}^2$

주관식

25 3점

행렬 $A=\begin{pmatrix}1 & 2\\3 & a\end{pmatrix}$에 대하여 $A^2X=X$를 만족하는 행렬 X가 2개 이상 존재하도록 실수 a의 값을 정할 때, $A=\begin{pmatrix}p\\q\end{pmatrix}=\begin{pmatrix}16\\24\end{pmatrix}$를 만족하는 상수 p, q의 합 $p+q$ 의 값을 구하시오. (단, 행렬 X는 2×1 행렬이다)

( )

주관식

26 3점

연립방정식

$$\begin{cases}\dfrac{2}{\log_x 4}+\dfrac{1}{\log_y 2}=3\\ \log_2 3x+\log_{\sqrt{2}} y=\log_2 48\end{cases}$$

의 해를 $x=\alpha$, $y=\beta$라 할 때, $\alpha^2+\beta^2$의 값을 구하시오.

( )

주관식

27 3점

$\dfrac{2^{68}\times 5^{68}}{2^7\times 5^7+2^4\times 5^4}=\alpha\times 10^n$ (단, $1\le\alpha<10$)라 할 때, 자연수 n의 값을 구하시오.

( )

주관식

28 4점

다음은 오존층의 두께를 조사하는 방법 중 하나를 서술한 것이다. 아래와 같은 공식을 이용하면, 진폭이 3×10^{-8}cm인 특정파장이 두께가 0.2cm인 오존층을 통과하였을 때, $I=\dfrac{5}{6}I_0$를 만족한다고 한다. 이 때, $1000\log_{10} a^k$의 값을 구하시오. (단, $\log_{10}2=0.301$, $\log_{10}3=0.477$로 계산한다)

> 태양광선이 대기권에 도달하기 전의 특정한 파장의 세기를 I_0, 그 파장이 두께가 $x$cm인 오존층을 통과한 후의 파장의 세기를 I라 하면 $\log_a I_0-\log_a I=kx$이 성립한다.
> 여기서, a는 $2<a<3$인 상수이고, k는 그 파장에 대한 오존의 흡수상수이다.

( )

주관식

29 4점

실수 x에 대한 함수 $f(x)$가 $f(x) = {}_6\mathrm{C}_0 + {}_6\mathrm{C}_1\, x^2 + {}_6\mathrm{C}_2\, x^4 + {}_6\mathrm{C}_3\, x^6 + {}_6\mathrm{C}_4\, x^8 + {}_6\mathrm{C}_5\, x^{10} + {}_6\mathrm{C}_6\, x^{12}$ 와 같이 정의될 때, $f(\tan\theta) = 2^{12}$을 만족하는 θ에 대하여 $\dfrac{36\theta}{\pi}$ 의 값을 구하시오. (단, $0 < \theta < \dfrac{\pi}{2}$)

(　　　　　　　　)

주관식

30 4점

$a_1 = 1,\ a_{n+1} = a_n^2 + 1$(단, $n = 1,\ 2,\ 3,\cdots$)으로 정의되는 수열 $\{a_n\}$ 에 대하여 수열 $\{r_n\}$의 제 n항 r_n 은 a_n 을 a_5 로 나눈 나머지로 정의하자. 예를 들어 r_1 은 a_1을 a_5 로 나눈 나머지이고, r_2 는 a_2 를 a_5 로 나눈 나머지이다. 이 때, 다음 그림과 같이 100 개의 작은 사각형으로 이루어진 바둑판 모양의 사각형 각 칸에 r_1 부터 r_{100} 까지의 수를 차례로 채워나갈 때, 글자 모양의 어두운 부분에 채워지는 수들의 합을 구하시오.

r_1	r_2	r_3	r_4	r_5	r_6	r_7	r_8	r_9	r_{10}
r_{11}									r_{20}
r_{21}									r_{30}
r_{31}									r_{40}
r_{41}									r_{50}
r_{51}									r_{60}
r_{61}									r_{70}
r_{71}									r_{80}
r_{81}									r_{90}
r_{91}									r_{100}

(　　　　　　　　)

02 2007학년도 수리영역

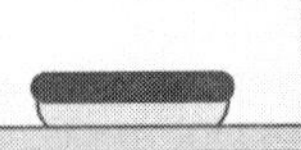

▶ 해설은 p. 13에 있습니다.

01 2점

등차수열 $\{a_n\}$에 대하여 $a_6 - a_7 + a_8 = 2007$일 때, a_7의 값은?

① $\frac{2007}{4}$
② 669
③ $\frac{2007}{2}$
④ 2007
⑤ 4014

02 2점

$\left\{\frac{(\sqrt{10}+3)^{\frac{1}{2}} + (\sqrt{10}-3)^{\frac{1}{2}}}{(\sqrt{10}+1)^{\frac{1}{2}}}\right\}^2$의 값은?

① $\sqrt{3}$
② 2
③ $\sqrt{5}$
④ 3
⑤ $\sqrt{10}$

03 2점

두 사건 A, B에 대하여 사건 C를 $C = A \cup B$라 하자. $\mathrm{P}(A) = \frac{1}{4}$, $\mathrm{P}(B) = \frac{2}{3}$, $\mathrm{P}(A \cap B) = \frac{1}{6}$일 때, 조건부확률 $\mathrm{P}(B \mid C)$의 값은?

① $\frac{8}{9}$
② $\frac{2}{3}$
③ $\frac{5}{9}$
④ $\frac{1}{3}$
⑤ $\frac{2}{9}$

04 $(17.8)^n$ 의 정수부분이 9자리의 자연수가 되도록 하는 자연수 n 의 값은? (단, $\log 1.78 = 0.25$ 로 계산한다)
3점

① 6
② 7
③ 8
④ 9
⑤ 10

05 $a_n = \sum_{k=1}^{n} ck$일 때, $\sum_{n=1}^{\infty} \frac{1}{a_n} = \frac{1}{2}$을 만족하는 상수 c 의 값은?
3점

① 1
② 2
③ 3
④ 4
⑤ 5

06 그림은 1, 2, 3, 4가 적힌 정사면체의 전개도이다. 이 전개도로 만든 정사면체를 두 번 던질 때, 밑면에 적힌 수 중 첫 번째 수를 a, 두 번째 수를 b라 하자. $|a-b|$ 의 값을 확률변수 X라 할 때, $\mathrm{E}(X)$의 값은?
3점

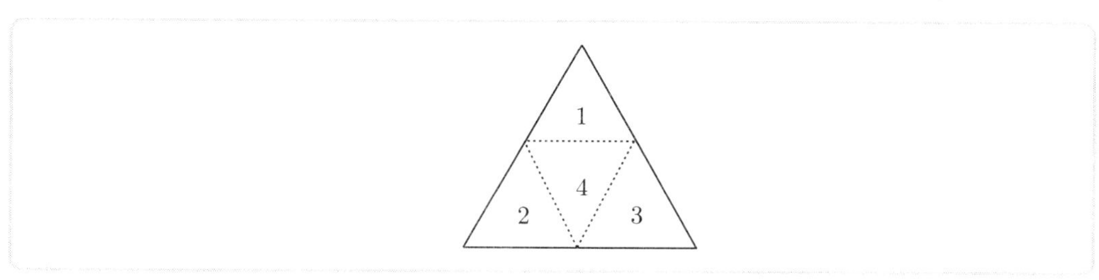

① $\frac{3}{4}$
② $\frac{7}{8}$
③ 1
④ $\frac{9}{8}$
⑤ $\frac{5}{4}$

07 3점

이차정사각행렬 A, B에 대하여 $AB=C$일 때, 이를 다음과 같이 나타내기로 하자.

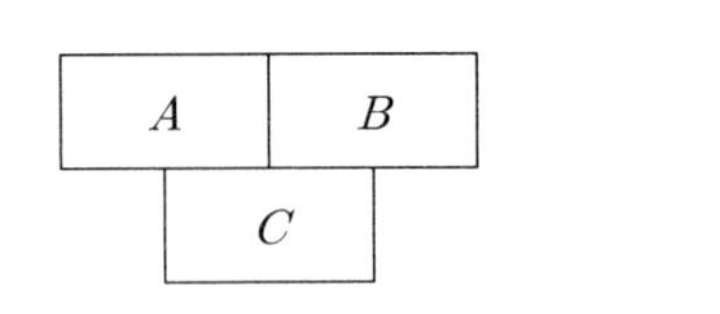

이와 같은 방법으로 아래의 이차정사각행렬 C_1, C_2, C_3, C_4와 D_1, D_2, D_3을 정의할 때, 다음 중에서 항상 옳은 것을 모두 고른 것은? (단, O는 영행렬, E는 단위행렬이다)

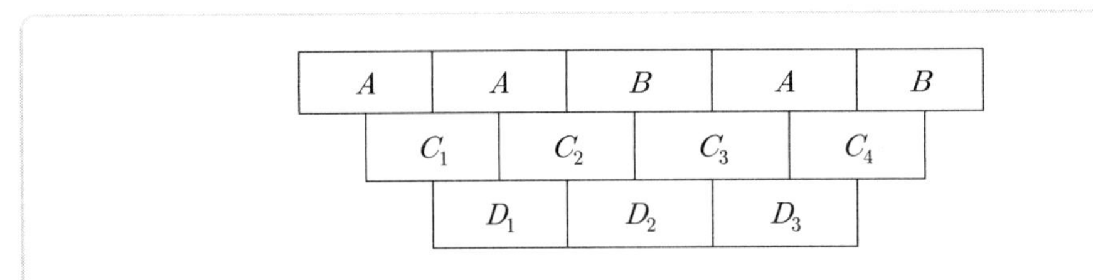

㉠ $C_1=O$ 이면 $A=O$ 이다.
㉡ $C_2=C_3$ 이면 $D_2=D_3$ 이다.
㉢ $D_2=E$ 이면 $D_3=E$ 이다.

① ㉡
② ㉢
③ ㉠, ㉡
④ ㉠, ㉢
⑤ ㉡, ㉢

08 3점

어느 양식장에 있는 물고기의 무게는 평균 600g, 표준편차 144g인 정규분포를 따른다고 한다. 이 양식장에서 36마리의 물고기를 임의추출하였을 때, 무게의 평균이 576g 이상 636g 이하일 확률을 오른쪽 표준정규분포표를 이용하여 구한 값은?

z	$\mathrm{P}(0 \le Z \le z)$
0.5	0.1915
1.0	0.3413
1.5	0.4332
2.0	0.4772

① 0.7745
② 0.6826
③ 0.6687
④ 0.6247
⑤ 0.5328

09 연속확률변수 X의 확률밀도함수 $f(x)$의 그래프가 그림과 같이 중심이 원점이고 반지름의 길이가 r인 반원의 호가 되도록 상수 r의 값을 정할 때, 확률 $\mathrm{P}\left(X \geq \frac{1}{\sqrt{2\pi}}\right)$의 값은? (단, $-r \leq x \leq r$이다)
3점

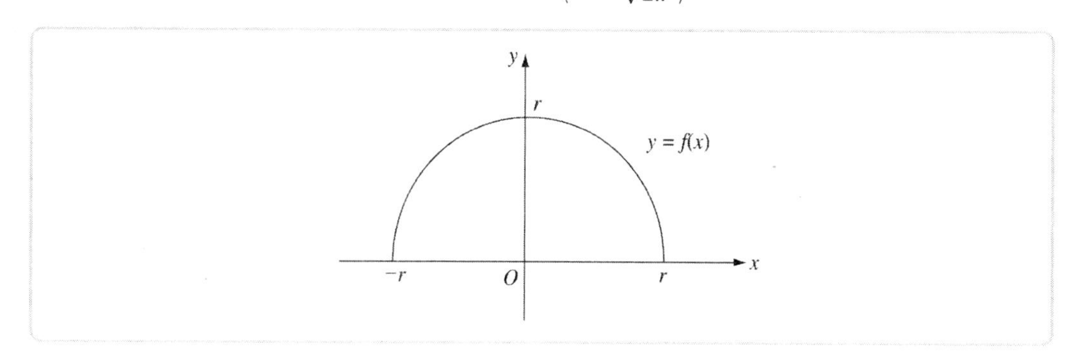

① $\frac{2}{3}-\frac{\sqrt{3}}{4\pi}$
② $\frac{1}{3}-\frac{\sqrt{3}}{3\pi}$
③ $\frac{2}{3}-\frac{\sqrt{3}}{2\pi}$
④ $\frac{1}{3}-\frac{\sqrt{3}}{4\pi}$
⑤ $1-\frac{\sqrt{3}}{\pi}$

10 이차정사각행렬 A가 $A^2-A-2E=O$를 만족할 때, 다음에서 옳은 것을 모두 고른 것은? (단, O는 영행렬, E는 단위행렬이다)
3점

ㄱ. $(A+E)^2=3(A+E)$
ㄴ. 이차정사각행렬 B, C에 대하여 $AB=AC$이면 $B=C$이다.
ㄷ. 연립일차방정식 $(A-E)\begin{pmatrix} x \\ y \end{pmatrix}=\begin{pmatrix} 0 \\ 0 \end{pmatrix}$은 $x=0$, $y=0$ 이외의 해를 가진다.

① ㄱ
② ㄱ, ㄴ
③ ㄱ, ㄷ
④ ㄴ, ㄷ
⑤ ㄱ, ㄴ, ㄷ

11 3점 5개의 제비 중에서 당첨제비가 2개 있다. 갑이 먼저 한 개의 제비를 뽑은 다음 을이 한 개의 제비를 뽑을 때, 갑이 당첨제비를 뽑을 사건을 A, 을이 당첨제비를 뽑을 사건을 B라 하자.
다음 중에서 옳은 것을 모두 고른 것은? (단, 한 번 뽑은 제비는 다시 넣지 않는다)

㉠ $\mathrm{P}(A)=\mathrm{P}(B)$
㉡ $\mathrm{P}(B|A)>\mathrm{P}(B|A^c)$
㉢ $\mathrm{P}(B|A)=\mathrm{P}(A|B)$

① ㉠
② ㉡
③ ㉢
④ ㉠, ㉡
⑤ ㉠, ㉢

12 3점 주머니 속에 빨간 공 3개, 노란 공 4개가 들어 있다. 이 주머니에서 임의로 2개의 공을 꺼내는 시행을 반복할 때, 세 번째 시행에서 처음으로 서로 다른 색의 공이 뽑힐 확률은? (단, 꺼낸 공은 다시 넣지 않는다)

① $\frac{2}{35}$
② $\frac{3}{35}$
③ $\frac{4}{35}$
④ $\frac{6}{35}$
⑤ $\frac{8}{35}$

13 4점 행렬 $A=\begin{pmatrix} 1 & 0 \\ 1 & 2 \end{pmatrix}$의 역행렬을 B라 할 때, B^n의 $(2,\ 1)$ 성분을 a_n이라 하자. $\sum_{k=1}^{10} a_k$의 값은?

① $-11-\frac{1}{2^{10}}$
② $-10-\frac{1}{2^{10}}$
③ $-9-\frac{1}{2^{10}}$
④ $-10-\frac{1}{2^{11}}$
⑤ $-9-\frac{1}{2^{11}}$

14 3점 **수열 $\{S_n\}$에 대하여 $S_n = \sum_{k=1}^{n}\left(\sqrt{1+\frac{k}{n^2}}-1\right)$ 일 때, 다음은 $\lim_{n\to\infty} S_n$ 의 값을 구하는 과정이다. 다음의 과정에서 (가), (나), (다)에 알맞은 것은?**

> 모든 양의 실수 x에 대하여 $\frac{x}{2+x} < \sqrt{1+x}-1 < \frac{x}{2}$가 성립한다.
>
> 자연수 k, $n\,(k \le n)$에 대하여 $x = \frac{k}{n^2}$ 를 위 부등식에 대입하여 정리하면
>
> $\frac{k}{2n^2+k} < \sqrt{1+\frac{k}{n^2}}-1 < \frac{k}{2n^2}$ 이므로
>
> $\sum_{k=1}^{n}\frac{k}{2n^2+k} < S_n < \frac{1}{2n^2}\sum_{k=1}^{n}k$ 이다.
>
> 이 때, $\lim_{n\to\infty}\frac{1}{2n^2}\sum_{k=1}^{n}k =$ (가) 이고
>
> $\lim_{n\to\infty}\left\{\frac{1}{2n^2}\sum_{k=1}^{n}k-\sum_{k=1}^{n}\frac{k}{2n^2+k}\right\} = \lim_{n\to\infty}\sum_{k=1}^{n}\frac{k^2}{2n^2(2n^2+k)} \le \lim_{n\to\infty}\sum_{k=1}^{n}\frac{k^2}{4n^4} =$ (나) 이므로
>
> $\lim_{n\to\infty}S_n =$ (다) 이다.

	(가)	(나)	(다)
①	$\frac{1}{2}$	0	$\frac{1}{2}$
②	$\frac{1}{2}$	$\frac{1}{2}$	$\frac{1}{2}$
③	$\frac{1}{4}$	0	$\frac{1}{2}$
④	$\frac{1}{4}$	0	$\frac{1}{4}$
⑤	$\frac{1}{4}$	$\frac{1}{2}$	$\frac{1}{4}$

15 3점 **확률변수 X가 정규분포 $\mathrm{N}(5, 3^2)$을 따를 때, $\mathrm{P}(|X-5| \le 3) = 0.6826$이다. 확률변수 Y를 $Y=2X+1$이라 할 때, $\mathrm{P}(Y \ge 17)$의 값은?**

① 0.1037
② 0.1587
③ 0.3174
④ 0.3413
⑤ 0.6826

16 4점 좌표평면에서 자연수 k에 대하여 네 부등식 $x>0$, $y>0$, $y<2^{-x}+k$, $x<k+\frac{1}{2}$을 모두 만족하는 영역에 있는 점 중에서 x좌표와 y좌표가 모두 자연수인 점의 개수를 $N(k)$라 하자. $\sum_{k=1}^{10} N(k)$의 값은?

① 55
② 125
③ 144
④ 252
⑤ 385

17 4점 선분 AB를 한 변으로 공유하는 정삼각형, 정사각형, 정오각형, … 을 차례로 그린다. 그림과 같이 선분 AB의 양 끝점에 1, 2를 각각 적고, 각 정다각형의 꼭짓점 중 두 점 A, B를 제외한 모든 꼭짓점에 정삼각형, 정사각형, 정오각형, … 의 순서로 자연수 3, 4, 5, … 를 차례로 대응시킨다. 정 40각형의 꼭짓점에 대응되는 자연수 중에서 가장 큰 수는?

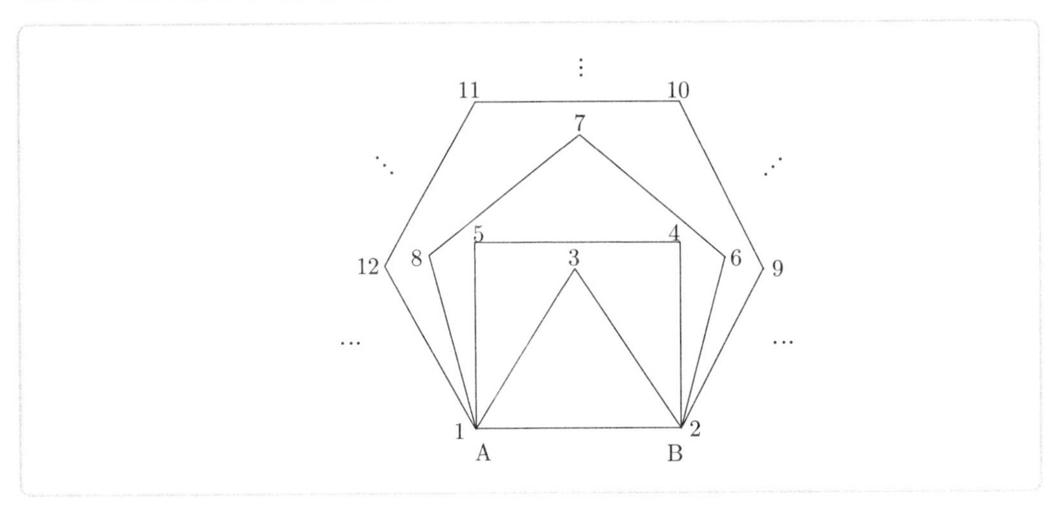

① 555
② 639
③ 743
④ 857
⑤ 950

18 4점 자연수 전체의 집합에서 정의된 함수 $f(k)$ 가 $f(k)=\begin{cases} k-2 & (k \geq 4) \\ f(f(k+3)) & (k < 4) \end{cases}$ 을 만족할 때,

$\sum_{k=1}^{20} f(k)$ 의 값은?

① 168　② 172　③ 176　④ 180　⑤ 184

19 4점 그림은 제 1 행에 1을 시작으로 바로 다음 행에 ↙ 방향으로는 직전의 수에 2를 더한 수를, ↘ 방향으로는 직전의 수의 역수를 나열하는 과정을 반복한 것이다. 예를 들면, 제 3 행의 첫 번째 수 5는 직전의 수 3에 2를 더한 수이고, 두 번째 수 $\frac{1}{3}$은 직전의 수 3의 역수이다.

제 10 행의 맨 왼쪽부터 (2^8+2)번째에 있는 수는?

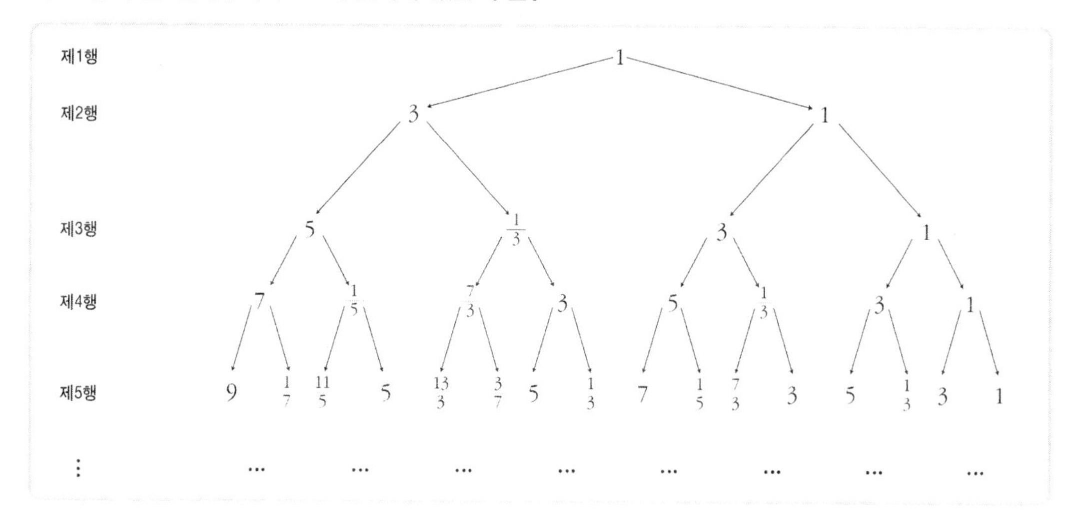

① $\frac{1}{17}$　② $\frac{1}{15}$　③ 13　④ 15　⑤ 17

20 4점 세 로그함수 $f(x)=\log_a x$, $g(x)=\log_b x$, $h(x)=\log_c x$ 의 밑 a, b, c 가 이 순서로 등비수열을 이룰 때, 다음에서 옳은 것을 모두 고른 것은?

㉠ $a+c$ 의 최솟값은 $2b$ 이다.
㉡ $\frac{1}{f(5)}$, $\frac{1}{g(5)}$, $\frac{1}{h(5)}$ 은 이 순서로 등차수열을 이룬다.
㉢ $f(x_1)=g(x_2)=h(x_3)=5$ 이면 x_1, x_2, x_3 은 이 순서로 등비수열을 이룬다.

① ㉠
② ㉡
③ ㉠, ㉡
④ ㉡, ㉢
⑤ ㉠, ㉡, ㉢

21 4점 좌표평면 위에 서로 다른 세 점 $\mathrm{A}(0, 1)$, $\mathrm{B}(1, 0)$, $\mathrm{C}(a, b)$가 있다. 선분 AC의 중점을 P_1이라 하고, 선분 BP_1의 중점을 Q_1이라 하자. 또, 선분 AQ_1의 중점을 P_2 라 하고, 선분 BP_2의 중점을 Q_2라 하자. 이와 같이 모든 자연수 n에 대하여 선분 BP_n의 중점을 Q_n이라 하고, 선분 AQ_n의 중점을 P_{n+1}이라 하자. n이 한없이 커질 때, 점 P_n은 어떤 점에 한없이 가까워지는가?

① $\left(\frac{3}{4}, \frac{1}{4}\right)$
② $\left(\frac{2}{3}, \frac{1}{3}\right)$
③ $\left(\frac{1}{2}, \frac{1}{2}\right)$
④ $\left(\frac{1}{3}, \frac{2}{3}\right)$
⑤ $\left(\frac{1}{4}, \frac{3}{4}\right)$

22 4점 집합 $A=\{x \mid x$ 는 12의 양의 약수$\}$ 의 원소 중에서 서로 다른 4개의 원소를 택하여 일렬로 나열할 때, 양 끝에 놓인 두 수의 곱과 나머지 두 수의 곱이 서로 같은 경우의 수는?

① 18
② 24
③ 30
④ 32
⑤ 40

23 4점 한 변의 길이가 1 인 정사각형을 R이라 하자. R의 각 변을 2등분 한 후 [그림 1]과 같이 각 꼭짓점을 중심으로 하고 반지름의 길이가 $\frac{1}{2}$인 사분원을 그릴 때, 어두운 부분의 넓이를 S_1이라 하자. R의 각 변을 4등분 한 후 [그림 2]와 같이 각 꼭지점 및 각 변의 이등분점을 중심으로 하고 반지름의 길이가 $\frac{1}{4}$인 사분원과 반원을 그릴 때, 어두운 부분의 넓이를 S_2라 하자. R의 각 변을 8등분 한 후 [그림 3]과 같이 각 꼭짓점 및 각 변의 사등분점을 중심으로 하고 반지름의 길이가 $\frac{1}{8}$인 사분원과 반원을 그릴 때, 어두운 부분의 넓이를 S_3이라 하자. 이와 같은 방법으로 S_4, S_5, S_6, $\cdots$ 을 구할 때, $\sum_{n=1}^{\infty} S_n$ 의 값은?

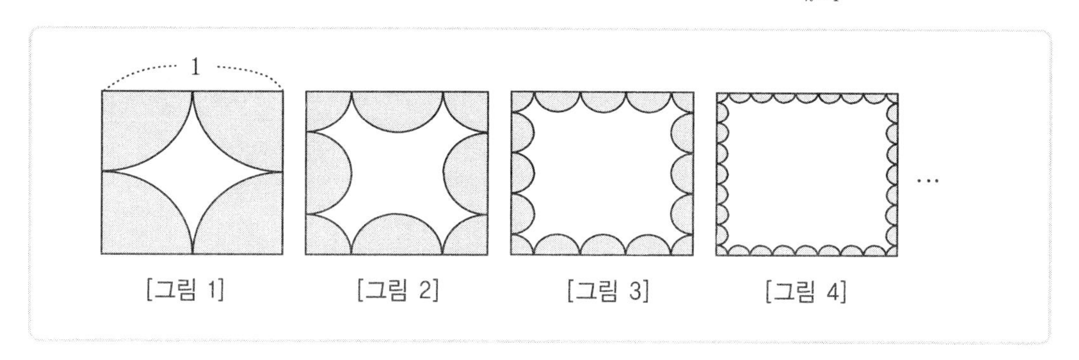

① $\frac{2}{3}\pi$ ② $\frac{3}{4}\pi$

③ $\frac{7}{9}\pi$ ④ $\frac{7}{8}\pi$

⑤ $\frac{8}{9}\pi$

24 4점 공기는 산소, 수소, 질소 등과 같은 여러 가지 원소들로 이루어져 있다. 지표면에서부터 높이가 x (km)인 곳에서의 어떤 원소의 밀도를 $n(x)$라 하면 관계식 $\log n(x) = \log n_0 - kx$ (단, n_0은 지표면에서의 밀도, k는 양의 상수)가 성립한다고 한다. 이 원소의 밀도가 지표면에서의 밀도의 $\frac{1}{2}$배, $\frac{1}{1000}$배가 되는 높이를 각각 x_1, x_2라 할 때, $\frac{x_2}{x_1}$의 값은? (단, $\log 2 = 0.3$ 으로 계산한다)

① 5 ② 8

③ 10 ④ 15

⑤ 20

주관식

25 3점 자연수 n에 대하여 $\sqrt{n^2+3n}$의 소수부분을 a_n이라 할 때, $\lim_{n\to\infty}\frac{10}{a_n}$의 값을 구하시오.

(　　　　　　　)

주관식

26 3점 수열 $\{a_n\}$의 일반항이 $a_n=n-4\left[\frac{n}{4}\right]$일 때, $\sum_{n=1}^{25}a_n$의 값을 구하시오. (단, $[x]$는 x보다 크지 않은 최대의 정수이다)

(　　　　　　　)

주관식

27 3점 $A=\begin{pmatrix}1 & 3\\ -1 & -2\end{pmatrix}$이고, $A^{11}\begin{pmatrix}x\\ y\end{pmatrix}=\begin{pmatrix}18\\ 13\end{pmatrix}$일 때, $x+y$의 값을 구하시오.

(　　　　　　　)

주관식

28 4점 어느 사관학교에서는 매년 휴가기간에 4 학년 생도 전부를 대상으로 해외 배낭여행을 실시하고 있다. 여행 6 개월 전에 희망지역을 조사한 결과, 유럽, 미국, 아시아 지역을 희망한 생도의 비율이 각각 30 %, 50 %, 20 %이었다. 비자발급을 위해 여행 3 개월 전에 희망지역을 최종적으로 조사한 결과 유럽 지역을 희망했던 생도의 15 %, 미국 지역을 희망했던 생도의 5 %, 아시아 지역을 희망했던 생도의 35 %가 여행지를 변경하였다. 여행지역을 변경한 생도 1 명을 임의로 택할 때, 그 생도가 최초에 미국 지역을 희망했을 확률은 $\frac{q}{p}$이다. $p+q$의 값을 구하시오. (단, p, q는 서로소인 자연수이다)

(　　　　　　　)

주관식

29 4점 수면에서 수면과 수직인 방향으로 물속을 향해 발사된 총알은 시간이 지날수록 물의 저항에 의해 속도가 줄어든다. 수면에서 1000 (m/초)의 속도로 어떤 총알이 발사된 후 t초$\left(0\le t<\frac{1}{50}\right)$가 지난 순간 총알의 속도를 $v(t)$ (m/초)라 하면 관계식 $v(t)=a\cdot b^{100t}$ (단, a와 b는 양의 상수)이 성립한다고 하자. 발사 후 $\frac{1}{100}$초가 지난 순간 총알의 속도가 50(m/초)이었다. 총알의 속도가 $100\sqrt{5}$(m/초)가 되는 것은 총알이 발사된 후 p초가 지난 순간이다. $\frac{1}{p}$의 값을 구하시오.

(　　　　　　　)

주관식

30 4점

집합 $X=\{1, 2, 3, 4, 5\}$ 에서 X 로의 함수 중에서 다음 조건을 모두 만족하는 함수 f 의 개수를 구하시오.

(가) f 의 역함수가 존재한다.
(나) $f(1) \neq 1$
(다) $f(2) \neq f(f(1))$

( )

03 2008학년도 수리영역

▶ 해설은 p. 20에 있습니다.

01 2점

이 아닌 두 양수 a, b에 대하여 $a^2 \cdot \sqrt[5]{b}=1$이 성립할 때, $\log_a \frac{1}{ab}$의 값은?

① -9 ② -3

③ 3 ④ 5

⑤ 9

02 2점

행렬 $A=\begin{pmatrix} 2 & 5 \\ -1 & -2 \end{pmatrix}$와 이차 정사각행렬 B에 대하여 행렬 ABA^{-1}의 역행렬이 A일 때, 행렬 B의 모든 성분의 합은?

① -4 ② -2

③ 2 ④ 4

⑤ 8

03 2점

서로 독립인 두 사건 A, B에 대하여 $\mathrm{P}(A \cup B)=\frac{4}{5}$, $\mathrm{P}(A \cap B^c)=\frac{1}{3}$일 때, $\mathrm{P}(A)$의 값은?

① $\frac{1}{5}$ ② $\frac{1}{3}$

③ $\frac{3}{5}$ ④ $\frac{2}{3}$

⑤ $\frac{5}{8}$

04 3점 1 보다 큰 실수 x 에 대하여 $\log x$ 의 가수를 α 라 하면 $(\log x)^2 + \alpha^2 = 8$ 이 성립한다. 이 때, $\log x$ 의 값은?

① $1+\sqrt{2}$
② $2\sqrt{2}$
③ $1+\sqrt{3}$
④ $\frac{5}{2}$
⑤ $\frac{8}{3}$

05 3점 다음과 같이 귀납적으로 정의된 수열 $\{a_n\}$이 있다. $a_1 = 2$, $a_{n+1}a_n = \left(\frac{1}{4}\right)^n$ $(n = 1, 2, 3, \cdots)$ 일 때,

$\sum_{n=1}^{\infty} a_{2n-1} + \sum_{n=1}^{\infty} a_{2n}$ 의 값은?

① $\frac{17}{6}$
② $\frac{19}{6}$
③ $\frac{7}{2}$
④ $\frac{23}{6}$
⑤ $\frac{25}{6}$

06 3점 주머니 속에 1 부터 5 까지의 자연수가 각각 하나씩 적힌 5 개의 공이 들어 있다. 이 주머니에서 임의로 3 개의 공을 동시에 꺼낼 때, 꺼낸 공에 적힌 수의 최소값을 확률변수 X 라 하자. 이 때, X 의 평균은?

① 1
② $\frac{4}{3}$
③ $\frac{3}{2}$
④ $\frac{5}{3}$
⑤ 2

07 3점

수열 $\{a_n\}$의 첫째항부터 제 n 항까지의 합 S_n 은 $S_n=n^3+pn$ 이고, 수열 $\{b_n\}$은 다음 조건을 모두 만족시킨다. 수열 $\{b_n\}$이 등차수열일 때, 상수 p 의 값은?

(가) $b_1=a_1$	(나) $b_n=a_n-a_{n-1}$ $(n \geq 2)$

① 3
② $\frac{1}{3}$
③ $-\frac{1}{3}$
④ -1
⑤ -3

08 3점

x, y 에 대한 연립일차방정식 $\begin{pmatrix} a & 1 \\ -2b-3 & b+2 \end{pmatrix}\begin{pmatrix} x \\ y \end{pmatrix}=\begin{pmatrix} 2-a \\ 3 \end{pmatrix}$이 해를 갖지 않도록 하는 두 정수 a, b 를 정할 때, $a+b$ 의 값은?

① -10
② -6
③ -2
④ 1
⑤ 5

09 4점

원 $x^2+y^2=1$ 위의 점 $\mathrm{P}(x, y)$에 대하여 $\log_{\frac{1}{2}}(y+1)-\log_{\frac{1}{2}}(x+3)$ 의 최솟값을 m 이라 할 때, 2^m 의 값은? (단, $y \neq -1$이다)

① 3
② $\frac{3}{2}$
③ 1
④ $\frac{4}{3}$
⑤ $\frac{2}{3}$

10 모든 항이 양수인 수열 $\{a_n\}$ 에 대하여 수열 $\{b_n\}$ 을 $b_n = a_{n+1} - a_n$ $(n=1,\ 2,\ 3,\ \cdots)$이라 할 때, 다음 중에서 항상 옳은 것을 모두 고른 것은?

3점

ㄱ $a_n = b_n$ $(n=1,\ 2,\ 3,\ \cdots)$이면 $\{a_n\}$은 등비수열이다.
ㄴ 수열 $\{2^{b_n}\}$이 등비수열이면 $\{a_n\}$은 등차수열이다.
ㄷ 수열 $\{\log_2 a_n\}$이 공차가 0 이 아닌 등차수열이면 $\{b_n\}$은 등비수열이다.

① ㄱ
② ㄱ, ㄴ
③ ㄱ, ㄷ
④ ㄴ, ㄷ
⑤ ㄱ, ㄴ, ㄷ

11 세 수열 $\{a_n\}$, $\{b_n\}$, $\{c_n\}$ 이 모든 자연수 n 에 대하여 $a_n < c_n < b_n$ 을 만족한다. 두 수열 $\{a_n\}$, $\{b_n\}$은 수렴하고, $\lim_{n\to\infty} a_n = \alpha$, $\lim_{n\to\infty} b_n = \beta$ 일 때, 다음에서 항상 옳은 것을 모두 고른 것은?

4점

ㄱ $\{c_n\}$이 수렴하면 $\alpha = \beta$ 이다.
ㄴ $\{c_n\}$이 발산하면 $\alpha < \beta$ 이다.
ㄷ $\alpha = \beta = 0$ 이면 $\sum_{n=1}^{\infty} c_n$ 은 수렴한다.

① ㄱ
② ㄴ
③ ㄷ
④ ㄱ, ㄴ
⑤ ㄴ, ㄷ

12 다음에서 항상 옳은 것을 모두 고른 것은?

4점

ㄱ $1 < a < b$ 이고 $0 < \log_a c < 1$ 이면 $\log_b c > \log_b a$ 이다.
ㄴ $0 < a < 1 < b$ 이고 $0 < \log_a c < 1$ 이면 $\log_b a < \log_b c$ 이다.
ㄷ $0 < a < b < 1$ 이고 $\log_a c < 0$ 이면 $\log_a b < \log_c b$ 이다.

① ㄱ
② ㄴ
③ ㄷ
④ ㄴ, ㄷ
⑤ ㄱ, ㄴ, ㄷ

13 한 개의 주사위를 4 번 던질 때, 1 의 눈이 나오는 횟수를 a , 2 의 눈이 나오는 횟수를 b 라 하자. $a-b=1$ 일 확률은?

4점

① $\frac{4}{27}$
② $\frac{5}{27}$
③ $\frac{2}{9}$
④ $\frac{19}{81}$
⑤ $\frac{7}{27}$

14 n 이 자연수일 때, $2n$ 명의 학생을 두 명씩 n 개의 조로 나누는 방법의 수를 a_n 이라 하자.

3점

이 때, $\frac{a_{11}}{a_{10}}$ 의 값은?

① 18
② 19
③ 20
④ 21
⑤ 22

15 3점 두 수열 $\{a_n\}$, $\{b_n\}$ 이 모든 항이 양수인 등차수열일 때, 다음은 수열 $\{\sqrt{a_n b_n}\}$이 등차수열이면 $\frac{b_n}{a_n}=$ (가) 임을 증명한 것이다. 위의 증명에서 (가), (나), (다)에 알맞은 것은?

[증명]

수열 $\{\sqrt{a_n b_n}\}$ 이 등차수열이므로 모든 자연수 n에 대하여

$\sqrt{a_n b_n}+\sqrt{a_{n+2} b_{n+2}}=\sqrt{\text{(나)}}$ …… ㉠

또, 두 수열 $\{a_n\}$, $\{b_n\}$이 등차수열이므로

$a_n+a_{n+2}=2a_{n+1}$ …… ㉡

$b_n+b_{n+2}=2b_{n+1}$ …… ㉢

㉡, ㉢을 ㉠에 대입한 후, 양변을 제곱하여 정리하면

$2\sqrt{a_n b_n a_{n+2} b_{n+2}}=a_n b_{n+2}+a_{n+2} b_n$

다시 위 식의 양변을 제곱하여 정리하면

$a_{n+2} b_n=$ (다) …… ㉣

따라서 ㉡㉢㉣에서

$\frac{b_n}{a_n}=$ (가)

	(가)	(나)	(다)
①	$\frac{a_{n+1}}{b_{n+1}}$	$2a_{n+1}b_{n+1}$	$2a_n b_{n+2}$
②	$\frac{a_{n+1}}{b_{n+1}}$	$4a_{n+1}b_{n+1}$	$a_n b_{n+2}$
③	$\frac{b_{n+1}}{a_{n+1}}$	$2a_{n+1}b_{n+1}$	$2a_n b_{n+2}$
④	$\frac{b_{n+1}}{a_{n+1}}$	$4a_{n+1}b_{n+1}$	$a_n b_{n+2}$
⑤	$\frac{b_{n+1}}{a_{n+1}}$	$4a_{n+1}b_{n+1}$	$2a_n b_{n+2}$

16 3점 확률변수 X는 정규분포 $\mathrm{N}(0,\ \sigma^2)$을 따르고, 확률변수 Z는 표준정규분포 $\mathrm{N}(0,\ 1^2)$을 따른다. 두 확률변수 X, Z의 확률밀도함수를 각각 $f(x)$, $g(x)$라 할 때, 다음 조건이 모두 성립한다. 두 곡선 $y=f(x)$, $y=g(x)$로 둘러싸인 부분의 넓이가 0.096 일 때, X의 표준편차 σ의 값을 아래 표준정규분포표를 이용하여 구한 것은?

(가) $\sigma > 1$
(나) 두 곡선 $y=f(x)$, $y=g(x)$는 $x=-1.5$, $x=1.5$ 일 때 만난다.

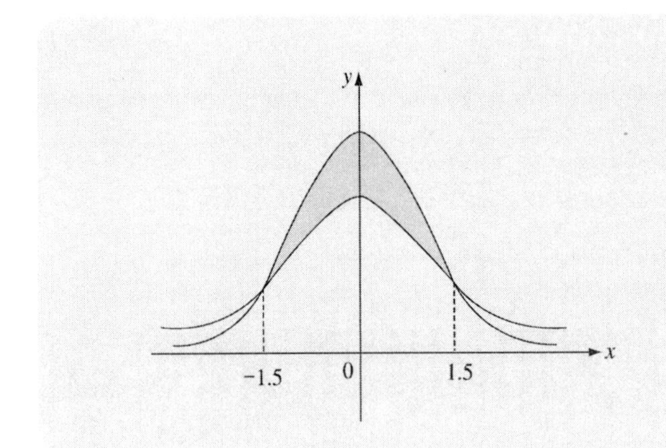

z	$\mathrm{P}(0 \le Z \le z)$
1.2	0.385
1.5	0.433
2.0	0.477

① 1.20
② 1.25
③ 1.50
④ 1.75
⑤ 2.00

17 [4점] 어느 농장에서 생산된 포도송이의 무게는 평균 $600\,\mathrm{g}$, 표준편차 $100\,\mathrm{g}$인 정규분포를 따른다고 한다. 이 농장에서 생산된 포도송이 중 임의로 100송이를 추출할 때, 포도송이의 무게가 $636\,\mathrm{g}$ 이상인 것이 42송이 이상일 확률을 오른쪽 표준정규분포표를 이용하여 구한 것은?

z	$\mathrm{P}(0 \leq Z \leq z)$
0.36	0.14
1.00	0.34
1.25	0.39
2.00	0.48

① 0.02

② 0.11

③ 0.14

④ 0.16

⑤ 0.36

18 [3점] 첫째항이 1, 공비가 $\frac{1}{2}$인 등비수열 $\{a_n\}$에 대하여 S_n, T_n을 $S_n = \sum_{k=1}^{n} a_k$, $T_n = \sum_{k=n}^{\infty} a_k$와 같이 정의하자. 다음에서 옳은 것을 모두 고른 것은?

ㄱ. $a_n + S_n = 2$ (단, $n = 1, 2, 3, \cdots$)

ㄴ. $T_n = a_{n-1}$ (단, $n = 2, 3, 4, \cdots$)

ㄷ. $\lim_{n \to \infty} (S_n + T_n) = \sum_{k=1}^{\infty} a_k$

① ㄱ

② ㄴ

③ ㄱ, ㄴ

④ ㄴ, ㄷ

⑤ ㄱ, ㄴ, ㄷ

19 3점 그림과 같이 두 곡선 $y=\log_2 x$, $y=-\log_2 x$가 직선 $x=n$ (n은 2 이상의 자연수)과 만나는 점을 각각 A_n, B_n이라 하고, 점 A_n을 지나고 x축과 평행한 직선이 곡선 $y=-\log_2 x$와 만나는 점을 C_n이라 하자. 점 $\mathrm{D}(1, 0)$에 대하여 두 삼각형 $\mathrm{A}_n\mathrm{B}_n\mathrm{D}$, $\mathrm{A}_n\mathrm{C}_n\mathrm{D}$의 넓이를 각각 S_n, T_n이라 할 때, $\lim_{n\to\infty}\frac{T_n}{S_n}$의 값은?

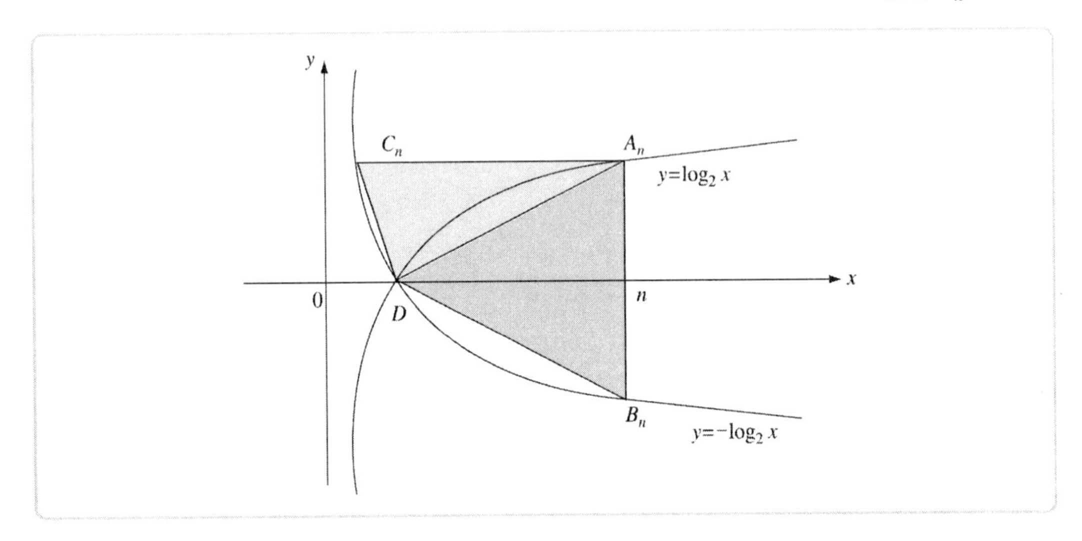

① $\frac{1}{2}$

② $\frac{5}{8}$

③ $\frac{3}{4}$

④ $\frac{7}{8}$

⑤ 1

20 [4점] 밑면의 반지름의 길이가 25, 모선의 길이가 100인 원뿔이 있다. 자연수 n에 대하여 그림과 같이 모선 $\overline{AB}$를 n등분한 점 중 꼭지점 A에 가까운 점부터 차례로 P_1, P_2, P_3, $\cdots$, P_{n-1}이라 하고, 점 B를 P_n이라 하자. 또, 점 $P_k(k=1,\ 2,\ 3,\ \cdots\ ,\ n)$에서 원뿔의 옆면을 한 바퀴 돌아서 점 P_k로 되돌아오는 최단 경로의 길이를 l_k라 할 때, $S_n=\sum_{k=1}^{n} l_k$라 하자. 이 때, $\lim_{n\to\infty}\frac{S_n}{n}$의 값은?

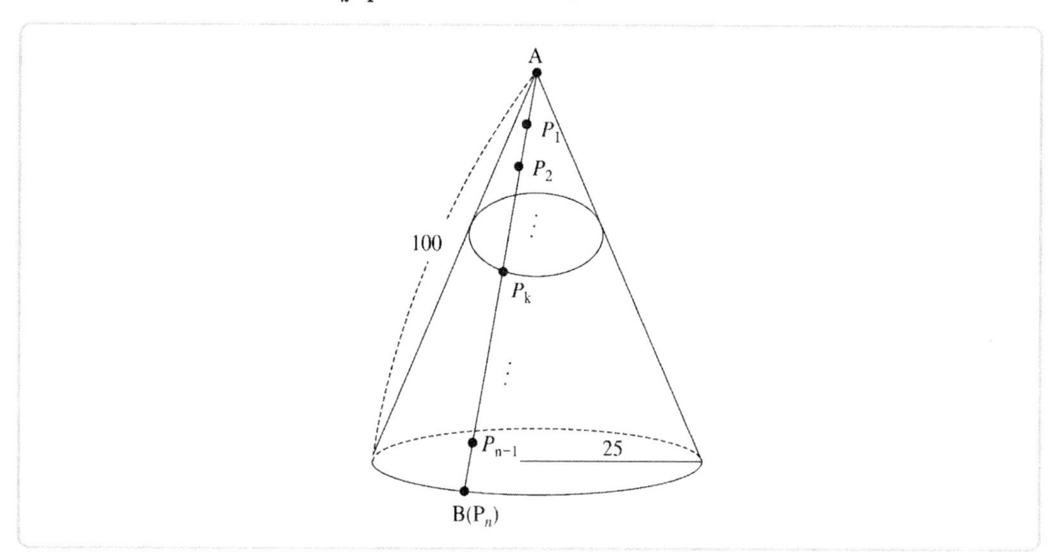

① $50\sqrt{2}$ ② $75\sqrt{2}$
③ $100\sqrt{2}$ ④ $125\sqrt{2}$
⑤ $150\sqrt{2}$

21 4점 [표 1]은 20 개의 행과 20 개의 열로 이루어진 표에 자연수를 규칙적으로 적어놓은 것이다. [표 2]는 [표 1]의 홀수 번째 행에 있는 수와, 짝수 번째 열에 있는 수를 모두 지운 것이다. [표 2]에 남아 있는 모든 자연수의 합은?

	제1열	제2열	제3열	제4열	제5열	…	제k열	…	제20열
제1행	1	2	3	4	5	…	k	…	20
제2행	2	2	3	4	5	…	k	…	20
제3행	3	3	3	4	5	…	k	…	20
제4행	4	4	4	4	5	…	k	…	20
제5행	5	5	5	5	5	…	k	…	20
⋮	⋮	⋮	⋮	⋮	⋮	⋮	⋮	⋮	⋮
제k행	k	k	k	k	k	…	k	…	⋮
⋮	⋮	⋮	⋮	⋮	⋮	⋮	⋮	⋮	⋮
제20행	20	20	20	20	20	…	…	…	20

[표 1]

	제1열	제2열	제3열	제4열	제5열	…	제20열
제1행							
제2행	2		3		5	…	
제3행							
제4행	4		4		5	…	
제5행							
⋮	⋮		⋮		⋮	⋮	
제20행	20		20		20	…	

[표 2]

① 1024
② 1155
③ 1225
④ 1280
⑤ 1385

22 좌표평면 위의 원점에 놓인 점 P가 1개의 동전을 던질 때마다 다음과 같이 움직인다고 한다.
[4점] 예를 들어, 동전을 3번 던져서 차례로 앞면, 앞면, 뒷면이 나왔을 때 점 P가 지나간 자취는 그림과 같고, 이 자취는 직선 $y=\frac{3}{2}$과 두 점에서 만난다. 동전을 5번 던질 때, 점 P가 지나간 자취와 직선 $y=\frac{3}{2}$이 오직 한 점에서 만날 확률은?

앞면이 나오면 x축의 방향으로 1만큼, y축의 방향으로 1만큼 평행이동하고, 뒷면이 나오면 x축의 방향으로 1만큼, y축의 방향으로 -1만큼 평행이동한다.

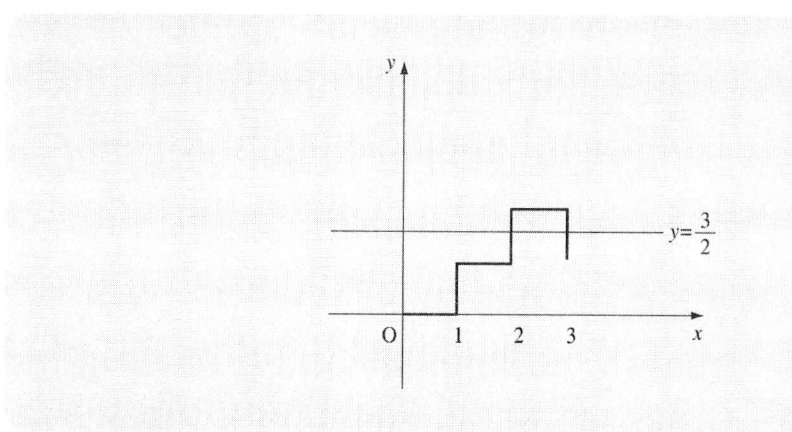

① $\frac{3}{32}$
② $\frac{1}{8}$
③ $\frac{5}{32}$
④ $\frac{7}{32}$
⑤ $\frac{1}{4}$

23 4점 그림과 같이 정사각형과 서로 합동인 5 개의 원으로 이루어진 놀이판이 있다. 각 원의 중심은 정사각형의 네 꼭짓점과 두 대각선이 만나는 점이다. 서로 다른 5 개의 돌 중에서 3 개를 뽑아 3 개의 원 안에 각각 1 개씩 올려놓는 방법의 수는? (단, 회전하여 같은 경우는 한 가지로 계산한다)

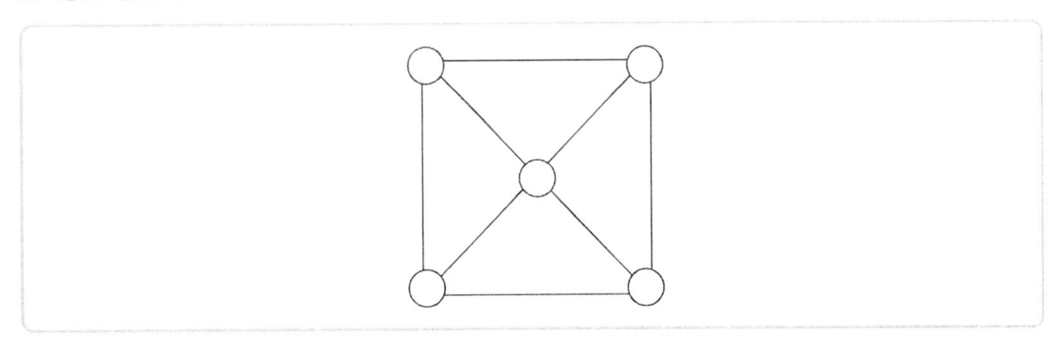

① 150
② 160
③ 170
④ 190
⑤ 200

24 4점 어떤 영화의 흥행수입을 분석한 결과, 개봉한 후 50 일째까지의 총 흥행수입이 400 억 원이고, 개봉한 후 100 일째까지의 총 흥행수입이 640 억 원이라고 한다. 이 영화를 개봉한 후 n 일째까지의 총 흥행수입을 $f(n)$ (억 원)이라 하면 $f(n)=a(1-b^n)$ (단, a, b는 양의 상수, n은 자연수)이 성립한다고 하자. 이 영화의 총 흥행수입이 처음으로 800 억 원을 넘어서는 날은 개봉한 후 며칠 째인가? (단, $\log 2=0.30$, $\log 3=0.48$로 계산한다)

① 140 일
② 150 일
③ 160 일
④ 170 일
⑤ 180 일

주관식

25 3점

방정식 $3(1-\log_2 x)^2-2(1-\log_2 x)-4=0$의 두 근을 각각 α, β라 할 때, $\alpha^3\beta^3$의 값을 구하시오.

( )

주관식

26 3점

자연수 n과 행렬 $A=\begin{pmatrix} 3 & 1 \\ 1 & 3 \end{pmatrix}$에 대하여 A^n의 모든 성분의 합을 S_n이라 하자. 이 때, $\log_2 S_{50}$의 값을 구하시오.

( )

주관식

27 3점

다음과 같이 귀납적으로 정의된 수열 $\{a_n\}$이 있다. $a_1=1,\ a_{n+1}=[a_n]+\dfrac{n}{2}$ $(n=1,\ 2,\ 3,\ \cdots)$

이 때, a_{39}의 값을 구하시오. (단, $[x]$는 x보다 크지 않은 최대의 정수이다)

( )

주관식

28 4점

두 곡선 $y=\dfrac{1}{x}$, $y=\dfrac{1}{x+1}$과 직선 $x=n$(n은 자연수)이 만나는 점을 각각 A_n, B_n이라 하고, 사각형 $\mathrm{A}_n\mathrm{B}_n\mathrm{B}_{n+1}\mathrm{A}_{n+1}$의 넓이를 S_n이라 하자. 이 때, $100\displaystyle\sum_{n=1}^{\infty}S_n$의 값을 구하시오.

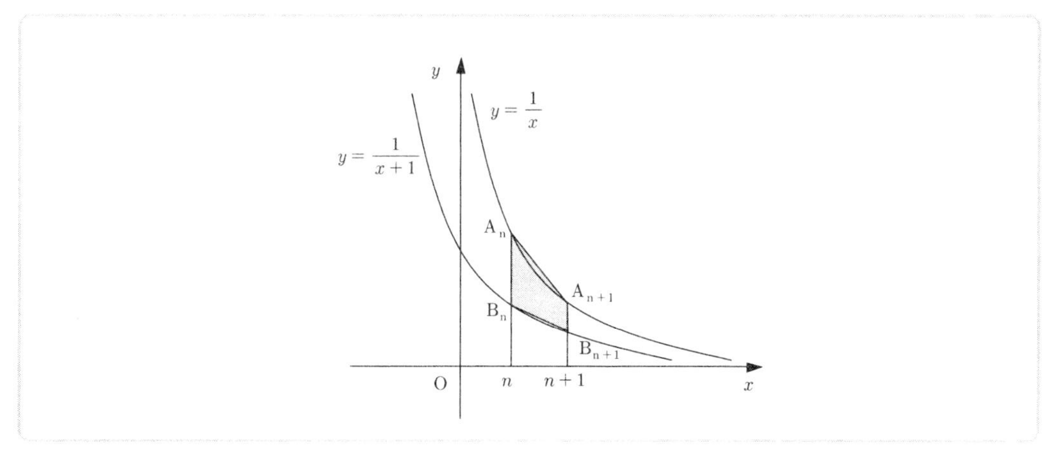

( )

주관식

29 4점 그림과 같이 4 개의 가로줄과 3 개의 세로줄로 이루어진 전화기의 숫자판이 있다. 이 때, 다음 조건을 모두 만족시키면서 숫자판에 있는 숫자를 누르는 방법의 수를 구하시오.

1	2	3
4	5	6
7	8	9
*	0	#

(가) *, # 을 제외한 10개의 숫자 중에서 서로 다른 4개의 숫자를 누른다. 이 때, 누르는 순서가 다르면 서로 다른 경우이다.
(나) 4개의 가로줄에서는 각각 숫자를 1개씩 누른다.
(다) 1개의 세로줄에서는 숫자를 2개 누르고, 나머지 2개의 세로줄에서는 각각 숫자를 1개씩 누른다.

( )

주관식

30 4점 자연수 n에 대하여 2.52^{10n}의 최고자리의 숫자를 a_n이라 하자. 예를 들어, $2.52^{10} \fallingdotseq 1.03 \times 10^4$, $2.52^{20} \fallingdotseq 1.06 \times 10^8$, $2.52^{30} \fallingdotseq 1.10 \times 10^{12}$이므로 $a_1 = a_2 = a_3 = 1$이다. $a_n > 1$을 만족시키는 자연수 n의 최솟값을 구하시오. (단, $\log 2 = 0.3010$, $\log 2.52 = 0.4014$로 계산한다)

( )

04 2009학년도 수리영역

▶ 해설은 p. 29에 있습니다.

01 2점

등비수열 $\{a_n\}$에 대하여 $a_1+a_2+a_3=48$, $a_4+a_5+a_6=12$일 때, $a_7+a_8+a_9$의 값은?

① 1 ② 2 ③ 3 ④ 4 ⑤ 8

02 2점

4자리의 자연수 중에서 9의 배수 전체의 집합을 A라 하자. 집합 A의 원소 중에서 각 자리의 수가 1 이상이고 3 이하인 것의 개수는?

① 16 ② 18 ③ 20 ④ 22 ⑤ 24

03 3점

행렬 $A=\begin{pmatrix} 1 & -1 \\ 3 & -2 \end{pmatrix}$에 대하여 집합 X를 $X=\{A^n \mid n\text{은 자연수}\}$라 하자. 집합 X의 두 원소 P, Q가 다음 두 조건을 만족시킬 때, Q의 모든 성분의 합은?

(가) P의 모든 성분의 합은 -3이다.
(나) $PQ=E$ (단, E는 단위행렬이다)

① -3 ② -2 ③ 2 ④ 1 ⑤ 3

04 세 개의 주사위를 동시에 던질 때 나오는 눈의 수를 각각 a, b, c라 하자. 이때 세 수 a, b, c의 최대공약수가 2일 확률은?

3점

① $\frac{2}{27}$
② $\frac{17}{216}$
③ $\frac{19}{216}$
④ $\frac{5}{54}$
⑤ $\frac{25}{216}$

05 두 수열 $\{a_n\}$, $\{b_n\}$이 다음 조건을 모두 만족할 때, 이 때, $\lim_{n\to\infty}(a_n+b_n)$의 값은?

3점

(가) $a_1=10$, $b_1=1$

(나) $\begin{pmatrix} a_{n+1} \\ b_{n+1} \end{pmatrix} = \begin{pmatrix} \frac{1}{2} & \frac{1}{2} \\ 1 & 0 \end{pmatrix} \begin{pmatrix} a_n \\ b_n \end{pmatrix}$ $(n=1, 2, 3, \cdots)$

① 12
② 14
③ 16
④ 18
⑤ 20

06 두 이차정사각행렬 A, B가 다음 두 조건를 만족한다. 다음 중 행렬 $(AB)^2+2B^{-1}$와 같은 행렬은? (단, E는 단위행렬이다)

4점

(가) $A+B=E$

(나) $A^2=-E$

① $E-A$
② A
③ $2E$
④ $E+3A$
⑤ $4E-3A$

07 3점

양의 실수 x에 대하여 $\log_{10} x$의 지표를 $f(x)$, 가수를 $g(x)$라 할 때, 다음에서 옳은 것을 모두 고른 것은?

㉠ $f(1234)+f(0.1234)=2$
㉡ $g(5034)-g(0.05034)=0$
㉢ $\log_{10} a-\log_{10} 0.0762=4$이면 $f(a)=2$이다.

① ㉠
② ㉢
③ ㉠, ㉡
④ ㉡, ㉢
⑤ ㉠, ㉡, ㉢

08 3점

그림과 같은 직사각형 모양의 도로가 있다. P 지점에서 출발하여 Q 지점까지 도로를 따라 최단 거리로 갈 때, 도중에 방향을 바꾸는 횟수가 모두 7번이 되는 경로의 수는?

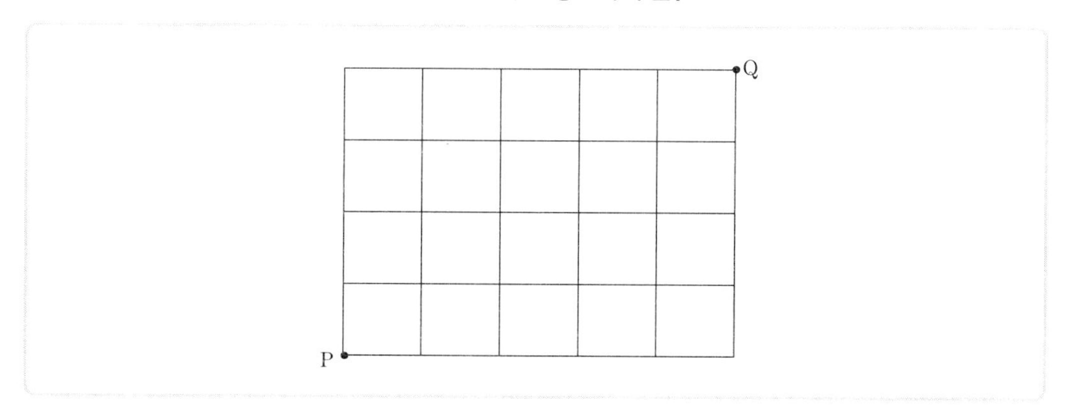

① 8
② 9
③ 10
④ 11
⑤ 12

09 3점 그림과 같이 모든 자연수 n에 대하여 곡선 $y=x^2$과 직선 $y=2x+n$이 만나는 두 점을 각각 A_n, B_n이라 하자. 선분 $\mathrm{A}_n\mathrm{B}_n$의 길이를 a_n이라 할 때, $\lim_{n\to\infty}\frac{\sqrt{5n+1}}{a_n}$의 값은?

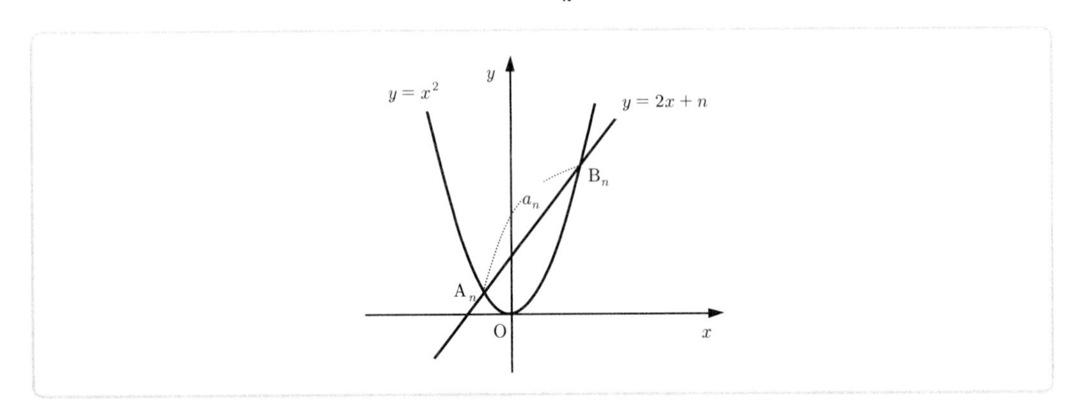

① $\frac{1}{4}$ ② $\frac{1}{3}$

③ $\frac{1}{2}$ ④ 2

⑤ 4

10 3점 어느 전자 회사에서는 신제품을 홍보하기 위해 7월 1일에 인터넷 사이트를 개설하여 한 달간 운영하였다. 이 사이트의 7월 1일의 회원 수가 2만 명이었고, 전날에 비해 매일 일정한 비율로 회원 수가 증가하여 7월 7일의 회원 수는 7월 1일의 회원 수보다 21% 증가하였다. 7월 4일의 회원 수가 7월 1일의 회원 수보다 A% 증가하였다고 할 때, A의 값은?

① 9 ② 9.5

③ 10 ④ 10.5

⑤ 11

11 3점 서류전형 후 필기시험을 실시하는 어느 시험에서 720명이 서류전형에 합격하였다. 서류전형 합격자는 필기시험에서 A, B, C, D 4과목 중 2과목을 반드시 선택해야 하고, 각 과목을 선택할 확률은 모두 같다고 한다. 4과목 중 A, B를 선택한 서류전형의 합격자의 수가 110명 이상 145명 이하일 확률을 오른쪽 표준정규분포표를 이용하여 구한 것은?

z	$P(0 \le Z \le z)$
1.0	0.3413
1.5	0.4332
2.0	0.4772
2.5	0.4938

① 0.0166　② 0.1359　③ 0.1525　④ 0.8351　⑤ 0.9104

12 3점 두 수열 $\{a_n\}$, $\{b_n\}$에 대하여 다음 중에서 항상 옳은 것을 모두 고른 것은?

ㄱ. 두 수열 $\{a_n\}$, $\{a_n b_n\}$이 모두 수렴하면 수열 $\{b_n\}$도 수렴한다.
ㄴ. 수열 $\{a_n - b_n\}$이 수렴할 때, 수열 $\{a_n\}$이 발산하면 수열 $\{b_n\}$도 발산한다.
ㄷ. 수열 $\{a_n b_n\}$이 0으로 수렴할 때, 수열 $\{a_n\}$이 0으로 수렴하지 않으면 수열 $\{b_n\}$은 0으로 수렴한다.

① ㄱ　② ㄴ　③ ㄷ　④ ㄱ, ㄴ　⑤ ㄴ, ㄷ

13 3점 함수 $y=f(x)$의 그래프는 함수 $y=3^x$의 그래프를 x축의 방향으로 -1만큼, y축의 방향으로 -2만큼 평행이동한 것이다. 다음 중에서 옳은 것을 모두 고른 것은?

ㄱ. $y=f(x)$의 그래프가 점 (a, b)를 지나면 $a=\log_3(b+2)-1$이다.
ㄴ. 두 함수 $y=f(x)$와 $y=3^x$의 그래프는 한 점에서 만난다.
ㄷ. 부등식 $f(x)<3^x$를 만족시키는 x의 값의 범위는 $x<0$이다.

① ㄴ　② ㄷ　③ ㄱ, ㄴ　④ ㄱ, ㄷ　⑤ ㄱ, ㄴ, ㄷ

14 3점

어느 대학은 학교 발전을 위하여 대학예산에서 시설투자비가 차지하는 비율을 증가시키기로 하였다. 2008년에 이 대학의 대학예산에서 시설투자비가 차지하는 비율은 4%이다. 이후 대학예산의 증가율은 매년 12%, 시설투자비의 증가율은 매년 20%로 일정하다면 처음으로 대학예산에서 시설투자비가 차지하는 비율이 6% 이상이 될 때는 2008년을 기준으로 몇 년 후 부터인가? (단, $\log_{10}1.12=0.0492$, $\log_{10}1.20=0.0792$, $\log_{10}2=0.3010$, $\log_{10}3=0.4771$로 계산한다)

① 6 ② 8

③ 10 ④ 12

⑤ 14

15 4점

다음은 모든 자연수 n에 대하여 등식 $\sum_{k=1}^{n}k^2\left\{\frac{1}{k(2k+1)}+\frac{1}{(k+1)(2k+3)}+\frac{1}{(k+2)(2k+5)}+\cdots+\frac{1}{n(2n+1)}\right\}=\frac{n(n+3)}{12}$이 성립함을 수학적귀납법으로 증명한 것이다. 다음의 증명에서 (가), (나), (다)에 알맞은 것을 차례대로 나열한 것은?

[증명]

(1) $n=1$일 때 (좌변)$=\frac{1}{3}$, (우변)$=\frac{1}{3}$이므로 주어진 등식은 성립한다.

(2) $n=m$일 때 성립한다고 가정하면

$$\sum_{k=1}^{m}k^2\left\{\frac{1}{k(2k+1)}+\frac{1}{(k+1)(2k+3)}+\frac{1}{(k+2)(2k+5)}+\cdots+\frac{1}{m(2m+1)}\right\}=\frac{m(m+3)}{12}$$

이제, $n=m+1$일 때 성립함을 보이자.

$$\sum_{k=1}^{m+1}k^2\left\{\frac{1}{k(2k+1)}+\frac{1}{(k+1)(2k+3)}+\frac{1}{(k+2)(2k+5)}+\cdots+\frac{1}{(m+1)(2m+3)}\right\}$$

$$=\sum_{k=1}^{m}k^2\left\{\frac{1}{k(2k+1)}+\frac{1}{(k+1)(2k+3)}+\frac{1}{(k+2)(2k+5)}+\cdots+\frac{1}{(m+1)(2m+3)}\right\}+\frac{\boxed{(가)}}{2m+3}$$

$$=\sum_{k=1}^{m}k^2\left\{\frac{1}{k(2k+1)}+\frac{1}{(k+1)(2k+3)}+\frac{1}{(k+2)(2k+5)}+\cdots+\frac{1}{\boxed{(나)}}\right\}+\frac{1}{(m+1)(2m+3)}$$

$$\sum_{k=1}^{m}k^2+\frac{\boxed{(가)}}{2m+3}$$

$$= \frac{m(m+3)}{12} + \frac{1}{(m+1)(2m+3)} \sum_{k=1}^{m+1} \boxed{(다)}$$

$$= \frac{(m+1)(m+4)}{12}$$

그러므로 $n=m+1$일 때도 성립한다.

따라서 (1), (2)에 의하여 모든 자연수 n에 대하여 주어진 등식은 성립한다.

	(가)	(나)	(다)
①	m	$(m+1)(2m+3)$	$(k-1)^2$
②	m	$m(2m+1)$	$(k-1)^2$
③	$m+1$	$m(2m+1)$	$(k-1)^2$
④	$m+1$	$(m+1)(2m+3)$	k^2
⑤	$m+1$	$m(2m+1)$	k^2

16 4점

이차정사각행렬 $A=\begin{pmatrix} a & b \\ c & d \end{pmatrix}$에 대하여 $f(A)=a+d$라 하자. 세 이차정사각행렬 A, B, C에 대하여 다음 중 항상 옳은 것을 모두 고른 것은?

ㄱ $f(A-B)=f(A)-f(B)$

ㄴ $f(AB)=f(BA)$

ㄷ 영행렬이 아닌 행렬 C와 역행렬을 갖는 두 행렬 A, B에 대하여 $M=ACA^{-1}-BCB^{-1}$라 하면 $f(M)=0$이다.

① ㄱ ② ㄱ, ㄴ

③ ㄱ, ㄷ ④ ㄴ, ㄷ

⑤ ㄱ, ㄴ, ㄷ

17 4점 방정식 $x^3-1=0$의 한 허근을 ω라 하자. 모든 자연수 n에 대하여 ω^n의 실수부분을 a_n이라 정의할 때, $\sum_{k=1}^{10}(a_k a_{k+1} a_{k+2})$의 값은?

① 0
② $\frac{9}{4}$
③ $\frac{5}{2}$
④ $\frac{11}{4}$
⑤ 3

18 4점 함수 $f(x)=|2^x-2|$의 그래프 위의 세 점 $(a, f(a))$, $(b, f(b))$, $(c, f(c))$가 $0<a<b<c$와 $f(a)>f(b)>f(c)$를 만족할 때, 다음 중에서 항상 옳은 것을 모두 고른 것은?

㉠ $0<c<1$
㉡ $0<f(a)+f(b)+f(c)<3$
㉢ 방정식 $f(x)-a=0$은 서로 다른 두 실근을 갖는다.

① ㉠
② ㉡
③ ㉢
④ ㉠, ㉡
⑤ ㉡, ㉢

19 3점 사관학교 생도의 60%는 입교 전에 확률과 통계 과목을 배웠고, 40%는 배우지 않았다고 한다. 확률과 통계 과목을 배운 생도들의 20%, 배우지 않은 생도들의 10%는 통계학 성적이 A학점이었다. 임의로 한 명의 생도를 뽑았더니 그 생도의 통계학 성적이 A학점이었을 때, 그 생도가 입교 전에 확률과 통계 과목을 배웠을 확률은?

① $\frac{5}{8}$
② $\frac{11}{16}$
③ $\frac{3}{4}$
④ $\frac{13}{16}$
⑤ $\frac{7}{8}$

20 [4점] $f(x)=\log_2 x$라 할 때, $0<x<1$에서 방정식 $\log_2\left[\frac{f(x)}{[f(x)]}\right]=0$을 만족시키는 모든 x의 값을 가장 큰 수부터 차례대로 나열한 것을 $a_1, a_2, a_3, \cdots$이라 하자. 이 때, $\sum_{n=1}^{\infty} a_n$의 값은? (단, $[x]$는 x보다 크지 않은 최대의 정수이다)

① $\frac{1}{2}$　② $\frac{2}{3}$　③ $\frac{3}{4}$　④ 1　⑤ 2

21 [4점] 10개의 구슬이 들어있는 주머니가 있다. 10개의 구슬 각각에는 1부터 10까지 서로 다른 자연수가 하나씩 적혀 있다. 이 주머니에서 한 개의 구슬을 꺼내어 숫자를 확인한 후 다시 집어넣는 시행을 세 번 반복하여 첫 번째 나온 수를 a, 두 번째 나온 수를 b, 세 번째 나온 수를 c라 하자. 다음과 같은 규칙으로 X를 정할 때, $X=5$일 확률은?

[규칙 1] a, b, c가 모두 다르면 중간 크기의 수를 X라 한다.
[규칙 2] a, b, c 중에서 두 개 이상이 같으면 같은 수를 X라 한다.

① $\frac{18}{125}$　② $\frac{37}{250}$　③ $\frac{19}{125}$　④ $\frac{39}{250}$　⑤ $\frac{4}{25}$

22 4점 그림과 같이 모든 자연수 n에 대하여 직선 $x=n$이 함수 $y=\left(\frac{1}{2}\right)^x$의 그래프와 만나는 점을 A_n, x축과 만나는 점을 B_n이라 하자. 사각형 $A_n B_n B_{n+1} A_{n+1}$의 넓이를 S_n이라 할 때, $\sum_{n=1}^{\infty} S_n$의 값은?

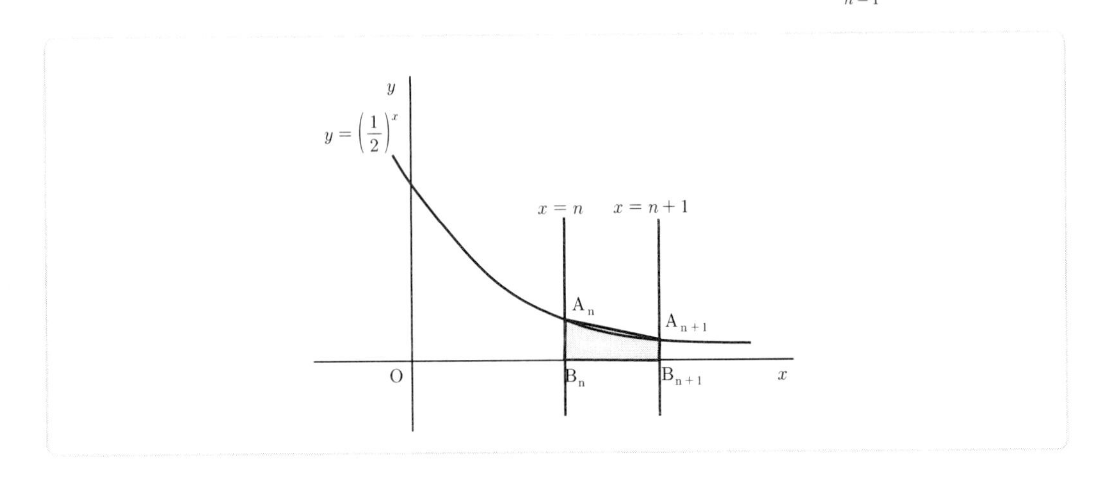

① $\frac{3}{4}$
② 1
③ $\frac{5}{4}$
④ $\frac{3}{2}$
⑤ $\sqrt{2}$

23 4점 주사위 한 개를 n번 던지는 시행에서 나타나는 눈의 수들 중에서 가장 큰 수를 a_n, 가장 작은 수를 b_n이라 하자. 예를 들면, 주사위를 한 번 던지는 시행에서 나타나는 눈의 수가 3이면 $a_1=b_1=3$이고, 주사위를 두 번 던지는 시행에서 나타나는 눈의 수가 4, 6이면 $a_2=6$, $b_2=4$이다. $a_n-b_n<5$가 될 확률을 p_n이라 할 때, $\sum_{n=1}^{\infty} p_n$의 값은?

① 7
② 8
③ 9
④ 10
⑤ 11

24 4점 철수가 자동차로 그림과 같은 바둑판 모양의 도로를 따라 A 지점에서 약속 장소인 B 지점까지 최단 거리로 가는 도중에, 도로 PQ 위에서 약속 장소가 C 지점으로 변경되었다는 연락을 받고 곧바로 C지점을 향하여 도로를 따라 최단 거리로 이동하였다. 이 때, 철수가 A지점에서 출발하여 C지점까지 최단 거리로 이동하는 경로의 수는? (단, 연락 받은 위치가 달라도 이동 경로가 같으면 동일한 경우로 간주한다)

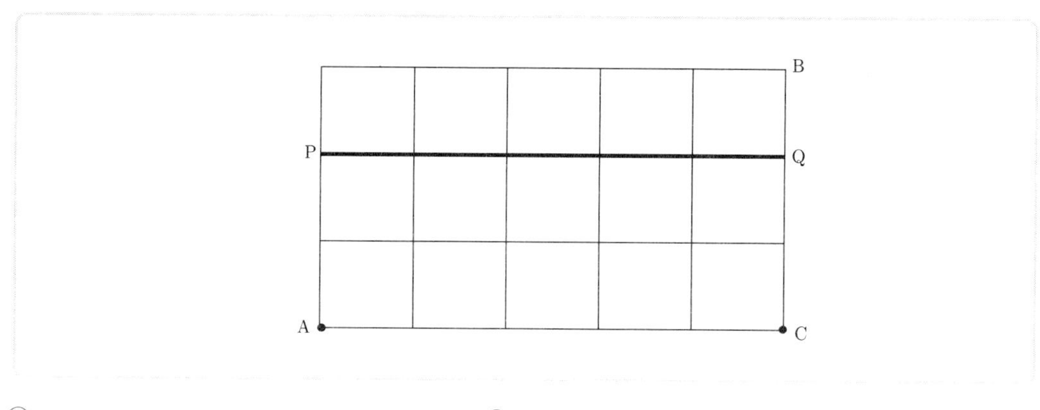

① 120　　② 122　　③ 124　　④ 126　　⑤ 128

주관식

25 2점 세 실수 a, b, c가 $ab=12$, $bc=8$, $2^a=27$을 만족시킬 때, 4^c의 값을 구하시오.

(　　　　　　)

주관식

26 3점 5장의 카드가 들어있는 상자가 있다. 5장의 카드 각각에는 1부터 5까지 서로 다른 자연수가 하나씩 적혀 있다. 이 상자에서 임의로 1장의 카드를 꺼내어 숫자를 확인한 후 다시 넣는 시행을 4번 반복하여 제 i번째에 꺼낸 카드에 적힌 숫자를 $a_i\,(i=1,\ 2,\ 3,\ 4)$라 하자. $a_1<a_2<a_3<a_4$가 될 확률이 $\frac{q}{p}$일 때, $p+q$의 값을 구하시오. (단, p, q는 서로소인 자연수이다)

(　　　　　　)

주관식

27 3점

두 행렬 $A=\begin{pmatrix} 2 & 4 \\ 1 & 0 \end{pmatrix}$, $B=\begin{pmatrix} -3 & 3 \\ 1 & 2 \end{pmatrix}$에 대하여 두 수열 $\{a_n\}$, $\{b_n\}$이 $a_nA+b_nB=\begin{pmatrix} 6n-3\cdot 2^n & 12n+3\cdot 2^n \\ 3n+2^n & 2^{n+1} \end{pmatrix}$ $(n=1, 2, 3, \cdots)$을 만족시킬 때, $\sum_{k=1}^{10} a_k$의 값을 구하시오.

( )

주관식

28 4점

두 수열 $\{a_n\}$, $\{b_n\}$이 모든 자연수 n에 대하여 $a_1=1$, $a_2=3$, $a_{n+1}=\frac{a_n+a_{n+2}}{2}$, $\sum_{k=1}^{n} a_kb_k=(4n^2-1)2^n+1$을 만족시킬 때, b_6의 값을 구하시오.

( )

주관식

29 4점

어느 임업연구소의 A, B 두 연구원이 소나무 군락지의 소나무들의 생장 상태를 알아보기 위하여 100 그루의 소나무들을 각각 a, b 그루로 나누어 키를 조사하였더니 오른쪽 표와 같은 결과를 얻었다. A, B 두 연구원이 각자 95%의 신뢰도로 군락지의 소나무들의 키의 평균을 추정하였더니 신뢰구간의 길이가 같았다. 소나무들의 키의 분포는 정규분포를 따른다고 할 때, $|a-b|$의 값을 구하시오. (단, 표준정규분포에서 $P(0\le Z\le 1.96)=0.475$로 계산한다)

	표본의 크기	표준편차
A연구원	a그루	3cm
B연구원	b그루	4cm

( )

주관식

30 4점

자연수 n에 대하여 $2^n\le x\le 2^{n+10}$에서 $|\log_2 x-2n|$의 최댓값을 a_n이라 할 때, $\sum_{k=1}^{10} a_k$의 값을 구하시오.

( )

05 | 2010학년도 수리영역

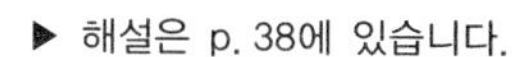
▶ 해설은 p. 38에 있습니다.

01 2점

$(\sqrt[3]{-16}+\sqrt[3]{250})^3$의 값은?

① 48 ② 54

③ 72 ④ 96

⑤ 108

02 2점

A그룹에 남자 2명과 여자 2명, B그룹에도 남자 2명과 여자 2명이 있다. A그룹과 B 그룹에서 각각 2명씩 뽑아 동시에 상대 그룹으로 이동시킬 때, A그룹에 남자 1명과 여자 3명이 있을 확률은?

① $\frac{1}{10}$ ② $\frac{1}{9}$

③ $\frac{2}{9}$ ④ $\frac{1}{3}$

⑤ $\frac{2}{5}$

03 2점

무한등비수열 $\left\{\left(\frac{r^2-r}{6}\right)^n\right\}$이 수렴하도록 하는 정수 r의 개수는?

① 4 ② 5

③ 6 ④ 7

⑤ 8

04 2 이상인 모든 자연수 n에 대하여 두 수열 $\{S_n\}$, $\{P_n\}$이 다음과 같을 때, $\lim_{n\to\infty} P_n$의 값은?

3점

$S_n = 1+2+3+\cdots+n$

$P_n = \dfrac{S_2}{S_2-1}\times\dfrac{S_3}{S_3-1}\times\dfrac{S_4}{S_4-1}\times\cdots\times\dfrac{S_n}{S_n-1}$

① 2
② $\dfrac{5}{2}$
③ 3
④ $\dfrac{7}{2}$
⑤ 4

05 다음은 r이 자연수일 때 $n \geq r$인 모든 자연수 n에 대하여 등식 $\sum_{i=r}^{n} {}_i\mathrm{C}_r = {}_{n+1}\mathrm{C}_{r+1}$이 성립함을 수학적 귀납법으로 증명하는 과정이다. 다음 증명에서 (가), (나), (다)에 알맞은 것은?

3점

[증명]

(1) $n=r$일 때

(좌변)$= {}_r\mathrm{C}_r =$ (가), (우변)$= {}_{r+1}\mathrm{C}_{r+1} =$ (가)

이므로 주어진 등식이 성립한다.

(2) $n=k$ $(k \geq r)$일 때 주어진 등식이 성립한다고 가정하면 $\sum_{i=r}^{k} {}_i\mathrm{C}_r = {}_{k+1}\mathrm{C}_{r+1}$이다.

$n=k+1$일 때 성립함을 보이자.

$\sum_{i=r}^{k+1} {}_i\mathrm{C}_r = {}_{k+1}\mathrm{C}_{r+1} +$ (나)

$=$ (다) $+ \dfrac{(k+1)!}{(k+1-r)!\,r!} = \dfrac{(k+2)!}{(k+1-r)!(r+1)!}$

$= {}_{k+2}\mathrm{C}_{r+1}$

따라서 $n=k+1$일 때 주어진 등식이 성립한다.

(1), (2)에 의하여 $n \geq r$인 모든 자연수 n에 대하여 주어진 등식이 성립한다.

	(가)	(나)	(다)
①	1	${}_{k+1}\mathrm{C}_{r}$	$\dfrac{(k+1)!}{(k-r)!\,(r+1)!}$
②	1	${}_{k+1}\mathrm{C}_{r}$	$\dfrac{(k+1)!}{(k+1-r)!\,r!}$
③	1	${}_{k+1}\mathrm{C}_{r+1}$	$\dfrac{(k+1)!}{(k-r)!\,(r+1)!}$
④	r	${}_{k+1}\mathrm{C}_{r+1}$	$\dfrac{(k+1)!}{(k+1-r)!\,r!}$
⑤	r	${}_{k+1}\mathrm{C}_{r}$	$\dfrac{(k+1)!}{(k+1-r)!\,r!}$

06 수열 $\{a_n\}$에 대하여 옳은 것만을 다음 중 모두 고른 것은?

3점

㉠ $\lim_{n\to\infty} a_n = \dfrac{1}{2}$이면 $\sum_{n=1}^{\infty} a_n$은 발산한다.

㉡ $a_n = \sum_{k=1}^{n} \dfrac{1}{\sqrt{k+1}+\sqrt{k}}$ 이면 수열 $\{a_n\}$은 수렴한다.

㉢ $|1+(a_1+a_2+\cdots+a_n)| < \dfrac{1}{n}$ 이면 $\sum_{n=1}^{\infty} a_n$은 수렴한다.

① ㉠
② ㉡
③ ㉠, ㉡
④ ㉠, ㉢
⑤ ㉡, ㉢

07 3점 두 수열 $\{a_n\}$, $\{b_n\}$을 모든 자연수 n에 대하여 $a_n = \log_2(n!)$, $b_n = a_{n+1} - a_n$으로 정의할 때, 옳은 것만을 다음 중 모두 고른 것은?

㉠ $b_{15} = 4$

㉡ $9 < \sum_{k=1}^{5} b_k < 10$

㉢ n이 짝수일 때 b_n의 값은 무리수이다.

① ㉠
② ㉠, ㉡
③ ㉠, ㉢
④ ㉡, ㉢
⑤ ㉠, ㉡, ㉢

08 3점 어느 보안 전문회사에서 바이러스 감염 여부를 진단하는 프로그램을 개발하였다. 그 진단 프로그램은 바이러스에 감염된 컴퓨터를 감염되었다고 진단할 확률이 94%이고, 바이러스에 감염되지 않은 컴퓨터를 감염되지 않았다고 진단할 확률이 98%이다. 실제로 바이러스에 감염된 컴퓨터 200대와 바이러스에 감염되지 않은 컴퓨터 300대에 대해 이 진단 프로그램으로 바이러스 감염 여부를 검사하려고 한다. 이 500대의 컴퓨터 중 임의로 한 대를 택하여 이 진단 프로그램으로 감염 여부를 검사하였더니 바이러스에 감염되었다고 진단하였을 때, 이 컴퓨터가 실제로 감염된 컴퓨터일 확률은?

① $\frac{94}{97}$
② $\frac{92}{97}$
③ $\frac{90}{97}$
④ $\frac{47}{49}$
⑤ $\frac{47}{50}$

09 3점 다음은 어느 보석 상점에서 판매하는 다이아몬드 가격표의 일부이다. 이 상점에서 판매하는 다이아몬드의 무게가 x캐럿일 때, 그 가격 $f(x)$만원은 $f(x)=a(b^x-1)$ (단, $a>0$, $b>1$인 상수)로 주어진다고 한다. 이때, 이 상점에서 판매하는 무게가 1.5캐럿인 다이아몬드의 가격은?

무게(캐럿)	가격(만원)
0.3	70
0.6	210

① 1875 만원 ② 1965 만원
③ 1980 만원 ④ 2170 만원
⑤ 2250 만원

10 3점 2009년 8월 초 판매 가격이 200만원인 노트북컴퓨터의 판매 가격은 매월 초 직전 달보다 1%씩 계속 인하된다고 하자. 어느 은행에 2009년 8월 초부터 2010년 7월 초까지 매월 초마다 일정한 금액을 적립하여, 12개월 후인 2010년 8월 초에 원금과 이자를 모두 찾아 바로 노트북컴퓨터를 구입하기로 하였다. 이 은행은 월이율이 1%이고 매월마다 복리로 계산한다고 할 때, 매월 초에 적립해야 할 최소금액은? (단, $0.99^{12}=0.89$, $1.01^{12}=1.13$으로 계산하고 천원 단위에서 반올림하며, 세금은 고려하지 않는다)

① 11 만원 ② 12 만원
③ 13 만원 ④ 14 만원
⑤ 15 만원

11 3점 임의의 실수 x에 대하여 $x=n+\alpha$(n은 정수, $0\le\alpha<1$)일 때, n을 x의 정수부분, α를 x의 소수부분이라 하자. $10<a<b<50$인 두 자연수 a, b에 대하여 $\log_2 a$의 소수부분과 $\log_2 b$의 소수부분이 같을 때 순서쌍 (a, b)의 개수는?

① 15 ② 16
③ 17 ④ 18
⑤ 19

12 3점 파장이 λ 이고 강도가 I_0 인 광선이 어떤 용액을 통과하면 이 용액에 광선이 흡수되어 입사광의 강도가 감소된다. 광선이 농도가 c 인 용액을 통과한 거리가 d 일 때의 광선의 강도를 I 라 하면 I 와 입사광의 강도 I_0 사이에는 $I = I_0 \times 10^{-acd}$, $a = \frac{4\pi k}{\lambda}$ (단, k는 소멸계수)인 관계가 성립하고, 이 용액의 흡광도 A를 $A = \log I_0 - \log I$ 로 정의한다. 파장이 λ_1 인 광선이 농도가 0 이 아닌 어떤 용액을 통과한 거리가 d_1 일 때의 흡광도를 A_1, 파장이 $2\lambda_1$ 인 광선이 동일한 농도의 이 용액을 통과한 거리가 $4d_1$ 일 때의 흡광도를 A_2라 하자.

이때, 소멸계수 k가 일정하다고 할 때 $\frac{A_2}{A_1}$ 의 값은? (단, $\lambda_1 d_1 \neq 0$ 이다)

① 8
② 2
③ 1
④ $\frac{1}{2}$
⑤ $\frac{1}{8}$

13 3점 세 행렬 $A = \begin{pmatrix} a & b \\ c & -a \end{pmatrix}$, $O = \begin{pmatrix} 0 & 0 \\ 0 & 0 \end{pmatrix}$, $E = \begin{pmatrix} 1 & 0 \\ 0 & 1 \end{pmatrix}$ 에 대하여 옳은 것만을 다음에서 있는 대로 고른 것은? (단, a, b, c는 모두 0이 아닌 실수이다)

㉠ $a^2 + bc = 1$이면 $A^{2009} = A$이다.
㉡ $A^3 - 2A = O$이면 A는 역행렬을 갖는다.
㉢ $A^3 - 4A^2 + 4E = O$를 만족시키는 a, b, c가 존재한다.

① ㉠
② ㉠, ㉡
③ ㉠, ㉢
④ ㉡, ㉢
⑤ ㉠, ㉡, ㉢

14 4점 컴퓨터의 화면 보호기에 A, B, C, D 네 개의 사진이 매초마다 다른 사진으로 바뀌면서 임의로 하나씩 나타나도록 하였다. 한 사진에서 다른 사진으로 바뀔 확률은 모두 같다고 하고, 자연수 n에 대하여 A 사진이 나온 다음 n초가 지난 후에 B 사진이 나올 확률을 p_n 이라 하자.

다음은 $\lim_{n\to\infty} p_n = \frac{1}{4}$ 임을 증명하는 과정이다. 위 증명에서 (가), (나), (다)에 들어갈 식으로 알맞은 것은?

> [증명]
> A 사진이 나온 다음 n초가 지난 후에 B, C, D 사진이 나올 확률이 같으므로
> A 사진이 나온 다음 n초가 지난 후에 다시 A 사진이 나올 확률은 $\boxed{\quad (가) \quad}$ 이다.
> 따라서 A 사진이 나온 다음 $n+1$초가 지난 후에 B 사진이 나올 확률 p_{n+1} 은
> $p_{n+1} = \frac{1}{3}(2p_n + \boxed{\quad (가) \quad}) = \boxed{\quad (나) \quad} + \frac{1}{3}$
> 따라서 수열 $\left\{p_n - \frac{1}{4}\right\}$ 은 첫째항이 $\boxed{\quad (다) \quad}$ 이고 공비가 $-\frac{1}{3}$ 인 등비수열을 이룬다.
> $\therefore \lim_{n\to\infty} p_n = \frac{1}{4}$

	(가)	(나)	(다)
①	$1-3p_n$	$-\frac{1}{3}p_n$	$\frac{1}{6}$
②	$1-\frac{3}{4}p_n$	$-\frac{1}{3}p_n$	$\frac{1}{6}$
③	$1-3p_n$	$\frac{1}{3}p_n$	$\frac{1}{6}$
④	$1-\frac{3}{4}p_n$	$\frac{1}{3}p_n$	$\frac{1}{12}$
⑤	$1-3p_n$	$-\frac{1}{3}p_n$	$\frac{1}{12}$

15 3점

x, y에 대한 연립방정식 $\begin{cases} ax+by=p \\ cx+dy=q \end{cases}$에서 행렬 A, B를 $A=\begin{pmatrix} a & b \\ c & d \end{pmatrix}$, $B=\begin{pmatrix} a & p \\ c & q \end{pmatrix}$라 하자. 옳은 것만을 다음 중 모두 고른 것은? (단, a, b, c, d, p, q는 모두 0이 아닌 상수)

> ㉠ A의 역행렬이 존재하면 연립방정식은 오직 한 쌍의 해를 갖는다.
> ㉡ A, B의 역행렬이 모두 존재하지 않으면 연립방정식의 해는 무수히 많다.
> ㉢ A의 역행렬이 존재할 때, 실수 k_1, k_2에 대하여 $k_1\begin{pmatrix} a \\ c \end{pmatrix}+k_2\begin{pmatrix} b \\ d \end{pmatrix}=\begin{pmatrix} 0 \\ 0 \end{pmatrix}$이면 $k_1=k_2=0$이다.

① ㉠
② ㉠, ㉡
③ ㉠, ㉢
④ ㉡, ㉢
⑤ ㉠, ㉡, ㉢

16 4점

r가 양의 상수일 때 $0\le x\le(1+\sqrt{3})r$에서 정의된 연속확률변수 X의 확률밀도함수 $y=f(x)$의 그래프가 그림과 같이 중심의 좌표가 $(0, 0)$이고 반지름의 길이가 $2r$인 원의 일부, 중심의 좌표가 $(\sqrt{3}r, 0)$이고 반지름의 길이가 r인 원의 일부일 때, 확률 $\mathrm{P}(0\le X\le r)$의 값은?

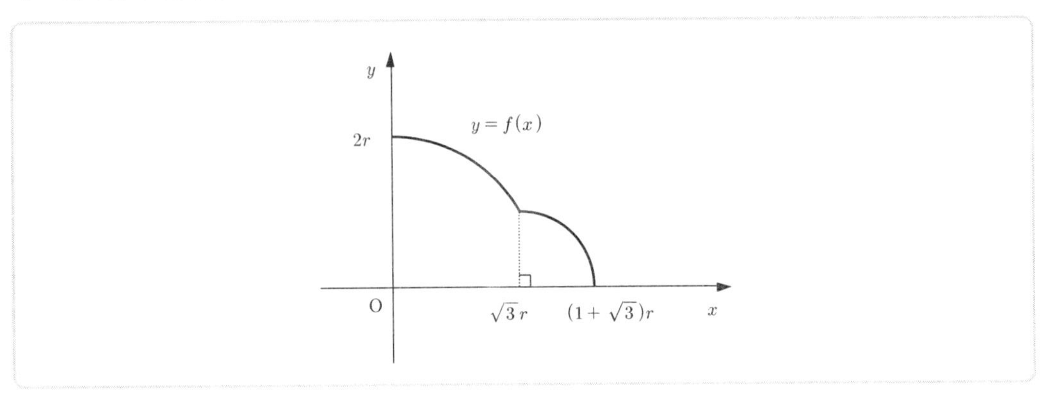

① $\dfrac{\pi+6\sqrt{3}}{11\pi+6\sqrt{3}}$
② $\dfrac{2\pi+6\sqrt{3}}{11\pi+6\sqrt{3}}$
③ $\dfrac{3\pi+6\sqrt{3}}{11\pi+6\sqrt{3}}$
④ $\dfrac{4\pi+6\sqrt{3}}{11\pi+6\sqrt{3}}$
⑤ $\dfrac{5\pi+6\sqrt{3}}{11\pi+6\sqrt{3}}$

17 4점

등식 $A^2=A+3E$를 만족시키고 $A\neq kE$인 이차정사각행렬 A에 대하여 $A^n=a_nA+b_nE$ $(n=1, 2, 3, \cdots)$가 성립하도록 하는 두 수열 $\{a_n\}$, $\{b_n\}$이 있다. 이때, 모든 자연수 n에 대하여 $\begin{pmatrix} a_{n+1} \\ b_{n+1} \end{pmatrix}=B\begin{pmatrix} a_n \\ b_n \end{pmatrix}$을 만족시키는 행렬 B에 대하여 $B^2=xB+yE$가 성립한다. 두 상수 x, y의 합 $x+y$의 값은? (단, E는 단위행렬이고 k는 상수이다)

① 1 ② 2 ③ 3 ④ 4 ⑤ 5

18 4점

실수 전체의 집합의 두 부분집합 A, B를 각각 $A=\{x\,|\log_4(x-1)\leq\log_{16}(x+5)\}$, $B=\{x\,|\,8^x-11\cdot4^x+38\cdot2^x-40=0\}$이라 할 때, 집합 $A\cap B$의 모든 원소들의 합은?

① $\log_2 10$ ② $\log_2 20$ ③ $\log_2 40$ ④ $\log_2 60$ ⑤ $\log_2 80$

19 4점

방정식 $2^{\frac{x}{2}}=\log_{\sqrt{2}}|x|$의 서로 다른 실근의 개수는?

① 1 ② 2 ③ 3 ④ 4 ⑤ 0

20 [그림 1]과 같이 한 변의 길이가 1인 정사각형 $A_1B_1C_1D_1$의 네 꼭짓점에서 반지름의 길이가 $\overline{A_1B_1}$인 사분원을 그리고, 정사각형 $A_1B_1C_1D_1$의 내부에서 각 사분원끼리 만나는 점을 각각 A_2, B_2, C_2, D_2라 하자.
4점

또 [그림 2]와 같이 정사각형 $A_2B_2C_2D_2$의 네 꼭짓점에서 반지름의 길이가 $\overline{A_2B_2}$인 사분원을 그리고, 정사각형 $A_2B_2C_2D_2$의 내부에서 각 사분원끼리 만나는 점을 각각 A_3, B_3, C_3, D_3이라 하자.

이와 같은 과정을 계속하여 모든 자연수 n에 대하여 정사각형 $A_nB_nC_nD_n$의 네 꼭짓점에서 반지름의 길이가 $\overline{A_nB_n}$인 사분원을 그리고, 정사각형 $A_nB_nC_nD_n$의 내부에서 각 사분원끼리 만나는 점을 각각 A_{n+1}, B_{n+1}, C_{n+1}, D_{n+1}이라 하자. 모든 자연수 n에 대하여 정사각형 $A_nB_nC_nD_n$의 넓이를 S_n이라 할 때, $\sum_{n=1}^{\infty} S_n$의 값은?

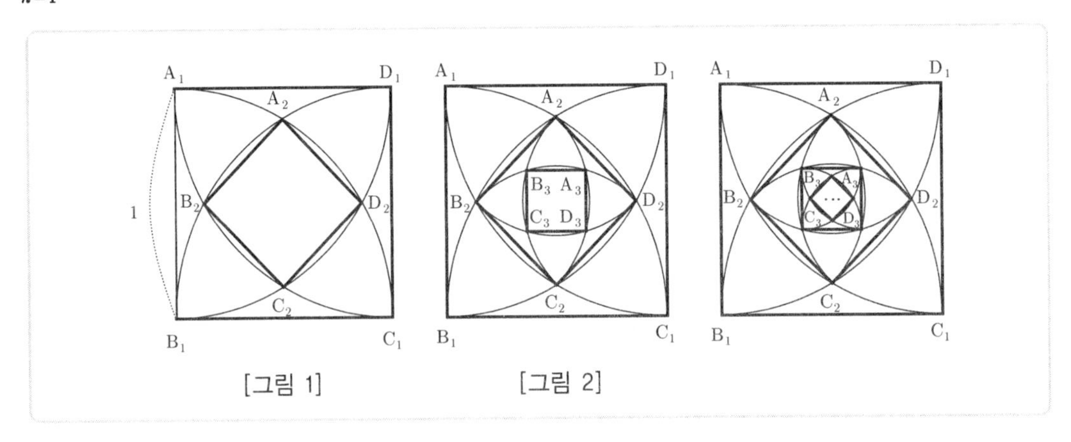

[그림 1] [그림 2]

① $\frac{1+\sqrt{3}}{2}$

② $\frac{2+\sqrt{3}}{2}$

③ $\frac{2+\sqrt{3}}{3}$

④ $\frac{2+2\sqrt{3}}{3}$

⑤ $\frac{1+3\sqrt{3}}{3}$

21 [4점] 어느 자영업자의 하루 매출액은 평균이 30만원이고 표준편차가 4만원인 정규분포를 따른다고 한다. 이 자영업자는 하루 매출액이 31만원 이상일 때마다 1,000원씩을 자선단체에 기부하고 31만원 미만일 때는 기부를 하지 않는다고 한다. 이와 같은 추세가 계속된다고 할 때, 600일 동안 영업하여 기부할 총 금액이 222,000원 이상이 될 확률을 오른쪽 표준정규분포표를 이용하여 구한 것은?

[표준정규분포표]

z	$P(0 \le Z \le z)$
0.25	0.10
0.50	0.19
1.00	0.34
1.50	0.43

① 0.69　② 0.84　③ 0.90　④ 0.93　⑤ 0.98

22 [4점] 좌표평면 위에 세 점 $A(1, \sqrt{3})$, $B(0, 0)$, $C(2, 0)$이 있다. 선분 AB의 중점을 P_1, 선분 P_1C의 중점을 Q_1, 선분 Q_1A의 중점을 R_1, 선분 R_1B의 중점을 P_2라 하자. 이와 같은 과정을 계속하여 모든 자연수 n에 대하여 선분 P_nC의 중점을 Q_n, 선분 Q_nA의 중점을 R_n, 선분 R_nB의 중점을 P_{n+1}이라 하자. n이 한없이 커질 때, 점 P_n은 점 (α, β)에 한없이 가까워진다. 이때 두 상수 α, β의 합 $\alpha+\beta$의 값은?

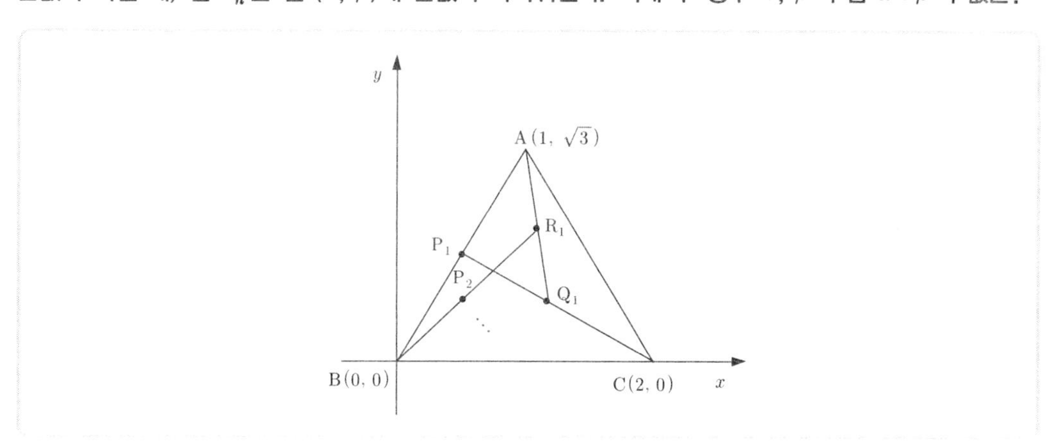

① $\frac{3+\sqrt{3}}{7}$　② $\frac{3+2\sqrt{3}}{7}$　③ $\frac{3+3\sqrt{3}}{7}$　④ $\frac{4+\sqrt{3}}{7}$　⑤ $\frac{4+2\sqrt{3}}{7}$

23
4점

최대공약수가 5!, 최소공배수가 13!이 되는 두 자연수 k, $n(k \le n)$의 순서쌍 (k, n)의 개수는?

① 25
② 27
③ 32
④ 36
⑤ 49

24
4점

다음 등식을 만족시키는 세 실수 a, b, c가 있다. 이때, 세 실수 a, b, c의 대소 관계를 옳게 나타낸 것은?

$$\left(\frac{1}{3}\right)^{a}=2a, \qquad \left(\frac{1}{3}\right)^{2b}=b, \qquad \left(\frac{1}{2}\right)^{2c}=c$$

① $a<b<c$
② $a<c<b$
③ $b<a<c$
④ $b<c<a$
⑤ $c<a<b$

주관식

25
3점

다음 세 조건을 모두 만족시키는 두 이차정사각행렬 A, B가 있다. 이때, 두 실수 x, y의 곱 xy의 값을 구하시오.

- $A+B=\begin{pmatrix} 2 & 6 \\ x & 12 \end{pmatrix}$
- $A-B=\begin{pmatrix} 6 & y \\ -2 & -4 \end{pmatrix}$
- $A^2-B^2=AB-BA$

(　　　　　　　　)

주관식

26
3점

$\log_{15} A=30$, $\log_{45} B=15$인 두 자연수 A, B에 대하여 $\dfrac{B}{A}$를 소수로 나타내면 소수점 아래 n째 자리에서 처음으로 0이 아닌 숫자가 나온다. 이때, n의 값을 구하시오. (단, $\log 2=0.3010$)

(　　　　　　　　)

주관식

27 3점

A 도시에서 B 도시로 운행하는 고속버스들의 소요시간은 평균이 m 분이고, 표준편차가 10분인 정규분포를 따른다고 한다. 이 고속버스들의 소요시간 중에서 크기가 n 인 표본을 임의추출하여 구한 표본평균을 $\overline{X}$ 라 하자. $P(m-5 \leq \overline{X} \leq m+5)=0.9544$ 를 만족시키는 표본의 크기 n 의 값을 오른쪽 표준정규분포표를 이용하여 구하시오.

[표준정규분포표]

z	$P(0 \leq Z \leq z)$
1.0	0.3413
1.5	0.4332
2.0	0.4772
2.5	0.4938

( )

주관식

28 4점

좌표평면 위에 그림과 같이 원점을 중심으로 하고 반지름의 길이가 20이하의 자연수인 반원이 20개 있다. $1 \leq k \leq 19$ 인 모든 자연수 k에 대하여 반지름의 길이가 k인 반원과 반지름의 길이가 $k+1$ 인 반원 사이의 영역을 $2k+1$ 등분한 다음, 각 부분에 시계 바늘이 도는 방향과 반대방향으로 자연수를 차례대로 나열하였다. 이때, 직선 $y=x$ 와 맨 바깥쪽 영역이 만나는 어두운 부분에 들어간 수를 구하시오. (단, 반지름의 길이가 1인 반원의 내부에는 1을 나열한다)

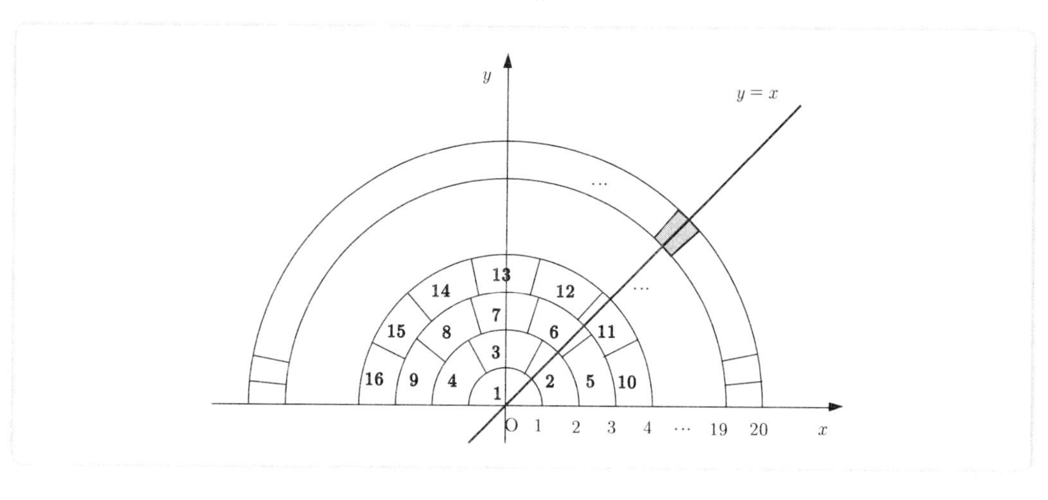

( )

주관식

29 4점

좌표평면 위에서 점 P는 한 번의 이동으로 다음의 [규칙 1] 또는 [규칙 2]를 따라 이동한다.

예를 들어, 원점 O에 있는 점 P가 두 번의 이동으로 도달할 수 있는 곳을 표시하면 그림과 같다.

점 P가 [규칙 1]을 따라 이동할 확률은 $\frac{1}{3}$이고 [규칙 2]를 따라 이동할 확률은 $\frac{2}{3}$일 때, 위와 같은 규칙으로 점 P가 원점 O에서부터 다섯 번의 이동으로 점 $(8,\ 7)$에 도달할 확률은 $\frac{q}{p}$이다.

이때, 서로소인 두 자연수 p, q의 합 $p+q$의 값을 구하시오. (단, 매번 이동하는 사건은 서로 독립이다)

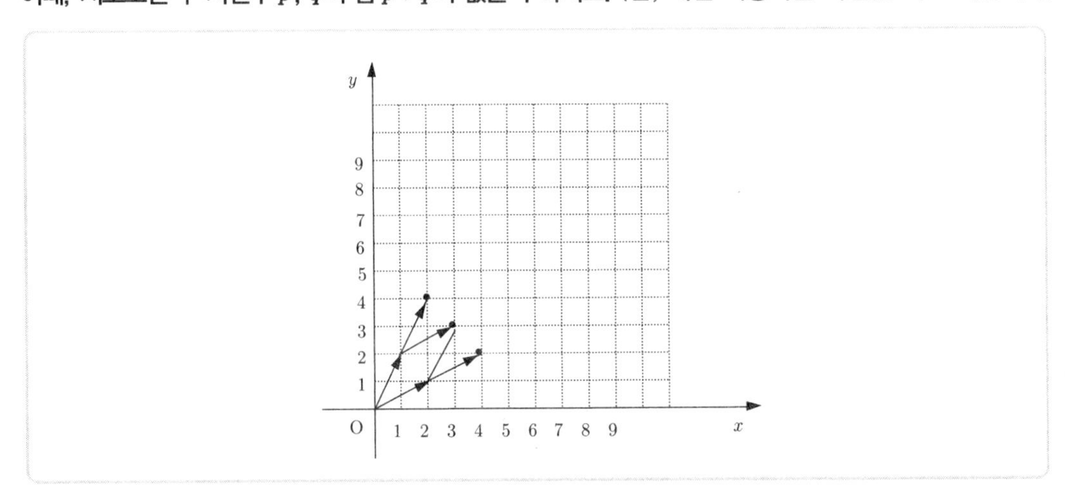

[규칙 1] x축의 양의 방향으로 1만큼, y축의 양의 방향으로 2만큼 이동한다.
[규칙 2] x축의 양의 방향으로 2만큼, y축의 양의 방향으로 1만큼 이동한다.

( )

주관식

30 4점

$1 \le x < 10$인 실수 x에 대하여 $\frac{x^3}{[x]}$의 값이 자연수가 되는 x의 개수를 구하시오.

(단, $[x]$는 x보다 크지 않은 최대의 정수이다)

( )

06 2011학년도 수리영역

▶ 해설은 p. 50에 있습니다.

01 2점

수열 $\{a_n\}$에 대하여 $\sum_{n=1}^{\infty}\left(\frac{a_n}{n}-3\right)=7$일 때, $\lim_{n\to\infty}\frac{2a_n+3n-1}{a_n-1}$의 값은?

① 1　② 3　③ 5　④ 7　⑤ 9

02 2점

두 사건 A, B에 대하여 $\mathrm{P}(A)=0.4$, $\mathrm{P}(B)=0.5$, $\mathrm{P}(A\cup B)=0.8$일 때, $\mathrm{P}(A^C|B)+\mathrm{P}(A|B^C)$의 값은?

① 1.1　② 1.2　③ 1.3　④ 1.4　⑤ 1.5

03 2점

행렬 $A=\begin{pmatrix} a & -2 \\ 1 & b \end{pmatrix}$에 대하여 $A^3=A$, $A^4=E$가 성립할 때, 두 실수 a, b의 곱 ab의 값은?
(단, E는 단위행렬이다)

① -5　② -3　③ 1　④ 3　⑤ 5

04 $10^{0.76}$의 정수부분은? (단, $\log 2 = 0.3010$, $\log 3 = 0.4771$로 계산한다)

3점

① 5
② 6
③ 7
④ 8
⑤ 9

05 n이 자연수일 때, 집합 A_n을 $A_n = \{x \mid x^n = 2011,\ x\text{는 실수}\}$라 하자. 집합 A_n의 원소의 개수를 $f(n)$이라 할 때, $\sum_{n=1}^{2011}(-1)^n f(n)$의 값은?

3점

① 502
② 1004
③ 1005
④ 2010
⑤ 2011

06 등비수열 $\{a_n\}$에 대하여 $\sum_{k=1}^{10} a_k = 256$, $\sum_{k=1}^{10} \frac{1}{a_k} = 4$가 성립할 때, $a_1 a_{10}$의 값은?

3점

① 64
② $32\sqrt{2}$
③ 32
④ $16\sqrt{2}$
⑤ 16

07 수열 $\{a_n\}$이 조건 $a_{n+1} = a_n + 2(n-1)$ $(n = 1, 2, 3, \cdots)$을 만족시킨다. $a_{10} = 100$일 때, a_1의 값은?

3점

① 26
② 28
③ 30
④ 32
⑤ 34

08 3점 함수 $y=f(x)$ 의 그래프는 지수함수 $y=a^x$ 의 그래프를 x 축의 방향으로 b 만큼 평행이동시킨 것이다. 수열 $\{a_n\}$ 은 첫째항이 2, 공비가 3 인 등비수열이고, 모든 자연수 n 에 대하여 점 (n, a_n) 은 함수 $y=f(x)$ 의 그래프 위의 점일 때, 두 상수 a, b 의 합 $a+b$ 의 값은?

① $-\log_3 2$
② $1-\log_3 2$
③ $2-\log_3 2$
④ $3-\log_3 2$
⑤ $4-\log_3 2$

09 3점 모든 실수 x 에 대하여 부등식 $2^{4x}+a\cdot 2^{2x-1}+10>\frac{3}{4}a$ 를 만족시키는 자연수 a 의 최댓값은?

① 11
② 13
③ 15
④ 17
⑤ 19

10 3점 두 사격선수 A, B가 한 번의 사격에서 10 점을 얻을 확률은 각각 $\frac{3}{4}$, $\frac{2}{3}$ 라고 한다. 두 선수가 임의로 순서를 정하여 각각 한 번씩 사격하였더니 먼저 사격한 선수만 10 점을 얻었다고 한다. 이때, 먼저 사격한 선수가 A 이었을 확률은?

① $\frac{1}{2}$
② $\frac{9}{17}$
③ $\frac{3}{5}$
④ $\frac{2}{3}$
⑤ $\frac{9}{13}$

11 3점 어느 지역에서 사관학교에 지원한 학생들을 대상으로 안경 착용 여부를 조사하였더니 그 결과가 다음 표와 같았다. 이 학생들 중에서 임의로 한 명을 선택할 때, 그 학생이 남학생일 사건을 A, 안경을 쓴 학생일 사건을 B라 하자. 두 사건 A, B가 서로 독립일 때, 자연수 n의 값은?

	남학생	여학생
안경을 쓴 학생	n명	100명
안경을 안 쓴 학생	180명	$(n+30)$명

① 80　② 100　③ 120　④ 150　⑤ 180

12 3점 평균이 m, 표준편차가 σ인 정규분포를 따르는 확률변수 X와 표준정규분포를 따르는 확률변수 Z가 다음 두 조건을 만족시킨다. $m+\sigma$의 값은?

(가) $\mathrm{P}(X \geq 58)=\mathrm{P}(Z \geq -1)$
(나) $\mathrm{P}(X \leq 55)=\mathrm{P}(Z \geq 2)$

① 62　② 63　③ 64　④ 65　⑤ 66

13 3점 어떤 기계 장치는 작동하기 시작한 순간부터 시간이 지남에 따라 그 정확도가 점점 떨어진다고 한다. 이 기계가 작동하기 시작하여 t시간이 되는 순간의 정확도를 I(%)라 하면 관계식 $I=a\log(t+7)+b$(a, b는 상수, $0 \leq t \leq 200$)가 성립한다고 한다. 처음 이 기계가 작동하기 시작한 순간의 정확도는 100이며, 작동하기 시작하여 28시간이 되는 순간의 정확도는 79라고 한다. 이 기계가 작동하기 시작하여 63시간이 되는 순간의 정확도는? (단, $\log 2=0.3$으로 계산한다)

① 55　② 60　③ 65　④ 70　⑤ 75

14 3점 다음은 2 이상의 모든 자연수 n에 대하여 부등식 $\frac{1\cdot2}{n+1}+\frac{2\cdot3}{n+2}+\frac{3\cdot4}{n+3}+\cdots+\frac{n(n+1)}{n+n}<\frac{(n+1)^2}{4}$ … (*)이 성립함을 수학적귀납법으로 증명한 것이다. 다음의 증명에서 (가)에 알맞은 수를 a라 하고, (나), (다)에 알맞은 식을 각각 $f(m)$, $g(m)$이라 할 때, $af(3)g(3)$의 값은?

[증명]
부등식 (*)의 좌변을 S_n이라 하자

(i) $n=2$일 때, (좌변)$=S_2=$ [(가)], (우변)$=\frac{9}{4}$이므로 (*)은 성립한다.

(ii) $n=m$ ($m=2, 3, 4, \cdots$)일 때 (*)이 성립한다고 가정하자.

$S_m=\frac{1\cdot2}{m+1}+\frac{2\cdot3}{m+2}+\frac{3\cdot4}{m+3}+\cdots+\frac{m(m+1)}{m+m}$ 이고,

$S_{m+1}=\frac{1\cdot2}{(m+1)+1}+\frac{2\cdot3}{(m+1)+2}+\cdots+\frac{(m+1)(m+2)}{(m+1)+m+1}$ 이므로

$S_{m+1}-S_m=-2\left(\frac{1}{m+1}+\frac{2}{m+2}+\frac{3}{m+3}+\cdots+\frac{m}{2m}\right)+$ [(나)] $+\frac{m+2}{2}$

한편, $\frac{1}{m+1}+\frac{2}{m+2}+\cdots+\frac{m}{2m}>\frac{1}{m+m}+\frac{2}{m+m}+\cdots+\frac{m}{2m}=$ [(다)] 이고

[(나)] $<\frac{2m+1}{4}$ 이므로 $S_{m+1}-S_m<\frac{2m+3}{4}$ 이다.

따라서 $S_{m+1}<S_m+\frac{2m+3}{4}<\frac{(m+2)^2}{4}$ 이므로 (*)은 $n=m+1$일 때도 성립한다.

그러므로 (i), (ii)에서 2 이상의 모든 자연수 n에 대하여 (*)이 성립한다.

① $\frac{13}{7}$ ② $\frac{20}{7}$ ③ $\frac{26}{7}$ ④ $\frac{33}{7}$ ⑤ $\frac{39}{7}$

15 4점 양수 a에 대하여 $\log a$의 가수를 $g(a)$라 하자. 두 함수 $y=g(3|x|+1)$, $y=mx+1$의 그래프가 서로 다른 두 점에서 만날 때, 실수 m의 최댓값은?

① $\frac{1}{4}$
② $\frac{1}{3}$
③ $\frac{1}{2}$
④ $\frac{2}{3}$
⑤ $\frac{3}{4}$

16 4점 사과 3개와 복숭아 2개가 있다. 이 5개의 과일 중에서 임의로 4개의 과일을 택하여 네 명의 학생에게 각각 하나씩 나누어 주었다. 남아있는 1개의 과일을 네 명의 학생 중 임의의 한 명에게 주었을 때, 이 학생이 가진 2개의 과일이 같은 종류일 확률은?

① $\frac{1}{10}$
② $\frac{1}{5}$
③ $\frac{3}{10}$
④ $\frac{2}{5}$
⑤ $\frac{1}{2}$

17 4점 그림과 같이 $\overline{AB}=\sqrt{2}$, $\overline{AD}=2$ 인 직사각형 ABCD 에서 다음 [단계]와 같은 순서로 도형을 만들어 나간다. 이와 같은 과정을 계속하여 [단계n]에서 그려진 두 원의 넓이의 합을 S_n 이라 할 때, $\sum_{n=1}^{\infty} S_n$ 의 값은?

[단계 1] 직사각형 ABCD 의 긴 두 변의 중점을 잇는 선분을 그린 다음, 한 쪽 직사각형에 두 대각선을 그려 네 개의 이등변삼각형을 만든다. 이 중 꼭지각의 크기가 둔각인 두 이등변삼각형에 내접하는 원을 각각 그린 후 이 두 원의 넓이의 합을 S_1 이라 하자.

[단계 2] [단계 1]에서 대각선이 그려지지 않은 직사각형의 긴 두 변의 중점을 잇는 선분을 그린 다음, 한 쪽 직사각형에 두 대각선을 그려 네 개의 이등변삼각형을 만든다. 이 중 꼭지각의 크기가 둔각인 두 이등변삼각형에 내접하는 원을 각각 그린 후 이 두 원의 넓이의 합을 S_2 라 하자.

[단계 3] [단계 2]에서 대각선이 그려지지 않은 직사각형의 긴 두 변의 중점을 잇는 선분을 그린 다음, 한 쪽 직사각형에 두 대각선을 그려 네 개의 이등변삼각형을 만든다. 이 중 꼭지각의 크기가 둔각인 두 이등변삼각형에 내접하는 원을 각각 그린 후 이 두 원의 넓이의 합을 S_3 이라 하자.

⋮

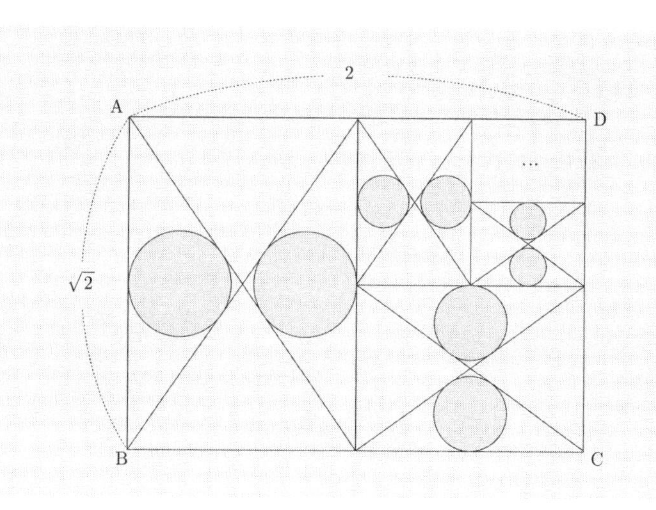

① $2\pi(5-2\sqrt{6})$
② $2\pi(3-\sqrt{6})$
③ $2\pi(5-\sqrt{6})$
④ $4\pi(3-\sqrt{6})$
⑤ $4\pi(5-\sqrt{6})$

18 4점 좌표평면 위를 움직이는 점 P는 다음과 같은 규칙으로 x축 또는 y축과 평행한 방향으로 이동한다. 예를 들어, 그림과 같이 점 P가 원점을 출발하여 11회 이동하면 점 $(2, 1)$에 도착한다. 점 P가 원점을 출발하여 k회 이동하면 점 $(0, 10)$에 도착한다. k의 값은? (단, 각각의 반직선에 도착하기 전에는 진행 방향을 바꾸지 않는다)

> (가) 1회 이동거리는 1이고, 처음에는 원점을 출발하여 점 $(1, 0)$으로 이동한다.
> (나) 점 P가 반직선 $y=-x+1\ (x \geq 1)$ 위의 점에 도착하면 y축의 양의 방향으로 이동하고, 반직선 $y=x\ (x>0)$ 위의 점에 도착하면 x축의 음의 방향으로 이동한다.
> (다) 점 P가 반직선 $y=-x\ (x<0)$ 위의 점에 도착하면 y축의 음의 방향으로 이동하고, 반직선 $y=x\ (x<0)$ 위의 점에 도착하면 x축의 양의 방향으로 이동한다.

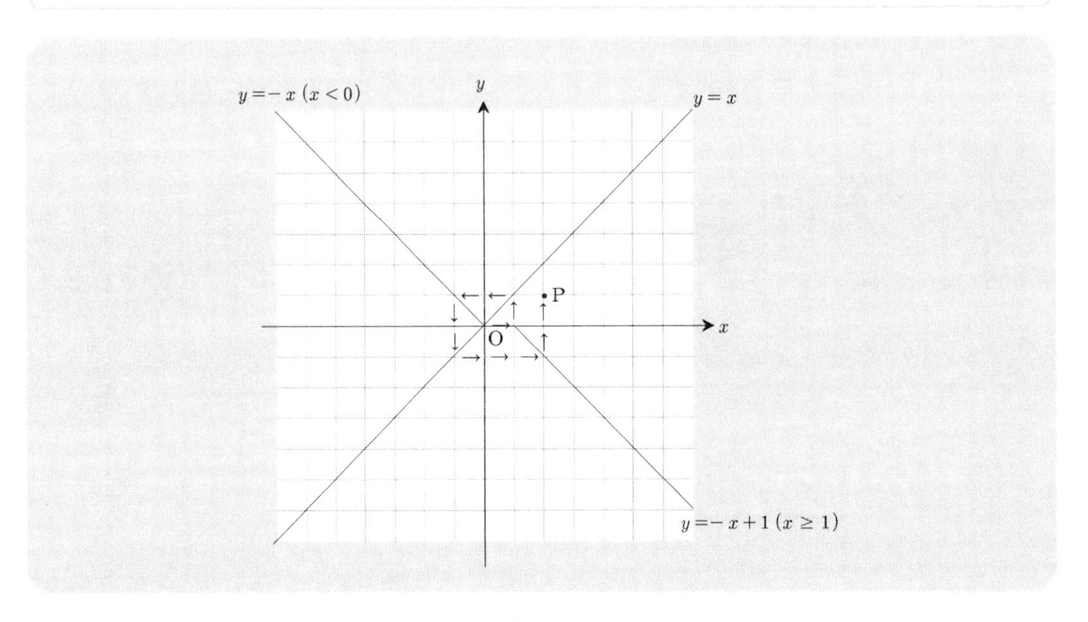

① 350
② 360
③ 370
④ 380
⑤ 390

19 집합 $X=\{1, 2, 3, 4, 5\}$에서 집합 $Y=\{1, 2, 3, 4, 5, 6, 7\}$로의 함수 중에서 다음 세 조건을 만족시키는
4점 함수 f의 개수는?

(가) 집합 X의 임의의 두 원소 x_1, x_2에 대하여 $x_1 \neq x_2$이면 $f(x_1) \neq f(x_2)$이다.
(나) 합성함수 $f \circ f$가 정의된다.
(다) $(f \circ f)(1)=1$이다.

① 24 ② 30
③ 36 ④ 42
⑤ 48

20 세 수열 $\{a_n\}$, $\{b_n\}$, $\{c_n\}$에 대하여 옳은 것만을 다음 중에서 모두 고른 것은?
4점

㉠ $0 < a_n < b_n (n=1, 2, 3, \cdots)$이고 $\lim_{n\to\infty} b_n = \infty$이면 $\lim_{n\to\infty} \frac{a_n}{{b_n}^2} = 0$이다.
㉡ 수열 $\{a_n\}$이 발산하고 수열 $\{a_n b_n\}$이 수렴하면 $\lim_{n\to\infty} b_n = 0$이다.
㉢ $a_n < b_n < c_n (n=1, 2, 3, \cdots)$이고 $\lim_{n\to\infty}(n+1)a_n = \lim_{n\to\infty}(n-1)c_n = 1$이면 $\lim_{n\to\infty} nb_n = 1$이다.

① ㉠ ② ㉡
③ ㉠, ㉡ ④ ㉠, ㉢
⑤ ㉡, ㉢

21 이차정사각행렬을 원소로 갖는 집합 M은 $M=\{A \mid A^2=A\}$로 정의된다. 다음 중에서 옳은 것을 모두 고
4점 른 것은? (단, E는 단위행렬이다)

㉠ $X^2 \in M$이면 $X \in M$이다.
㉡ $X \in M$이면 $E-X \in M$이다.
㉢ $X \in M$, $Y \in M$이고 $XY=-YX$이면 모든 자연수 m, n에 대하여 $X^m + Y^n \in M$이다.

① ㉠ ② ㉡
③ ㉢ ④ ㉠, ㉡
⑤ ㉡, ㉢

22 4점

그림과 같이 직선 $y=\frac{2}{3}$가 두 곡선 $y=\log_a x$, $y=\log_b x$와 만나는 점을 각각 P, Q라 하자. 점 P를 지나고 x축에 수직인 직선이 곡선 $y=\log_b x$와 x축과 만나는 점을 각각 A, B라 하고, 점 Q를 지나고 x축에 수직인 직선이 곡선 $y=\log_a x$와 x축과 만나는 점을 각각 C, D라 하자. $\overline{PA}=\overline{AB}$이고, 사각형 PAQC의 넓이가 1일 때, 두 상수 a, b의 곱 ab의 값은? (단, $1<a<b$이다)

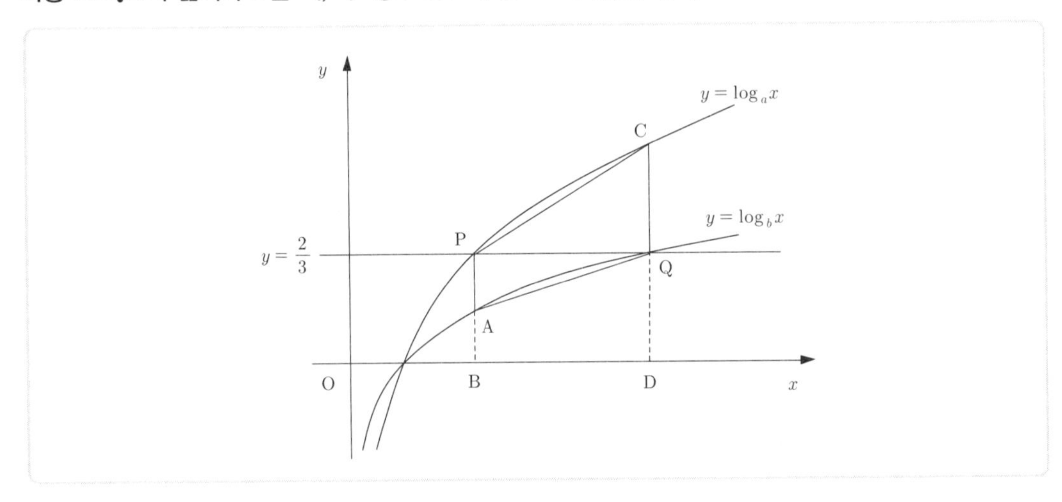

① $12\sqrt{2}$

② $14\sqrt{2}$

③ $16\sqrt{2}$

④ $18\sqrt{2}$

⑤ $20\sqrt{2}$

23 4점 그림과 같이 직사각형 모양으로 이루어진 도로망이 있고, 이 도로망의 9 개의 지점에 ● 이 표시되어 있다. A 지점에서 B 지점까지 가는 최단경로 중에서 ● 이 표시된 9 개의 지점 중 오직 한 지점만을 지나는 경로의 수는?

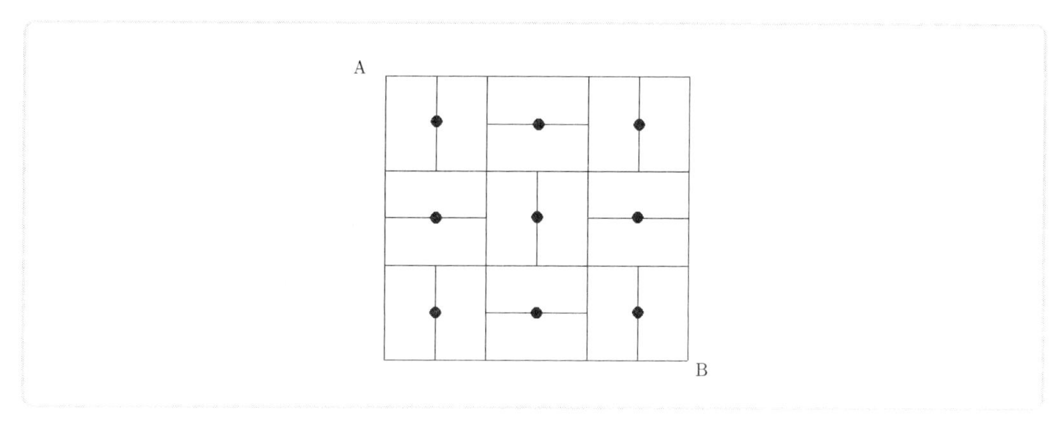

① 30　　② 32　　③ 34　　④ 36　　⑤ 38

24 4점 어느 선박 부품 공장에서 만드는 부품의 길이 X는 평균이 100, 표준편차가 0.6 인 정규분포를 따른다고 한다. 이 공장에서 만든 부품 중에서 9 개를 임의추출한 표본의 길이의 평균을 $\overline{X}$라 할 때, 표본평균 $\overline{X}$와 모평균의 차가 일정한 값 c 이상이면 부품의 제조과정에 대한 전면적인 조사를 하기로 하였다. 부품의 제조 과정에 대한 전면적인 조사를 하게 될 확률이 5% 이하가 되도록 상수 c 의 값을 정할 때, c의 최솟값은? (단, 단위는 mm이고, 오른쪽 표준정규분포표를 이용한다)

z	$\mathrm{P}(0 \le Z \le z)$
1.65	0.450
1.96	0.475
2.58	0.495

① 0.196　　② 0.258　　③ 0.330　　④ 0.392　　⑤ 0.475

주관식

25 3점 x, y에 대한 연립방정식 $\begin{pmatrix} -b & a-5 \\ 2a & 2b \end{pmatrix}\begin{pmatrix} x \\ y \end{pmatrix} = \begin{pmatrix} x+3y \\ -2y \end{pmatrix}$가 $x=0$, $y=0$ 이외의 해를 갖도록 하는 실수 a, b에 대하여 좌표평면에서 점 (a, b)가 나타내는 도형의 넓이는 S이다. $\frac{S}{\pi}$의 값을 구하시오.

( )

주관식

26 3점 두 수 n, α가 다음 두 조건을 만족시킨다. 등식 $\log_2 m^2 = n + \alpha$를 만족시키는 실수 m에 대하여 $3m^4$의 값을 구하시오.

> (가) n은 자연수이고, $0 < \alpha < \frac{1}{2}$이다.
>
> (나) $\log_4 n = 1 - \alpha$

( )

주관식

27 3점 집합 $A = \{1, 2, 3, 4, 5\}$의 서로 다른 두 원소를 a, b라 하고, 집합 $B = \{6, 7, 8, 9\}$의 서로 다른 두 원소를 c, d라 하자. 순서쌍 (a, b, c, d) 중에서 네 수의 곱 $abcd$가 짝수인 것의 개수를 구하시오.

( )

주관식

28 4점 $\sum_{n=1}^{\infty} \frac{2n+3}{n(n+1)(n+2)} = \frac{q}{p}$일 때, $p+q$의 값을 구하시오. (단, p, q는 서로소인 자연수이다)

( )

주관식

29 4점 주머니 속에 빨간 공 5개, 파란 공 5개가 들어있다. 이 주머니에서 5개의 공을 동시에 꺼낼 때, 꺼낸 공 중에서 더 많은 색의 공의 개수를 확률변수 X라 하자. 예를 들어 꺼낸 공이 빨간 공 2개, 파란 공 3개이면 $X=3$이다. $Y = 14X + 14$라 할 때 확률변수 Y의 평균을 구하시오.

( )

주관식

30 4점 그림과 같이 정삼각형을 붙여서 만든 도형 위에 흰색과 검은색의 바둑돌을 정삼각형의 각 꼭짓점 위에 나열하는데, 제n행에는 $(n+1)$개의 돌을 다음과 같은 규칙으로 나열한다. $(n=1,\ 2,\ 3,\ \cdots)$ 다음의 규칙대로 바둑돌을 나열한 다음 제n행에 놓인 흰색의 바둑돌에는 n을 적고, 각 행에 놓인 검은색의 바둑돌에는 그 돌과 가장 가까운 4개 또는 6개의 흰색의 바둑돌에 적힌 숫자의 합을 적는다. 이때, 198이 적힌 바둑돌의 개수를 구하시오.

(가) 제1행에는 모두 흰색의 바둑돌을 나열한다.
(나) 제$(3n-1)$행에는 맨 왼쪽부터 흰색, 검은색, 흰색의 바둑돌 3개를 n회 반복하여 나열 한다.
(다) 제$3n$행에는 맨 왼쪽에 검은색의 바둑돌을 1개 놓은 다음 그 오른쪽으로 흰색, 흰색, 검은색의 바둑돌 3개를 n회 반복하여 나열한다.
(라) 제$(3n+1)$행에는 맨 왼쪽에 흰색의 바둑돌을 2개 나열한 다음 그 오른쪽으로 검은색, 흰색, 흰색의 바둑돌 3개를 n회 반복하여 나열한다.

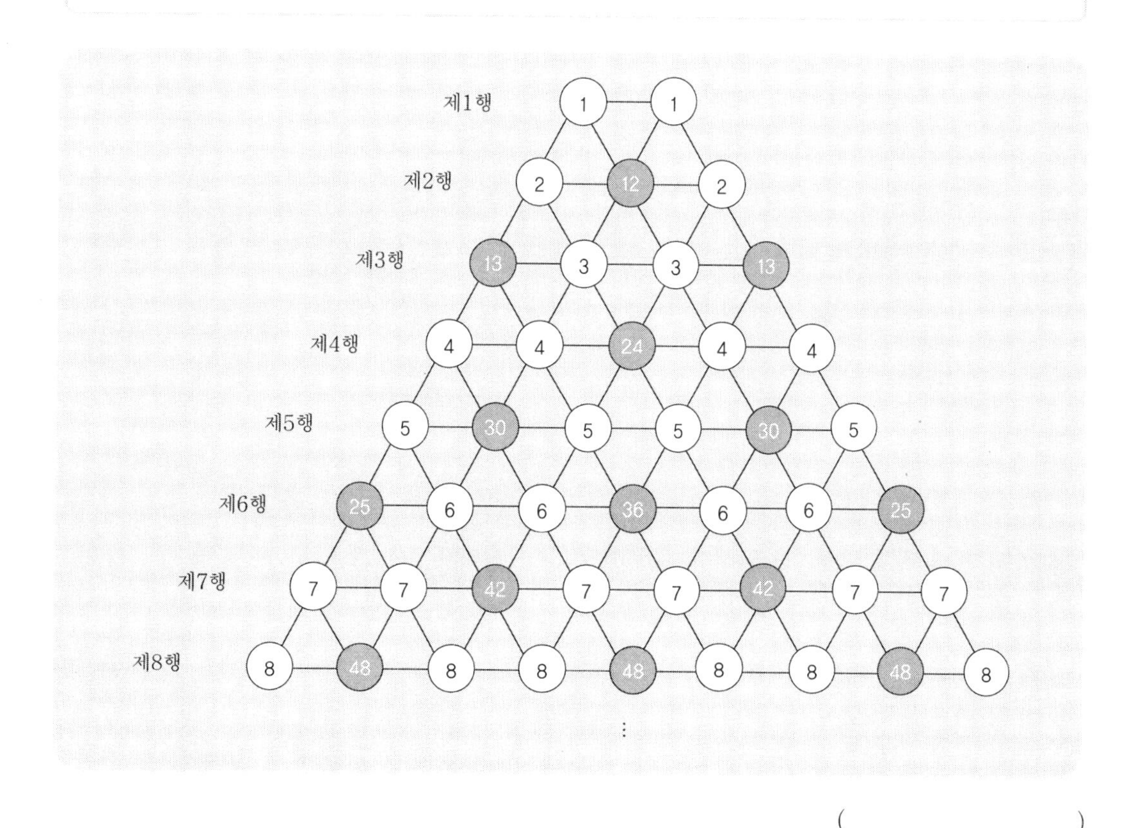

(   )

07 2012학년도 수리영역

▶ 해설은 p. 58에 있습니다.

01 2점 자연수 n에 대하여 $a_n=\sqrt{4n+1-2\sqrt{4n^2+2n}}$, $b_n=\sqrt{2n+1-2\sqrt{n^2+n}}$ 이라 할 때, $\lim_{n\to\infty}\frac{a_n}{b_n}$의 값은?

① $-\frac{\sqrt{2}}{2}$　② $-\frac{\sqrt{2}}{4}$　③ 1　④ $\frac{\sqrt{2}}{4}$　⑤ $\frac{\sqrt{2}}{2}$

02 2점 함수 $f(x)=x\lim_{n\to\infty}\frac{2-x^{2n}}{2+x^{2n}}$에 대하여 $\lim_{x\to-1-0}f(x)=\alpha$, $\lim_{x\to1-0}f(x)=\beta$라 할 때, $\alpha\beta$의 값은?

① -4　② -1　③ 0　④ 1　⑤ 4

03 3점 0이 아닌 서로 다른 세 실수 p, q, r에 대하여 삼차함수 $f(x)=(x-p)(x-q)(x-r)$라 할 때, $\frac{p^2}{f'(p)}+\frac{q^2}{f'(q)}+\frac{r^2}{f'(r)}$의 값은?

① -1　② $-\frac{1}{2}$　③ 0　④ $\frac{1}{2}$　⑤ 1

04 3점

이차정사각행렬 A가 $A^2-2A=E$와 $A\begin{pmatrix}1\\2\end{pmatrix}=\begin{pmatrix}3\\4\end{pmatrix}$를 만족시킬 때, 행렬 A^2의 모든 성분의 합은? (단, E는 단위행렬이다)

① 11　② 12　③ 13　④ 14　⑤ 15

05 3점

정육면체 모양의 주사위 한 개를 세 번 던져서 나온 눈의 수를 나온 순서대로 x, y, z라 할 때, $x-y+z=7$이 될 확률은?

① $\frac{5}{72}$　② $\frac{1}{12}$　③ $\frac{7}{72}$　④ $\frac{1}{9}$　⑤ $\frac{1}{8}$

06 3점

이산확률변수 X가 값 x를 가질 확률이 $P(X=x)=\frac{{}_6C_x}{k}$일 때, 확률변수 X의 기댓값을 m이라 하면 $mk^2=2^a\times3^b\times7^c$이다. 세 자연수 a, b, c의 합 $a+b+c$의 값은? (단, $x=1, 2, 3, 4, 5, 6$이고 k는 상수이다)

① 8　② 9　③ 10　④ 11　⑤ 12

07 3점 지질학에서 암석의 연대를 측정하는 방법 중 하나로 포타슘−40은 방사선 분해과정을 거쳐 일정한 비율로 아르곤−40으로 바뀌는 점을 이용한 포타슘 − 아르곤연대측정법을 사용한다. 암석이 생성되어 t 년이 되었을 때, 포타슘−40과 아르곤−40의 양을 각각 $P(t)$, $A(t)$ 라 하면 $2^t = \left\{1 + 8.3 \times \frac{A(t)}{P(t)}\right\}^c$ (단, c는 상수이다)이 성립한다고 하자. 이 방법으로 암석의 연대를 측정하였을 때 포타슘−40의 양이 아르곤−40의 양의 20 배인 암석이 생성된 것은 k 년 전이다. k 의 값은? (단, $\log 1.415 = 0.15$, $\log 2 = 0.30$ 으로 계산한다.)

① $\frac{1}{3}c$　② $\frac{1}{2}c$　③ $2c$　④ $3c$　⑤ $4c$

08 3점 어떤 시행에서 일어날 수 있는 모든 결과의 집합을 S라 하자. S의 부분집합인 세 사건 A, B, C는 다음 조건을 만족한다. $\mathrm{P}(A) = \frac{1}{2}$, $\mathrm{P}(B) = \frac{1}{3}$, $\mathrm{P}(C) = \frac{2}{3}$ 일 때, $\mathrm{P}(A|C) + \mathrm{P}(B|C)$ 의 값은?

(가) $A \cup B \cup C = S$
(나) 사건 $A \cap B$와 사건 C는 서로 배반이다.
(다) 사건 A와 사건 B는 서로 독립이다.

① $\frac{1}{6}$　② $\frac{1}{4}$　③ $\frac{1}{3}$　④ $\frac{1}{2}$　⑤ $\frac{2}{3}$

09 3점 곡선 $y=x^4+x^2$과 직선 $y=\frac{2}{n}(n=1,\ 2,\ 3,\ \cdots)$로 둘러싸인 부분의 넓이를 a_n이라 하자. $S=\sum_{n=1}^{\infty}(a_n-a_{n+1})$이라 할 때, S의 값은?

① $\frac{11}{15}$ ② $\frac{22}{15}$

③ $\frac{11}{5}$ ④ $\frac{44}{15}$

⑤ $\frac{11}{3}$

10 3점 두 함수 $y=f(x)$와 $y=g(x)$의 그래프가 그림과 같다. 다음 중 옳은 것만을 모두 고른 것은?

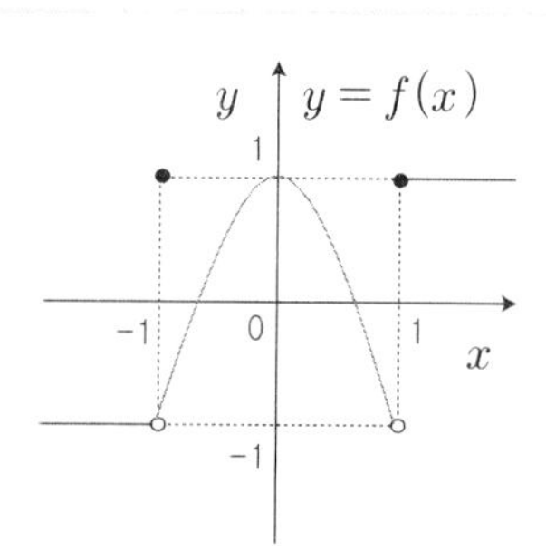

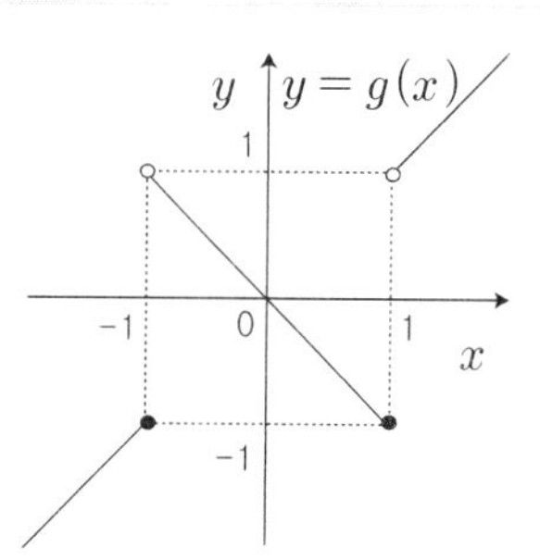

㉠ $\lim_{x\to-1} f(x)g(x)=-1$

㉡ $\lim_{x\to1} f(x)g(x)=1$

㉢ 함수 $y=f(x)g(x)$의 불연속점의 개수는 2개이다.

① ㉠ ② ㉡

③ ㉢ ④ ㉠, ㉢

⑤ ㉡, ㉢

11 3점 이차함수 $f(x)$ 와 연속함수 $g(x)$ 가 모든 실수 x 에 대하여 $(x-2)g(x)=f(x)-f(2)$ 를 만족시킬 때, 다음 중 옳은 것만을 모두 고른 것은?

ㄱ $\lim_{x\to 2} g(x)=f'(2)$
ㄴ 모든 실수 x 에 대하여 $(x-2)g'(x)=f'(x)-g(x)$
ㄷ $x>2$ 일 때, $g(x)<f'(x)$

① ㄱ
② ㄷ
③ ㄱ, ㄴ
④ ㄴ, ㄷ
⑤ ㄱ, ㄴ, ㄷ

12 3점 x, y 에 대한 연립방정식 $\begin{cases} \log_3 x+\log_2 \dfrac{1}{y}=1 \\ \log_9 3x+\log_{\frac{1}{2}} y=1-\dfrac{k}{2} \end{cases}$ 의 해를 $x=\alpha$, $y=\beta$ 라 할 때, $\alpha \le \beta$ 를 만족시키는 정수 k 의 최댓값은?

① -5
② -4
③ -3
④ -2
⑤ -1

13 3점 무리함수 $f(x)=\sqrt{x+1}$ 과 자연수 n 에 대하여 그림과 같이 $y=f(x)$ 의 그래프 위의 한 점 $\mathrm{P_n}(n,\ f(n))$ 에서 x 축에 내린 수선의 발을 $\mathrm{Q_n}$, y 축에 내린 수선의 발을 $\mathrm{R_n}$ 이라 하자. 점 $\mathrm{A}(-1,\ 0)$ 에 대하여 사각형 $\mathrm{AQ_nP_nR_n}$ 의 넓이를 S_n, 삼각형 $\mathrm{AQ_nP_n}$ 의 넓이를 T_n 이라 할 때, $\lim_{n\to\infty}\frac{S_n+T_n}{S_n-T_n}$ 의 값은?

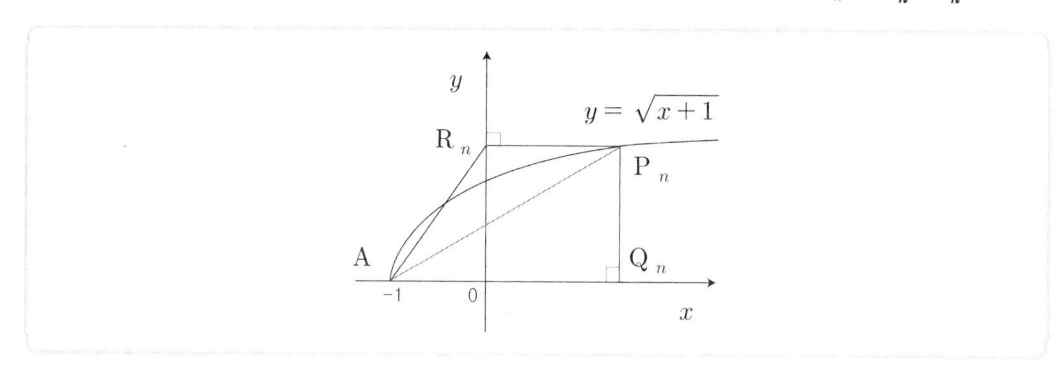

① 1 ② 2 ③ 3 ④ 4 ⑤ 5

14 3점 함수 $f(x)$ 를 $f(x)=\begin{cases}-x(x-1) & (0\leq x<1)\\ -\frac{1}{4^n}(x-n)(x-n-1) & (n\leq x<n+1)\end{cases}$ $(n=1,\ 2,\ 3,\ \cdots)$ 이라 정의하자.

$S_n=\int_0^{n+1}f(x)\,dx$ 라 할 때, $\lim_{n\to\infty}S_n$ 의 값은?

① $\frac{1}{9}$ ② $\frac{2}{9}$ ③ $\frac{1}{3}$ ④ $\frac{2}{3}$ ⑤ $\frac{5}{9}$

15 3점 그림과 같이 한 변의 길이가 $1+\sqrt{3}$ 인 정사각형 ABCD 가 있다. 두 변 AB 와 BC 를 $1:\sqrt{3}$ 으로 내분하는 점을 각각 P, Q 라 하고, 두 변 CD 와 DA 를 $\sqrt{3}:1$ 로 내분하는 점을 각각 R, S 라 하자. 이때, 두 선분 PR, QS 의 교점을 T 라 하고, 네 사각형 APTS, PBQT, TQCR, STRD 를 만든다. 먼저 사각형 APTS 의 네 변의 중점을 연결하여 만든 사각형을 A_1, 사각형 A_1 의 네 변의 중점을 연결하여 만든 사각형을 A_2, 사각형 A_2 의 네 변의 중점을 연결하여 만든 사각형을 A_3 라 하자. 또, 사각형 PBQT 의 네 변의 중점을 연결하여 만든 사각형을 B_1, 사각형 B_1 의 네 변의 중점을 연결하여 만든 사각형을 B_2, 사각형 B_2 의 네 변의 중점을 연결하여 만든 사각형을 B_3 라 하자. 또, 사각형 TQCR 의 네 변의 중점을 연결하여 만든 사각형을 C_1, 사각형 C_1 의 네 변의 중점을 연결하여 만든 사각형을 C_2, 사각형 C_2 의 네 변의 중점을 연결하여 만든 사각형을 C_3 라 하자. 또, 사각형 STRD 의 네 변의 중점을 연결하여 만든 사각형을 D_1, 사각형 D_1 의 네 변의 중점을 연결하여 만든 사각형을 D_2, 사각형 D_2 의 네 변의 중점을 연결하여 만든 사각형을 D_3 라 하자. 이와 같은 과정을 계속하여 사각형 A_n, B_n, C_n, D_n 의 네 변의 중점을 연결하여 만든 사각형을 각각 A_{n+1}, B_{n+1}, C_{n+1}, D_{n+1} 이라 하자. 사각형 A_n, B_n, C_n, D_n 의 넓이를 각각 a_n, b_n, c_n, d_n 이라 할 때, $\sum_{n=1}^{\infty}(a_n-b_n+c_n-d_n)=p+q\sqrt{3}$ 을 만족시키는 두 유리수 p, q 의 합 $p+q$ 의 값은?

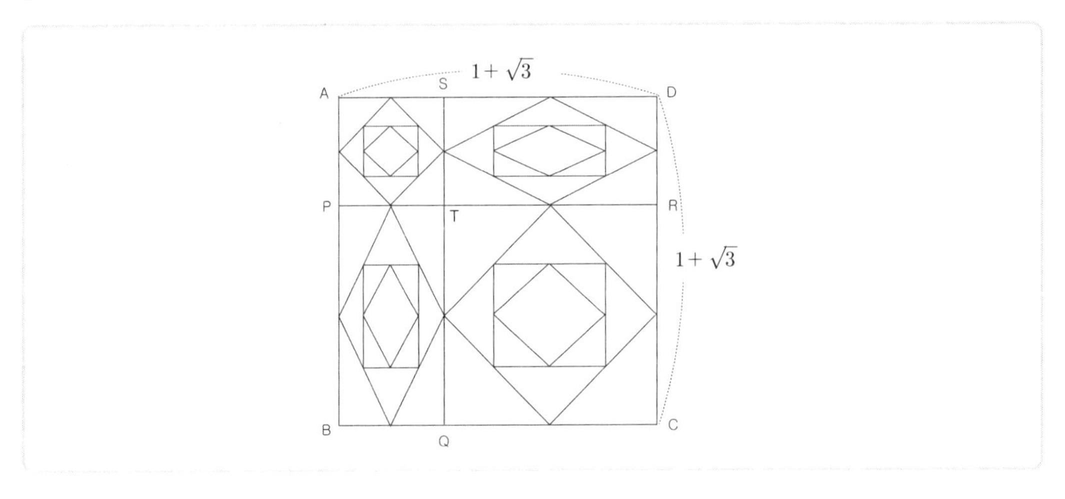

① -2　　② -1

③ 0　　④ 1

⑤ 2

16 4점 이차정사각행렬 A, B가 $A^2B^3=O$를 만족시킬 때, 옳은 것만을 다음 중 모두 고른 것은? (단, O는 영행렬이고, E는 단위행렬이다.)

> ㉠ 행렬 AB의 역행렬이 존재하지 않는다.
> ㉡ 행렬 A의 역행렬이 존재하면 $AB=BA$이다.
> ㉢ $2A-B=E$이면 $(AB)^{2012}=O$이다.

① ㉠
② ㉠, ㉡
③ ㉠, ㉢
④ ㉡, ㉢
⑤ ㉠, ㉡, ㉢

17 4점 자연수 n에 대하여 집합 A_n, B_n을 $\{(n, k) \mid k \le n^2+n,\ k$는 자연수$\}$, $B_n=\{(n, k) \mid k \le \frac{1}{2}n+5,$ k는 자연수$\}$라 하자. 집합 A_n-B_n의 원소의 개수를 a_n이라 할 때, $\sum_{n=1}^{20} a_n$의 값은?

① 2883
② 2886
③ 2889
④ 2892
⑤ 2895

18 4점 다음은 모든 자연수 n 에 대하여 부등식 $\sum_{k=1}^{n} \frac{[\log 3^k]}{k} \le [\log 3^n]$ …… $(*)$ 이 성립함을 증명한 것이다. 다음의 (가), (나), (다)에 알맞은 식을 각각 $f(i)$, $g(m)$, $h(m)$ 이라 할 때, $f(n)+g(n)-h(n)=9$ 를 만족시키는 자연수 n 의 값은? (단, $[x]$는 x 보다 크지 않은 최대의 정수이다)

[증명]

(1) $n=1$ 일 때, (좌변) $=[\log 3]$, (우변) $=[\log 3]$ 이므로 $(*)$이 성립한다.

(2) 임의의 자연수 i 에 대하여

$a_i = \sum_{k=1}^{i} \frac{[\log 3^k]}{k}$, $b_i=(i+1)(a_{i+1}-a_i)$ 라 하면 $b_i=$ (가) 이다.

이때, $n \le m$ (m은 자연수) 일 때, $(*)$이 성립한다고 가정하면 $a_i \le [\log 3^i]$ (단, i는 m 이하의 자연수이다)

이제, $n=m+1$ 일 때, $(*)$이 성립함을 보이자.

$$\sum_{k=1}^{m} b_k = (m+1)a_{m+1} - \sum_{k=1}^{m} a_k - a_1$$

이므로 $(m+1)a_{m+1} = \sum_{k=1}^{m} a_k +$ (나)

그런데 $[\log 3^k]+[\log 3^{m+1-k}] \le [\log 3^{m+1}]$ 이므로

$$(m+1)a_{m+1} \le \sum_{k=1}^{m}[\log 3^k] + \sum_{k=1}^{m+1}[\log 3^k]$$

$$= \sum_{k=1}^{m}\left([\log 3^k]+[\log 3^{m+1-k}]\right) + \text{(다)}$$

$$\le m[\log 3^{m+1}] + [\log 3^{m+1}]$$

$$= (m+1)[\log 3^{m+1}]$$

$\therefore\ a_{m+1} \le [\log 3^{m+1}]$

그러므로 $n=m+1$ 일 때도 $(*)$이 성립한다.

따라서 (1)과 (2)에 의해 모든 자연수 n 에 대하여 $(*)$이 성립한다.

① 4 ② 6
③ 8 ④ 10
⑤ 12

19 4점

양의 실수 x에 대하여 $f(x)=\frac{|x-1|}{[x]+1}$일 때, 다음 중 옳은 것만을 모두 고른 것은? (단, $[x]$는 x보다 크지 않은 최대 정수이다)

ㄱ $f(x)$는 $x=1$에서 연속이다.
ㄴ $\lim_{x\to 2} f(x)=\frac{1}{2}$
ㄷ $\lim_{x\to\infty} f(x)=1$

① ㄴ
② ㄷ
③ ㄱ, ㄴ
④ ㄱ, ㄷ
⑤ ㄱ, ㄴ, ㄷ

20 4점

두 다항함수 $f(x)$, $g(x)$가 임의의 실수 x, y에 대하여 $x\{f(x+y)-f(x-y)\}=4y\{f(x)+g(y)\}$를 만족시킨다. $f(1)=4$, $g(0)=1$일 때, $f'(2)$의 값은?

① 20
② 24
③ 38
④ 32
⑤ 36

21 4점

함수 $f(x)=\sum_{n=1}^{\infty}\frac{9^n x^{18}}{(9+x^{2p})^n}$에 대하여 $f(x)$가 실수 전체의 집합에서 연속이기 위한 자연수 p의 개수는?

① 2
② 4
③ 6
④ 8
⑤ 10

22 4점

$0 < a < \frac{1}{2}$ 일 때, 곡선 $y = x^2$ 위의 임의의 점 $\mathrm{P}(a,\ a^2)$ 에서 그은 접선 l 이 x 축의 점 A 에서 만난다. 접선 l 을 x 축에 대하여 대칭이동시킨 직선을 m 이라 하고, 직선 m 이 y 축과 만나는 점을 B 라 하자. 또, 점 A를 지나고 접선 l 에 수직인 직선을 n 이라 할 때, 직선 n 이 y 축과 만나는 점을 C 라 하자. 삼각형 ABC 의 넓이를 $S(a)$ 라 할 때, $S(a)$ 의 극댓값은?

① $\frac{\sqrt{3}}{144}$

② $\frac{1}{48}$

③ $\frac{\sqrt{3}}{72}$

④ $\frac{1}{12}$

⑤ $\frac{\sqrt{3}}{6}$

23 4점

$0 < a < b < 1$ 일 때, 직선 $y = 1$ 이 $y = \log_a x$ 의 그래프와 $y = \log_b x$ 의 그래프와 만나는 점을 각각 P, Q 라 하고, 직선 $y = -1$ 이 $y = \log_a x$ 의 그래프와 $y = \log_b x$ 의 그래프와 만나는 점을 각각 R, S 라 하자. 네 직선 PS, PR, QS, QR 의 기울기를 각각 $\alpha,\ \beta,\ \gamma,\ \delta$ 라 할 때, 다음 중 옳은 것은?

① $\delta < \alpha < \beta < \gamma$

② $\gamma < \alpha < \delta < \beta$

③ $\gamma < \alpha < \beta < \delta$

④ $\gamma < \alpha = \delta < \beta$

⑤ $\alpha = \delta < \beta < \gamma$

24 4점

1 보다 큰 실수 a 에 대하여 두 함수 $f(x) = a^{2x}$, $g(x) = a^{x+1} - 2$ 가 있다. 실수 전체의 집합에서 정의된 함수 $h(x)$ 를 $h(x) = |f(x) - g(x)|$ 라 하자. 다음 중 $y = h(x)$ 의 그래프에 대한 설명으로 옳은 것만을 모두 고른 것은?

㉠ $a = 2\sqrt{2}$ 일 때 $y = h(x)$ 의 그래프와 x 축은 한 점에서 만난다.
㉡ $a = 4$ 일 때 $x_1 < x_2 < \frac{1}{2}$ 이면 $h(x_1) > h(x_2)$ 이다.
㉢ $y = h(x)$ 의 그래프와 직선 $y = 1$ 이 오직 한 점에서 만나는 a 의 값이 존재한다.

① ㉠

② ㉠, ㉡

③ ㉠, ㉢

④ ㉡, ㉢

⑤ ㉠, ㉡, ㉢

주관식

25 2점

등차수열 $\{a_n\}$의 첫째항부터 제n 항까지의 합을 S_n 이라 하자. $a_{10}-a_1=27$, $S_{10}=a_{10}$ 일 때, S_{10} 의 값을 구하여라. (단, $n=1,\ 2,\ 3,\cdots$)

( )

주관식

26 3점

$2\sum_{k=1}^{5}x_k+3\sum_{k=6}^{10}x_k=8$ 을 만족시키는 서로 다른 순서쌍 $(x_1,\ x_2,\ x_3,\ \cdots,\ x_{10})$ 의 개수를 구하여라. (단, x_i 는 음이 아닌 정수이고 $i=1,\ 2,\ 3,\ \cdots,\ 10$ 이다)

( )

주관식

27 4점

다항함수 $f(x)$, $g(x)$, $h(x)$ 에 대하여 $g(x)$ 는 $f(x)$ 의 도함수이고, $h(x)$ 는 $g(x)$ 의 도함수라 하자. 모든 실수 x 에 대하여 $f(x)+h(x)=2g(x)+x^4+1$ 이 성립할 때, $f(-1)$ 의 값을 구하여라.

( )

주관식

28 4점

그림과 같이 좌표평면 위에서 원 $x^2+y^2-2x-4y-11=0$ 과 직선 $y=2x$ 가 만나는 두 점을 P, Q 라 하고 직선 $y=2x$ 위에 있지 않은 원 위의 한 점을 R 이라 하자. $\angle QPR=\alpha$, $\angle RQP=\beta$ 에 대하여 행렬 $A=\begin{pmatrix}\sin\alpha & \sin\beta \\ \cos\alpha & \cos\beta\end{pmatrix}$ 가 $8A^2=4A+7E$ 를 만족시킬 때, 삼각형 PQR 의 넓이는 S 이다. S^2 의 값을 구하여라.
(단, E는 단위행렬이다)

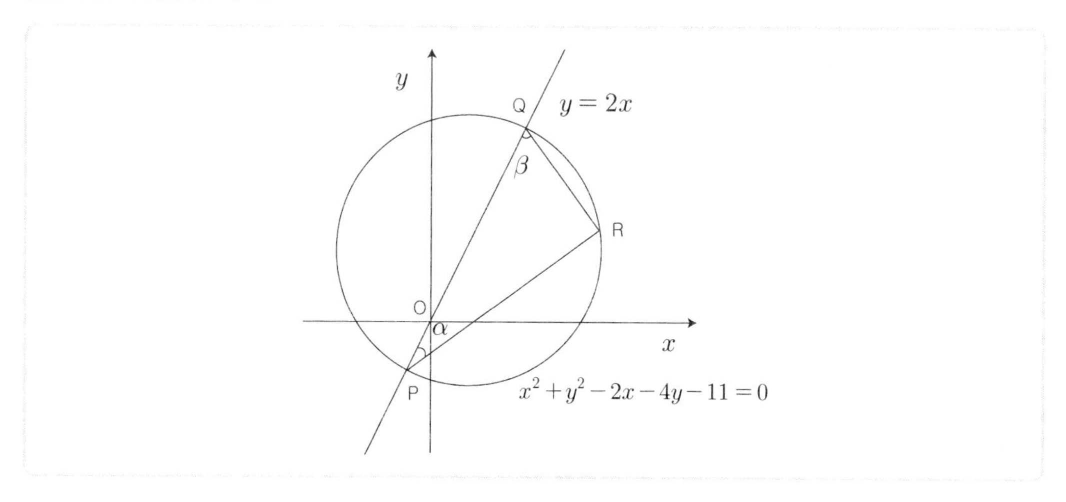

( )

주관식

29 4점

자연수 전체의 집합에서 정의된 함수 $f(n)$ 이 다음 조건을 만족시킨다. $\sum_{n=1}^{100} f(n)=2170$ 일 때, $f(100)$ 의 값을 구하여라.

(가) $f(3)=10$
(나) $f(n+2)=2f(n)$ $(n=1,\ 2,\ 3,\ \cdots,\ 8)$
(다) $f(n+10)=f(n)$ $(n=1,\ 2,\ 3,\ \cdots)$

(　　　　　　)

주관식

30 4점

두 다항함수 $f(x)$ 와 $g(x)$ 에 대하여 $f'(x)=6x^2$ 이고, $g'(x)=2x$ 이다. $y=f(x)$ 와 $y=g(x)$ 의 그래프가 두 점에서 만날 때, $f(0)-g(0)$ 의 값들의 합은 $\frac{q}{p}$ 이다. $p+q$ 의 값을 구하여라. (단, p, q 는 서로소인 자연수이다)

(　　　　　　)

08 2013학년도 수리영역

▶ 해설은 p. 67에 있습니다.

01 2점

$\sqrt[6]{9^5} \times 24^{-\frac{2}{3}}$의 값은?

① $\frac{1}{3}$　② $\frac{3}{4}$　③ $\frac{3}{2}$　④ 2　⑤ 3

02 2점

두 행렬 $A = \begin{pmatrix} 1 & 3 \\ 3 & 8 \end{pmatrix}$, $B = \begin{pmatrix} 2 & -1 \\ 3 & 4 \end{pmatrix}$에 대하여 $A(X-B) = B$를 만족시키는 행렬 X의 모든 성분의 합은?

① 17　② 18　③ 19　④ 20　⑤ 21

03 2점

x, y에 대한 연립방정식 $\begin{pmatrix} k-2 & 3 \\ 1 & k \end{pmatrix}\begin{pmatrix} x \\ y \end{pmatrix} = \begin{pmatrix} -6 \\ 2 \end{pmatrix}$의 해가 존재하지 않도록 하는 상수 k의 값은?

① −3　② −1　③ 0　④ 1　⑤ 3

04 3점 $\lim_{x \to 0} \frac{2\left(\frac{1}{2}+x\right)^4 - 2\left(\frac{1}{2}\right)^4}{x}$ 의 값은?

① $\frac{1}{2}$
② $\frac{2}{3}$
③ $\frac{3}{4}$
④ 1
⑤ $\frac{3}{2}$

05 3점 정규분포 $N(50, 10^2)$을 따르는 모집단에서 임의로 25개의 표본을 뽑았을 때의 표본평균을 $\overline{X}$라 하자. 오른쪽 표준정규분포표를 이용하여 $P(48 \leq \overline{X} \leq 54)$의 값을 구한 것은?

[표준정규분포표]

z	$P(0 \leq Z \leq z)$
0.5	0.1915
1.0	0.3413
1.5	0.4332
2.0	0.4772

① 0.5328
② 0.6247
③ 0.7745
④ 0.8185
⑤ 0.9104

06 3점 어느 인터넷 동호회에서 한 종류의 사은품 10개를 정회원 2명, 준회원 2명에게 모두 나누어 주려고 한다. 정회원은 2개 이상, 준회원은 1개 이상을 받도록 나누어 주는 방법의 수는? (단, 사은품은 서로 구별하지 않는다.)

① 20
② 25
③ 30
④ 35
⑤ 40

07 3점 그림과 같이 $0 < a < b < 1$ 인 두 실수 a, b에 대하여 곡선 $y = a^x$ 위의 두 점 A, B의 x좌표는 각각 $\frac{b}{4}$, a이고, 곡선 $y = b^x$ 위의 두 점 C, D의 x좌표는 각각 b, 1이다. 두 선분 AC와 BD가 모두 x축과 평행할 때, $a^2 + b^2$의 값은?

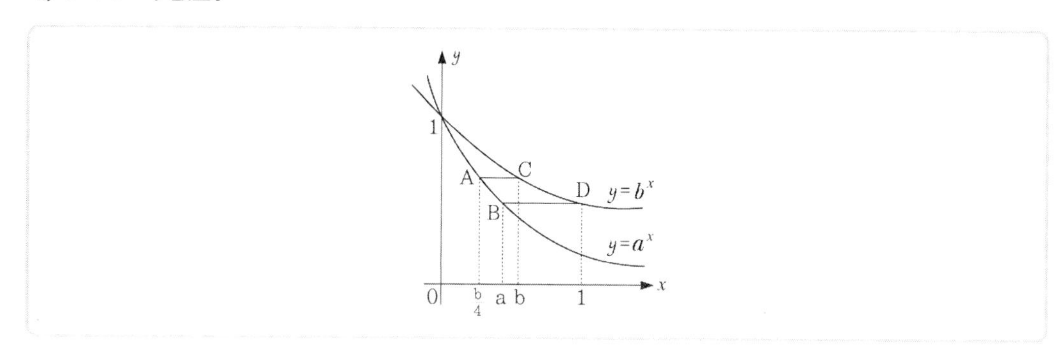

① $\frac{7}{16}$ ② $\frac{1}{2}$ ③ $\frac{9}{16}$ ④ $\frac{5}{8}$ ⑤ $\frac{11}{16}$

08 3점 어느 지역에 서식하는 어떤 동물의 개체 수에 대한 변화를 조사한 결과, 지금으로부터 t년 후에 이 동물의 개체 수를 N이라 하면 등식 $\log N = k + t\log\frac{4}{5}$ (단, k는 상수)가 성립한다고 한다. 이 동물의 현재 개체 수가 5000일 때, 개체 수가 처음으로 1000보다 적어지는 때는 지금으로부터 n년 후이다. 자연수 n의 값은? (단, $\log 2 = 0.3010$ 으로 계산한다.)

① 4 ② 6 ③ 8 ④ 10 ⑤ 12

09 3점 그림은 원점을 출발하여 수직선 위를 움직이는 점 P의 시각 t초$(0 \leq t \leq 10)$에서의 속도 $v(t)$를 나타낸 것이다. 점 P의 시각 t초에서의 위치를 $x(t)$라 할 때, $x(10)=\frac{35}{3}$이다. 출발 후 10초 동안 점 P가 움직인 거리는? (단, k는 양의 상수이고, 점선은 좌표축에 평행하다.)

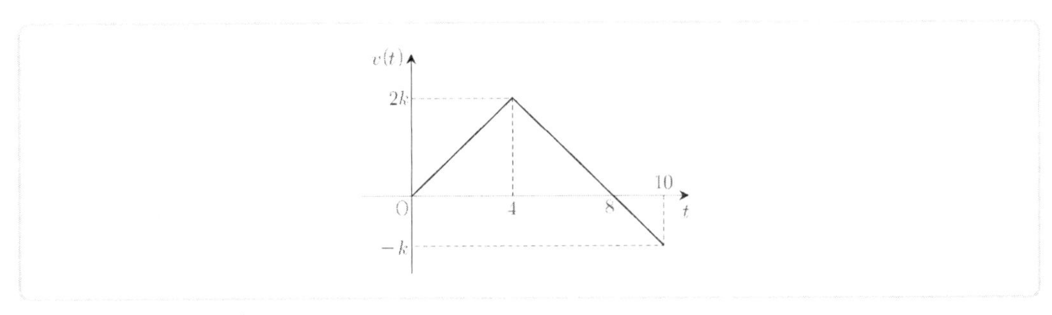

① 15　② 16　③ 17　④ 18　⑤ 19

10 3점 두 실수 x, $y(x>y)$가 $x+y=1$, $xy=-1$을 만족시킬 때, 수열 $\{a_n\}$을

$a_n=\sum_{k=1}^{n} x^{n-k}y^{k-1}(n=1, 2, 3 \ldots)$ 으로 정의하자. 다음은 수열 $\{a_n\}$의 제 n항을 구하는 과정이다.

> $x+y=1$, $xy=-1$에서 두 실수 x, y는 방정식
> t^2-t+(가)$=0$
> 의 두 근이다. 한편
> $$a_n=\sum_{k=1}^{n} x^{n-k}y^{k-1}$$
> $$=x^{n-1}+x^{n-2}y+\ldots+y^{n-1} \ldots\ldots(*)$$
> (*)은 첫째항이 x^{n-1}이고 공비가 $\frac{y}{x}$인 등비수열의 첫째항부터 제 n항까지의 합이므로
> $$a_n=\frac{(\text{나})}{\sqrt{5}}$$

위의 과정에서 (가)에 들어갈 수를 m, (나)에 알맞은 식을 $f(n)$이라 할 때, $m+\{f(3)\}^2$의 값은?

① 17　② 19　③ 21　④ 23　⑤ 25

11 3점

수열 $\{a_n\}$을 $a_1 = 20,\ a_{n+1} = a_n - 2n + 9\ (n = 1,\ 2,\ 3, \ldots)$로 정의하자. a_n의 최댓값은?

① 32　② 34　③ 36　④ 38　⑤ 40

12 3점

$\log_{25}(a-b) = \log_9 a = \log_{15} b$를 만족시키는 두 양수 a, b에 대하여 $\dfrac{b}{a}$의 값은?

① $\dfrac{\sqrt{5}-1}{3}$　② $\dfrac{\sqrt{5}-1}{2}$　③ $\dfrac{\sqrt{2}+\sqrt{5}}{5}$　④ $\dfrac{\sqrt{2}+1}{4}$　⑤ $\dfrac{\sqrt{2}+1}{3}$

13 3점

그림과 같이 최고차항의 계수가 양수인 이차함수 $y = f(x)$의 그래프가 x축과 두 점 (0, 0), (3, 0)에서 만날 때, 함수 $S(x) = \int_1^x f(t)\,dt$의 극댓값과 극솟값을 각각 M, m이라 하자. $M - m = 6$일 때, $\lim\limits_{x \to 1} \dfrac{S(x)}{x-1}$ 의 값은?

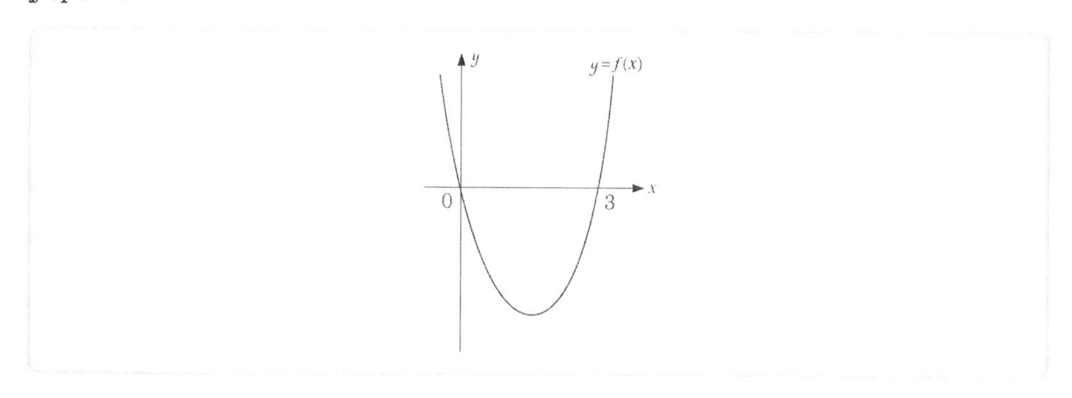

① $-\frac{8}{3}$
② $-\frac{7}{3}$
③ -2
④ $-\frac{5}{3}$
⑤ $-\frac{4}{3}$

14 3점 모든 실수 x에서 정의된 함수 $f(x)=\int_{1}^{x}(x^2-t)\,dt$에 대하여 직선 $y=6x-k$가 곡선 $y=f(x)$에 접할 때, 양수 k의 값은?

① $\frac{11}{2}$
② $\frac{13}{2}$
③ $\frac{15}{2}$
④ $\frac{17}{2}$
⑤ $\frac{19}{2}$

15 4점 두 함수$f(x)$, $g(x)$에 대하여 $f(x)=2x+\int_{0}^{1}f(t)+g(t)\,dt$, $g(x)=3x^2+\int_{0}^{1}f(t)-g(t)\,dt$가 성립할 때, $f(1)+g(2)$의 값은?

① 7
② 8
③ 9
④ 10
⑤ 11

16 함수 $y=f(x)$의 그래프가 그림과 같다. 다음에서 옳은 것만을 있는 대로 고른 것은?

4점

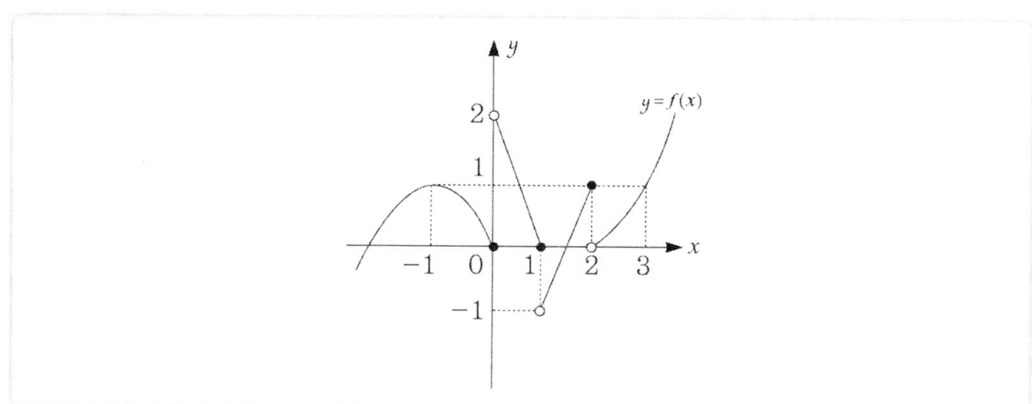

ㄱ 함수 $f(x-1)$은 $x=0$에서 연속이다.
ㄴ 함수 $f(x)f(-x)$는 $x=1$에서 연속이다.
ㄷ 함수 $f(f(x))$는 $x=3$에서 불연속이다.

① ㄱ
② ㄱ, ㄴ
③ ㄱ, ㄷ
④ ㄴ, ㄷ
⑤ ㄱ, ㄴ, ㄷ

17 세 이차정사각행렬 A, B, C가 $(AB)^2=A^2B^2$, $BA=AC$를 만족시킬 때, 옳은 것만을 다음에서 있는 대로 고른 것은?

3점

ㄱ $B^2A=AC^2$
ㄴ B의 역행렬이 존재하면 $A^2B=A^2C$이다.
ㄷ AC의 역행렬이 존재하면 $B=C$이다.

① ㄱ
② ㄱ, ㄴ
③ ㄱ, ㄷ
④ ㄴ, ㄷ
⑤ ㄱ, ㄴ, ㄷ

18 모든 실수 x에서 정의된 함수 $f(x)$가 $x=a$에서 미분가능하기 위한 필요충분조건인 것만을 다음에서 있는 대로 고른 것은?

4점

ㄱ $\lim_{h \to 0} \frac{f(a+h^2)-f(a)}{h^2}$의 값이 존재한다.

ㄴ $\lim_{h \to 0} \frac{f(a+h^3)-f(a)}{h^3}$의 값이 존재한다.

ㄷ $\lim_{h \to 0} \frac{f(a+h)-f(a-h)}{2h}$의 값이 존재한다.

① ㄱ
② ㄴ
③ ㄷ
④ ㄱ, ㄷ
⑤ ㄴ, ㄷ

19 구간 $[0, 1]$에서 정의된 연속확률변수 X의 확률밀도함수가 일차함수 $f(x)=ax+b$ $(0 \le x \le 1)$ 일 때, 옳은 것만을 다음에서 있는 대로 고른 것은?

4점

ㄱ $\frac{a}{2}+b=1$

ㄴ $E(X)=m$일 때, $P(0 \le X \le m)=P(m \le X \le 1)$이다.

ㄷ $E(X)$의 최댓값과 최솟값의 합은 1이다.

① ㄱ
② ㄱ, ㄴ
③ ㄱ, ㄷ
④ ㄴ, ㄷ
⑤ ㄱ, ㄴ, ㄷ

20 4점 함수 $f(x)$의 도함수가 $f'(x)=4x^3-4x$이고, $f(x)$의 극댓값이 k일 때, 직선 $y=k$와 곡선 $y=f(x)$로 둘러싸인 부분의 넓이는?

① $\frac{8\sqrt{2}}{15}$ ② $\frac{2\sqrt{2}}{3}$

③ $\frac{4\sqrt{2}}{5}$ ④ $\frac{14\sqrt{2}}{15}$

⑤ $\frac{16\sqrt{2}}{15}$

21 4점 그림은 어떤 정보 x를 0과 1의 두 가지 중 한 가지의 송신 신호로 바꾼 다음 이를 전송하여 수신 신호를 얻는 경로를 나타낸 것이다. 이때 송신 신호가 전송되는 과정에서 수신 신호가 바뀌는 경우가 생기는 데, 각각의 경우에 따른 확률은 다음과 같다. 정보 x를 전송한 결과 수신 신호가 1이었을 때, 송신 신호가 1이었을 확률은?

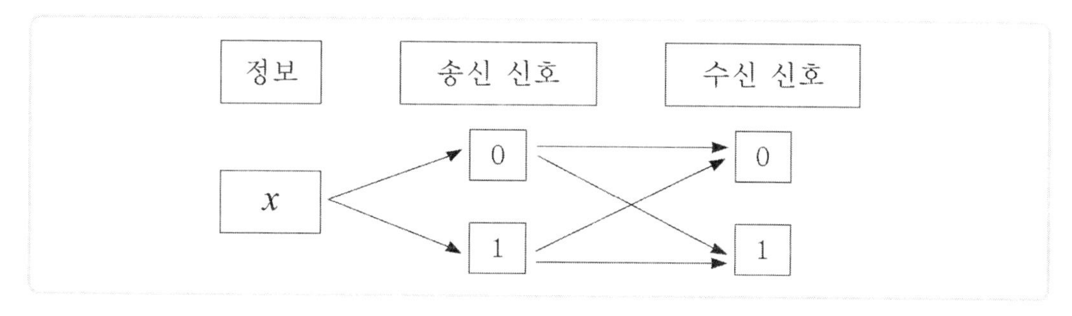

(가) 정보 x가 0, 1의 송신 신호로 바뀔 확률은 각각 0.4, 0.6이다.
(나) 송신 신호 0이 수신 신호 0, 1로 전송될 확률은 각각 0.95, 0.05이다.
(다) 송신 신호 1이 수신 신호 0, 1로 전송될 확률은 각각 0.05, 0.95이다.

① $\frac{54}{59}$ ② $\frac{55}{59}$

③ $\frac{56}{59}$ ④ $\frac{57}{59}$

⑤ $\frac{58}{59}$

22 4점 그림과 같이 반지름의 길이가 1이고 중심이 O인 반원의 호를 이등분하는 점을 M 이라 하고, 선분 OM 위의 점 P를 지나고 선분 OM에 수직인 직선과 반원이 만나는 점을 각각 A, B라 하자. 또, 선분 PM의 중점 Q를 지나고 선분 OM에 수직인 직선과 반원이 만나는 점을 각각 C, D 라하고, 점 C, D에서 선분 AB에 내린 수선의 발을 각각 E, F 라 하자. $\overline{PM}=2x$ 일 때, 사다리꼴 ABDC 와 직사각형 EFDC 의 넓이를 각각 $S(x)$, $T(x)$라 하자. $\lim_{x\to+0}\frac{T(x)}{S(x)}$ 의 값은?

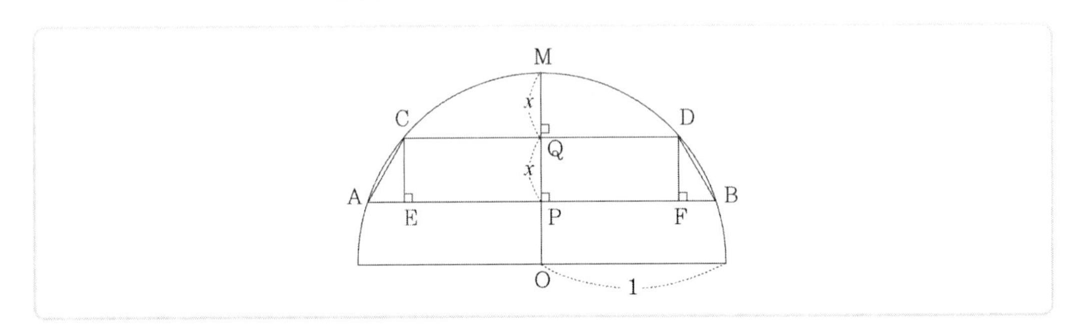

① $\sqrt{2}-1$

② $2-\sqrt{2}$

③ $\sqrt{3}-1$

④ $2(\sqrt{2}-1)$

⑤ $2(2-\sqrt{3})$

23 4점 두 수열 $\{a_n\}$, $\{b_n\}$을 다음과 같이 정의하자.

(가) $a_1=0$, $b_1=2$

(나) n이 짝수이면 $a_n=a_{n-1}+\frac{b_{n-1}}{n}$, $b_n=b_{n-1}-\frac{b_{n-1}}{n}$ 이다.

(다) n이 1보다 큰 홀수이면 $a_n=a_{n-1}-\frac{a_{n-1}}{n}$, $b_n=b_{n-1}+\frac{a_{n-1}}{n}$ 이다.

$a_{41}=\frac{q}{p}$ 일 때, $p+q$의 값은? (단, p, q는 서로소인 자연수이다.)

① 79

② 80

③ 81

④ 82

⑤ 83

24 [4점] 그림과 같이 반지름의 길이가 3인 두 원을 서로의 중심을 지나도록 그렸을 때, 두 원의 내부에서 겹친 부분이 나타내는 도형을 F_1이라 하자. F_1의 내부에 반지름의 길이가 같고 서로의 중심을 지나는 두 원을 F_1과 접하면서 반지름의 길이가 최대가 되도록 그렸을 때, 그려진 두 원의 내부에서 겹친 부분이 나타내는 도형을 F_2라 하자. F_2의 내부에 반지름의 길이가 같고 서로의 중심을 지나는 두 원을 F_2와 접하면서 반지름의 길이가 최대가 되도록 그렸을 때, 그려진 두 원의 내부에서 겹친 부분이 나타내는 도형을 F_3이라 하자. 이와 같은 방법으로 계속하여 도형 F_n을 그려 나갈 때, F_n의 둘레의 길이를 l_n이라 하자. $\sum_{n=1}^{\infty} l_n$의 값은?

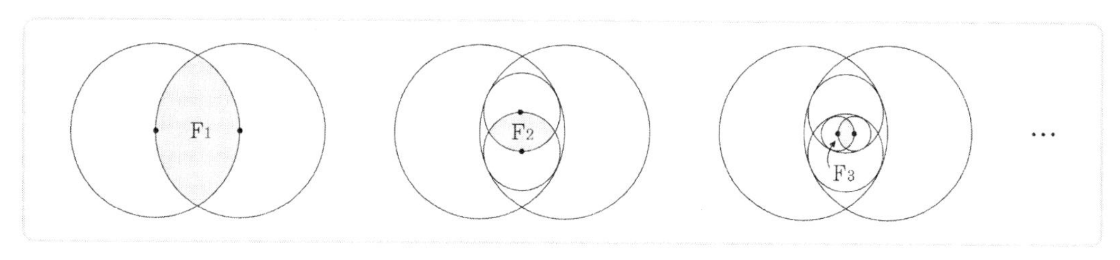

① $2\pi(1+\sqrt{7})$
② $\frac{8\pi}{3}(1+\sqrt{7})$
③ $\frac{4\pi}{3}(2+\sqrt{7})$
④ $2\pi(2+\sqrt{7})$
⑤ $\frac{5\pi}{3}(2+\sqrt{7})$

주관식

25 [3점] $\left(x^2+\frac{2}{x}\right)^6$의 전개식에서 x^3의 계수를 구하시오.

( )

주관식

26 [3점] 부등식 $\log_2(x+y-4)+\log_2(x+y) \le 1+\log_2 x+\log_2 y$를 만족시키는 실수 x, y에 대하여 $7y-x$의 최댓값을 구하시오.

( )

주관식

27 4점 집합 $A=\{1,\ 2,\ 3\}$에 대하여 수열 $\{a_n\}$은 집합 A의 원소로 이루어진 수열이다. 이 수열이 등식 $\sum_{n=1}^{\infty}\frac{a_n}{10^n}=\frac{104}{333}$를 만족시킬 때, $\sum_{n=1}^{\infty}\frac{a_n}{5^n}=\frac{q}{p}$이다. $p+q$의 값을 구하시오. (단, p, q는 서로소인 자연수이다.)

(　　　　　　　　)

주관식

28 4점 프로야구 한국시리즈는 두 팀이 출전하여 7번의 경기 중 4번을 먼저 이기는 팀이 우승팀이 된다. A, B 두 팀이 한국시리즈에 출전하여 우승팀이 정해지기까지 치른 경기의 수를 확률변수 X라 하자. 매 경기마다 각 팀이 이길 확률은 모두 $\frac{1}{2}$로 같다고 할 때, $E(16X)$의 값을 구하시오. (단, 두 팀이 경기를 할 때 무승부는 없다고 가정한다.)

(　　　　　　　　)

주관식

29 4점 다음과 같이 두 수 0과 1만을 사용하여 제 n행에 n자리의 자연수를 크기순으로 모두 나열해 나간다. $(n=1, 2, 3, \dots)$

제1형	1
제2형	10, 11
제3형	100, 101, 110, 111
제4형	1000, 1001, 1010, 1011, 1100, 1101, 1110, 1111
…	…

제 n행에 나열한 모든 수의 합을 a_n이라 하자. 예를 들어, $a_2=21$, $a_3=422$이다.

$\lim_{n\to\infty}\frac{a_n}{20^n}=\frac{q}{p}$일 때, $p+q$의 값을 구하시오. (단, p, q는 서로소인 자연수이다.)

(　　　　　　　　)

주관식

30 세 다항함수 $f(x)$, $g(x)$, $h(x)$가 다음 조건을 만족시킨다.

4점

(가) $f(1)=1$, $g(1)=2$
(나) 모든 실수 x, y에 대하여 $f(xy+1)=xg(y)+h(x+y)$이다.

이때 $\int_0^3 \{f(x)+g(x)+h(x)\}dx$의 값을 구하시오.

(   )

09 2014학년도 수학영역(A형)

▶ 해설은 p. 78에 있습니다.

01 2점

$\log_3 \sqrt{8} \times \log_2 9$의 값은?

① $\frac{3}{2}$ ② 2

③ $\frac{5}{2}$ ④ 3

⑤ $\frac{7}{2}$

02 2점

두 행렬 $A = \begin{pmatrix} 4 & 6 \\ 2 & 0 \end{pmatrix}$, $B = \begin{pmatrix} 1 & 3 \\ 1 & -1 \end{pmatrix}$에 대하여 행렬 $A^2 - 2AB$의 모든 성분의 합은?

① 24 ② 26

③ 28 ④ 30

⑤ 32

03 2점

$\int_{-2}^{2} (x + |x| + 2)dx$의 값은?

① 4 ② 6

③ 8 ④ 10

⑤ 12

04 두 함수 $y=-x^2+4$, $y=2x^2+ax+b$의 그래프가 점 A(2, 0)에서 만나고, 점 A에서 공통인 접선을 가질 때, 상수 a, b의 합 $a+b$의 값은?
3점

① 4
② 5
③ 6
④ 7
⑤ 8

05 $-2 \le x \le 2$에서 정의된 함수 $f(x)$의 그래프가 그림과 같다. $\lim_{x \to -1-0} f(f(x)) + \lim_{x \to +0} f(f(x))$의 값은?
3점

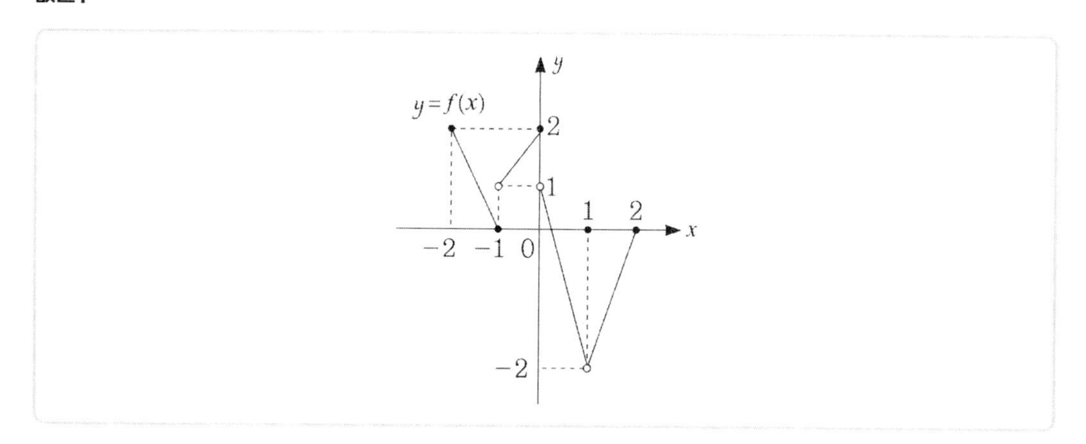

① −2
② −1
③ 0
④ 1
⑤ 2

06 3점 두 다항함수 $f(x)$, $g(x)$에 대하여 $\lim_{x\to 2}\frac{f(x)+1}{x-2}=3$, $\lim_{x\to 2}\frac{g(x)-3}{x-2}=1$이 성립할 때, $\lim_{x\to 2}\frac{f(x)g(x)-f(2)g(2)}{x-2}$의 값은?

① 6
② 7
③ 8
④ 9
⑤ 10

07 3점 어떤 제품은 전체 생산량의 30%, 20%, 50%가 각각 세 공장 A, B, C에서 생산되고, 제품의 불량률은 각각 2%, 4%, a%라고 한다. 세 공장 A, B, C에서 생산된 제품 중 임의로 선택한 한 개의 제품이 불량품일 때, 그 제품이 C공장에서 생산된 제품이었을 확률은 $\frac{15}{29}$이다. a의 값은? (단, 세 공장 A, B, C에서는 다른 제품은 생산되지 않는다.)

① 1
② 2
③ 3
④ 4
⑤ 5

08 3점 대기의 혼탁 정도를 나타내는 하나의 척도로 주간에 한 목표물을 볼 수 있는 최대거리인 시정거리를 사용한다. 상대습도가 70%일 때, 먼지농도 d(㎍/m^3)와 시정거리 x(m) 사이에는 다음과 같은 관계식이 성립한다. 상대습도가 70%일 때, 시정거리가 3000(m)이상이 되기 위한 먼지농도의 최댓값은 d_1(㎍/m^3)이다. d_1의 값은?

$$\log x = 3 + \log 1.2 - \log d$$

① 0.1
② 0.2
③ 0.3
④ 0.4
⑤ 0.5

09 3점 수열 $\{a_n\}$을 다음과 같이 정의하자. $a_n = \int_0^1 x^n(x-1)dx$ $(n=1,\ 2,\ 3,\ \ldots)$ $\sum_{n=1}^{10} a_n$의 값은?

① $-\frac{5}{12}$

② $-\frac{1}{3}$

③ $-\frac{1}{4}$

④ $-\frac{1}{6}$

⑤ $-\frac{1}{12}$

10 3점 0이 아닌 세 실수 a, b, c가 다음 조건을 만족시킬 때, $a+b+c$의 값은?

(가) a, b, c는 이 순서대로 등비수열을 이룬다.
(나) $ab=c$
(다) $a+3b+c=-3$

① −21
② −18
③ −15
④ −12
⑤ −9

좌표평면에서 곡선 $y=x^2$ 위의 점 $P_n(n, n^2)$과 중심이 x축 위에 있는 원 C_n은 다음 조건을 만족시킨다. 물음에 답하시오. (단, $n=1, 2, 3, \cdots$ 이다.) [11~12]

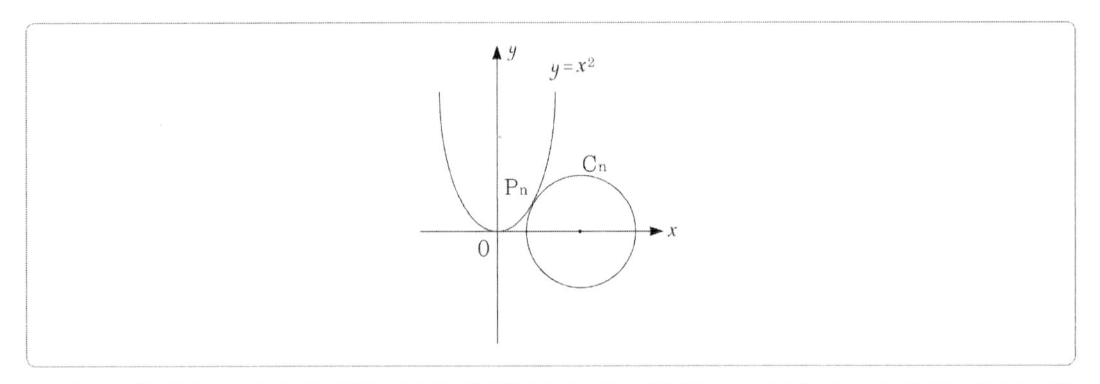

(가) 곡선 $y=x^2$과 원 C_n은 점 P_n에서 만난다.
(나) 곡선 $y=x^2$과 원 C_n은 점 P_n에서 공통인 접선을 갖는다.

11 3점

원 C_1의 중심의 x좌표는?

① 2
② $\frac{5}{2}$
③ 3
④ $\frac{7}{2}$
⑤ 4

12 3점

원 C_n의 넓이를 $S(n)$이라 할 때, $\lim_{n\to\infty}\frac{S(n)}{n^6}$의 값은?

① π
② 2π
③ 3π
④ 4π
⑤ 5π

13 3점 세 집합 A, B, C는 다음과 같다. $A\cap B\neq\varnothing$, $A\cap C\neq\varnothing$ 을 만족시키는 실수 a, b에 대하여 $a+b$의 값은?

$$A=\left\{(x,\ y) \middle| \begin{pmatrix} a & -1 \\ 1 & 1 \end{pmatrix}\begin{pmatrix} x \\ y \end{pmatrix}=\begin{pmatrix} ab \\ b \end{pmatrix},\ x,\ y\text{는 실수}\right\}$$

$$B=\{(x,\ y)|y=x^2+x+1,\ x,\ y\text{는 실수}\}$$

$$C=\{(x,\ y)|y=x-1,\ x,\ y\text{는 실수}\}$$

① 1
② 2
③ 3
④ 4
⑤ 5

14 4점 수직선 위의 원점에 위치한 점 A가 있다. 주사위 1개를 던질 때 3의 배수의 눈이 나오면 점 A를 양의 방향으로 3만큼 이동하고, 그 이외의 눈이 나오면 점 A를 음의 방향으로 2만큼 이동하는 시행을 한다. 이와 같은 시행을 72회 반복할 때, 점 A의 좌표를 확률변수 X라 하자. 확률 $\mathrm{P}(X\geq 11)$의 값을 오른쪽 표준정규분포표를 이용하여 구한 것은?

z	$\mathrm{P}(0\leq Z\leq z)$
1.00	0.3413
1.25	0.3944
1.50	0.4332
1.75	0.4599
2.00	0.4772

① 0.0228
② 0.0401
③ 0.0668
④ 0.1056
⑤ 0.1587

15 4점 두 함수 $f(x)$, $gx)$의 그래프는 그림과 같다. 옳은 것만을 다음에서 있는 대로 고른 것은?

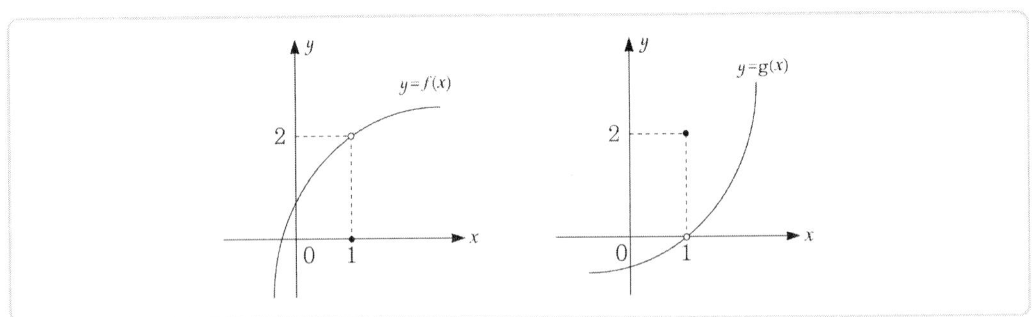

㉠ 함수 $f(x)+g(x)$는 $x=1$에서 연속이다.
㉡ 함수 $f(x)g(x)$는 $x=1$에서 연속이다.
㉢ 함수 $\dfrac{f(x)+ax}{g(x)+bx}$가 $x=1$에서 연속이면 $a+b=-4$이다.

① ㉠
② ㉠, ㉡
③ ㉠, ㉢
④ ㉡, ㉢
⑤ ㉠, ㉡, ㉢

16 4점 두 이차정사각행렬 A, B가 $A^2-A=O$, $A-B=E$를 만족시킬 때, 옳은 것만을 다음에서 있는 대로 고른 것은? (단, O는 영행렬이고, E는 단위행렬이다.)

㉠ $AB=O$
㉡ $A \neq E$이면 A의 역행렬은 존재하지 않는다.
㉢ $A+B$의 역행렬이 존재한다.

① ㉠
② ㉠, ㉡
③ ㉠, ㉢
④ ㉡, ㉢
⑤ ㉠, ㉡, ㉢

17 4점

첫째항이 −8인 수열 $\{a_n\}$에 대하여 $a_{n+1}-2\sum_{k=1}^{n}\frac{a_k}{k}=2^{n+1}(n^2+n+2)\ (n \geq 1)$이 성립한다. 다음은 수열 $\{a_n\}$의 일반항을 구하는 과정의 일부이다. (가), (나), (다)에 알맞은 식을 각각 $f(n)$, $g(n)$, $h(n)$이라 할 때, $\frac{f(4)}{g(5)}+h(6)$의 값은?

주어진 식에 의하여

$a_n-2\sum_{k=1}^{n-1}\frac{a_k}{k}=2^n(n^2-n+2)\ (n \geq 2)$이다.

따라서 2 이상의 자연수 n에 대하여 $a_{n+1}-a_n-\frac{2}{n}a_n=$ (가) 이므로

$a_{n+1}-\frac{n+2}{n}a_n=$ (가) 이다. $b_n=\frac{a_n}{n(n+1)}$이라 하면

$b_{n+1}-bn=$ (나) $(n \geq 2)$이고,

$b_2=0$이므로 $b_n=$ (다) $(n \geq 2)$이다.

⋮

① 65

② 70

③ 75

④ 80

⑤ 85

18 4점 한 변의 길이가 1인 정육각형 ABCDEF에서 길이가 2인 대각선의 교점을 O라 하자. 그림과 같이 꼭짓점 A, B, C, D, E, F를 중심으로 하여 점 O를 시계 방향으로 $60°$만큼 회전시키면서 호를 그린 다음, 이들 호의 길이를 이등분하는 점을 각각 A_1, B_1, C_1, D_1, E_1, F_1이라 하자. 정육각형 $A_1B_1C_1D_1E_1F_1$에서 꼭짓점 A_1, B_1, C_1, D_1, E_1, F_1을 중심으로 하여 점 O를 시계 방향으로 $60°$만큼 회전시키면서 호를 그린 다음, 이들 호의 길이를 이등분하는 점을 각각 A_2, B_2, C_2, D_2, E_2, F_2라 하자. 정육각형 $A_2B_2C_2D_2E_2F_2$에서 꼭짓점 A_2, B_2, C_2, D_2, E_2, F_2를 중심으로 하여 점 O를 시계 방향으로 $60°$만큼 회전시키면서 호를 그린 다음, 이들 호의 길이를 이등분하는 점을 각각 A_3, B_3, C_3, D_3, E_3, F_3이라 하자. 이와 같은 과정을 계속하여 n번째 얻은 정육각형 $A_nB_nC_nD_nE_nF_n$의 넓이를 S_n이라 할 때, $\sum_{n=1}^{\infty} S_n$의 값은?

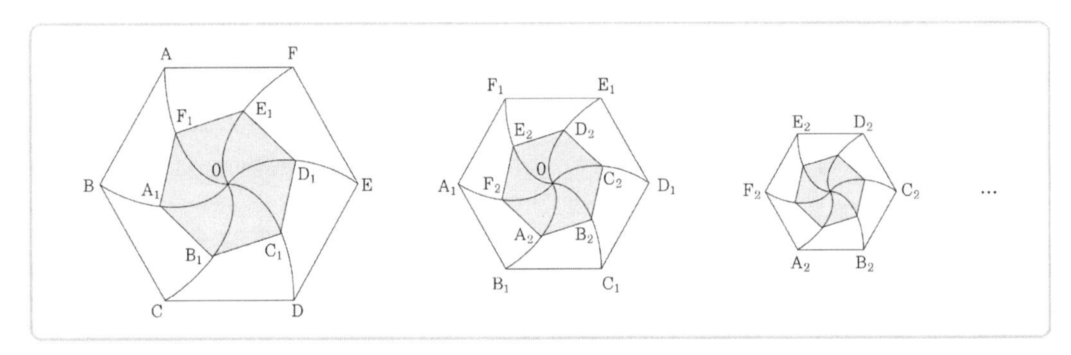

① $\dfrac{7-3\sqrt{3}}{4}$　　② $\dfrac{7-2\sqrt{3}}{4}$

③ $\dfrac{9-4\sqrt{3}}{4}$　　④ $\dfrac{9-3\sqrt{3}}{4}$

⑤ $\dfrac{9-2\sqrt{3}}{4}$

19 4점 두 곡선 $y=x^3$, $y=x^3+2x$의 교점 중 제1사분면에 있는 점을 A라 하고, 두 곡선 $y=x^3$, $y=-x^3+2x$와 직선 $x=k(0<k<1)$의 교점을 각각 B, C라 하자. 사각형 OBAC의 넓이가 최대가 되도록 하는 실수 k의 값은? (단, O는 원점이다.)

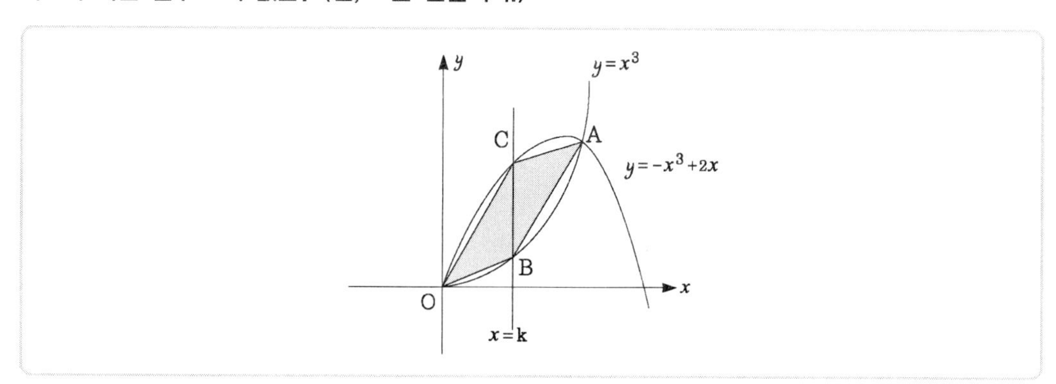

① $\frac{1}{3}$ ② $\frac{\sqrt{3}}{4}$

③ $\frac{\sqrt{2}}{3}$ ④ $\frac{1}{2}$

⑤ $\frac{\sqrt{3}}{3}$

20 4점 양수 x에 대하여 x의 정수 부분을 $f(x)$라 할 때, $\sum_{k=1}^{10} f(2^k + \sum_{k=2}^{1024} f(\log_2 k)$의 값은?

① 9850 ② 9950

③ 10050 ④ 10150

⑤ 10250

21 4점

자연수 n에 대하여 $S(n)=\{1,\ 2,\ ,3,\ \ldots,\ n\}$이라 하자. 두 조건 $A\cup B\cup C=S(n)$, $A\cap B=\varnothing$을 만족시키도록 세 집합 A, B, C를 정하는 방법의 수를 a_n이라 하자. $\sum_{n=1}^{\infty}\frac{1}{a_n}$의 값은?

① $\frac{1}{5}$ ② $\frac{1}{4}$

③ $\frac{2}{5}$ ④ $\frac{3}{5}$

⑤ $\frac{2}{3}$

주관식

22 3점

다음 그래프의 각 꼭짓점 사이의 연결 관계를 나타내는 행렬을 A라 하자. 행렬 A의 성분 중에서 1과 0의 개수를 각각 a, b라 할 때, $b-a$값을 구하시오.

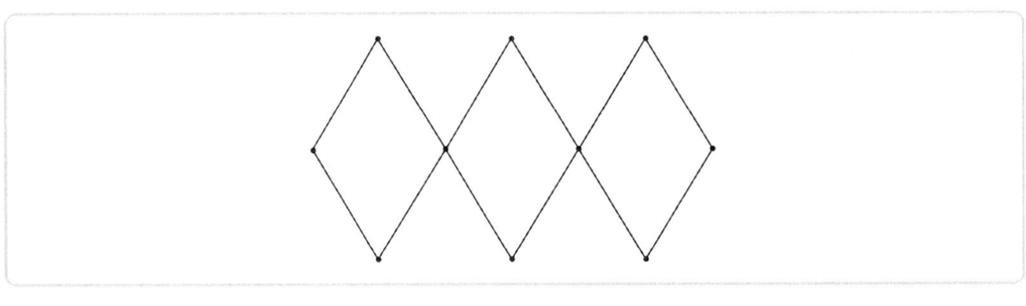

( )

주관식

23 3점

로그방정식 $\log_2(3x^2+7x)=1+\log_2(x+1)$의 해는 $x=\frac{q}{p}$이다. p^2+q^2의 값을 구하시오. (단, p, q는 서로소인 자연수이다.)

( )

주관식

24 3점 방정식 $x+3y+3z=32$를 만족시키는 자연수 x, y, z의 순서쌍 (x, y, z)의 개수를 구하시오.

(　　　　　　)

주관식

25 3점 함수 $f(x)=x^3+2x^2-3x+4$가 있다. 등식 $\int_{-2}^{2} f(x)dx=f(-a)+f(a)$를 만족시키는 실수 a에 대하여 $3a^2$의 값을 구하시오.

(　　　　　　)

주관식

26 4점 함수 $f(x)=3x^2+2x+1$에 대하여

$\lim_{n\to\infty}\frac{4}{n}\left\{f\left(1+\frac{1}{2n}\right)+f\left(1+\frac{2}{2n}\right)+f\left(1+\frac{3}{2n}\right)+\ldots+f\left(1+\frac{n}{2n}\right)\right\}$의 값을 구하시오.

(　　　　　　)

주관식

27 4점 책상 위에 있는 7개의 동전 중 3개는 앞면, 4개는 뒷면이 나와 있다. 이 중 임의로 3개의 동전을 택하여 뒤집어 놓았을 때, 7개의 동전 중 앞면이 나온 동전의 개수를 확률변수 X라 하자. 확률변수 $7X$의 평균을 구하시오.

(　　　　　　)

주관식

28 4점 함수 $f(x)$가 다음 조건을 만족시킨다. 수열 $\{a_n\}$에 대하여 $a_1+2a_2+3a_3+\ldots+na_n=\int_{-n}^{n} f(x)dx$ $(n=1, 2, 3, \ldots)$일 때, $a_7=\frac{q}{p}$이다. $p+q$의 값을 구하시오. (단, p, q는 서로소인 자연수이다.)

(가) $0\le x\le 1$에서 $f(x)=x^2+1$이다.
(나) 모든 실수 x에 대하여 $f(-x)=f(x)$이다.
(다) 모든 실수 x에 대하여 $f(1-x)=f(1+x)$이다.

(　　　　　　)

주관식

29 4점 첫째항이 20이고 공차가 −3인 등차수열 $\{a_n\}$에 대하여 수열 $\{b_n\}$을 $b_n = a_1 - a_2 + a_3 - a_4 + \dots + (-1)^{n+1}a_n$ $(n=1,\ 2,\ 3,\ \dots)$이라 하자. $\sum_{k=1}^{20} b_k$의 값을 구하시오.

(   )

주관식

30 4점 자연수 n에 대하여 $\log n$의 지표와 가수를 각각 $f(n)$, $g(n)$이라 하자. 좌표평면 위의 점 $P_n(f(n),\ g(n))$이 연립부등식

$$\begin{cases} y \geq \dfrac{1}{3}x \\ 0 \leq y \leq \dfrac{1}{2} \end{cases}$$

의 영역에 속하도록 하는 자연수 n의 개수를 오른쪽 상용로그표를 이용하여 구하시오.

x	$\log x$
2.1	0.3222
2.2	0.3424
3.1	0.4914
3.2	0.5051

(   )

10 2015학년도 수학영역(A형)

▶ 해설은 p. 88에 있습니다.

01 $(\log_6 4)^2+(\log_6 9)^2+2\log_6 4\times\log_6 9$ 의 값은?
2점

① 1 ② 4
③ 9 ④ 16
⑤ 25

02 두 행렬 $A=\begin{pmatrix}-2 & 1\\ 1 & -1\end{pmatrix}$, $B=\begin{pmatrix}3 & -2\\ -1 & 1\end{pmatrix}$에 대하여 행렬 $2A^2+AB$의 모든 성분의 합은?
2점

① 1 ② 2
③ 3 ④ 4
⑤ 5

03 5개의 실수 $1,\ p,\ q,\ r,\ s$가 이 순서대로 등차수열을 이루고 $s-p=9$일 때, r의 값은?
2점

① 4 ② 6
③ 8 ④ 10
⑤ 12

04 3점

두 사건 A, B에 대하여 $P(A^C \cap B) = \frac{1}{5}$, $P(B \mid A^C) = \frac{3}{7}$일 때, $P(A)$의 값은? (단, A^C는 A의 여사건이다.)

① $\frac{2}{15}$
② $\frac{4}{15}$
③ $\frac{2}{5}$
④ $\frac{8}{15}$
⑤ $\frac{2}{3}$

05 3점

다음은 확률변수 X의 확률분포를 표로 나타낸 것이다.

X	0	1	2	3	계
$\mathrm{P}(X=x)$	$\frac{1}{14}$	$6a$	$\frac{3}{7}$	a	1

$\mathrm{E}(X)$의 값은?

① $\frac{11}{10}$
② $\frac{6}{5}$
③ $\frac{13}{10}$
④ $\frac{7}{5}$
⑤ $\frac{3}{2}$

06 3점

삼차함수 $f(x) = x^3 + ax^2 + (a+6)x + 2$가 극값을 갖지 않도록 하는 정수 a의 개수는?

① 8
② 9
③ 10
④ 11
⑤ 12

07 등식 $abc=1024$를 만족시키는 세 자연수 a, b, c의 순서쌍 $(a,\ b,\ c)$의 개수는?

3점

① 42
② 48
③ 54
④ 60
⑤ 66

08 어느 상품의 수요량이 D, 공급량이 S일 때의 판매가격을 P라 하면 관계식 $\log_2 P=C+\log_3 D-\log_9 S$ (단, C는 상수)가 성립한다고 한다. 이 상품의 수요량이 9배로 증가하고 공급량이 3배로 증가하면 판매가격은 k배로 증가한다. k의 값은?

3점

① $\sqrt{2}$
② $\sqrt{3}$
③ 2
④ $2\sqrt{2}$
⑤ $3\sqrt{3}$

09 두 다항함수 $f(x)$, $g(x)$가 다음 조건을 만족시킨다.

3점

㉠ $\lim_{x\to\infty}\frac{f(x)-2g(x)}{x^2}=1$

㉡ $\lim_{x\to\infty}\frac{f(x)+3g(x)}{x^3}=1$

$\lim_{x\to\infty}\frac{f(x)+g(x)}{x^3}$의 값은?

① $\frac{1}{5}$
② $\frac{2}{5}$
③ $\frac{3}{5}$
④ $\frac{4}{5}$
⑤ 1

10 3점

다항함수 $f(x)$가 모든 실수 x에 대하여 $x^2\int_1^x f(t)dt-\int_1^x t^2f(t)dt=x^4+ax^3+bx^2$을 만족시킬 때 $f(5)$의 값은? (단, a와 b는 상수이다.)

① 17 ② 19

③ 21 ④ 23

⑤ 25

11 3점

두 함수 $y=f(x)$, $y=g(x)$의 그래프가 다음과 같다.

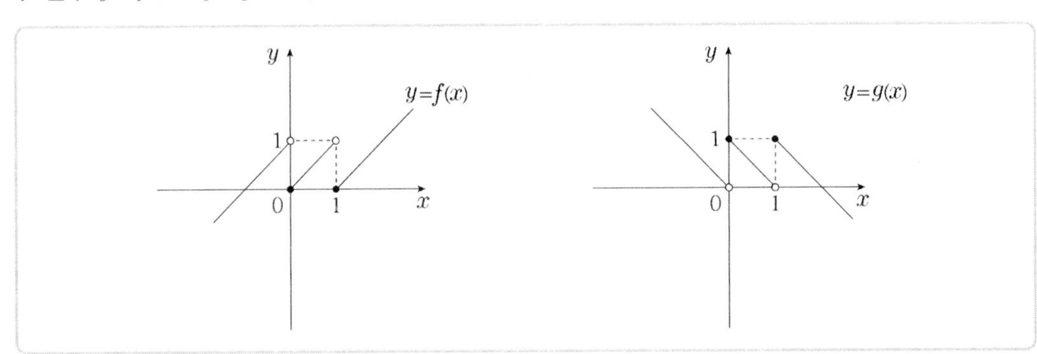

<보기>에서 옳은 것만을 있는 대로 고른 것은?

㉠ $\lim_{x\to1-0}f(x)+\lim_{x\to1+0}g(x)=2$

㉡ $\lim_{x\to+0}g(f(x))=0$

㉢ 함수 $f(x)g(x)$는 $x=1$에서 연속이다.

① ㉠ ② ㉡

③ ㉠, ㉢ ④ ㉡, ㉢

⑤ ㉠, ㉡, ㉢

12 3점 수열 $\{a_n\}$의 첫째항부터 제n항까지의 합을 S_n이라 하면 $S_{2n-1}=\frac{2}{n+2}$, $S_{2n}=\frac{2}{n+1}$, $(n \geq 1)$이 성립한다. $\sum_{n=1}^{\infty} a_{2n-1}$의 값은?

① -2 ② -1 ③ 0 ④ 1 ⑤ 2

13 3점 그림과 같이 좌표평면에서 직선 $x=k$가 곡선 $y=2^x+4$와 만나는 점을 A_k라 하고, 직선 $x=k+1$이 직선 $y=x$와 만나는 점을 B_{k+1}이라 하자. A_kB_{k+1}을 대각선으로 하고 각 변은 x축 또는 y축에 평행한 직사각형의 넓이를 S_k라 할 때, $\sum_{k=1}^{8} S_k$의 값은?

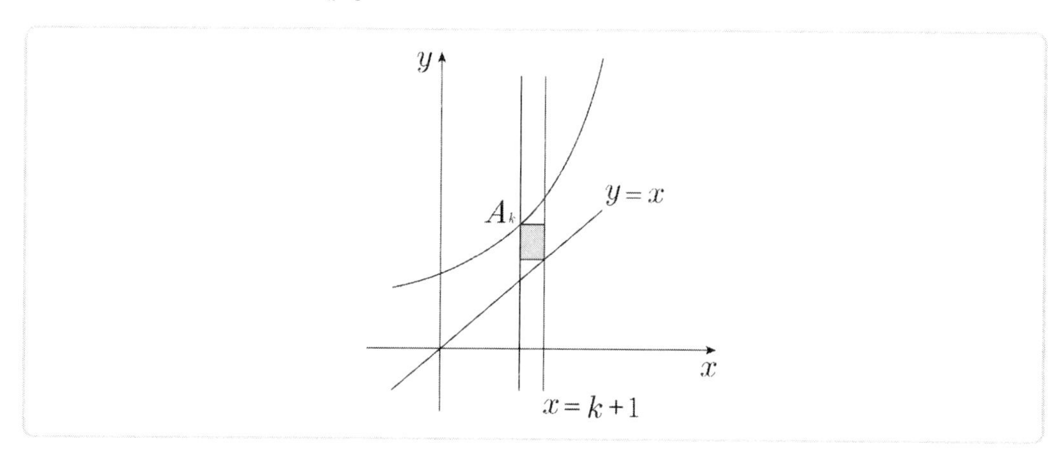

① 494 ② 496 ③ 498 ④ 500 ⑤ 502

14 4점 **정규분포를 따르는 두 연속확률변수 X, Y가 다음 조건을 만족시킨다.**

㉠ $Y=aX\ (a>0)$
㉡ $\mathrm{P}(X\le 18)+\mathrm{P}(Y\ge 36)=1$
㉢ $\mathrm{P}(X\le 28)=\mathrm{P}(Y\ge 28)$

$\mathrm{E}(Y)$**의 값은?**

① 42
② 44
③ 46
④ 48
⑤ 50

15 4점 **자연수 n에 대하여 좌표평면에 점 A_n, B_n을 다음과 같은 규칙으로 정한다.**

㉠ 점 A_1의 좌표는 $(1,\ 2)$이다.
㉡ 점 B_n은 점 A_n을 직선 $y=x$에 대하여 대칭이동시킨 다음 x축의 방향으로 1만큼 평행이동시킨 점이다.
㉢ 점 A_{n+1}은 점 B_n을 직선 $y=x$에 대하여 대칭이동시킨 다음 x축과 y축의 방향으로 각각 1만큼 평행이동시킨 점이다.

$\lim_{n\to\infty}\frac{\overline{\mathrm{A}_n\mathrm{B}_n}}{n}$**의 값은?**

① 1
② $\sqrt{2}$
③ 2
④ $2\sqrt{2}$
⑤ 4

16 함수 $f(x)=-x(x-4)$의 그래프를 x축의 방향으로 2만큼 평행이동시킨 곡선을 $y=g(x)$라 하자. 그림과 같이 두 곡선 $y=f(x)$, $y=g(x)$와 x축으로 둘러싸인 세 부분의 넓이를 각각 S_1, S_2, S_3라 할 때, $\dfrac{S_2}{S_1+S_3}$의 값은?

4점

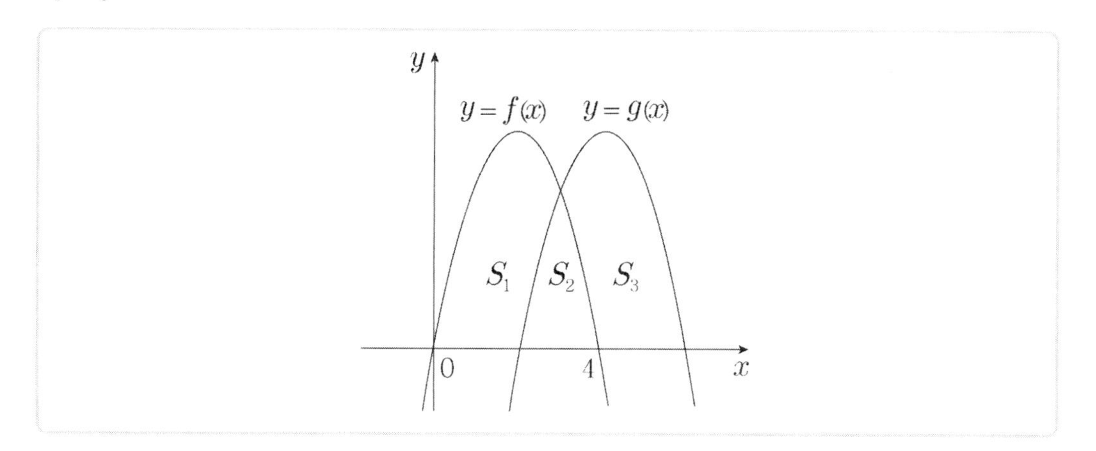

① $\dfrac{3}{22}$
② $\dfrac{7}{44}$
③ $\dfrac{2}{11}$
④ $\dfrac{9}{44}$
⑤ $\dfrac{5}{22}$

17 4점 그림과 같이 $\overline{AB}=\overline{AC}=5$, $\overline{BC}=6$인 이등변삼각형 ABC가 있다.

선분 BC의 중점 M_1을 잡고 두 선분 AB, AC 위에 각각 점 B_1, C_1을 $\angle B_1M_1C_1=90°$이고 $\overline{B_1C_1}//\overline{BC}$가 되도록 잡아 직각삼각형 $B_1M_1C_1$을 만든다.

선분 B_1C_1의 중점 M_2을 잡고 두 선분 AB_1, AC_1 위에 각각 점 B_2, C_2를 $\angle B_2M_2C_2=90°$이고 $\overline{B_2C_2}//\overline{B_1C_1}$이 되도록 잡아 직각삼각형 $B_2M_2C_2$를 만든다.

이와 같은 과정을 계속하여 n번째 만든 직각삼각형 $B_nM_nC_n$의 넓이를 S_n이라 할 때, $\sum_{n=1}^{\infty}S_n$의 값은?

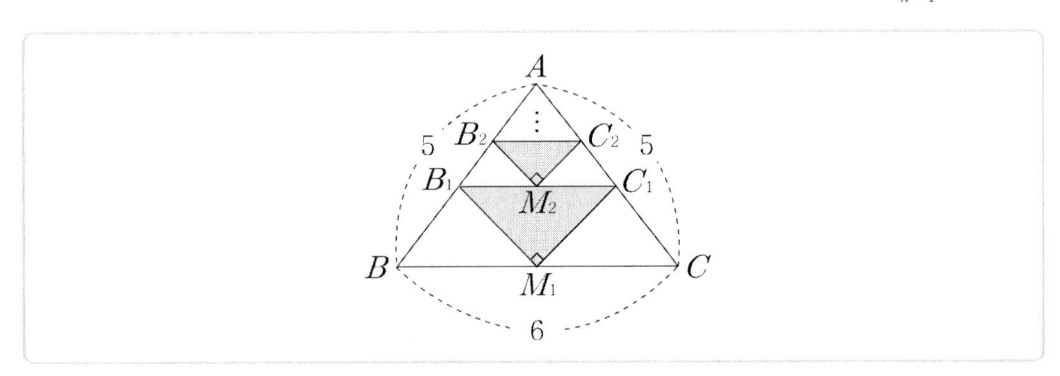

① $\frac{47}{11}$

② $\frac{48}{11}$

③ $\frac{49}{11}$

④ $\frac{50}{11}$

⑤ $\frac{51}{11}$

18 4점 곡선 $y=\frac{1}{3}x^3-x$ 위의 점 중에서 제1사분면에 있는 한 점을 $\mathrm{P}(a,\ b)$라 하자. 점 P에서의 접선이 y축과 만나는 점을 Q라 하고, 점 P를 지나고 x축에 평행한 직선이 y축과 만나는 점을 R이라 하자. $\overline{\mathrm{OQ}}:\overline{\mathrm{OR}}=3:1$일 때, ab의 값은? (단, O는 원점이다.)

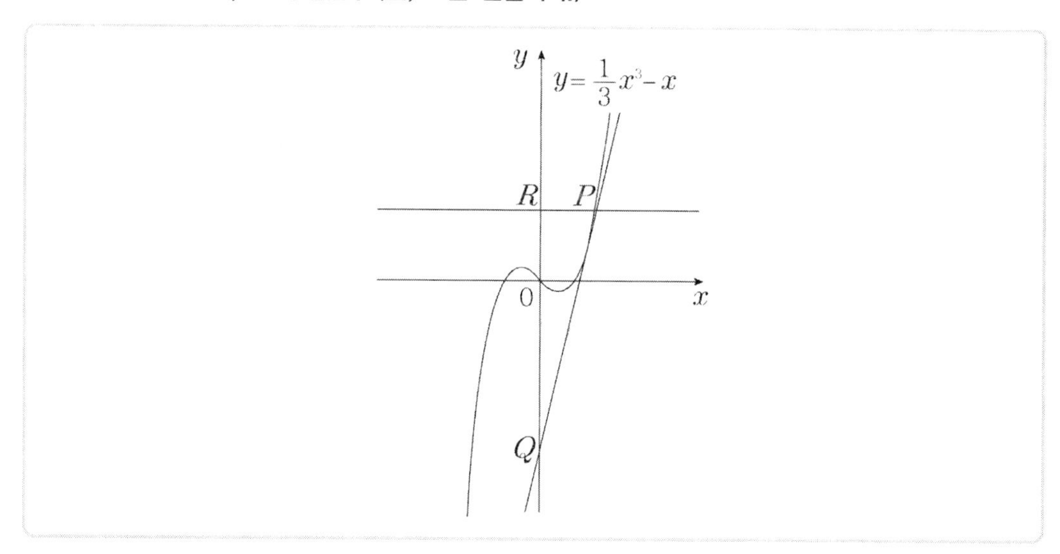

① 9 ② 12 ③ 15 ④ 18 ⑤ 21

19 4점 두 이차정사각행렬 A, B가 $AB=O$, $(A+2B)(2A-B)=E$를 만족시킬 때, <보기>에서 옳은 것만을 있는 대로 고른 것은? (단, E는 단위행렬이고, O는 영행렬이다.)

> ㉠ $BA=O$
> ㉡ 행렬 $A+B$의 역행렬이 존재한다.
> ㉢ $A^2+B^2=\frac{1}{2}E$이면 $B=O$이다.

① ㉡ ② ㉢ ③ ㉠, ㉡ ④ ㉠, ㉢ ⑤ ㉠, ㉡, ㉢

20 수열 $\{a_n\}$이 다음 조건을 만족시킨다.

4점

(Ⅰ) $a_1 = 2$이고 $a_n < a_{n+1}$ $(n \ge 1)$이다.

(Ⅱ) $b_n = \frac{1}{2}\left(n+1-\frac{1}{n+1}\right)$ $(n \ge 1)$이라 할 때, 좌표평면에서 네 직선 $x=a_n$, $x=a_{n+1}$, $y=0$, $y=b_n x$에 동시에 접하는 원 T_n이 존재한다.

다음은 수열 $\{a_n\}$의 일반항을 구하는 과정이다.

원점을 O라 하고, 원 T_n의 반지름의 길이를 r_n이라 하자.
직선 $x=a_n$과 두 직선 $y=0$, $y=b_n x$의 교점을 각각 A_n, B_n이라 하고,
원 T_n과 세 직선 $x=a_n$, $y=b_n x$, $y=0$의 접점을 각각 C_n, D_n, E_n이라 하면
$\overline{\mathrm{A}_n\mathrm{B}_n} = a_n b_n$이고 $\overline{\mathrm{OB}_n} = a_n\sqrt{\boxed{(가)}+b_n^2}$이다.

$$\overline{\mathrm{OD}_n} = \overline{\mathrm{OB}_n} + \overline{\mathrm{B}_n\mathrm{D}_n} = \overline{\mathrm{OB}_n} + \overline{\mathrm{B}_n\mathrm{C}_n}$$
$$= a_n\sqrt{\boxed{(가)}+b_n^2} + a_n b_n - r_n$$
$$\overline{\mathrm{OE}_n} = a_n + r_n$$

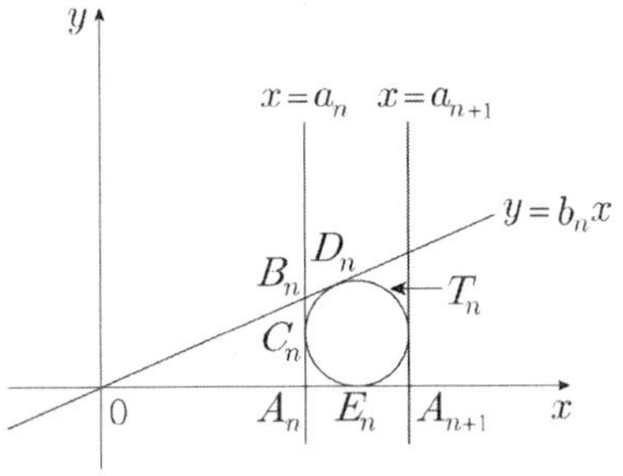

$\overline{\mathrm{OD}_n} = \overline{\mathrm{OE}_n}$이므로

$$r_n = \frac{a_n\left(b_n - 1 + \sqrt{\boxed{(가)}+b_n^2}\right)}{2}$$

$$\therefore\ a_{n+1} = a_n + 2r_n = \left(\boxed{(나)}\right) \times a_n \quad (n \ge 1)$$

이때 $a_1 = 2$이고

$$a_n = \boxed{} \times a_{n-1} = \boxed{} \times a_{n-2} = \cdots = \boxed{} \times a_1$$

이므로

$$a_n = \boxed{(다)}$$

위의 과정에서 (가)에 알맞은 수를 p라 하고, (나), (다)에 알맞은 식을 각각 $f(n)$, $g(n)$이라 할 때, $p+f(4)+g(4)$의 값은?

① 54
② 55
③ 56
④ 57
⑤ 58

21 자연수 n에 대하여 좌표평면에 원 C_n을 다음과 같은 규칙으로 그린다.
4점

㉠ 원 C_1의 방정식은 $(x-1)^2+(y-1)^2=1$이다.
㉡ 원 C_n의 반지름의 길이는 n이다.
㉢ 원 C_{n+1}은 원 C_n과 외접하고, 두 원 C_n, C_{n+1}의 중심을 지나는 직선은 x축 또는 y축과 평행하다.
㉣ $n=4k+p$ (k는 음이 아닌 정수, $p=1,\ 2,\ 3,\ 4$)일 때, 원 C_n의 중심은 제p사분면에 있다.

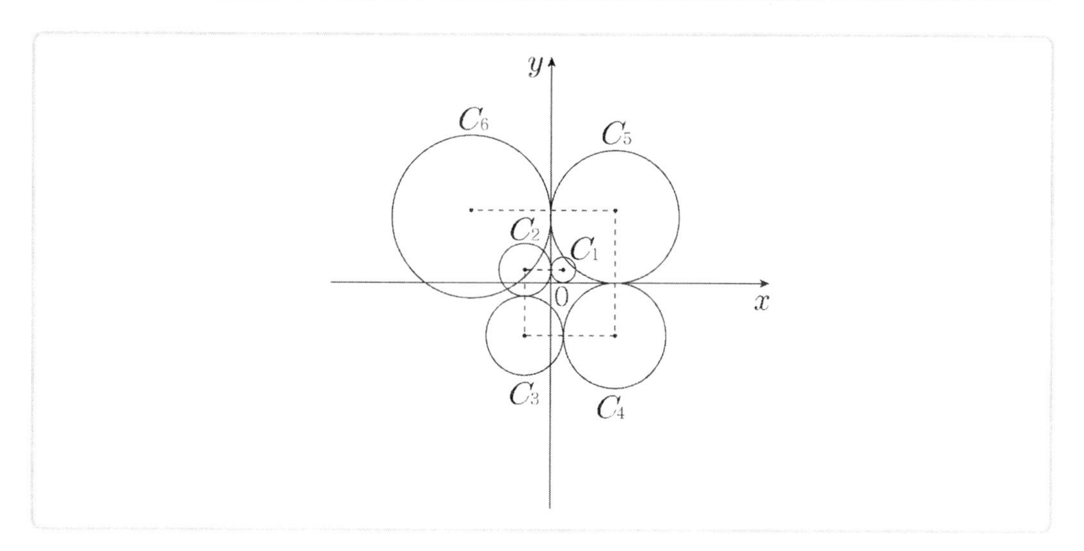

예를 들어 원 C_4의 중심의 좌표는 $(5,\ -4)$이고 반지름의 길이는 4이다.
원 C_n 중에서 그 중심이 원 C_{40}의 내부에 있는 원의 개수는?

① 13 ② 15 ③ 17 ④ 19 ⑤ 21

주관식
22 다항함수 $f(x)$가 $\lim_{x\to2}\frac{f(x)-3}{x-2}=4$를 만족시킨다. 함수 $g(x)=x^2f(x)$에 대하여 $g'(2)$의 값을 구하시오.
3점

( )

주관식

23 3점

다섯 개의 꼭짓점 A, B, C, D, E로 이루어진 그래프가 다음 조건을 만족시킨다.

㉠ 꼭짓점 A에 연결된 변의 개수는 4이다.
㉡ 꼭짓점 B, C, D에 연결된 변의 개수는 모두 2로 같다.

이 그래프의 각 꼭짓점 사이의 연결 관계를 나타내는 행렬의 모든 성분의 합의 최댓값을 구하시오. (단, 한 꼭짓점에서 자기 자신으로 가는 변이 없고, 두 꼭짓점 사이에 많아야 한 개의 변이 존재한다.)

(　　　　　　)

주관식

24 3점

어느 통신 회사의 스마트폰 사용 고객들의 올해 7월의 데이터 사용량은 모평균이 m(GB), 모표준편차가 1.2(GB)인 정규분포를 따른다고 한다. 이 고객들 중에서 n명을 임의추출하여 신뢰도 95%로 추정한 모평균 m에 대한 신뢰구간이 $[a, b]$일 때, $b-a \le 0.56$을 만족시키는 자연수 n의 최솟값을 구하시오. (단, Z가 표준정규분포를 따르는 확률변수일 때, $\mathrm{P}(0 \le Z \le 1.96) = 0.4750$으로 계산한다.)

(　　　　　　)

주관식

25 3점

수열 $\{a_n\}$이 모든 자연수 n에 대하여 $\sum_{k=1}^{n}(a_{2k-1}+a_{2k}) = 2n^2 - n$을 만족시킨다. $a_{10}+a_{11}=20$일 때, a_9+a_{12}의 값을 구하시오.

(　　　　　　)

주관식

26 4점

역행렬이 존재하는 두 이차정사각행렬 A, B가 다음 조건을 만족시킨다.

㉠ $B = A^{-1}BA$
㉡ 두 행렬 A, B의 모든 성분의 합은 각각 1, 8이다.

행렬 X_n을 $X_n = (A^{-1})^n BA^n + B^n A (B^{-1})^n \quad (n=1, 2, 3, \cdots)$이라 할 때, 행렬 $X_1+X_2+X_3+\cdots+X_{10}$의 모든 성분의 합을 구하시오.

(　　　　　　)

주관식

27 4점

주머니 A에는 흰 구슬 2개, 검은 구슬 1개가 들어 있고, 주머니 B에는 흰 구슬 1개, 검은 구슬 2개가 들어 있다. 한 개의 주사위를 던져서 3의 배수의 눈이 나오면 주머니 A에서 임의로 한 개의 구슬을 꺼내고, 3의 배수가 아닌 눈이 나오면 주머니 B에서 임의로 한 개의 구슬을 꺼낸다. 주사위를 4번 던지고 난 후에 주머니 A에는 검은 구슬이, 주머니 B에는 흰 구슬이 각각 한 개씩 남아 있을 확률은 $\frac{q}{p}$이다. $p+q$의 값을 구하시오. (단, p와 q는 서로소인 자연수이고, 꺼낸 구슬은 다시 넣지 않는다.)

( )

주관식

28 4점

그림과 같이 좌표평면에서 곡선 $y=\frac{1}{2}x^2$ 위의 점 중에서 제1사분면에 있는 점 $A\left(t,\ \frac{1}{2}t^2\right)$을 지나고 x축에 평행한 직선이 직선 $y=-x+10$과 만나는 점을 B라 하고, 두 점 A, B에서 x에 내린 수선의 발을 각각 C, D라 하자. 직사각형 ACDB의 넓이가 최대일 때, $10t$의 값을 구하시오. (단, 점 A의 x좌표는 점 B의 x좌표보다 작다.

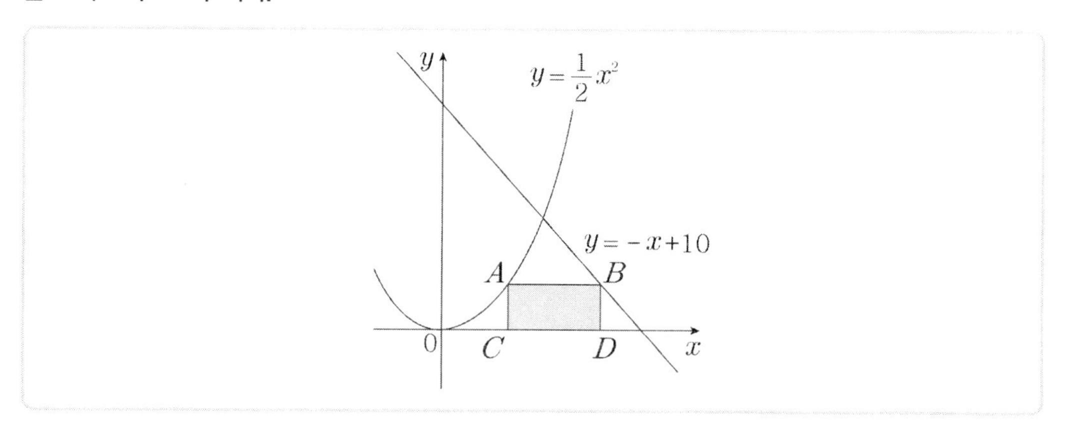

( )

주관식

29 4점 함수 $f(x)=-4x^2+12x+16$이 있다. 2 이상의 자연수 n에 대하여 닫힌 구간 $[1,\ 3]$을 n등분한 각 분점(양 끝점도 포함)을 차례로 $1=x_0,\ x_1,\ x_2,\ \cdots,\ x_{n-1},\ x_n=3$이라 하자. 세 점 $(0,\ 0),\ (x_k,\ 0),\ (x_k,\ f(x_k))$를 꼭짓점으로 하는 삼각형의 넓이를 $A_k(k=1,\ 2,\ \cdots,\ n)$이라 할 때, $\lim_{n\to\infty}\frac{4}{n}\sum_{k=1}^{n}A_k$의 값을 구하시오.

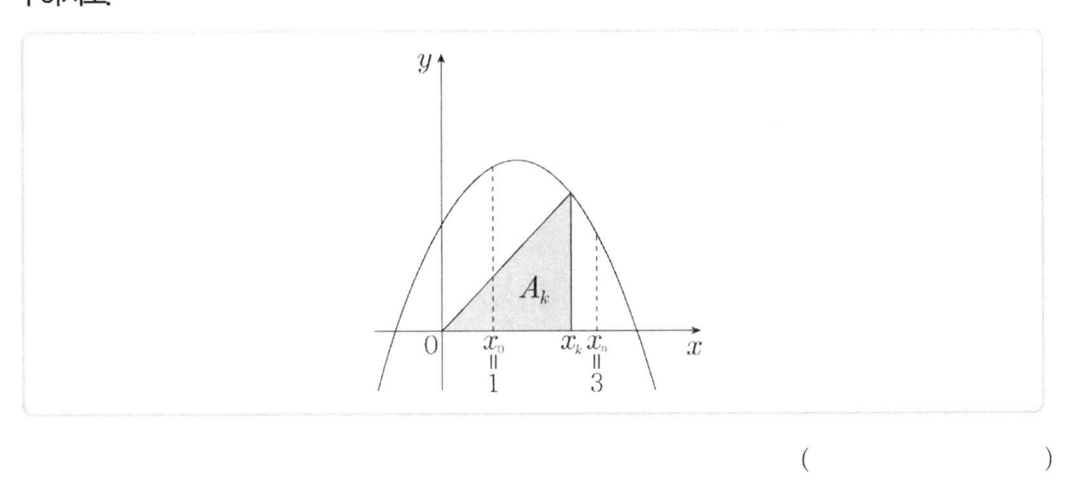

(　　　　　　　　)

주관식

30 4점 자연수 n에 대하여 $\log n$의 지표를 $f(n)$, 가수를 $g(n)$이라 할 때, 좌표평면에서 점 A_n의 좌표를 $(f(n),\ g(n))$이라 하자. 10보다 크고 1000보다 작은 두 자연수 $k,\ m\ (k<m)$에 대하여 세 점 $\mathrm{A}_1,\ \mathrm{A}_k,\ \mathrm{A}_m$이 한 직선 위에 있을 때, $k+m$의 최댓값을 구하시오.

(　　　　　　　　)

11 2016학년도 수학영역(A형)

▶ 해설은 p. 97에 있습니다.

01 2점 $\log_4 72 - \log_2 6$ 의 값은?

① $\frac{1}{4}$ ② $\frac{\sqrt{2}}{4}$

③ $\frac{1}{2}$ ④ $\frac{\sqrt{2}}{2}$

⑤ $\sqrt{2}$

02 2점 두 행렬 $A=\begin{pmatrix} 2 & -1 \\ 0 & 1 \end{pmatrix}$, $B=\begin{pmatrix} 0 & 3 \\ 1 & -2 \end{pmatrix}$, 에 대하여 행렬 $AB+A$ 의 $(1,\ 2)$성분은?

① 4 ② 5

③ 6 ④ 7

⑤ 8

03 2점 함수 $f(x)=x^3+2x^2+13x+10$ 에 대하여 $f'(1)$ 의 값은?

① 16 ② 17

③ 18 ④ 19

⑤ 20

04 함수 $y=f(x)$의 그래프가 그림과 같다.

3점

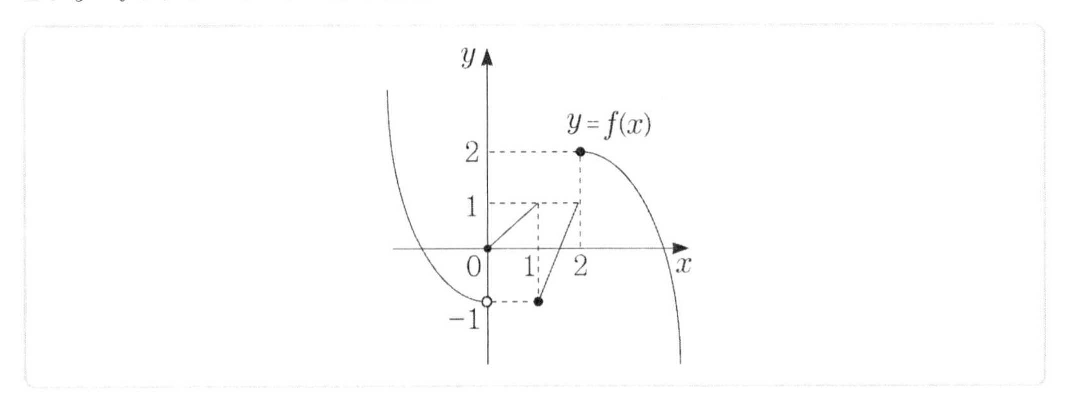

$\lim_{x \to 1+0} f(x) - \lim_{x \to 2-0} f(x)$의 값은?

① −2
② −1
③ 0
④ 1
⑤ 2

05 두 사건 A, B가 서로 독립이고 $P(A \cup B) = \frac{5}{6}$, $P(A^C \cap B) = \frac{1}{3}$일 때, $P(B)$의 값은?

3점

① $\frac{5}{12}$
② $\frac{7}{12}$
③ $\frac{3}{5}$
④ $\frac{2}{3}$
⑤ $\frac{3}{4}$

06 첫째항이 1이고, 둘째항이 p인 수열 $\{a_n\}$이 $a_{n+2} = a_n + 2(n \geq 1)$를 만족시킨다. $\sum_{k=1}^{10} a_k = 70$일 때, 상수 p의 값은?

3점

① 5
② 6
③ 7
④ 8
⑤ 9

07 3점

어느 과수원에서 생산되는 사과의 무게는 평균이 350g이고 표준편차가 30g인 정규분포를 따른다고 한다. 이 과수원에서 생산된 사과 중에서 임의로 선택한 9개의 무게의 평균이 345g 이상 365g 이하일 확률을 오른쪽 표준정규분포표를 이용하여 구한 것은?

z	$P(0 \le Z \le z)$
0.5	0.1915
1.0	0.3413
1.5	0.4332
2.0	0.4772

① 0.5328
② 0.6247
③ 0.6687
④ 0.7745
⑤ 0.8185

08 3점

어느 액체의 끓는 온도 T(℃)와 증기압 P(mmHg) 사이에는 다음 관계식이 성립한다.

$\log P = k - \dfrac{1000}{T+250}$ (단, k는 상수)

이 액체의 끓는 온도가 0℃일 때와 50℃일 때의 증기압을 각각 P_1(mmHg), P_2(mmHg)라 할 때, $\dfrac{P_2}{P_1}$의 값은?

① $10^{\frac{1}{4}}$ ② $10^{\frac{1}{3}}$
③ $10^{\frac{1}{2}}$ ④ $10^{\frac{2}{3}}$
⑤ $10^{\frac{3}{4}}$

09 3점

수열 $\{a_n\}$에 대하여 $\displaystyle\sum_{n=1}^{\infty}\left(\frac{a_n}{3^n}-4\right)=2$일 때, $\displaystyle\lim_{n\to\infty}\frac{a_n+2^n}{3^{n-1}+4}$의 값은?

① 10 ② 12
③ 14 ④ 16
⑤ 18

10 3점 연립방정식 $\begin{cases} \log_x y = \log_3 8 \\ 4(\log_2 x)(\log_3 y) = 3 \end{cases}$ 의 해를 $x = \alpha$, $y = \beta$라 할 때, $\alpha\beta$의 값은? (단, $\alpha > 1$이다.)

① 4
② $2\sqrt{5}$
③ $2\sqrt{6}$
④ $2\sqrt{7}$
⑤ $4\sqrt{2}$

◈ 자연수 n에 대하여 두 함수 $f(x)$, $g(x)$를 $\begin{matrix} f(x) = x^2 - 6x + 7, \\ g(x) = x + n \end{matrix}$ 이라 하자. 11번과 12번의 두 물음에 답하시오. [11~12]

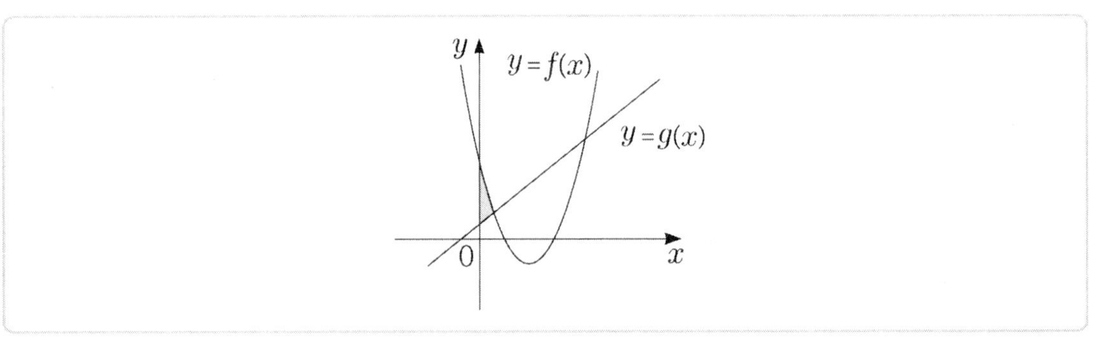

11 3점 $n = 1$일 때, 곡선 $y = f(x)$와 y축 및 직선 $y = g(x)$로 둘러싸인 어두운 부분의 넓이는?

① $\frac{8}{3}$
② $\frac{17}{6}$
③ 3
④ $\frac{19}{6}$
⑤ $\frac{10}{3}$

12 3점 곡선 $y = f(x)$와 직선 $y = g(x)$가 만나는 두 점 사이의 거리를 a_n이라 할 때, $\sum_{n=1}^{10} {a_n}^2$의 값은?

① 780
② 800
③ 820
④ 840
⑤ 860

13 [3점] 5개의 꼭짓점으로 이루어진 그래프 G의 각 꼭짓점 사이의 연결 관계를 나타내는 행렬을 M이라 할 때, 행렬 M^2이 다음과 같다.

$$M^2=\begin{pmatrix}4&2&2&2&2\\2&3&1&3&1\\2&1&3&1&3\\2&3&1&3&1\\2&1&3&1&3\end{pmatrix}$$

행렬 M의 성분 중 1의 개수를 a, 그래프 G의 꼭짓점 중 연결된 변의 개수가 짝수인 것의 개수를 b라 할 때, $a+b$의 값은? (단, 한 꼭짓점에서 자기 자신으로 가는 변이 없고, 두 꼭짓점 사이에 많아야 한 개의 변이 존재한다.)

① 17 ② 18 ③ 19 ④ 20 ⑤ 21

14 [4점] 실수 t에 대하여 x에 대한 방정식 $2x^3+ax^2+6x-3=t$의 서로 다른 실근의 개수를 $g(t)$라 하자. 함수 $g(t)$가 실수 전체의 집합에서 연속이 되도록 하는 정수 a의 개수는?

① 9 ② 10 ③ 11 ④ 12 ⑤ 13

15 [4점] 두 이차정사각행렬 A, B가 $AB=A-B$, $2BA+2B=A^2$을 만족시킬 때, <보기>에서 옳은 것만을 있는 대로 고른 것은? (단, E는 단위행렬이다.)

<보기>

ㄱ. $AB=BA$

ㄴ. $A-3E$의 역행렬이 존재한다.

ㄷ. $(A+B)^2=16B^2$

① ㄱ ② ㄷ ③ ㄱ, ㄴ ④ ㄴ, ㄷ ⑤ ㄱ, ㄴ, ㄷ

16 4점 한 변의 길이가 2인 정사각형 $A_1B_1C_1D_1$이 있다. 그림과 같이 변 A_1D_1의 중점을 M_1이라 할 때, 두 삼각형 $A_1B_1M_1$과 $M_1C_1D_1$에 각각 내접하는 두 원을 그리고, 두 원에 색칠하여 얻은 그림을 R_1이라 하자.

그림 R_1에서 두 꼭짓점이 변 B_1C_1 위에 있고 삼각형 $M_1B_1C_1$에 내접하는 정사각형 $A_2B_2C_2D_2$를 그린 후 변 A_2D_2의 중점을 M_2라 할 때, 두 삼각형 $A_2B_2M_2$와 $M_2C_2D_2$에 각각 내접하는 두 원을 그리고, 두 원에 색칠하여 얻은 그림을 R_2라 하자.

그림 R_2에서 두 꼭짓점이 변 B_2C_2 위에 있고 삼각형 $M_2B_2C_2$에 내접하는 정사각형 $A_3B_3C_3D_3$을 그린 후 변 A_3D_3의 중점을 M_3이라 할 때, 두 삼각형 $A_3B_3M_3$과 $M_3C_3D_3$에 각각 내접하는 두 원을 그리고, 두 원에 색칠하여 얻은 그림을 R_3라 하자.

이와 같은 과정을 계속하여 n번째 얻은 그림 R_n에 색칠되어 있는 부분의 넓이를 S_n이라 할 때, $\lim_{n \to \infty} S_n$의 값은?

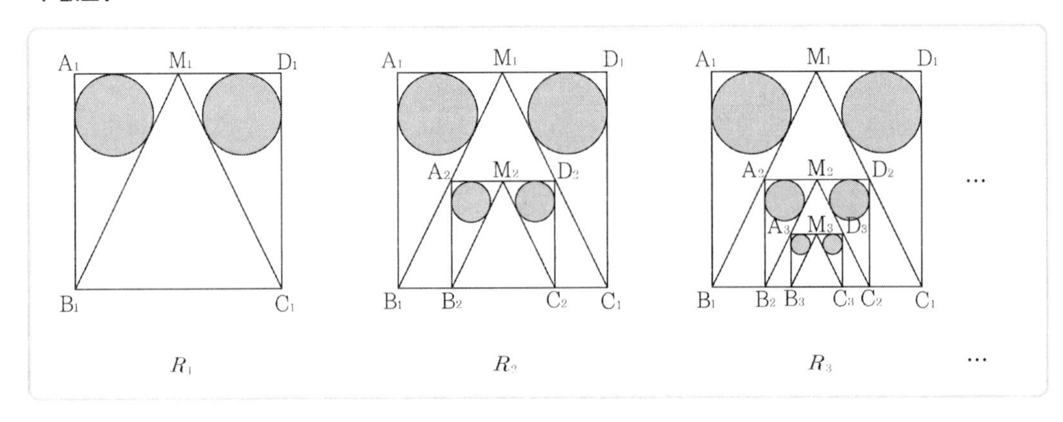

① $\frac{4(7-3\sqrt{5})}{3}\pi$　② $\frac{4(8-3\sqrt{5})}{3}\pi$

③ $\frac{5(7-3\sqrt{5})}{3}\pi$　④ $\frac{5(8-3\sqrt{5})}{3}\pi$

⑤ $\frac{5(9-4\sqrt{5})}{3}\pi$

17 실수 전체의 집합에서 연속인 함수 $f(x)$가 다음 조건을 만족시킨다.
4점

㉠ $f(x)=ax^2 (0 \le x < 2)$
㉡ 모든 실수 x에 대하여 $f(x+2)=f(x)+2$이다.

$\int_1^7 f(x)dx$의 값은? (단, a는 상수이다.)

① 20
② 21
③ 22
④ 23
⑤ 24

18 그림과 같이 곡선 $y=2^{x-1}+1$ 위의 점 A와 곡선 $y=\log_2(x+1)$ 위의 두 점 B, C에 대하여 두 점 A와 B는 직선 $y=x$에 대하여 대칭이고, 직선 AC는 x축과 평행하다. 삼각형 ABC의 무게중심의 좌표가 $(p,\ q)$일 때, $p+q$의 값은?
4점

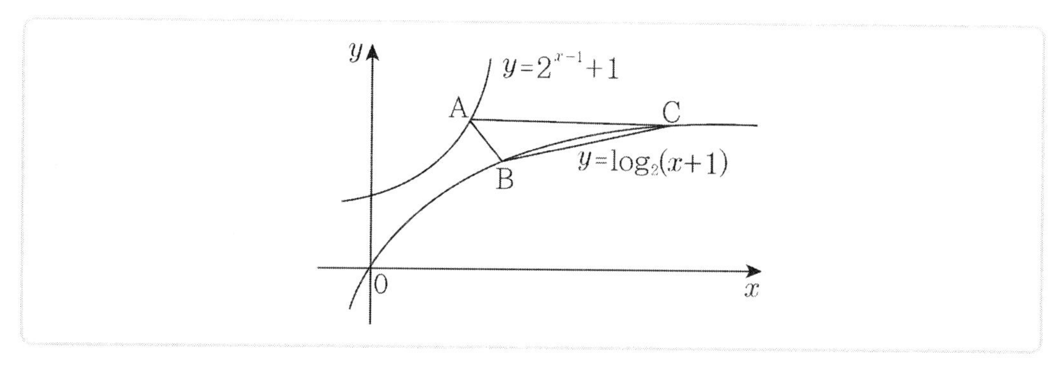

① $\frac{16}{3}$
② $\frac{17}{3}$
③ 6
④ $\frac{19}{3}$
⑤ $\frac{20}{3}$

19 4점

수열 $\{a_n\}$은 $a_1=-\dfrac{5}{3}$ 이고

$$a_{n+1}=-\frac{3a_n+2}{a_n}\ (n\ge 1)\ \cdots\cdots\ (*)$$

를 만족시킨다. 다음은 일반항 a_n을 구하는 과정이다.

(*)에서

$$a_{n+1}+2=-\frac{a_n+\boxed{(가)}}{a_n}\ (n\ge 1)$$

이다. 여기서

$$b_n=\frac{1}{a_n+2}\ (n\ge 1)$$

이라 하면 $b_1=3$이고

$$b_{n+1}=2b_n-\boxed{(나)}\ (n\ge 1)$$

이다. 수열 $\{b_n\}$의 일반항을 구하면

$$b_n=\boxed{(다)}\ (n\ge 1)$$

이므로

$$a_n=\frac{1}{\boxed{(다)}}-2\ (n\ge 1)$$

이다.

위의 (가)와 (나)에 알맞은 수를 각각 p, q라 하고, (다)에 알맞은 식을 $f(n)$이라 할 때, $p\times q\times f(5)$의 값은?

① 54
② 58
③ 62
④ 66
⑤ 70

20 4점 바닥에 놓여 있는 5개의 동전 중 임의로 2개의 동전을 선택하여 뒤집는 시행을 하기로 한다. 2개의 동전은 앞면이, 3개의 동전은 뒷면이 보이도록 바닥에 놓여있는 상태에서 이 시행을 3번 반복한 결과 2개의 동전은 앞면이, 3개의 동전은 뒷면이 보이도록 바닥에 놓여 있을 확률은? (단, 동전의 크기와 모양은 모두 같다.)

① $\frac{77}{125}$ ② $\frac{31}{50}$ ③ $\frac{78}{125}$ ④ $\frac{157}{250}$ ⑤ $\frac{79}{125}$

21 4점 최고차항의 계수가 1인 삼차함수 $f(x)$에 대하여 곡선 $y=f(x)$가 y축과 만나는 점을 A라 하자. 곡선 $y=f(x)$ 위의 점 A에서의 접선을 l이라 할 때, 직선 l이 곡선 $y=f(x)$와 만나는 점 중에서 A가 아닌 점을 B라 하자. 또, 곡선 $y=f(x)$ 위의 점 B에서의 접선을 m이라 할 때, 직선 m이 곡선 $y=f(x)$와 만나는 점 중에서 B가 아닌 점을 C라 하자. 두 직선 l, m이 서로 수직이고 직선 m의 방정식이 $y=x$일 때, 곡선 $y=f(x)$ 위의 점 C에서의 접선의 기울기는? (단, $f(0)>0$이다.)

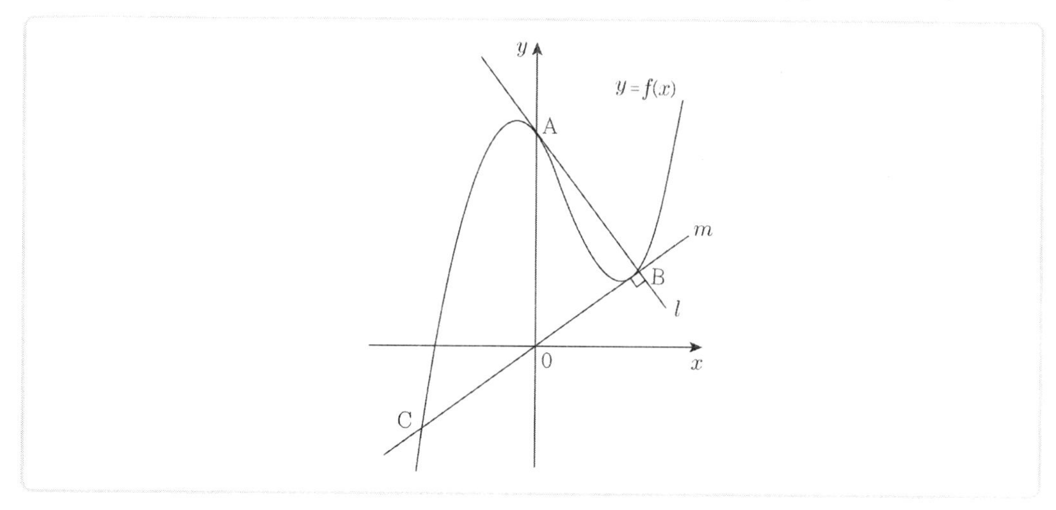

① 8 ② 9 ③ 10 ④ 11 ⑤ 12

22 3점 x에 대한 이차방정식 $x^2-kx+72=0$의 두 근 α, β에 대하여 $\alpha,\ \beta,\ \alpha+\beta$가 이 순서대로 등차수열을 이룰 때, 양수 k의 값을 구하시오.

( )

23 3점 주머니에 크기와 모양이 같은 흰 공 2개와 검은 공 3개가 들어 있다. 이 주머니에서 임의로 1개의 공을 꺼내어 색을 확인한 후 다시 넣지 않는다. 이와 같은 시행을 두 번 반복하여 두 번째 꺼낸 공이 흰 공이었을 때, 첫 번째 꺼낸 공도 흰 공이었을 확률이 p이다. $40p$의 값을 구하시오.

( )

24 3점 함수 $f(x)=3x^2+4x$에 대하여 $\lim_{n\to\infty}\frac{1}{n}\sum_{k=1}^{n}f\left(1+\frac{2k}{n}\right)$의 값을 구하시오.

( )

주관식

25 3점 구간 $[0,\ 4]$에서 정의된 연속확률변수 X의 확률밀도함수가

$$f(x)=\begin{cases}\frac{1}{2}x & (0\le x\le 1)\\ a(x-4) & (1<x\le 4)\end{cases}$$

일 때, $E(6X+5)$의 값을 구하시오. (단, a는 상수이다.)

( )

주관식

26 수직선 위의 원점에 있는 두 점 A, B를 다음의 규칙에 따라 이동시킨다.

4점

> ㉠ 주사위를 던져 5 이상의 눈이 나오면 A를 양의 방향으로 2만큼, B를 음의 방향으로 1만큼 이동시킨다.
> ㉡ 주사위를 던져 4 이상의 눈이 나오면 A를 음의 방향으로 2만큼, B를 양의 방향으로 1만큼 이동시킨다.

주사위를 5번 던지고 난 후 두 점 A, B 사이의 거리가 3 이하가 될 확률이 $\frac{q}{p}$ 일 때, $p+q$의 값을 구하시오. (단, p와 q는 서로소인 자연수이다.)

( )

주관식

27 수열 $\{a_n\}$이

4점

$$\begin{cases} a_{2n-1} = 2^{n+1} - 3 & (n \geq 1) \\ a_{2n} = 4^{n-1} + 2^n & (n \geq 1) \end{cases}$$

일 때, $\{a_n\}$의 계차수열을 $\{b_n\}$이라 하자. 수열 $\{b_n\}$의 첫째항부터 제 n항까지의 합을 T_n이라 할 때, $\lim_{n \to \infty} \frac{T_{4n}}{T_{2n-1}}$의 값을 구하시오.

( )

주관식

28 어느 공연장에 15개의 좌석이 일렬로 배치되어 있다. 이 좌석 중에서 서로 이웃하지 않도록 4개의 좌석을 선택하려고 한다. 예를 들면, 아래 그림의 색칠한 부분과 같이 좌석을 선택한다.

4점

		■			■					■				■

무대

이와 같이 좌석을 선택하는 경우의 수를 구하시오. (단, 좌석을 선택하는 순서는 고려하지 않는다.)

( )

주관식

29 4점 좌표평면에서 자연수 n에 대하여 세 직선 $y=x+1$, $y=-x+2n+1$, $y=\dfrac{x}{n+1}$로 둘러싸인 삼각형의 내부(경계선 제외)에 있는 점 $(x,\ y)$중에서 x, y가 모두 자연수인 점의 개수를 a_n이라 하자. $a_n=133$인 n의 값을 구하시오.

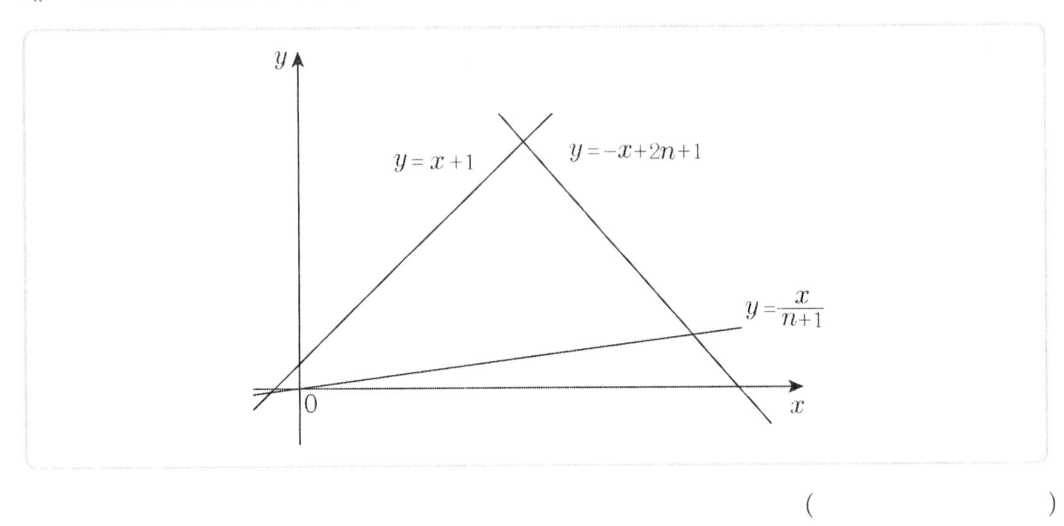

( )

주관식

30 4점 양수 x에 대하여 $\log x$의 지표와 가수를 각각 $f(x)$, $g(x)$라 하자. $1<x<10^5$인 x에 대하여 다음 두 조건을 만족시키는 모든 실수 x의 값의 곱을 A라 할 때, $\log A$의 값을 구하시오. (단, $\log 3=0.4771$로 계산한다.)

> ㉠ $\displaystyle\sum_{k=1}^{5} g(x^k)=g(x^{10})+2$
>
> ㉡ $\displaystyle\sum_{k=1}^{3} f(kx)=3f(x)$

( )

12 2017학년도 수학영역(나형)

▶ 해설은 p. 107에 있습니다.

01 2점

$\left(2^{\frac{1}{3}} \times 2^{-\frac{4}{3}}\right)^{-2}$ 의 값은?

① $\frac{1}{4}$　② $\frac{1}{2}$　③ 1　④ 2　⑤ 4

02 2점

$\lim_{n \to \infty} \frac{3^n + 2^{n+1}}{3^{n+1} - 2^n}$ 의 값은?

① $\frac{1}{3}$　② $\frac{1}{2}$　③ 1　④ 2　⑤ 3

03 2점

이항분포 $\mathrm{B}\left(n, \frac{1}{4}\right)$을 따르는 확률변수 X의 평균이 5일 때, 자연수 n의 값은?

① 16　② 20　③ 24　④ 28　⑤ 32

04 실수 x에 대한 두 조건 $p: x^2-(2+a)x+2a \le 0$, $q: x^2-2x-15 \le 0$에 대하여 p가 q이기 위한 충분조건이 되도록 하는 정수 a의 개수는?
3점

① 7
② 8
③ 9
④ 10
⑤ 11

05 함수 $f(x)$의 그래프가 그림과 같다.
3점

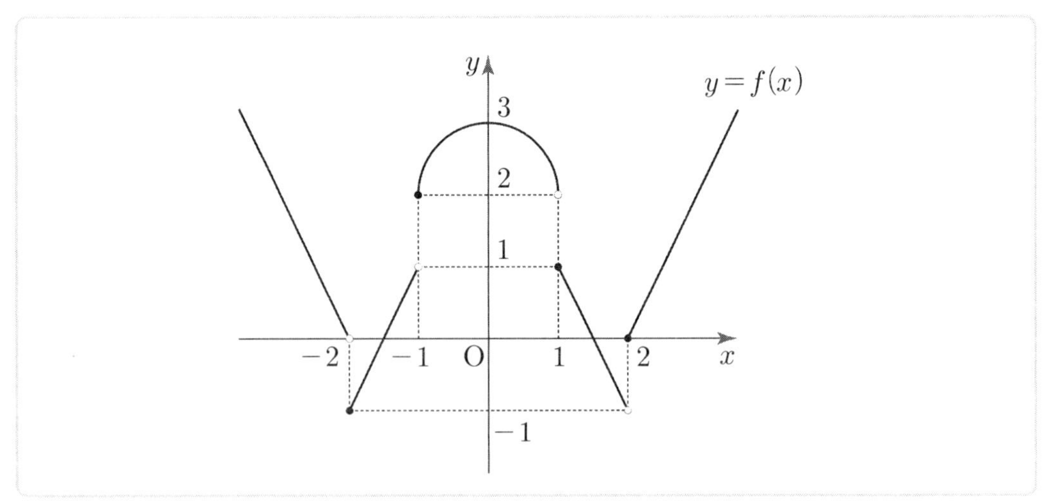

$\lim_{x \to 1-} f(x) + \lim_{x \to 0+} f(x-2)$의 값은?

① -2
② -1
③ 0
④ 1
⑤ 2

06 3점 한 개의 주사위를 던질 때 짝수의 눈이 나오는 사건을 A, 소수의 눈이 나오는 사건을 B라 하자. $\mathrm{P}(B|A)-\mathrm{P}(B|A^C)$의 값은? (단, A^C은 A의 여사건이다.)

① $-\frac{1}{3}$　② $-\frac{1}{6}$　③ 0　④ $\frac{1}{6}$　⑤ $\frac{1}{3}$

07 3점 1이 아닌 두 양수 a, b에 대하여 등식 $\log_3 a = \frac{1}{\log_b 27}$이 성립할 때, $\log_a b^2 + \log_b a^2$의 값은?

① 6　② $\frac{20}{3}$　③ $\frac{22}{3}$　④ 8　⑤ $\frac{26}{3}$

08 3점 함수 $f(x)=x(x-3)(x-a)$의 그래프 위의 점 $(0,\ 0)$에서의 접선과 점 $(3,\ 0)$에서의 접선이 서로 수직이 되도록 하는 모든 실수 a의 값의 합은?

① $\frac{3}{2}$　② 2　③ $\frac{5}{2}$　④ 3　⑤ $\frac{7}{2}$

09 3점 주머니 속에 흰 공이 5개, 검은 공이 3개 들어 있다. 이 주머니에서 임의로 4개의 공을 동시에 꺼낼 때, 나오는 검은 공의 개수를 확률변수 X라 하자. $\mathrm{E}(X)$의 값은?

① $\frac{3}{2}$
② $\frac{7}{4}$
③ 2
④ $\frac{9}{4}$
⑤ $\frac{5}{2}$

10 3점 집합 $A=\{1,\ 3,\ 5,\ 7,\ 9\}$에 대하여 집합 P를 $P=\left\{\frac{x_1}{10}+\frac{x_2}{10^2}+\frac{x_3}{10^3}\,\middle|\, x_1\in A,\ x_2\in A,\ x_3\in A\right\}$라 하자. 집합 P의 원소 중 41번째로 큰 원소는 $\frac{a}{10}+\frac{b}{10^2}+\frac{c}{10^3}$이다. $a+b+c$의 값은?

① 11
② 13
③ 15
④ 17
⑤ 19

11 3점 두 학생 A, B를 포함한 8명의 학생을 임의로 3명, 3명, 2명씩 3개의 조로 나눌 때, 두 학생 A, B가 같은 조에 속할 확률은?

① $\frac{1}{8}$
② $\frac{1}{4}$
③ $\frac{3}{8}$
④ $\frac{1}{2}$
⑤ $\frac{5}{8}$

12 [3점] 어느 공장에서 생산하는 군용 위장크림 1개의 무게는 평균이 m, 표준편차가 σ인 정규분포를 따른다고 한다. 이 공장에서 생산하는 군용 위장크림 중에서 임의로 택한 1개의 무게가 50 이상일 확률은 0.1587이다. 이 공장에서 생산하는 군용 위장크림 중에서 임의추출한 4개의 무게의 평균이 50 이상일 확률을 오른쪽 표준정규분포표를 이용하여 구한 것은? (단, 무게의 단위는 g이다.)

z	$\mathrm{P}(0 \le Z \le z)$
0.5	0.1915
1.0	0.3413
1.5	0.4332
2.0	0.4772

① 0.0228 ② 0.0668
③ 0.1587 ④ 0.3085
⑤ 0.4332

13 [3점] 모든 실수 x에 대하여 부등식 $x^4 - 4x^3 + 12x \ge 2x^2 + a$가 성립할 때, 실수 a의 최댓값은?

① -11 ② -10
③ -9 ④ -8
⑤ -7

14 [4점] 두 집합 $A = \{1, 2, 3, 4\}$, $B = \{2, 3, 4, 5\}$에 대하여 두 함수 $f : A \to B$, $g : B \to A$가 다음 조건을 만족시킨다.

(가) $f(3) = 5$, $g(2) = 3$
(나) 어떤 $x \in B$에 대하여 $g(x) = x$이다.
(다) 모든 $x \in A$에 대하여 $(f \circ g \circ f)(x) = x + 1$이다.

$f(1) + g(3)$의 값은?

① 5 ② 6
③ 7 ④ 8
⑤ 9

15 4점 공비가 양수인 등비수열 $\{a_n\}$의 첫째항부터 제n항까지의 합을 S_n이라 하자. $S_6 - S_3 = 6$, $S_{12} - S_6 = 72$일 때, $a_{10} + a_{11} + a_{12}$의 값은?

① 48
② 51
③ 54
④ 57
⑤ 60

16 4점 이차함수 $f(x) = x^2 + mx - 8$이 $\lim_{n \to \infty} \frac{1}{n} \sum_{k=1}^{n} f\left(\frac{k}{n}\right) = \lim_{n \to \infty} \frac{1}{n} \sum_{k=1}^{n} f\left(1 + \frac{k}{n}\right)$를 만족시킬 때, 함수 $g(x) = \int_0^x f(t)\,dt$는 $x = \alpha$에서 극소이다. α의 값은? (단, m은 상수이다.)

① -4
② -2
③ 1
④ 2
⑤ 4

17 4점 주머니에 1, 2, 3, 4, 5의 숫자가 하나씩 적혀 있는 다섯 개의 구슬이 들어 있다. 주머니에서 임의로 한 개의 구슬을 꺼내어 구슬에 적혀 있는 숫자를 확인한 후 다시 넣는다. 이와 같은 시행을 4회 반복하여 얻은 4개의 수 중에서 3개의 수의 합의 최댓값을 N이라 하자. 다음은 $N \geq 14$일 확률을 구하는 과정이다.

> (i) $N = 15$인 경우
>
> 5가 적힌 구슬이 4회 나올 확률은 $\frac{1}{625}$이고, 5가 적힌 구슬이 3회, 4 이하의 수가 적힌 구슬 중 한 개가 1회 나올 확률은 $\frac{\boxed{(가)}}{625}$이다.
>
> (ii) $N = 14$인 경우
>
> 5가 적힌 구슬이 2회, 4가 적힌 구슬이 2회 나올 확률은 $\frac{6}{625}$이고, 5가 적힌 구슬이 2회, 4가 적힌 구슬이 1회, 3 이하의 수가 적힌 구슬 중 한 개가 1회 나올 확률은 $\frac{\boxed{(나)}}{625}$이다.
>
> (i), (ii)에서 구하는 확률은 $\frac{\boxed{(다)}}{625}$이다.

위의 (가), (나), (다)에 알맞은 수를 각각 p, q, r라 할 때, $p + q + r$의 값은?

① 96　　② 101
③ 106　　④ 111
⑤ 116

18 [4점]

그림과 같이 함수 $f(x)=(x-1)^2$의 그래프 위의 점 $\mathrm{A}(3,\ 4)$에서 x축, y축에 내린 수선의 발을 각각 B, C라 하자. 직사각형 OBAC의 내부에서 연립부등식 $\begin{cases} y \le f(x) \\ y \le k \end{cases}$를 만족시키는 영역의 넓이를 S_1, 직사각형 OBAC의 내부에서 연립부등식 $\begin{cases} y \ge f(x) \\ y \ge k \end{cases}$를 만족시키는 영역의 넓이를 S_2라 하자. $S_1 = S_2$일 때, 상수 k의 값은? (단, $1 < k < 4$이다.)

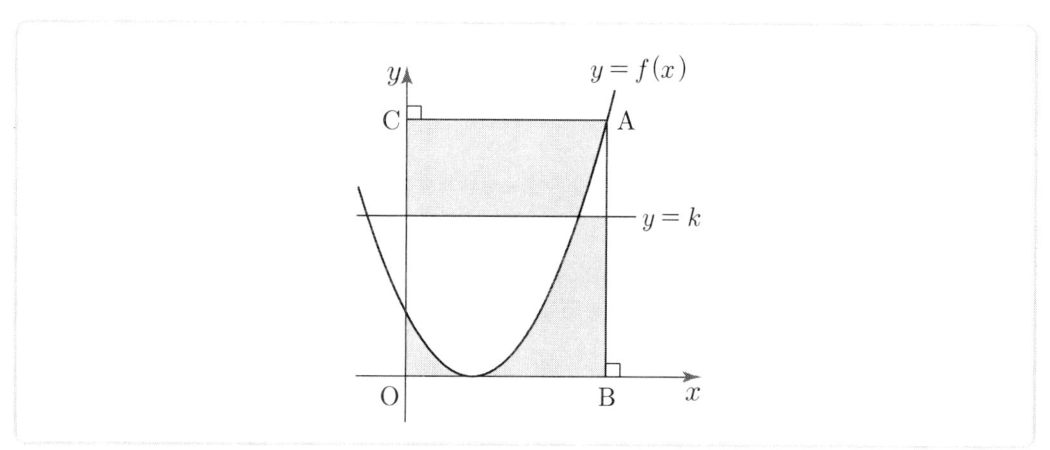

① $\frac{7}{3}$　　② $\frac{8}{3}$
③ 3　　④ $\frac{10}{3}$
⑤ $\frac{11}{3}$

19 [4점] 그림과 같이 한 변의 길이가 6인 정사각형 ABCD가 있다. 두 선분 AB, CD의 중점을 각각 M, N이라 하자. 두 선분 BC, AD 위에 $\overline{\mathrm{ME}}=\overline{\mathrm{MF}}=\overline{\mathrm{AB}}$가 되도록 각각 점 E, F를 잡고, 중심이 M인 부채꼴 MEF를 그린다. 두 선분 BC, AD 위에 $\overline{\mathrm{NG}}=\overline{\mathrm{NH}}=\overline{\mathrm{AB}}$가 되도록 각각 점 G, H를 잡고, 중심이 N인 부채꼴 NHG를 그린다. 두 부채꼴 MEF, NHG의 내부에서 공통부분을 제외한 나머지 부분에 ⌧와 같이 색칠하여 얻은 그림을 R_1이라 하자.

그림 R_1에서 두 부채꼴 MEF, NHG의 공통부분인 마름모의 각 변에 꼭짓점이 있고, 네 변이 정사각형 ABCD의 네 변과 각각 평행한 정사각형을 그린다. 새로 그려진 정사각형에 그림 R_1을 얻은 방법과 같은 방법으로 2개의 부채꼴을 각각 그린 다음 2개의 부채꼴의 내부에서 공통부분을 제외한 나머지 부분에 ⌧와 같이 색칠하여 얻은 그림을 R_2라 하자. 이와 같은 과정을 계속하여 n번째 얻은 그림 R_n에서 색칠된 부분의 넓이를 S_n이라 할 때, $\lim_{n\to\infty} S_n$의 값은?

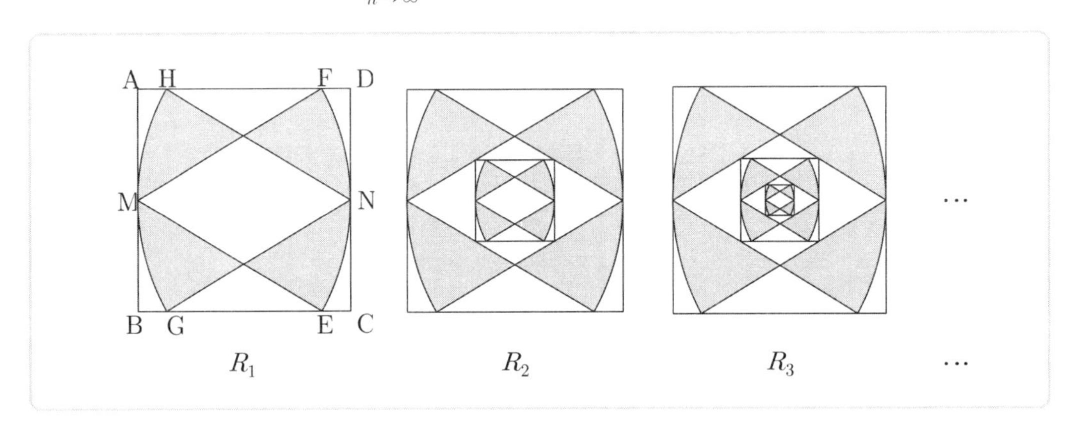

① $8\sqrt{3}(\pi-\sqrt{3})$
② $9\sqrt{3}(\pi-\sqrt{3})$
③ $10\sqrt{3}(\pi-\sqrt{3})$
④ $11\sqrt{3}(\pi-\sqrt{3})$
⑤ $12\sqrt{3}(\pi-\sqrt{3})$

20 그림과 같이 직선 $y=x+k(3<k<9)$가 곡선 $y=-x^2+9$와 만나는 두 점을 각각 P, Q라 하고, y축과 만나는 점을 R라 하자. 〈보기〉에서 옳은 것만을 있는 대로 고른 것은? (단, O는 원점이고, 점 P의 x좌표는 점 Q의 x좌표보다 크다.)

4점

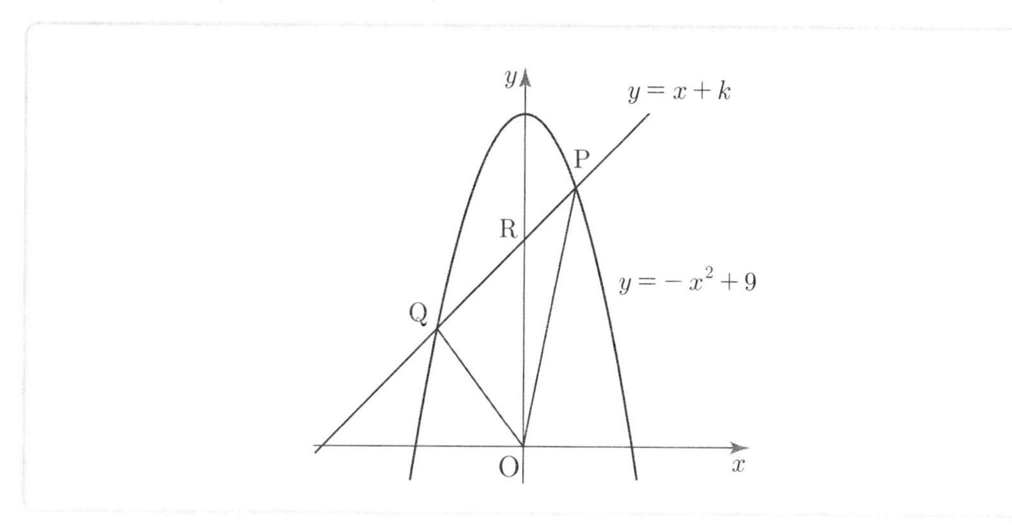

〈보기〉

ㄱ. 선분 PQ의 중점의 x좌표는 $-\frac{1}{2}$이다.

ㄴ. $k=7$일 때, 삼각형 ORQ의 넓이는 삼각형 OPR의 넓이의 2배이다.

ㄷ. 삼각형 OPQ의 넓이는 $k=6$일 때 최대이다.

① ㄱ
② ㄷ
③ ㄱ, ㄴ
④ ㄴ, ㄷ
⑤ ㄱ, ㄴ, ㄷ

21 4점

함수 $f(x)=x^3+3x^2-9x$가 있다. 실수 t에 대하여 함수 $g(x)=\begin{cases} f(x) & (x<a) \\ t-f(x) & (x \geq a) \end{cases}$가 실수 전체의 집합에서 연속이 되도록 하는 실수 a의 개수를 $h(t)$라 하자. 예를 들어 $h(0)=3$이다. $h(t)=3$을 만족시키는 모든 정수 t의 개수는?

① 55 ② 57
③ 59 ④ 61
⑤ 63

주관식

22 3점

등차수열 $\{a_n\}$에 대하여 $a_3=1$, $a_5=7$일 때, a_9의 값을 구하시오.

( )

주관식

23 3점

두 함수 $f(x)=4x+5$, $g(x)=\sqrt{2x+1}$에 대하여 $(f \circ g^{-1})(3)$의 값을 구하시오.

( )

주관식

24 3점

이차함수 $f(x)$가 다음 조건을 만족시킨다.

(가) $\lim_{x \to \infty} \frac{f(x)}{2x^2-x-1} = \frac{1}{2}$

(나) $\lim_{x \to 1} \frac{f(x)}{2x^2-x-1} = 4$

$f(2)$의 값을 구하시오.

주관식

25 방정식 $(x+y+z)(s+t)=49$ 를 만족시키는 자연수 x, y, z, s, t 의 모든 순서쌍 (x, y, z, s, t) 의 개수를 구하시오.

3점

( )

주관식

26 사관학교에서는 사관생도들에게 세 국가 A, B, C 에서 해외 파견 교육을 받을 수 있도록 하고 있다. 해외 파견 교육 대상 사관생도를 선발하기 위해 희망자를 조사하였더니 하나 이상의 국가를 신청한 사관생도의 수가 70 명이었고, 그 결과는 다음과 같았다.

4점

(가) A 또는 B를 신청한 사관생도는 43 명이다.
(나) B 또는 C를 신청한 사관생도는 51 명이다.
(다) A 와 C를 동시에 신청한 사관생도는 없다.

B를 신청한 사관생도의 수를 구하시오.

( )

주관식

27 그림과 같이 5 개의 영역으로 나누어진 도형을 서로 다른 4 가지 색을 사용하여 모든 영역을 칠하려고 한다. 다음 조건을 만족시키도록 한 영역에 한 가지 색만을 칠할 때, 그 결과로 나타날 수 있는 모든 경우의 수를 구하시오. (단, 경계가 일부라도 닿은 두 영역은 서로 이웃한 영역으로 본다.)

4점

(가) 4 가지의 색의 전부 또는 일부를 사용한다.
(나) 서로 이웃한 영역은 서로 다른 색으로 칠한다.

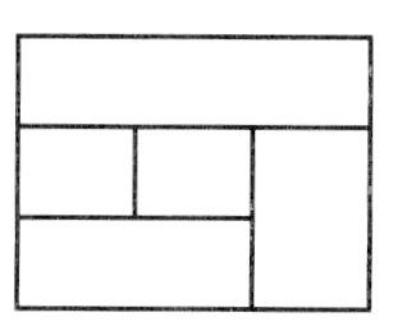

( )

주관식

28 4점

두 집합 $A=\{1,\ 2,\ 3,\ 4,\ 5\}$, $B=\{3,\ 4,\ 5,\ 6,\ 7,\ 8\}$에 대하여 $X \not\subset A$, $X \not\subset B$, $X \subset (A \cup B)$를 만족시키는 집합 X의 개수를 구하시오.

(　　　　　　　　　　)

주관식

29 4점

자연수 n에 대하여 원 $x^2+y^2=n^2$과 곡선 $y=\dfrac{k}{x}\ (k>0)$이 서로 다른 네 점에서 만날 때, 이 네 점을 꼭짓점으로 하는 직사각형을 만든다. 이 직사각형에서 긴 변의 길이가 짧은 변의 길이의 2배가 되도록 하는 k의 값을 $f(n)$이라 하자. $\sum_{n=1}^{12} f(n)$의 값을 구하시오.

(　　　　　　　　　　)

주관식

30 4점

실수 전체의 집합에서 정의된 함수 $f(x)$가 다음 조건을 만족시킨다.

(가) $x \geq 0$일 때, $f(x)=x^2-2x$이다.
(나) 모든 실수 x에 대하여 $f(-x)+f(x)=0$이다.

실수 t에 대하여 닫힌 구간 $[t,\ t+1]$에서 함수 $f(x)$의 최솟값을 $g(t)$라 하자. 좌표평면에서 두 곡선 $y=f(x)$와 $y=g(x)$로 둘러싸인 부분의 넓이는 $\dfrac{q}{p}$이다. $p+q$의 값을 구하시오. (단, p와 q는 서로소인 자연수이다.)

13 2018학년도 수학영역(나형)

▶ 해설은 p. 116에 있습니다.

01 2점

전체집합 $U=\{1, 2, 3, 4, 5, 6\}$의 두 부분집합 $A=\{2, 4, 6\}$, $B=\{3, 4, 5, 6\}$에 대하여 집합 $A^C \cap B$의 모든 원소의 합은?

① 4
② 5
③ 6
④ 7
⑤ 8

02 2점

$\lim_{n\to\infty}\frac{3\times 4^n+3^n}{4^{n+1}-2\times 3^n}$의 값은?

① $\frac{1}{2}$
② $\frac{3}{4}$
③ 1
④ $\frac{5}{4}$
⑤ $\frac{3}{2}$

03 2점

다항함수 $f(x)$에 대하여 $\lim_{h\to 0}\frac{f(1+3h)-f(1)}{2h}=6$일 때, $f'(1)$의 값은?

① 2
② 4
③ 6
④ 8
⑤ 10

04 3점 서로 독립인 두 사건 A, B에 대하여 $\mathrm{P}(A)=\frac{1}{3}$, $\mathrm{P}(A\cap B^C)=\frac{1}{5}$일 때, $\mathrm{P}(B)$의 값은? (단, B^C은 B의 여사건이다.)

① $\frac{4}{15}$　② $\frac{1}{3}$　③ $\frac{2}{5}$　④ $\frac{7}{15}$　⑤ $\frac{8}{15}$

05 3점 곡선 $y=x^3-4x$ 위의 점 $(-2,\ 0)$에서의 접선의 기울기는?

① 4　② 5　③ 6　④ 7　⑤ 8

06 3점 함수 $f(x)=\frac{bx+1}{x+a}$의 역함수 $y=f^{-1}(x)$의 그래프가 점 $(2,\ 1)$에 대하여 대칭일 때, $a+b$의 값은? (단, a, b는 $ab\neq 1$인 상수이다.)

① -3　② -1　③ 1　④ 3　⑤ 5

07 함수 $y=f(x)$의 그래프가 다음과 같다. $\lim_{x\to 1+} f(x) + \lim_{x\to -2-} f(x)$의 값은?

3점

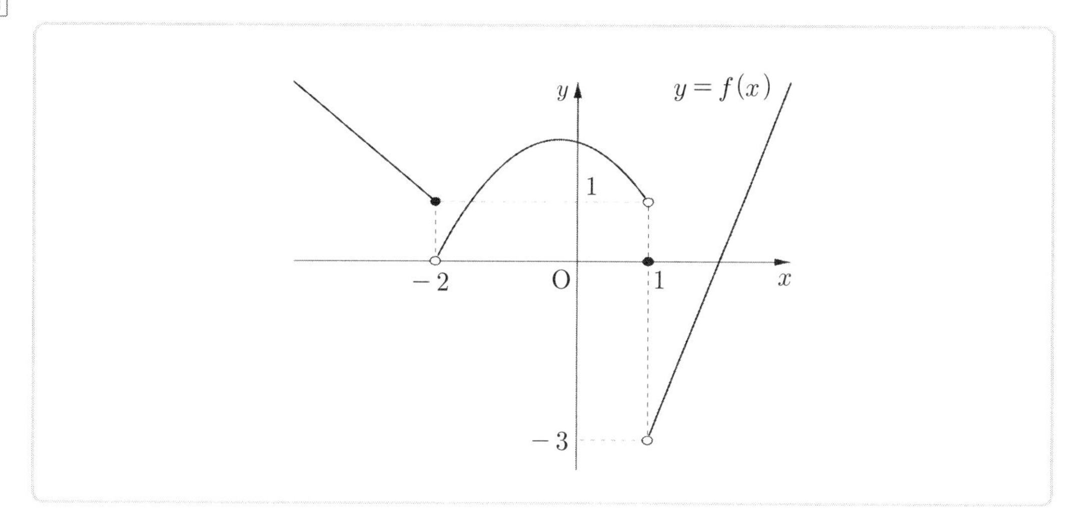

① -3

② -2

③ -1

④ 0

⑤ 1

08 $\log 6 = a$, $\log 15 = b$라 할 때, 다음 중 $\log 2$를 a, b로 나타낸 것은?

3점

① $\frac{2a-2b+1}{3}$

② $\frac{2a-b+1}{3}$

③ $\frac{a+b-1}{3}$

④ $\frac{a-b+1}{2}$

⑤ $\frac{a+2b-1}{2}$

09 3점 빨간 공 3개, 파란 공 2개, 노란 공 2개가 있다. 이 7개의 공을 모두 일렬로 나열할 때, 빨간 공끼리는 어느 것도 서로 이웃하지 않도록 나열하는 경우의 수는? (단, 같은 색의 공은 서로 구별하지 않는다.)

① 45
② 50
③ 55
④ 60
⑤ 65

10 3점 함수 $f(x)=\begin{cases} \dfrac{\sqrt{x+7}-a}{x-2} & (x \neq 2) \\ b & (x=2) \end{cases}$ 가 $x=2$에서 연속일 때, ab의 값은? (단, a, b는 상수이다.)

① $\frac{1}{2}$
② $\frac{3}{4}$
③ 1
④ $\frac{5}{4}$
⑤ $\frac{3}{2}$

11 3점 집합 $X=\{2, 4, 6, 8\}$에서 X로의 일대일 대응 $f(x)$가 $f(6)-f(4)=f(2)$, $f(6)+f(4)=f(8)$을 모두 만족시킬 때, $(f \circ f)(6)+f^{-1}(4)$의 값은?

① 8
② 10
③ 12
④ 14
⑤ 16

12 3점 점 $(-2, 2)$를 지나는 함수 $y=\sqrt{ax}$의 그래프를 y축의 방향으로 b만큼 평행이동한 후 x축에 대하여 대칭이동한 그래프가 점 $(-8, 5)$를 지날 때, ab의 값은? (단, a, b는 상수이다.)

① 12
② 14
③ 16
④ 18
⑤ 20

13 다음 표는 어느 고등학교의 수학 점수에 대한 성취도의 기준을 나타낸 것이다.
3점

성취도	A	B	C	D	E
수학 점수	89 점 이상	79 점 이상 ~89 점 미만	67 점 이상 ~79 점 미만	54 점 이상 ~67 점 미만	54 점 미만

예를 들어, 어떤 학생의 수학 점수가 89 점 이상이면 성취도는 A 이고, 79 점 이상이고 89 점 미만이면 성취도는 B 이다. 이 학교 학생들의 수학 점수는 평균이 67 점, 표준편차가 12 점인 정규분포를 따른다고 할 때, 이 학교의 학생 중에서 수학 점수에 대한 성취도가 A 또는 B 인 학생의 비율을 오른쪽 표준정규분포표를 이용하여 구한 것은?

z	$\mathrm{P}(0 \le Z \le z)$
0.5	0.1915
1.0	0.3413
1.5	0.4332
2.0	0.4772

① 0.0228
② 0.0668
③ 0.1587
④ 0.1915
⑤ 0.3085

14 원점에서 동시에 출발하여 수직선 위를 움직이는 두 점 P, Q의 시각 $t(t \ge 0)$에서의 속도를 각각 $f(t)$, $g(t)$라 하면 $f(t) = t^2 + t$, $g(t) = 5t$ 이다. 두 점 P, Q가 출발 후 처음으로 만날 때까지 점 P가 움직인 거리는?
4점

① 82
② 84
③ 86
④ 88
⑤ 90

15 4점 함수 $f(x)=4x^2+ax$에 대하여 $\lim_{n\to\infty}\frac{1}{n^2}\sum_{k=1}^{n}kf\left(\frac{k}{2n}\right)=2$가 성립하도록 하는 상수 a의 값은?

① $\frac{19}{2}$
② $\frac{39}{4}$
③ 10
④ $\frac{41}{4}$
⑤ $\frac{21}{2}$

16 4점 전체집합 $U=\{x\mid x$는 7 이하의 자연수$\}$의 두 부분집합 $A=\{1, 2, 3\}$, $B=\{2, 3, 5, 7\}$에 대하여 $A\cap X\neq\varnothing$, $B\cap X\neq\varnothing$을 모두 만족시키는 U의 부분집합 X의 개수는?

① 102
② 104
③ 106
④ 108
⑤ 110

17 [4점]

그림과 같이 길이가 4인 선분 AB를 지름으로 하는 반원이 있다. 이 반원의 호 AB를 이등분하는 점을 M이라 하고 선분 OM을 $3:1$로 외분하는 점을 C라 하자. 선분 OC를 대각선으로 하는 정사각형 CDOE를 그리고, 정사각형의 내부와 반원의 외부의 공통부분인 모양의 도형에 색칠하여 얻은 그림을 R_1이라 하자. 그림 R_1에 두 선분 CD, CE를 각각 지름으로 하는 두 반원을 정사각형 CDOE의 외부에 그리고, 각각의 두 반원에서 그림 R_1을 얻는 것과 같은 방법으로 만들어지는 모양의 두 도형에 색칠하여 얻은 그림을 R_2라 하자. 이와 같은 과정을 계속하여 n번째 얻은 그림 R_n에 색칠되어 있는 부분의 넓이를 S_n이라 할 때, $\lim_{n\to\infty} S_n$의 값은?

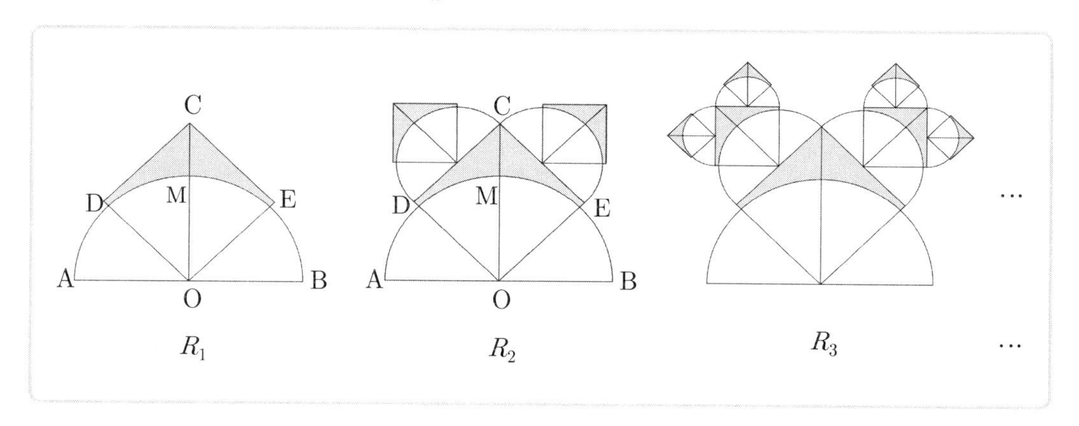

① $\dfrac{36-8\pi}{5}$

② $\dfrac{58-12\pi}{7}$

③ $\dfrac{72-16\pi}{7}$

④ $\dfrac{83-18\pi}{8}$

⑤ $\dfrac{91-20\pi}{8}$

18 4점 그림과 같이 10개의 공이 들어 있는 주머니와 일렬로 나열된 네 상자 A, B, C, D가 있다. 이 주머니에서 2개의 공을 동시에 꺼내어 이웃한 두 상자에 각각 한 개씩 넣는 시행을 5회 반복할 때, 네 상자 A, B, C, D에 들어 있는 공의 개수를 각각 a, b, c, d라 하자. a, b, d, c의 모든 순서쌍 (a, b, c, d)의 개수는? (단, 상자에 넣은 공은 다시 꺼내지 않는다.)

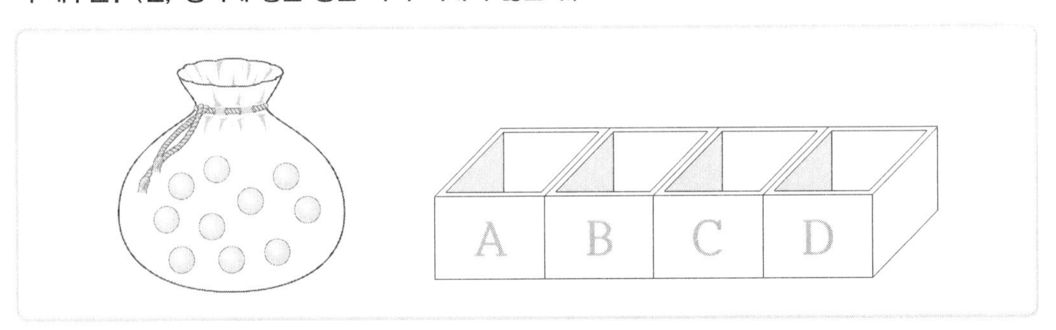

① 21
② 22
③ 23
④ 24
⑤ 25

19 [4점] 1 부터 $(2n-1)$까지의 자연수가 하나씩 적혀 있는 $(2n-1)$장의 카드가 있다. 이 카드 중에서 임의로 서로 다른 3장의 카드를 택할 때, 택한 3장의 카드 중 짝수가 적힌 카드의 개수를 확률변수 X라 하자. 다음은 $\mathrm{E}(X)$를 구하는 과정이다. (단, n은 4 이상의 자연수이다.)

> 정수 $k(0 \le k \le 3)$에 대하여 확률변수 X의 값이 k일 확률은 짝수가 적혀 있는 카드 중에서 k장의 카드를 택하고, 홀수가 적혀 있는 카드 중에서 $\left(\boxed{(가)}-k\right)$장의 카드를 택하는 경우의 수를 전체 경우의 수로 나눈 값이므로
>
> $\mathrm{P}(X=0)=\dfrac{n(n-2)}{2(2n-1)(2n-3)}$
>
> $\mathrm{P}(X=1)=\dfrac{3n(n-1)}{2(2n-1)(2n-3)}$
>
> $\mathrm{P}(X=2)=\boxed{(나)}$
>
> $\mathrm{P}(X=3)=\dfrac{(n-2)(n-3)}{2(2n-1)(2n-3)}$이다. 그러므로
>
> $\mathrm{E}(X)=\displaystyle\sum_{k=0}^{3}\{k\times \mathrm{P}(X=k)\}$
>
> $=\dfrac{\boxed{(다)}}{2n-1}$이다.

위의 (가)에 알맞은 수를 a라 하고, (나), (다)에 알맞은 식을 각각 $f(n)$, $g(n)$이라 할 때, $a\times f(5)\times g(8)$의 값은?

① 22

② $\dfrac{45}{2}$

③ 23

④ $\dfrac{47}{2}$

⑤ 24

20 4점 최고차항의 계수가 1 이고 다음 조건을 만족시키는 모든 삼차함수 $f(x)$에 대하여 $f(6)$의 최댓값과 최솟값의 합은?

(가) $f(2)=f'(2)=0$
(나) 모든 실수 x 에 대하여 $f'(x) \geq -3$ 이다.

① 128
② 144
③ 160
④ 176
⑤ 192

21 4점 자연수 n에 대하여 함수 $f(x)$를 $f(x)=x^2+\dfrac{1}{n}$이라 하고 함수 $g(x)$를

$g(x)=\begin{cases}(x-1)f(x) & (x \geq 1)\\(x-1)^2 f(x) & (x<1)\end{cases}$ 이라 할 때, 〈보기〉에서 옳은 것만을 있는 대로 고른 것은?

〈보기〉

㉠ $\displaystyle\lim_{x\to 1-}\frac{g(x)}{x-1}=0$
㉡ $n=1$ 일 때, 함수 $g(x)$는 $x=1$ 에서 극솟값을 갖는다.
㉢ 함수 $g(x)$가 극대 또는 극소가 되는 x의 개수가 1 인 n의 개수는 5 이다.

① ㉠
② ㉠, ㉡
③ ㉠, ㉢
④ ㉡, ㉢
⑤ ㉠, ㉡, ㉢

주관식

22 3점 확률변수 X가 이항분포 $\mathrm{B}\left(300,\ \frac{2}{5}\right)$를 따를 때, $\mathrm{V}(X)$의 값을 구하시오.

( )

주관식

23 3점 등차수열 $\{a_n\}$에 대하여 $a_2 = 14$, $a_4 + a_5 = 23$일 때, $a_7 + a_8 + a_9$의 값을 구하시오.

( )

주관식

24 3점 곡선 $y = x^3$과 y축 및 직선 $y = 8$로 둘러싸인 부분의 넓이를 구하시오.

( )

주관식

25 3점 $\left(x^n + \frac{1}{x}\right)^{10}$의 전개식에서 상수항이 45일 때, 자연수 n의 값을 구하시오.

( )

주관식

26 4점 실수 x에 대한 두 조건 $p: -3 \le x < 5$, $q: k-2 < x \le k+3$에 대하여 명제 '어떤 실수 x에 대하여 p이고 q이다.'가 참이 되도록 하는 정수 k의 개수를 구하시오.

( )

주관식

27 4점

한 변의 길이가 1인 정육각형의 6개의 꼭짓점 중에서 임의로 서로 다른 3개의 점을 택하여 이 3개의 점을 꼭짓점으로 하는 삼각형을 만들 때, 이 삼각형의 넓이가 $\frac{\sqrt{3}}{2}$ 이상일 확률은 $\frac{q}{p}$ 이다. $p+q$의 값을 구하시오. (단, p와 q는 서로소인 자연수이다.)

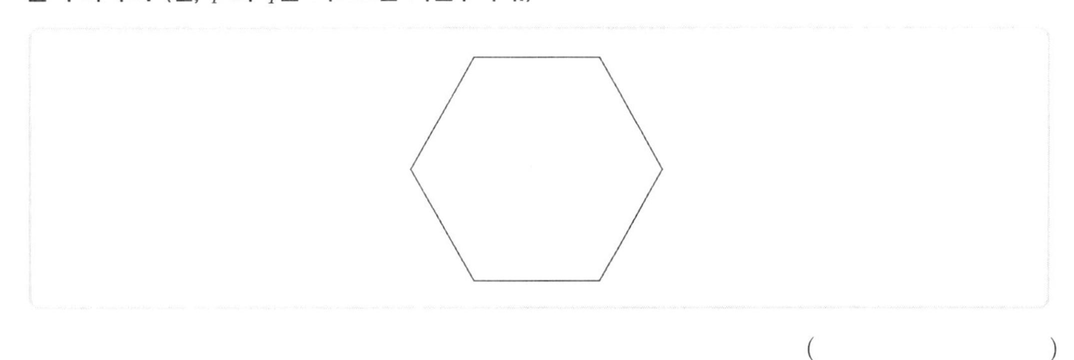

(　　　　　　　　　)

주관식

28 4점

2 이상의 자연수 n에 대하여 $n^{\frac{4}{k}}$의 값이 자연수가 되도록 하는 자연수 k의 개수를 $f(n)$이라 하자. 예를 들어 $f(6)=3$이다. $f(n)=8$을 만족시키는 n의 최솟값을 구하시오.

(　　　　　　　　　)

주관식

29 4점

자연수 n에 대하여 좌표평면 위에 두 점 $\mathrm{P}_{\mathrm{n}}(\mathrm{n},\ 2\mathrm{n})$, $\mathrm{Q}_n(2n,\ 2n)$이 있다. 선분 $\mathrm{P}_n\mathrm{Q}_n$과 곡선 $y=\frac{1}{k}x^2$이 만나도록 하는 자연수 k의 개수를 a_n이라 할 때, $\sum_{n=1}^{15} a_n$의 값을 구하시오.

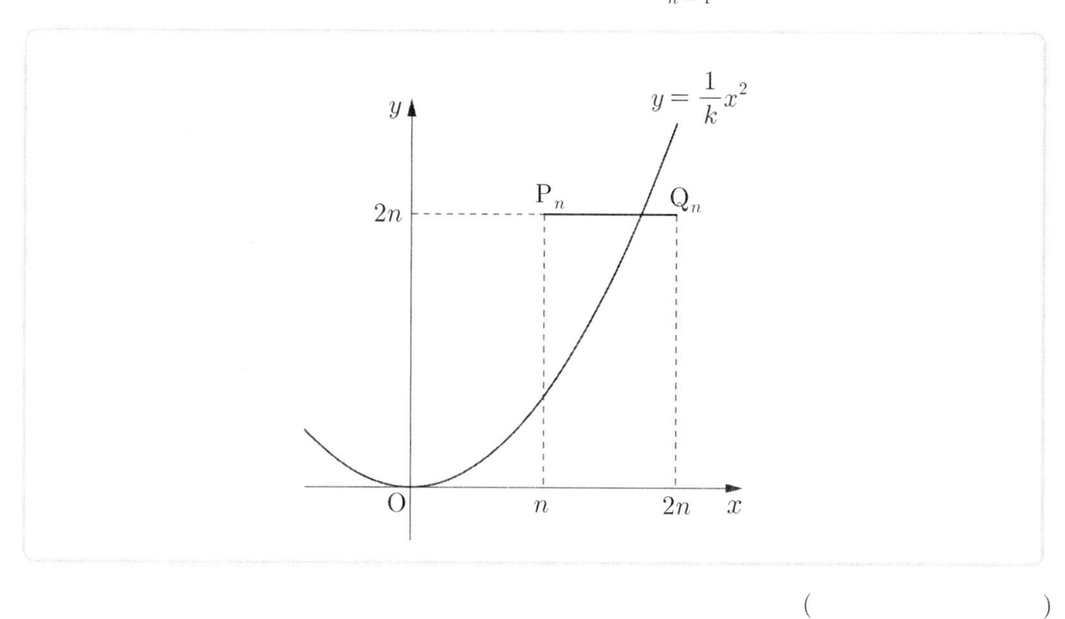

(　　　　　　　　)

주관식

30 4점

$a \le 35$인 자연수 a와 함수 $f(x)=-3x^4+4x^3+12x^2+4$에 대하여 함수 $g(x)$를 $g(x)=|f(x)-a|$라 할 때, $g(x)$가 다음 조건을 만족시킨다.

> (가) 함수 $y=g(x)$의 그래프와 직선 $y=b\ (b>0)$이 서로 다른 4개의 점에서 만난다.
> (나) 함수 $|g(x)-b|$가 미분가능하지 않은 실수 x의 개수는 4이다.

두 상수 a, b에 대하여 $a+b$의 값을 구하시오.

(　　　　　　　　)

14 2019학년도 수학영역(나형)

▶ 해설은 p. 124에 있습니다.

01 함수 $f(x)=(x^2+2x)(2x+1)$에 대하여 $f'(1)$의 값은?

2점

① 14
② 15
③ 16
④ 17
⑤ 18

02 $\lim_{n\to\infty}\dfrac{an^2+2}{3n(2n-1)-n^2}=3$을 만족시키는 상수 a의 값은?

2점

① 15
② 16
③ 17
④ 18
⑤ 19

03 자연수 7을 3개의 자연수로 분할하는 방법의 수는?

2점

① 2
② 3
③ 4
④ 5
⑤ 6

04 다항함수 $f(x)$가 $\lim_{h\to 0}\dfrac{f(1+2h)-3}{h}=3$을 만족시킬 때, $f(1)+f'(1)$의 값은?

3점

① $\frac{5}{2}$
② 3
③ $\frac{7}{2}$
④ 4
⑤ $\frac{9}{2}$

05 모든 항이 양수인 등비수열 $\{a_n\}$에 대하여 $a_2a_4 = 2a_5$, $a_5 = a_4 + 12a_3$일 때, $\log_2 a_{10}$의 값은?

3점

① 15 ② 16 ③ 17 ④ 18 ⑤ 19

06 두 사건 A, B에 대하여 $P(A) = \frac{1}{2}$, $P(B) = \frac{2}{5}$, $P(A \cup B) = \frac{4}{5}$일 때, $P(B|A)$의 값은?

3점

① $\frac{1}{10}$ ② $\frac{1}{5}$ ③ $\frac{3}{10}$ ④ $\frac{2}{5}$ ⑤ $\frac{1}{2}$

07 수열 $\{a_n\}$이 모든 자연수 n에 대하여 $a_{n+1} = \begin{cases} \frac{a_n + 2}{2} & (a_n\text{은 짝수}) \\ \frac{a_n - 1}{2} & (a_n\text{은 홀수}) \end{cases}$를 만족시킨다. $a_1 = 20$일 때, $\sum_{k=1}^{10} a_k$의 값은?

3점

① 38 ② 42 ③ 46 ④ 50 ⑤ 54

08 연속확률변수 X가 갖는 값의 범위가 $0 \le X \le 4$이고, X의 확률밀도함수의 그래프가 그림과 같을 때, $P\left(\frac{1}{2} \le X \le 3\right)$의 값은?

3점

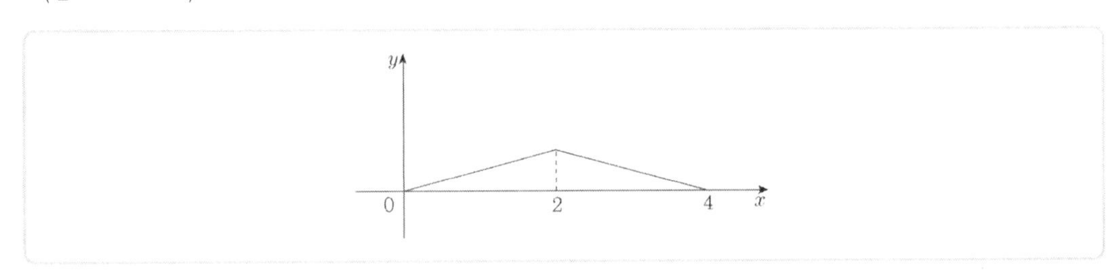

① $\frac{25}{32}$
② $\frac{13}{16}$
③ $\frac{27}{32}$
④ $\frac{7}{8}$
⑤ $\frac{29}{32}$

09 등차수열 $\{a_n\}$에 대하여 첫째항부터 제n항까지의 합을 S_n이라 하자. $S_5 = a_1$, $S_{10} = 40$일 때, a_{10}의 값은? [3점]

3점

① 10
② 13
③ 16
④ 19
⑤ 22

10 모평균이 85, 모표준편차가 6인 정규분포를 따르는 모집단에서 크기가 16인 표본을 임의추출하여 구한 표본평균을 $\overline{X}$라 할 때, $P(\overline{X} \ge k) = 0.0228$을 만족시키는 상수 k의 값을 오른쪽 표준정규분포표를 이용하여 구한 것은?

3점

z	$P(0 \le Z \le z)$
0.5	0.1915
1.0	0.3413
1.5	0.4332
2.0	0.4772

① 86
② 87
③ 88
④ 89
⑤ 90

11 3점 함수 $y=f(x)$의 그래프가 그림과 같다. 최고차항의 계수가 1인 이차함수 $g(x)$에 대하여 $\lim_{x\to 0+}\frac{g(x)}{f(x)}=1$, $\lim_{x\to 1-}f(x-1)g(x)=3$일 때, $g(2)$의 값은?

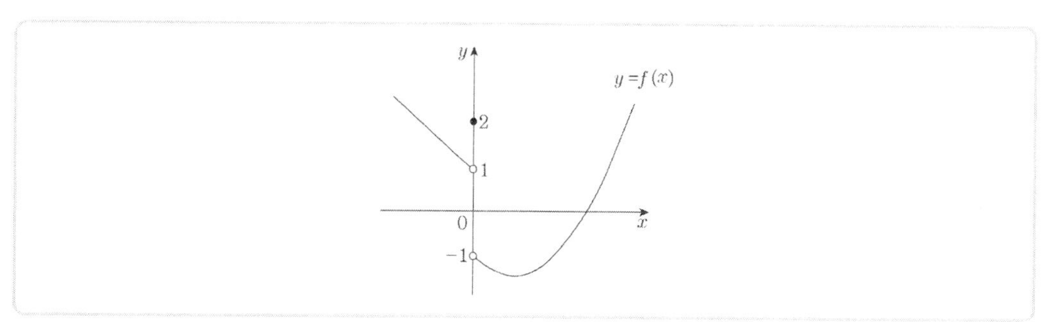

① 3
② 5
③ 7
④ 9
⑤ 11

12 3점 일차함수 $f(x)$에 대하여 함수 $y=\frac{f(x)+5}{2-f(x)}$의 그래프의 점근선은 두 직선 $x=4$, $y=-1$이다. $f(1)=5$일 때, $f(2)$의 값은?

① 4
② 6
③ 8
④ 10
⑤ 12

13 3점 실수 x에 대한 두 조건

$p: x^2+ax-8>0$,
$q: |x-1|\le b$

가 있다. $\sim p$가 q이기 위한 필요충분조건이 되도록 하는 두 상수 a, b에 대하여 $b-a$의 값은?

① −1
② 1
③ 3
④ 5
⑤ 7

14 4점 다항함수 $f(x)$가 모든 실수 x에 대하여 $f(x)=\frac{3}{4}x^2+\left(\int_0^1 f(x)dx\right)^2$을 만족시킬 때, $\int_0^2 f(x)dx$의 값은?

① $\frac{9}{4}$
② $\frac{5}{2}$
③ $\frac{11}{4}$
④ 3
⑤ $\frac{13}{4}$

15 4점 전체집합 $U=\{1, 2, 3, 4, 5, 6, 7, 8\}$의 두 부분집합 $A=\{3, 4\}$, $B=\{4, 5, 6\}$에 대하여 U의 부분집합 X가 $A\cup X=X$, $(B-A)\cap X=\{6\}$을 만족시킨다. $n(X)=5$일 때, 모든 X의 개수는?

① 4
② 5
③ 6
④ 7
⑤ 8

16 4점 자연수 n에 대하여 삼차함수 $y=n(x^3-3x^2)+k$의 그래프가 x축과 만나는 점의 개수가 3이 되도록 하는 정수 k의 개수를 a_n이라 할 때, $\sum_{n=1}^{10} a_n$의 값은?

① 195
② 200
③ 205
④ 210
⑤ 215

17 4점 그림과 같이 두 양수 a, b에 대하여 함수 $f(x)=a\sqrt{x+5}+b$의 그래프와 역함수 $f^{-1}(x)$의 그래프가 만나는 점을 A라 하자. 곡선 $y=f(x)$ 위의 $B(-1,\ 7)$과 곡선 $y=f^{-1}(x)$ 위의 점 C에 대하여 삼각형 ABC는 $\overline{AB}=\overline{AC}$인 이등변삼각형이다. 삼각형 ABC의 넓이가 64일 때, ab의 값은? (단, 점 C의 x좌표는 점 A의 x좌표보다 작다.)

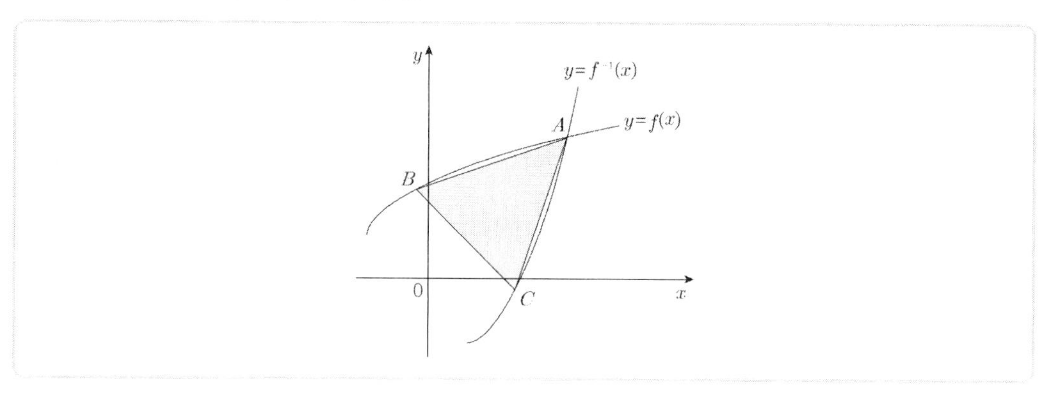

① 6　② 8　③ 10　④ 12　⑤ 14

18 4점 흰색 탁구공 3개와 회색 탁구공 4개를 서로 다른 3개의 비어 있는 상자 A, B, C에 남김없이 넣으려고 할 때, 다음 조건을 만족시키도록 넣는 경우의 수는? (단, 탁구공을 하나도 넣지 않은 상자가 있을 수 있다.)

(가) 상자 A에는 흰색 탁구공을 1개 이상 넣는다.
(나) 흰색 탁구공만 들어 있는 상자는 없도록 넣는다.

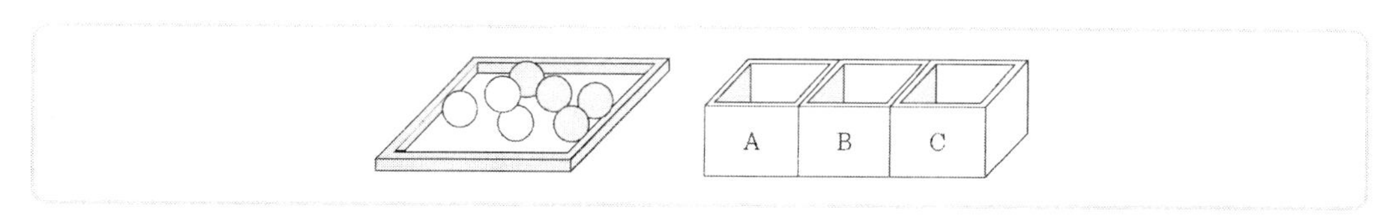

① 35　② 37　③ 39　④ 41　⑤ 43

19 4점 그림과 같이 한 변의 길이가 2인 정사각형 $A_1B_1C_1D_1$의 내부에 네 점 A_2, B_2, C_2, D_2를 네 삼각형 $A_2A_1B_1$, $B_2B_1C_1$, $C_2C_1D_1$, $D_2D_1A_1$이 모두 한 내각의 크기가 150°인 이등변삼각형이 되도록 잡는다. 네 삼각형 $A_1A_2D_2$, $B_1B_2A_2$, $C_1C_2B_2$, $D_1D_2C_2$의 내부를 색칠하여 얻은 그림을 R_1이라 하자. 그림 R_1에서 정사각형 $A_2B_2C_2D_2$의 내부에 네 점 A_3, B_3, C_3, D_3을 네 삼각형 $A_3A_2B_2$, $B_3B_2C_2$, $C_3C_2D_2$, $D_3D_2A_2$가 모두 한 내각의 크기가 150°인 이등변삼각형이 되도록 잡는다. 네 삼각형 $A_2A_3D_3$, $B_2B_3A_3$, $C_2C_3B_3$, $D_2D_3C_3$의 내부를 색칠하여 얻은 그림을 R_2라 하자. 이와 같은 과정을 계속하여 n번째 얻은 그림 R_n에 색칠되어 있는 부분의 넓이를 S_n이라 할 때, $\lim_{n\to\infty} S_n$의 값은?

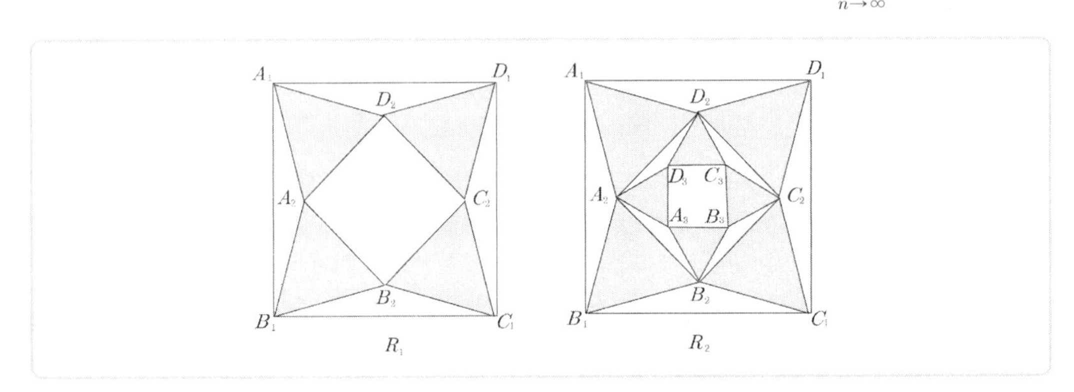

① $5-\frac{3}{2}\sqrt{3}$　② $6-2\sqrt{3}$

③ $7-\frac{5}{2}\sqrt{3}$　④ $8-3\sqrt{3}$

⑤ $9-\frac{7}{2}\sqrt{3}$

20 4점 [그림 1]과 같이 5개의 스티커 A, B, C, D, E는 각각 흰색 또는 회색으로 칠해진 9개의 정사각형으로 이루어져 있다. 이 5개의 스티커를 모두 사용하여 [그림 2]의 45개의 정사각형으로 이루어진 모양의 판에 빈틈없이 붙여 문양을 만들려고 한다. [그림 3]은 스티커 B를 모양의 판의 중앙에 붙여 만든 문양의 한 예이다.

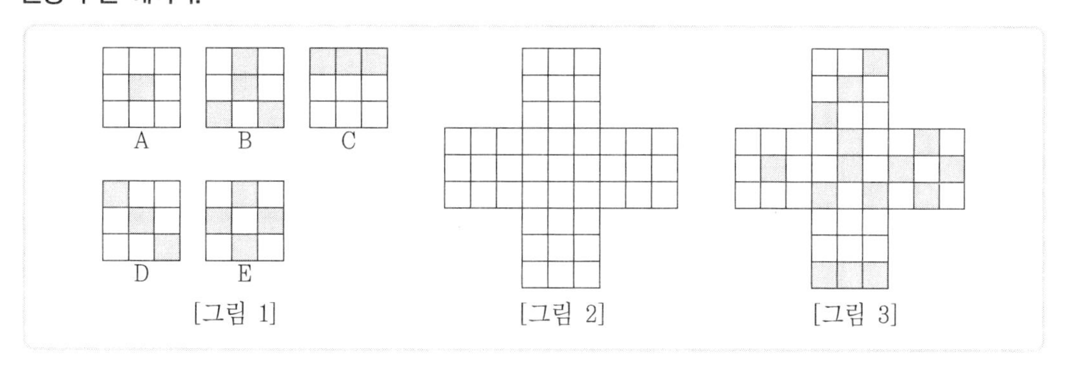

[그림 1] [그림 2] [그림 3]

다음은 5개의 스티커를 모두 사용하여 만들 수 있는 서로 다른 문양의 개수를 구하는 과정의 일부이다. (단, 모양의 판을 회전하여 일치하는 것은 같은 것으로 본다.)

모양의 판의 중앙에 붙이는 스티커에 따라 다음과 같이 3가지 경우로 나눌 수 있다.

(i) A 또는 E를 붙이는 경우
나머지 4개의 스티커를 붙일 위치를 정하는 경우의 수는 $3!$
이 각각에 대하여 4개의 스티커를 붙이는 경우의 수는 $1\times2\times4\times4$
그러므로 이 경우의 수는 $2\times3!\times32$

(ii) B 또는 C를 붙이는 경우
나머지 4개의 스티커를 붙일 위치를 정하는 경우의 수는 (가)
이 각각에 대하여 4개의 스티커를 붙이는 경우의 수는 $1\times1\times2\times4$
그러므로 이 경우의 수는 $2\times$ (가) $\times8$

(iii) D를 붙이는 경우
나머지 4개의 스티커를 붙일 위치를 정하는 경우의 수는 (나)
이 각각에 대하여 4개의 스티커를 붙이는 경우의 수는 (다)
그러므로 이 경우의 수는 (나) $\times$ (다)

위의 (가), (나), (다)에 알맞은 수를 각각 a, b, c라 할 때, $a+b+c$의 값은?

① 52
② 54
③ 56
④ 58
⑤ 60

21 4점 실수 k에 대하여 함수 $f(x)$가 $f(x)=x|x-k|$이다. 함수 $g(x)=x^2-3x-4$에 대하여 합성함수 $y=(g \circ f)(x)$의 그래프가 x축과 만나는 점의 개수를 $h(k)$라 할 때, <보기>에서 옳은 것만을 있는 대로 고른 것은?

〈보기〉

㉠ $h(2)=2$
㉡ $h(k)=4$를 만족시키는 자연수 k의 최솟값은 6이다.
㉢ $h(k)=3$을 만족시키는 모든 실수 k의 값의 합은 2이다.

① ㉠
② ㉠, ㉡
③ ㉠, ㉢
④ ㉡, ㉢
⑤ ㉠, ㉡, ㉢

주관식
22 3점 $\sqrt{3\sqrt[4]{27}}=3^{\frac{q}{p}}$일 때, $p+q$의 값을 구하시오. (단, p와 q는 서로소인 자연수이다.)

( )

주관식
23 3점 $\left(3x^2+\frac{1}{x}\right)^6$의 전개식에서 상수항을 구하시오.

( )

주관식
24 3점 수열 $\{a_n\}$에 대하여 $\sum_{k=1}^{10}(2k+1)^2a_k=100$, $\sum_{k=1}^{10}k(k+1)a_k=23$일 때, $\sum_{k=1}^{10}a_k$의 값을 구하시오.

( )

주관식

25 3점 함수 $f(x)=\begin{cases} \dfrac{x^2-8x+a}{x-6} & (x \neq 6) \\ b & (x=6) \end{cases}$ 이 실수 전체의 집합에서 연속일 때, $a+b$의 값을 구하시오. (단, a, b는 상수이다.)

(　　　　　　　)

주관식

26 4점 확률변수 X가 가지는 값이 0부터 25까지의 정수이고, $0<p<\dfrac{1}{2}$ 인 실수 p에 대하여 X의 확률질량함수는 $P(X=x)={}_{25}C_x p^x(1-p)^{25-x}$ $(x=0,\ 1,\ 2,\ \dots,\ 25)$이다. $V(X)=4$일 때, $E(X^2)$의 값을 구하시오.

(　　　　　　　)

주관식

27 4점 곡선 $y=x^3+x-3$과 이 곡선 위의 점 $(1,\ -1)$에서의 접선으로 둘러싸인 부분의 넓이가 $\dfrac{q}{p}$ 일 때, $p+q$의 값을 구하시오. (단, p와 q는 서로소인 자연수이다.)

(　　　　　　　)

주관식

28 4점 삼차함수 $f(x)$가 다음 조건을 만족시킬 때, $f(3)$의 값을 구하시오.

(가) $\displaystyle\lim_{x\to -2}\frac{1}{x+2}\int_{-2}^{x} f(t)dt=12$

(나) $\displaystyle\lim_{x\to\infty} xf\left(\frac{1}{x}\right)+\lim_{x\to 0}\frac{f(x+1)}{x}=1$

(　　　　　　　)

주관식

29 4점 그림과 같이 1열, 2열, 3열에 각각 2개씩 모두 6개의 좌석이 있는 놀이기구가 있다. 이 놀이기구의 6개의 좌석에 6명의 학생 A, B, C, D, E, F가 각각 한 명씩 임의로 앉을 때, 다음 조건을 만족시키도록 앉을 확률은 $\frac{q}{p}$ 이다. $p+q$의 값을 구하시오. (단, p와 q는 서로소인 자연수이다.)

> (가) 두 학생 A, B는 같은 열에 앉는다.
> (나) 두 학생 C, D는 서로 다른 열에 앉는다.
> (다) 학생 E는 1열에 앉지 않는다.

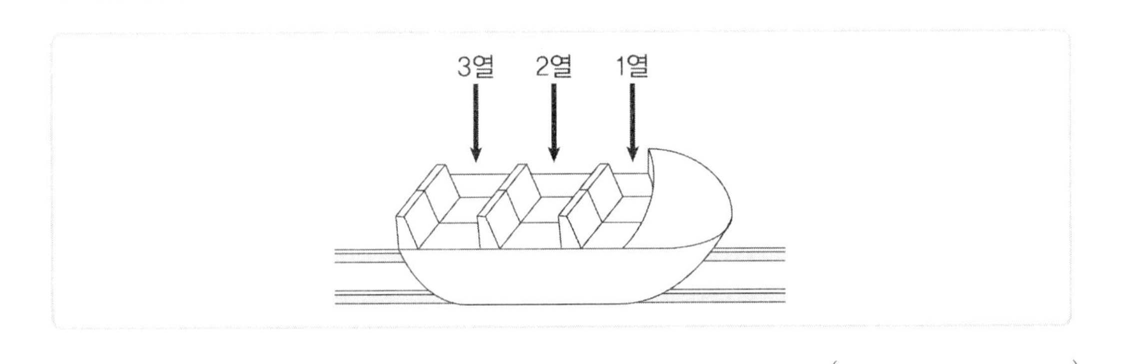

( )

주관식

30 4점 최고차항의 계수가 1이고 $f'(0)=0$인 사차함수 $f(x)$가 있다. 실수 전체의 집합에서 정의된 함수 $g(t)$가 다음 조건을 만족시킨다.

> (가) 방정식 $f(x)=t$의 실근이 존재하지 않을 때, $g(t)=0$이다.
> (나) 방정식 $f(x)=t$의 실근이 존재할 때, $g(t)$는 $f(x)=t$의 실근의 최댓값이다.

함수 $g(t)$가 $t=k$, $t=30$에서 불연속이고 $\lim_{t \to k+} g(t)=-2$, $\lim_{t \to 30+} g(t)=1$일 때, 실수 k의 값을 구하시오. (단, $k<30$)

( )

15 2020학년도 수학영역(나형)

▶ 해설은 p. 133에 있습니다.

1 2점

전체집합 $U=\{1, 2, 3, 4, 5\}$의 두 부분집합 $A=\{1, 3\}$, $B=\{3, 5\}$에 대하여 집합 $A^C \cap B^C$의 모든 원소의 합은?

① 3
② 4
③ 5
④ 6
⑤ 7

2 2점

$\sqrt[3]{36} \times \left(\sqrt[3]{\dfrac{2}{3}}\right)^2 = 2^a$일 때, a의 값은?

① $\dfrac{4}{3}$
② $\dfrac{5}{3}$
③ 2
④ $\dfrac{7}{3}$
⑤ $\dfrac{8}{3}$

3
2점

함수 $y=f(x)$의 그래프가 그림과 같다.

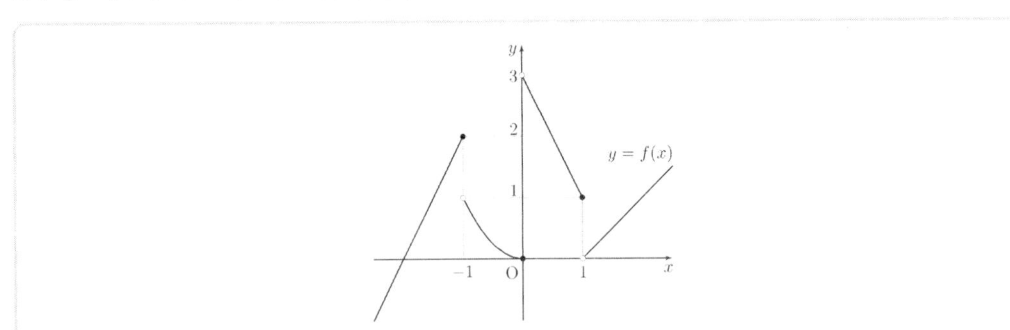

$\lim_{x \to -1+} f(x) + \lim_{x \to 0-} f(x)$의 값은?

① 1
② 2
③ 3
④ 4
⑤ 5

4
3점

4개의 수 6, a, 15, b가 이 순서대로 등비수열을 이룰 때, $\frac{b}{a}$의 값은?

① $\frac{3}{2}$
② 3
③ $\frac{5}{2}$
④ 4
⑤ $\frac{7}{2}$

5 3점 그림은 함수 $f: X \to Y$를 나타낸 것이다.

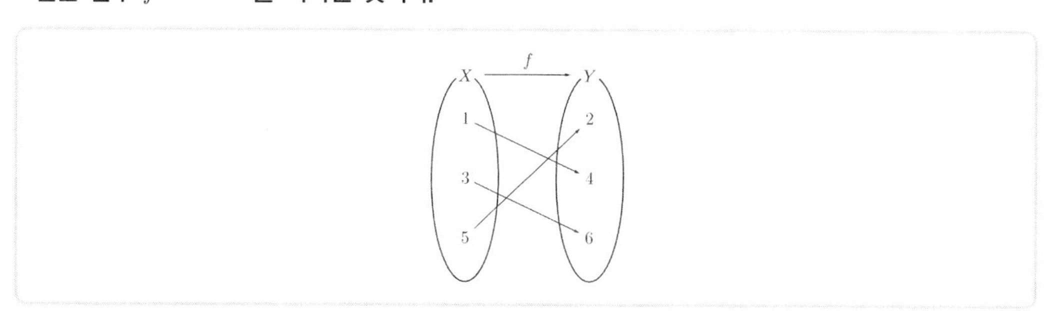

함수 $g: Y \to X$에 대하여 함수 $g \circ f: X \to X$가 항등함수일 때, $g(6)+(f \circ g)(4)$의 값은?

① 4
② 5
③ 6
④ 7
⑤ 8

6 3점 두 사건 A, B에 대하여 $\mathrm{P}(A \cap B)=\frac{1}{6}$, $\mathrm{P}(A^C \cup B)=\frac{2}{3}$일 때, $\mathrm{P}(A)$의 값은? (단, A^C은 A의 여사건이다.)

① $\frac{1}{6}$
② $\frac{1}{3}$
③ $\frac{1}{2}$
④ $\frac{2}{3}$
⑤ $\frac{5}{6}$

7 3점

연속확률변수 X가 가지는 값의 범위는 $0 \leq X \leq 2$이고 X의 확률밀도함수의 그래프는 그림과 같이 두 점 $\left(0, \dfrac{3}{4a}\right)$, $\left(a, \dfrac{3}{4a}\right)$을 이은 선분과 두 점 $\left(a, \dfrac{3}{4a}\right)$, $(2, 0)$을 이은 선분으로 이루어져 있다. $\mathrm{P}\left(\dfrac{1}{2} \leq X \leq 2\right)$의 값은? (단, a는 양수이다.)

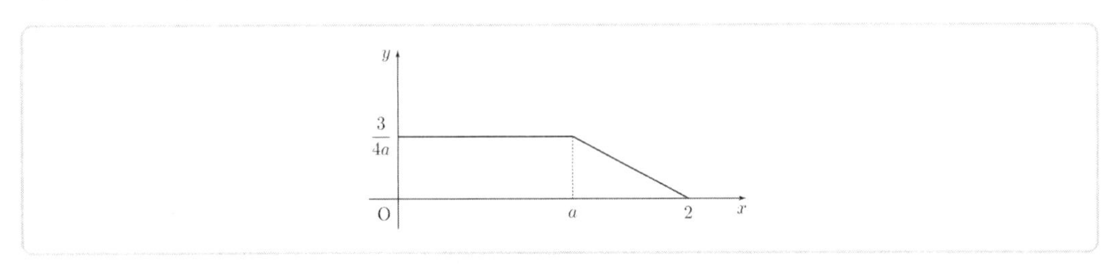

① $\dfrac{2}{3}$
② $\dfrac{11}{16}$
③ $\dfrac{17}{24}$
④ $\dfrac{35}{48}$
⑤ $\dfrac{3}{4}$

8

다항함수 $f(x)$에 대하여 $\lim\limits_{h \to 0} \dfrac{f(1+h)-3}{h} = 2$일 때, 함수 $g(x) = (x+2)f(x)$에 대하여 $g'(1)$의 값은?

① 5
② 6
③ 7
④ 8
⑤ 9

9 3점 두 곡선 $y=x^2$, $y=(x-4)^2$과 y축으로 둘러싸인 부분의 넓이를 S_1, 두 곡선 $y=x^2$, $y=(x-4)^2$과 직선 $x=4$로 둘러싸인 부분의 넓이를 S_2라 할 때, S_1+S_2의 값은?

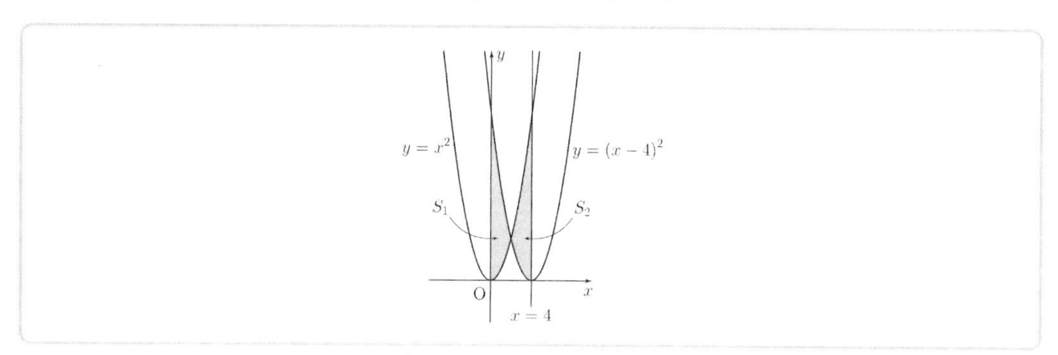

① 30　② 32　③ 34　④ 36　⑤ 38

10 3점 확률변수 X가 이항분포 $\mathrm{B}(5,\ p)$를 따르고, $\mathrm{P}(X=3)=\mathrm{P}(X=4)$일 때, $\mathrm{E}(6X)$의 값은? (단, $0<p<1$)

① 5　② 10　③ 15　④ 20　⑤ 25

11 3점 함수 $f(x)=\begin{cases} a & (x<1) \\ x+3 & (x\geq 1) \end{cases}$에 대하여 함수 $(x-a)f(x)$가 실수 전체의 집합에서 연속이 되도록 하는 모든 실수 a의 값의 합은?

① 1　② 2　③ 3　④ 4　⑤ 5

12 3점 실수 x에 대한 두 조건 p, q가 다음과 같다.

p: $(x-a+7)(x+2a-18)=0$,

q: $x(x-a)\le 0$

p가 q이기 위한 충분조건이 되도록 하는 모든 정수 a의 값의 합은?

① 24 ② 25

③ 26 ④ 27

⑤ 28

13 3점 어느 도시의 직장인들이 하루 동안 도보로 이동한 거리는 평균이 m km, 표준편차가 1.5km인 정규분포를 따른다고 한다. 이 도시의 직장인들 중에서 36명을 임의추출하여 조사한 결과 36명이 하루 동안 도보로 이동한 거리의 평균은 $\overline{x}$ km이었다. 이 결과를 이용하여, 이 도시의 직장인들이 하루 동안 도보로 이동한 거리의 평균 m에 대한 신뢰도 95%의 신뢰구간을 구하면 $a\le m\le 6.49$이다. a의 값은? (단, Z가 표준정규분포를 따르는 확률변수일 때, $\mathrm{P}(|Z|\le 1.96)=0.95$로 계산한다.)

① 5.46 ② 5.51

③ 5.56 ④ 5.61

⑤ 5.66

14  수열 $\{a_n\}$은 $a_1=4$이고, 모든 자연수 n에 대하여

$$a_{n+1}=\begin{cases}\dfrac{a_n}{2-a_n} & (a_n>2)\\ a_n+2 & (a_n\le 2)\end{cases}$$

이다. $\sum_{k=1}^{m}a_k=12$를 만족시키는 자연수 m의 최솟값은?

① 7 ② 8

③ 9 ④ 10

⑤ 11

15 4점

두 양수 a, $b(a>b)$에 대하여 $9^a = 2^{\frac{1}{b}}$, $(a+b)^2 = \log_3 64$일 때, $\frac{a-b}{a+b}$의 값은?

① $\frac{\sqrt{6}}{6}$
② $\frac{\sqrt{3}}{3}$
③ $\frac{\sqrt{2}}{2}$
④ $\frac{\sqrt{6}}{3}$
⑤ $\frac{\sqrt{30}}{6}$

16 4점

1부터 6까지의 자연수가 각각 하나씩 적힌 6장의 카드를 모두 일렬로 나열할 때, 서로 이웃하는 두 카드에 적힌 수를 곱하여 만들어지는 5개의 수가 모두 짝수인 경우의 수는?

① 120
② 126
③ 132
④ 138
⑤ 144

17 4점

집합 $X = \{x \mid x > 0\}$에 대하여 함수 $f : X \to X$가

$$f(x) = \begin{cases} \frac{1}{x} + 1 & (0 < x \le 3) \\ -\frac{1}{x-a} + b & (x > 3) \end{cases}$$

이다. 함수 $f(x)$가 일대일 대응일 때, $a+b$의 값은? (단, a, b는 상수이다.)

① $\frac{13}{4}$
② $\frac{10}{3}$
③ $\frac{41}{12}$
④ $\frac{7}{2}$
⑤ $\frac{43}{12}$

18 4점 그림과 같이 한 변의 길이가 4인 정사각형 $\mathrm{A_1B_1C_1D_1}$이 있다. 4개의 선분 $\mathrm{A_1B_1}$, $\mathrm{B_1C_1}$, $\mathrm{C_1D_1}$, $\mathrm{D_1A_1}$을 1 : 3으로 내분하는 점을 각각 $\mathrm{E_1}$, $\mathrm{F_1}$, $\mathrm{G_1}$, $\mathrm{H_1}$이라 하고, 정사각형 $\mathrm{A_1B_1C_1D_1}$의 내부에 점 $\mathrm{E_1}$, $\mathrm{F_1}$, $\mathrm{G_1}$, $\mathrm{H_1}$ 각각을 중심으로 하고 반지름의 길이가 $\frac{1}{4}\overline{\mathrm{A_1B_1}}$인 4개의 반원을 그린 후 이 4개의 반원의 내부에 색칠하여 얻은 그림을 R_1이라 하자.

그림 R_1에서 점 $\mathrm{A_1}$을 지나고 중심이 $\mathrm{H_1}$인 색칠된 반원의 호에 접하는 직선과 점 $\mathrm{B_1}$을 지나고 중심이 $\mathrm{E_1}$인 색칠된 반원의 호에 접하는 직선의 교점을 $\mathrm{A_2}$, 점 $\mathrm{B_1}$을 지나고 중심이 $\mathrm{E_1}$인 색칠된 반원의 호에 접하는 직선과 점 $\mathrm{C_1}$을 지나고 중심이 $\mathrm{F_1}$인 색칠된 반원의 호에 접하는 직선의 교점을 $\mathrm{B_2}$, 점 $\mathrm{C_1}$을 지나고 중심이 $\mathrm{F_1}$인 색칠된 반원의 호에 접하는 직선과 점 $\mathrm{D_1}$을 지나고 중심이 $\mathrm{G_1}$인 색칠된 반원의 호에 접하는 직선의 교점을 $\mathrm{C_2}$, 점 $\mathrm{D_1}$을 지나고 중심이 $\mathrm{G_1}$인 색칠된 반원의 호에 접하는 직선과 점 $\mathrm{A_1}$을 지나고 중심이 $\mathrm{H_1}$인 색칠된 반원의 호에 접하는 직선의 교점을 $\mathrm{D_2}$라 하자. 정사각형 $\mathrm{A_2B_2C_2D_2}$의 내부에 그림 R_1을 얻은 것과 같은 방법으로 4개의 반원을 그리고 이 4개의 반원의 내부에 색칠하여 얻은 그림을 R_2라 하자.

이와 같은 과정을 계속하여 n번째 얻은 그림 R_n에 색칠되어 있는 부분의 넓이를 S_n이라 할 때, $\lim_{n\to\infty} S_n$의 값은?

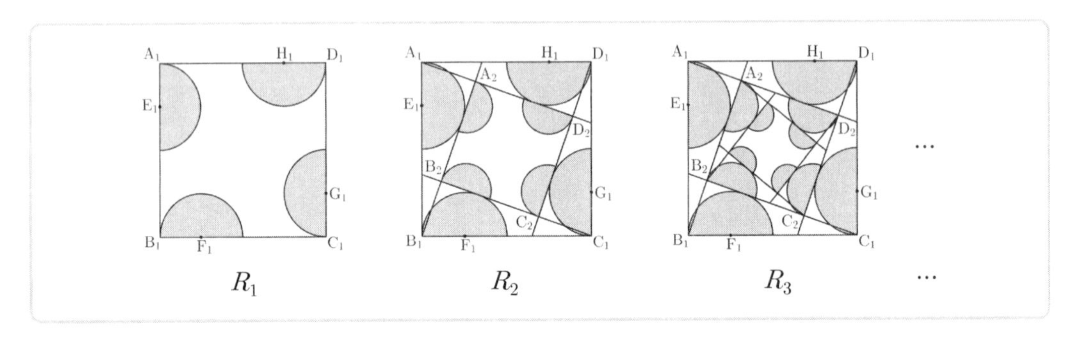

① $\frac{9\sqrt{2}\pi}{4}$　② $\frac{19\sqrt{2}\pi}{8}$

③ $\frac{5\sqrt{2}\pi}{2}$　④ $\frac{21\sqrt{2}\pi}{8}$

⑤ $\frac{11\sqrt{2}\pi}{4}$

19 4점 **다음은 자연수 n에 대하여 방정식 $a+b+c=3n$을 만족시키는 자연수 a, b, c의 모든 순서쌍 $(a,\ b,\ c)$ 중에서 임의로 한 개를 선택할 때, 선택한 순서쌍 $(a,\ b,\ c)$가 $a>b$ 또는 $a>c$를 만족시킬 확률을 구하는 과정이다.**

> 방정식
>
> $a+b+c=3n$ …… (*)
>
> 을 만족시키는 자연수 a, b, c의 모든 순서쌍 $(a,\ b,\ c)$의 개수는 (가) 이다.
>
> 방정식 (*)을 만족시키는 자연수 a, b, c의 순서쌍 $(a,\ b,\ c)$가 $a>b$ 또는 $a>c$를 만족시키는 사건을 A라 하면 사건 A의 여사건 A^C은 방정식 (*)을 만족시키는 자연수 a, b, c의 순서쌍 $(a,\ b,\ c)$가 $a\le b$와 $a\le c$를 만족시키는 사건이다.
>
> 이제 $n(A^C)$의 값을 구하자.
>
> 자연수 $k(1\le k\le n)$에 대하여 $a=k$인 경우,
>
> $b\ge k$, $c\ge k$이고 방정식 (*)을 만족시키는 자연수 a, b, c의 순서쌍 $(a,\ b,\ c)$의 개수는 (나) 이므로
>
> $n(A^C)=\sum_{k=1}^{n}$ (나)
>
> 이다.
>
> 따라서 구하는 확률은
>
> $\mathrm{P}(A)=$ (다)
>
> 이다.

위의 (가)에 알맞은 식에 $n=2$를 대입한 값을 p, (나)에 알맞은 식에 $n=7$, $k=2$를 대입한 값을 q, (다)에 알맞은 식에 $n=4$를 대입한 값을 r라 할 때, $p\times q\times r$의 값은?

① 88
② 92
③ 96
④ 100
⑤ 104

20 4점

최고차항의 계수가 1인 사차함수 $f(x)$에 대하여 함수 $g(x)$를

$$g(x)=\begin{cases} f(x) & (f(x)\ge a) \\ 2a-f(x) & (f(x)<a) \end{cases} \quad (a\text{는 상수})$$

라 하자. 두 함수 $f(x)$, $g(x)$가 다음 조건을 만족시킨다.

(가) 함수 $g(x)$는 $x=4$에서만 미분가능하지 않다.
(나) 함수 $g(x)-f(x)$는 $x=\frac{7}{2}$에서 최댓값 $2a$를 가진다.

$f\left(\frac{5}{2}\right)$의 값은?

① $\frac{5}{4}$　② $\frac{3}{2}$　③ $\frac{7}{4}$　④ 2　⑤ $\frac{9}{4}$

21 4점

함수 $f(x)=(x-2)^3$과 두 실수 m, n에 대하여 함수 $g(x)$를

$$g(x)=\begin{cases} f(x) & (|x|<a) \\ mx+n & (|x|\ge a) \end{cases} \quad (a>0)$$

이라 하자. 함수 $g(x)$가 실수 전체의 집합에서 연속일 때, 〈보기〉에서 옳은 것만을 있는 대로 고른 것은?

〈보 기〉

ㄱ. $a=1$일 때, $m=13$이다.
ㄴ. 함수 $g(x)$가 $x=a$에서 미분가능할 때, $m=48$이다.
ㄷ. $f(a)-2af'(a)>n-ma$를 만족시키는 자연수 a의 개수는 5이다.

① ㄱ　② ㄱ, ㄴ　③ ㄱ, ㄷ　④ ㄴ, ㄷ　⑤ ㄱ, ㄴ, ㄷ

주관식

22 3점 $\lim_{n\to\infty}\frac{a\times 3^{n+2}-2^n}{3^n-3\times 2^n}=207$일 때, 상수 a의 값을 구하시오.

주관식

23 3점 자연수 n에 대하여 좌표평면에서 직선 $x=n$이 곡선 $y=x^2$과 만나는 점을 A_n, 직선 $x=n$이 직선 $y=-2x$와 만나는 점을 B_n이라 할 때, $\sum_{n=1}^{9}\overline{\mathrm{A}_n\mathrm{B}_n}$의 값을 구하시오.

주관식

24 3점 무리함수 $f(x)=\sqrt{ax+b}$에 대하여 두 곡선 $y=f(x)$, $y=f^{-1}(x)$가 점 (2, 3)에서 만날 때, $f(-6)$의 값을 구하시오. (단, a, b는 상수이다.)

주관식

25 3점 이차함수 $f(x)$가 $f(0)=0$이고

$$\lim_{x\to 0}\frac{f(x)}{x}=\lim_{x\to 1}\frac{f(x)-x}{x-1}$$

일 때, $60\times f'(0)$의 값을 구하시오.

주관식

26 두 개의 주사위를 동시에 던져서 나온 두 눈의 수의 최대공약수가 1일 때, 나온 두 눈의 수의 합이 8일 확률은 $\frac{q}{p}$ 이다. $p+q$의 값을 구하시오. (단, p와 q는 서로소인 자연수이다.)

4점

주관식

27 4점

다항함수 $f(x)$가 모든 실수 x에 대하여 $\int_{1}^{x}(2x-1)f(t)dt=x^3+ax+b$일 때, $40\times f(1)$의 값을 구하시오. (단, a, b는 상수이다.)

주관식

28 4점

그림과 같이 같은 종류의 검은 공이 각각 1개, 2개, 3개가 들어 있는 상자 3개가 있다. 1부터 6까지의 자연수가 각각 하나씩 적힌 6개의 흰 공을 3개의 상자에 남김없이 나누어 넣으려고 한다. 각각의 상자에 들어 있는 공의 개수가 모두 3의 배수가 되도록 6개의 흰 공을 나누어 넣는 경우의 수를 구하시오. (단, 흰 공이 하나도 들어 있지 않은 상자가 있을 수 있고, 공을 넣는 순서는 고려하지 않는다.)

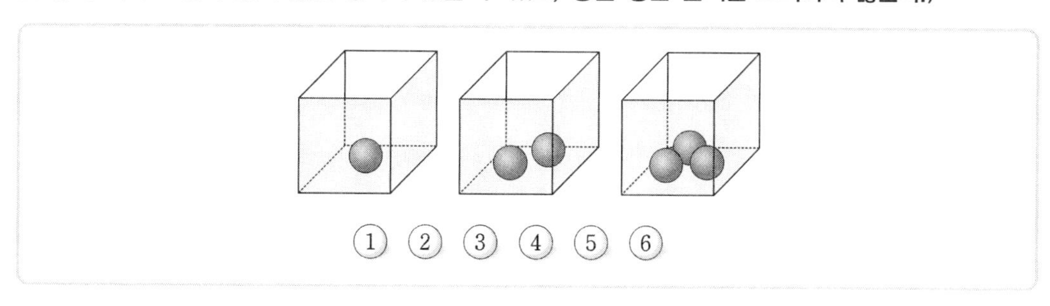

주관식

29 수열 $\{a_n\}$은 a_1이 자연수이고, 모든 자연수 n에 대하여

4점

$$a_{n+1} = \begin{cases} a_n - d & (a_n \geq 0) \\ a_n + d & (a_n < 0) \end{cases} \text{ (d는 자연수)}$$

이다. $a_n < 0$인 자연수 n의 최솟값을 m이라 할 때, 수열 $\{a_n\}$은 다음 조건을 만족시킨다.

(가) $a_{m-2} + a_{m-1} + a_m = 3$

(나) $a_1 + a_{m-1} = -9(a_m + a_{m+1})$

(다) $\sum_{k=1}^{m-1} a_k = 45$

a_1의 값을 구하시오. (단, $m \geq 3$)

주관식

30 두 이차함수 $f(x)$, $g(x)$에 대하여 실수 전체의 집합에서 정의된 함수 $h(x)$가 $0 \le x < 4$에서

4점

$$h(x)=\begin{cases} x & (0 \le x < 2) \\ f(x) & (2 \le x < 3) \\ g(x) & (3 \le x < 4) \end{cases}$$

이고, 다음 조건을 만족시킨다.

(가) 모든 실수 x에 대하여 $h(x)=h(x-4)+k$(k는 상수)이다.
(나) 함수 $h(x)$는 실수 전체의 집합에서 미분가능하다.
(다) $\int_0^4 h(x)dx=6$

$h\left(\frac{13}{2}\right)=\frac{q}{p}$ 일 때, $p+q$의 값을 구하시오. (단, p와 q는 서로소인 자연수이다.)

PART 02

정답 및 해설

01 2006학년도 정답 및 해설

ANSWER

01	02	03	04	05	06	07	08	09	10	11	12	13	14	15	16	17	18	19	20
④	④	⑤	④	②	⑤	③	③	⑤	③	④	⑤	②	④	①	③	②	④	①	①
21	**22**	**23**	**24**	**25**	**26**	**27**	**28**	**29**	**30**										
②	⑤	③	②	10	20	60	395	12	39										

01

$n=2006,\ a=\dfrac{3}{4}$ 이므로

$$A=\sqrt[n]{a^{n-1}}=a^{\frac{n-1}{n}}=\left(\frac{3}{4}\right)^{\frac{2005}{2006}}$$

$$B=\sqrt[n]{a^{n+1}}=a^{\frac{n+1}{n}}=\left(\frac{3}{4}\right)^{\frac{2007}{2006}}$$

$$C=\sqrt[n+1]{a^{n}}=a^{\frac{n}{n+1}}=\left(\frac{3}{4}\right)^{\frac{2006}{2007}}$$

밑은 $A,\ B,\ C$ 모두 같고 각각의 지수를 비교해보면 $\dfrac{2005}{2006}<\dfrac{2006}{2007}<\dfrac{2007}{2006}$ 이다.

따라서, $B<C<A$

02

등차수열 $\{a_n\}$의 공차가 8이므로 $b_n=\sum_{k=1}^{n}(a_{k+1}-a_k)=\sum_{k=1}^{n}8=8n$

$$\therefore \lim_{n\to\infty}\frac{1}{(2n+1)^2}\sum_{k=1}^{n}b_k=\lim_{n\to\infty}\frac{1}{(2n+1)^2}\sum_{k=1}^{n}8k$$

$$=\lim_{n\to\infty}\frac{4n(n+1)}{(2n+1)^2}$$

$$=\frac{4}{4}=1$$

03 전류가 A에서 B로 흐르는 경우는 3가지 경우가 있다.

㉠ s_1, s_2, s_3 모두 닫혀 있는 경우

$$\left(\frac{1}{3}\times\frac{1}{3}\right)\times\frac{1}{3}=\frac{1}{27}$$

㉡ s_1, s_2가 닫혀 있고, s_3는 열려 있는 경우

$$\left(\frac{1}{3}\times\frac{1}{3}\right)\times\frac{2}{3}=\frac{2}{27}$$

㉢ s_1, s_2는 둘 다 닫혀있진 않고, s_3는 닫혀 있는 경우

$$\left(1-\frac{1}{3}\times\frac{1}{3}\right)\times\frac{1}{3}=\frac{8}{27}$$

㉠㉡㉢에 의하여 구하는 확률은 $\frac{1}{27}+\frac{2}{27}+\frac{8}{27}=\frac{11}{27}$

04 혈액형이 A형, B형, AB형, O형인 학생 수를 각각 a, b, c, d라 하자.

(가) $a+b=c+d$

(나) $a+c=b+d$

(다) $a=4$

(가)(나)(다)에 의하여 $b=c$, $d=4$이다.

$\therefore$ $a=4$, $b=1$, $c=1$, $d=4$

따라서, A형 4명, B형 1명, AB형 1명, O형 4명이다.

10개의 혈액팩을 일렬로 나열하는 방법의 수는 $\frac{10!}{4!\,4!}=6{,}300$(가지)이다.

05 $\lim_{n\to\infty}S_n=2$로 수렴하므로 $\lim_{n\to\infty}a_n=0$이다.

$$\therefore\ \lim_{n\to\infty}\frac{a_n+S_n}{{S_n}^3}=\frac{0+2}{8}=\frac{1}{4}$$

06 이항정리에 의하여

$$\lim_{n\to\infty}\left(1+\frac{1}{n}\right)^n=\lim_{n\to\infty}\sum_{k=0}^{n}{}_n\mathrm{C}_k\left(\frac{1}{n}\right)^k$$

$$=2+\lim_{n\to\infty}\sum_{k=2}^{n}\frac{1}{k!}\times\frac{n(n-1)\cdots(n-k+1)}{n^k}\quad\left(\because\ {}_n\mathrm{C}_0\left(\frac{1}{n}\right)^0=1,\ {}_n\mathrm{C}_1\left(\frac{1}{n}\right)^1=1\right)$$

$$=2+\lim_{n\to\infty}\sum_{k=2}^{n}\frac{1}{k!}\left\{\left(1-\frac{1}{n}\right)\left(1-\frac{2}{n}\right)\cdots\left(1-\frac{k-1}{n}\right)\right\}$$

$$<2+\lim_{n\to\infty}\sum_{k=2}^{n}\frac{1}{k!}$$

$$<2+\lim_{n\to\infty}\sum_{k=2}^{n}\frac{1}{2^{k-1}}$$

그런데, $\lim_{n\to\infty}\sum_{k=2}^{n}\frac{1}{k!}\times\frac{n(n-1)\cdots(n-k+1)}{n^k}>0$이므로

$$2<\lim_{n\to\infty}\left(1+\frac{1}{n}\right)^n<3$$

07 $A^2-5A+6E=O$이므로

각 항에 행렬 $\begin{pmatrix} 2 \\ -3 \end{pmatrix}$을 곱하면

$AA\begin{pmatrix} 2 \\ -3 \end{pmatrix}-5A\begin{pmatrix} 2 \\ -3 \end{pmatrix}+6\begin{pmatrix} 2 \\ -3 \end{pmatrix}=O$ 이고 $A\begin{pmatrix} 2 \\ -3 \end{pmatrix}=\begin{pmatrix} 11 \\ 1 \end{pmatrix}$ 이므로

$A\begin{pmatrix} 11 \\ 1 \end{pmatrix}-5\begin{pmatrix} 11 \\ 1 \end{pmatrix}+6\begin{pmatrix} 2 \\ -3 \end{pmatrix}=O$으로 정리된다.

따라서, $A\begin{pmatrix} 11 \\ 1 \end{pmatrix}=\begin{pmatrix} 43 \\ 23 \end{pmatrix}$

$$\therefore A\begin{pmatrix} -22 \\ -2 \end{pmatrix}+A\begin{pmatrix} 20 \\ -30 \end{pmatrix}=-2A\begin{pmatrix} 11 \\ 1 \end{pmatrix}+10A\begin{pmatrix} 2 \\ -3 \end{pmatrix}$$
$$=-2\begin{pmatrix} 43 \\ 23 \end{pmatrix}+10\begin{pmatrix} 11 \\ 1 \end{pmatrix}=\begin{pmatrix} 24 \\ -36 \end{pmatrix}$$

08 $ax^2+y=4$와 $by=7$의 그래프가 점 $(1, 3)$을 지나므로

$a+3=4 \Leftrightarrow a=1$

$3b=7 \Leftrightarrow b=\frac{7}{3}$

$$\therefore A=\begin{pmatrix} 1 & 1 \\ 0 & \frac{7}{3} \end{pmatrix}$$

$$\therefore A^{-1}\begin{pmatrix} 4 \\ 7 \end{pmatrix}=\frac{3}{7}\begin{pmatrix} \frac{7}{3} & -1 \\ 0 & 1 \end{pmatrix}\begin{pmatrix} 4 \\ 7 \end{pmatrix}=\frac{3}{7}\begin{pmatrix} \frac{7}{3} \\ 7 \end{pmatrix}=\begin{pmatrix} 1 \\ 3 \end{pmatrix}$$

따라서, 모든 성분의 합은 4이다.

09 구하는 확률은 상자 A에서 빨간 공 2개, 파란 공 1개를 꺼내는 확률과 같다.

$$\therefore \frac{{}_4C_2 \times {}_2C_1}{{}_6C_3}=\frac{3}{5}$$

10 $$\sum_{k=1}^{n} 2^k=\frac{2(2^n-1)}{2-1}=2^{n+1}-2$$

그런데, 65의 배수의 끝자리 수는 0 또는 5이므로, $2^{n+1}-2$의 끝자리 수가 0 또는 5가 되려면 2^{n+1}의 끝자리는 2 또는 7이 되어야 한다. 하지만 2^{n+1}는 끝자리로 7을 가질 수 없으므로 끝자리 수는 2이다.

$2^9=512,\ 2^9-2=510$

$2^{13}=8{,}192,\ 2^{13}-2=8{,}190$

$2^{17}=131{,}072,\ 2^{17}-2=131{,}070$

⋮

따라서 이 중에서 $2^{13}-2=8{,}190$이 처음으로 65의 배수가 되므로, n의 최솟값은 12이다.

11 한 회에 투여한 약의 양을 $a$mg이라 하자.
12시간마다 계속하여 일정한 양을 투여하므로

12시간 후에 혈액 속에 남아있는 약의 양은 $a+\frac{a}{8}$이고

24시간 후의 약의 양은 $a+\frac{1}{8}\left(a+\frac{a}{8}\right)=a+\frac{a}{8}+\frac{a}{8^2}$

$\vdots$

$12n$시간 후의 약의 양은 $a+\frac{a}{8}+\frac{a}{8^2}+\frac{a}{8^3}+\cdots+\frac{a}{8^n}=a\sum_{k=1}^{n}\left(\frac{1}{8}\right)^{n-1}$

따라서, 이 약을 규칙적으로 장기간 투여해야 하는 환자에게 투여 가능한 약의 양을 S라 하면

$$S=\lim_{n\to\infty}a\sum_{k=1}^{n}\left(\frac{1}{8}\right)^{n-1}=\frac{a}{1-\frac{1}{8}}=\frac{8}{7}a$$

장기적으로 투여했을 때 환자의 몸에 남아있는 약의 양은 $\frac{8}{7}a$이고 이 양은 560mg 이하를 유지해야 하므로

$\therefore\ \frac{8}{7}a\le 560 \Leftrightarrow a\le 490$

따라서, 구하는 약의 최대량은 490mg이다.

12 $f(n)=\left[\frac{n}{4}\right]$이므로 $f(4k)=f(4k+1)=f(4k+2)=f(4k+3)=k$ (단, k는 자연수)

따라서, $a_1=a_2=a_3=0$이고, $a_{4m}=a_{4m+1}=a_{4m+2}=a_{4m+3}=\sum_{k=1}^{m}k$ (단, m은 자연수)이다.

$$\therefore\ \sum_{n=1}^{28}a_n=\left(1+\frac{2\cdot3}{2}+\frac{3\cdot4}{2}+\frac{4\cdot5}{2}+\frac{5\cdot6}{2}+\frac{6\cdot7}{2}\right)\times4+\frac{7\cdot8}{2}=252$$

13 시험의 성적을 확률변수 X라 하면, X는 정규분포 $N(65,\ 10^2)$을 따른다.
선발된 학생의 최저 점수를 x점이라 하면,

$$P(x\le X)=\frac{40}{1{,}600}$$

$$P\left(\frac{x-65}{10}\le Z\right)=\frac{40}{1{,}600}$$

$$P\left(0\le Z\le\frac{x-65}{10}\right)=0.5-\frac{40}{1{,}600}$$

$$\therefore\ \frac{x-65}{10}=1.96$$

$\therefore\ x=84.6$(점)

14 두 점 $\mathrm{P}_n(x_n, y_n)$, $\mathrm{P}_{n+1}(x_{n+1}, y_{n+1})$에 대하여, 선분 $\overline{\mathrm{P}_n\mathrm{P}_{n+1}}$을 $2:1$로 내분하는 점을 $\mathrm{P}_{n+2}(x_{n+2}, y_{n+2})$라 하자.

우선, $\mathrm{P}_{n+2}(x_{n+2}, y_{n+2})$의 x좌표 x_{n+2}는 다음과 같이 나타낼 수 있다.

$$x_{n+2}=\frac{x_n+2x_{n+1}}{2+1}$$

$$x_{n+2}-x_{n+1}=-\frac{1}{3}(x_{n+1}-x_n)$$

$$x_{2005}=x_1+\sum_{k=1}^{2004}(x_2-x_1)\left(-\frac{1}{3}\right)^{k-1}=1+3\cdot\frac{1-\left(-\frac{1}{3}\right)^{2004}}{1-\left(-\frac{1}{3}\right)}=1+\frac{9}{4}\left\{1-\left(-\frac{1}{3}\right)^{2004}\right\}$$

그리고 $\mathrm{P}_{n+2}(x_{n+2}, y_{n+2})$의 y좌표 y_{n+2}는 다음과 같이 나타낼 수 있다.

$$y_{n+2}=\frac{y_n+2y_{n+1}}{2+1}$$

$$y_{n+2}-y_{n+1}=-\frac{1}{3}(y_{n+1}-y_n)$$

$$y_{2005}=y_1+\sum_{k=1}^{2004}(y_2-y_1)\left(-\frac{1}{3}\right)^{k-1}=-1+(-1)\cdot\frac{1-\left(-\frac{1}{3}\right)^{2004}}{1-\left(-\frac{1}{3}\right)}=-1-\frac{3}{4}\left\{1-\left(-\frac{1}{3}\right)^{2004}\right\}$$

$$\therefore\ x_{2005}-y_{2005}=2+\left\{1-\left(-\frac{1}{3}\right)^{2004}\right\}\left(\frac{9}{4}+\frac{3}{4}\right)=2+3-3\left(-\frac{1}{3}\right)^{2004}=5-3^{-2003}$$

15 확률변수 X가 이항분포 $\mathrm{B}(n, p)$를 따른다고 하면 $np=80$, $np(1-p)=64$이다.

따라서 두 식을 연립하면 $n=400$, $p=\frac{1}{5}$임을 알 수 있다.

$$\sum_{r=0}^{n}5^r\mathrm{P}(X=r)=\sum_{r=0}^{400}5^r\cdot{}_{400}\mathrm{C}_r\left(\frac{1}{5}\right)^r\left(\frac{4}{5}\right)^{n-r}$$
$$=\sum_{r=0}^{400}{}_{400}\mathrm{C}_r\left(\frac{5}{5}\right)^r\left(\frac{4}{5}\right)^{n-r}$$
$$=\left(1+\frac{4}{5}\right)^{400}\quad(\because\ \text{이항정리})$$
$$=\left(\frac{9}{5}\right)^{400}$$

16 ㉠ $\log_y(1-x^2) \le 2$

$y>0,\ y\neq 1,\ -1<x<1$

$0<y<1$일 때, $1-x^2 \ge y^2 \Rightarrow x^2+y^2 \le 1$

$y>1$일 때, $1-x^2 \le y^2 \Rightarrow x^2+y^2 \ge 1$

㉡ $2^y \le 2 \cdot 4^x$에서

$2^y \le 2^{1+2x}$

$\therefore\ y \le 1+2x$

i) $0<y<1,\ -1<x<1$

$x^2+y^2 \le 1,\ y \le 2x+1$을 만족하는 영역은 다음 그림의 어두운 부분이다.

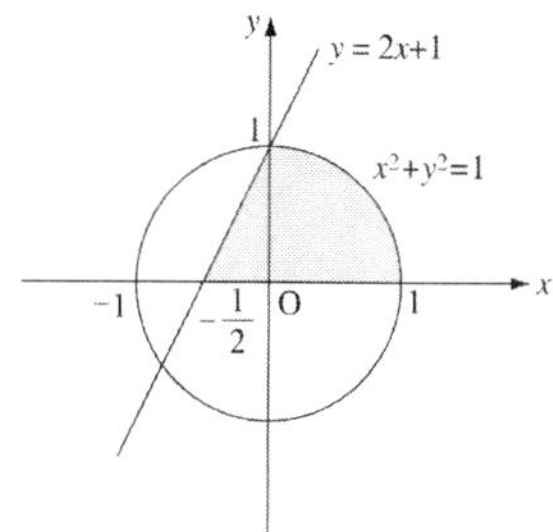

따라서, 빗금 친 부분의 넓이는 $\frac{\pi}{4}+\frac{1}{2}\cdot 1\cdot \frac{1}{2}=\frac{\pi}{4}+\frac{1}{4}$

ii) $y>1,\ -1<x<1$

$x^2+y^2 \ge 1,\ y \le 2x+1$을 만족하는 영역은 다음 그림의 어두운 부분이다.

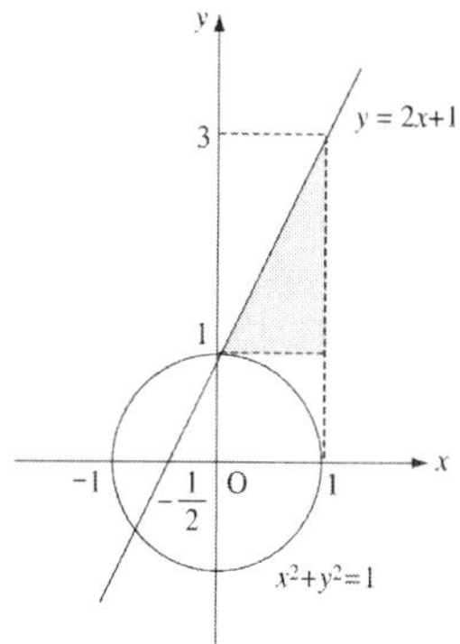

따라서, 빗금 친 부분의 넓이는 $\frac{1}{2}\cdot 1\cdot 2=1$

i), ii)에 의하여 구하는 넓이는 $\frac{\pi}{4}+\frac{1}{4}+1=\frac{1}{4}(\pi+5)$

17 ㉠ $B=O$ 이면 $PAP^{-1}=O$

$\therefore A=P^{-1}OP=O$

㉡ $B^{100}=PA^{100}P^{-1}=P(A^3)^{33}AP^{-1}$

$=PAP^{-1}(\because A^3=E)=B$

㉢ $AB=APAP^{-1}$

$$=\begin{pmatrix} a & b \\ a & 0 \end{pmatrix}\begin{pmatrix} 1 & 0 \\ 1 & 1 \end{pmatrix}\begin{pmatrix} a & b \\ a & 0 \end{pmatrix}\begin{pmatrix} 1 & 0 \\ -1 & 1 \end{pmatrix}$$

$$=\begin{pmatrix} a+b & b \\ a & 0 \end{pmatrix}\begin{pmatrix} a-b & b \\ a & 0 \end{pmatrix}$$

$$=\begin{pmatrix} a^2-b^2+ab & ab+b^2 \\ a^2-ab & ab \end{pmatrix}=\begin{pmatrix} 1 & 0 \\ 0 & 1 \end{pmatrix}$$

$$\begin{cases} a^2-b^2+ab=1 \\ ab+b^2=0 \\ a^2-ab=0 \\ ab=1 \end{cases}$$

위의 식을 정리하면 $b^2=-1$이다. 하지만 b는 실수이기 때문에 AB＝E를 만족하는 행렬 A는 존재하지 않는다.

따라서 옳은 것은 ㉠㉡이다.

18 $3(\log_a c)^2-2(\log_b c)^2=-(\log_a c)(\log_b c)$에서 $\log_a c=x$, $\log_b c=y$로 두면

$3x^2-2y^2=-xy$

$(3x-2y)(x+y)=0$

$\therefore y=\frac{3}{2}x$ 또는 $y=-x$

문제의 조건에 의해 $a>1$, $b>1$, $c>1$이므로 $x>0$, $y>0$이고 따라서 $y=\frac{3}{2}x$

$\log_b c=\frac{3}{2}log_a c \Leftrightarrow \log_c b^3=\log_c a^2$

$\therefore b^3=a^2$

$a^2b^3=64$이므로 $a^2=b^3=8$

$\therefore a=2^{\frac{3}{2}}$, $b=2$이므로

$\log_2 ab=\log_2 2^{\frac{5}{2}}=\frac{5}{2}$

19 수열 $\{a_n\}$이 등차수열이므로

a_2와 a_3를 이용하면 $a=\dfrac{a_2+a_3}{2}$를 구할 수 있다.

같은 방식으로 a_2와 a_3를 이용하면, $k=\dfrac{a_3-a_2}{2}=\dfrac{d}{2}$임을 알 수 있다.

$$\begin{aligned}\therefore\ a_1\cdot a_2\cdot a_3\cdot a_4+d^4&=(a-3k)(a+3k)(a-k)(a+k)+d^4\\&=(a^2-9k^2)(a^2-k^2)+16k^4\\&=a^4-10a^2k^2+25k^4\\&=(\ a^2-5k^2\ )^2\end{aligned}$$

$\therefore$ (가)$=\dfrac{a_2+a_3}{2}$, (나)$=\dfrac{d}{2}$, (다)$=a^2-5k^2$

20 $a_{n+1}{}^2+4a_n^2+(a_1-2)^2=4a_{n+1}a_n \Leftrightarrow (a_{n+1}-2a_n)^2+(a_1-2)^2=0$

$\therefore\ a_{n+1}=2a_n,\ a_1=2$

$\therefore\ a_n=2\cdot 2^{n-1}=2^n$

$b_n=\log_{\sqrt{2}}a_n=\log_{2^{\frac{1}{2}}}2^n=2n$

$\displaystyle\sum_{k=1}^{m}b_k=\sum_{k=1}^{m}2k=\frac{2m(m+1)}{2}=72$가 성립하므로 $(m+9)(m-8)=0$

따라서 자연수 $m=8$

21 $a_n=3n^2-3n$이므로

$$\begin{aligned}S_n=\sum_{k=1}^{n}(3k^2-3k)&=\frac{3n(n+1)(2n+1)}{6}-\frac{3n(n+1)}{2}\\&=\frac{n(n+1)(2n+1-3)}{2}=n(n+1)(n-1)\end{aligned}$$

S_n이 16자리의 수가 되려면 $S_n>10^{15}$ 가 되어야 한다.

$n=10^5$라 하면 $10^{15}-10^5<10^{15}$

$n=10^5+1$라 하면 $(10^5+1)(10^5+2)10^5=10^{15}+3\cdot 10^{10}+2\cdot 10^5>10^{15}$

S_n이 처음으로 16자리의 정수가 되도록 하는 n은 10^5+1

$\therefore$ 10으로 나눈 나머지는 1이다.

22 n번째에 10점 부분을 명중시킬 확률을 P_n이라 하자.

$n+1$번째에 10점 부분을 명중시킬 경우

i) n번째에 10점 부분을 명중시키고 $n+1$ 번째에 명중시킬 확률 $=P_n\cdot\dfrac{8}{9}$

ii) n번째에 10점 부분을 명중시키지 못하고 $n+1$번째에 명중 $=(1-P_n)\cdot\dfrac{4}{5}$

따라서, $P_{n+1}=P_n \cdot \frac{8}{9}+(1-P_n)\cdot\frac{4}{5}=\frac{4}{45}P_n+\frac{4}{5}$

$\lim_{n\to\infty}P_n=\lim_{n\to\infty}P_{n+1}$이므로

$\therefore \lim_{n\to\infty}P_n=\frac{4}{5}\cdot\frac{45}{41}=\frac{36}{41}$

23 두 곡선 $f(x)$, $g(x)$가 교점을 가지므로 $9^x+a=b\cdot 3^x+2$로 둘 수 있다.

$(3^x)^2-b\cdot 3^x+a-2=0$

$3^x=t(t>0)$로 치환하면 $t^2-bt+a-2=0$로 정리된다.

㉠ $t^2-bt+a-2=0$은 서로 다른 두 실근을 가지므로

판별식 $D=b^2-4(a-2)>0$

$\therefore b^2>4a-8$

㉡ $t^2-bt+a-2=0$의 한 근이 $t=3^{\log_3 2}=2$ $(\because 3^x=t)$이고,

치환된 식에 대입하면 $4-2b+a-2=0$

$\therefore a=2b-2$

㉢ $t^2-bt+a-2=0$의 두 근이 $t=3^{\log_3 2}, 3^{\log_3 k}=2, k$ $(k>2)$이고,

근과 계수의 관계에 의하여 $2\times k=a-2$이다.

그런데 $k>2$이므로 $\therefore a>6$

따라서 옳은 것은 ㉡㉢이다.

24 무한등비급수는 초항과 공비만 알면 구할 수 있는데, 주어진 그림에서 각각의 어두운 부분은 모두 닮음이다. 따라서 원$D_1, D_2\cdots$ 반지름의 닮음비를 제곱하여 넓이비를 구하면 공비를 쉽게 구할 수 있다.

반지름의 닮음비 $Q_1:Q_2=\frac{2}{3}r_0:\frac{2}{3}r_0\cdot\frac{1}{3}=1:\frac{1}{3}$ 이므로,

넓이의 닮음비는 $(1)^2:\left(\frac{1}{3}\right)^2=1:\frac{1}{9}$이다.

$\therefore$ 공비 $r=\frac{1}{9}$

초항 r_0는 $\pi\left(\frac{2}{3}r_0\right)^2-\pi\left(\frac{1}{3}r_0\right)^2=\pi\frac{1}{3}r_0^2$

$$\sum_{n=1}^{\infty}S_n=\frac{\frac{1}{3}\pi r_0^2}{1-\frac{1}{9}}=\frac{3}{8}\pi r_0^2$$

25 $A^2X=X \Leftrightarrow (A^2-E)X=0$

$\begin{pmatrix} 6 & 2+2a \\ 3+3a & 5+a^2 \end{pmatrix} X = \begin{pmatrix} 0 \\ 0 \end{pmatrix}$

이를 만족하는 행렬 X가 2개 이상 존재해야 하므로 $6(5+a^2)-(2+2a)(3+3a)=0$

$24-12a=0 \quad \therefore a=2$

$\therefore A=\begin{pmatrix} 1 & 2 \\ 3 & 2 \end{pmatrix}$

$$\begin{aligned} \therefore \begin{pmatrix} p \\ q \end{pmatrix} &= A^{-1}\begin{pmatrix} 16 \\ 24 \end{pmatrix} \\ &= -\frac{1}{4}\begin{pmatrix} 2 & -2 \\ -3 & 1 \end{pmatrix}\begin{pmatrix} 16 \\ 24 \end{pmatrix} \\ &= -\frac{1}{4}\begin{pmatrix} -16 \\ -24 \end{pmatrix} \\ &= \begin{pmatrix} 4 \\ 6 \end{pmatrix} \end{aligned}$$

$\therefore p+q=4+6=10$

26 ㉠ $\dfrac{2}{\log_x 4}+\dfrac{1}{\log_y 2}=3 \Leftrightarrow 2\log_4 x+\log_2 y=3$

$\therefore \log_2 x+\log_2 y=3$

㉡ $\log_2 3x+\log_{\sqrt{2}} y=\log_2 48$

$\log_2 3+\log_2 x+2\log_2 y=4+\log_2 3$

㉠㉡을 연립하면 $\log_2 y=1 \quad \therefore y=2,\ \log_2 x=2,\ \therefore x=4$

따라서, $\alpha^2+\beta^2=4+16=20$

27 $a\times 10^n$은 n에 따라 자릿수가 결정되는 식이다. ($\because 1 \le a < 10$)

따라서 $\dfrac{2^{68}\times 5^{68}}{2^7\times 5^7+2^4\times 5^4}$ 식에 상용로그를 씌워 자릿수를 구하면 n을 구할 수 있다.

$\log\dfrac{2^{68}\times 5^{68}}{2^7\times 5^7+2^4\times 5^4}=\log\dfrac{10^{68}}{10^7+10^4}=\log\dfrac{10^{64}}{10^3+1} \fallingdotseq 60$ ($\because 10^3 < 10^3+1 < 10^4$)

$\dfrac{10^{64}}{10^3+1}=a\times 10^{60}$ ($\because 1 \le a < 10$)

$\therefore n=60$

28

$\log_a I_0 - \log_a I = kx$ 에 오존층 두께 $x = 0.2$를 대입하면 $\log_a \frac{I_0}{I} = 0.2k$

$\left(\frac{6}{5}\right)^5 = a^k$ ($\because I = \frac{5}{6} I_0$)

$$\therefore 1000\log_{10} a^k = 1000\log_{10}\left(\frac{6}{5}\right)^5$$
$$= 5000\log_{10}\frac{6}{5}$$
$$= 5000(2\log_{10}2 + \log_{10}3 - 1)$$
$$= 5000(0.602 + 0.477 - 1)$$
$$= 5000 \times 0.079$$
$$= 395$$

29

$$f(x) = {}_6C_0 + {}_6C_1x^2 + {}_6C_2x^4 + {}_6C_3x^6 + {}_6C_4x^8 + {}_6C_5x^{10} + {}_6C_6x^{12}$$
$= (1+x^2)^6$ ($\because$ 이항정리)

$\therefore f(\tan\theta) = (1+\tan^2\theta)^6 = (\sec^2\theta)^6 = \sec^{12}\theta = 2^{12}$

$\cos\theta = \frac{1}{2}$ $\quad \therefore \theta = \frac{\pi}{3}$

$\therefore \frac{36\theta}{\pi} = 12$

30

$a_1 = 1$, $a_2 = 2$, $a_3 = 5$, $a_4 = 26$, $a_5 = 677$, $a_6 = 458330$, $\cdots$ 이므로

$r_1 = 1$, $r_2 = 2$, $r_3 = 5$, $r_4 = 26$, $r_5 = 0$, $r_6 = 1$, $\cdots$

다섯 개의 항을 주기로 반복된다.

따라서, 어두운 부분에 채워지는 수들의 합은

$r_{46} + (r_{54} + r_{55} + r_{56} + r_{57} + r_{58}) + r_{66} + (r_{75} + r_{76} + r_{77})$

$= 1 + (26 + 0 + 1 + 2 + 5) + 1 + (0 + 1 + 2)$

$= 39$

02 2007학년도 정답 및 해설

ANSWER

01	02	03	04	05	06	07	08	09	10	11	12	13	14	15	16	17	18	19	20
④	②	①	②	④	⑤	⑤	①	④	②	⑤	③	③	④	②	⑤	③	③	②	⑤
21	22	23	24	25	26	27	28	29	30										
④	⑤	①	③	20	37	13	33	200	72										

01 a_n이 등차수열이므로 $a_6 - a_7 + a_8 = a_6 + a_8 - a_7 = 2a_7 - a_7 \quad \therefore a_7 = 2007$

02

$$\left\{\frac{(\sqrt{10}+3)^{\frac{1}{2}} + (\sqrt{10}-3)^{\frac{1}{2}}}{(\sqrt{10}+1)^{\frac{1}{2}}}\right\}^2 = \frac{(\sqrt{10}+3) + 2(\sqrt{10}+3)^{\frac{1}{2}}(\sqrt{10}-3)^{\frac{1}{2}} + (\sqrt{10}-3)}{\sqrt{10}+1}$$

$$= \frac{2\sqrt{10} + 2(10-9)^{\frac{1}{2}}}{\sqrt{10}+1} = \frac{2(\sqrt{10}+1)}{\sqrt{10}+1} = 2$$

03

$$\mathrm{P}(C) = \frac{1}{4} + \frac{2}{3} - \frac{1}{6} = \frac{9}{12} = \frac{3}{4}$$

$$\mathrm{P}(B|C) = \frac{\frac{2}{3}}{\frac{3}{4}} = \frac{8}{9}$$

04 $(17.8)^n$의 정수부분이 9자리의 자연수라고 하였으므로 상용로그를 취하면 지표가 8이 된다.

$8 \le \log(17.8)^n \le 9 = n\log 17.8 = n(\log 10 \times 1.78) = n(1 + 0.25)$

$= 1.25n$이므로, $\frac{8}{1.25} \le n \le \frac{9}{1.25} = 6.4 \le n \le 7.2$

$\therefore n = 7$

05 $a_n = \sum_{k=1}^{n} ck = c \times \frac{n(n+1)}{2}$, $\sum_{n=1}^{\infty} \frac{1}{a_n} = \frac{2}{cn(n+1)} = \frac{2}{c}\sum_{n=1}^{\infty}\frac{1}{n(n+1)}$

$= \frac{2}{c}\sum_{n=1}^{\infty}\frac{1}{n} - \frac{1}{n+1} = \frac{2}{c}(1 - \frac{1}{2} + \frac{1}{2} - \frac{1}{3} + \frac{1}{3} - \frac{1}{4} \cdots)$으로 1을 제외한 모든 항이 소거되므로 $\frac{2}{c} = \frac{1}{2}$

$\therefore c = 4$

06 ㉠ $a-b$가 0인 경우 : (1, 1), (2, 2), (3, 3), (4, 4)

㉡ $a-b$가 1인 경우 : (1, 2), (2, 3), (3, 4), (4, 3), (3, 2), (2, 1)

㉢ $a-b$가 2인 경우 : (1, 3), (2, 4), (4, 2), (3, 1)

㉣ $a-b$가 3인 경우 : (1, 4), (4, 1)

1, 2, 3, 4를 두 번 던질 때 나올 수 있는 경우의 수는 $4\times4=16$이므로 확률변수는

X	0	1	2	3
$\mathrm{P}(X)$	$\frac{4}{16}$	$\frac{6}{16}$	$\frac{4}{16}$	$\frac{2}{16}$

따라서 $E(X)=\frac{1}{16}(0+6+8+6)=\frac{20}{16}=\frac{5}{4}$

07 ㉠ 반례 : $A=\begin{pmatrix}0&1\\0&0\end{pmatrix}$이면 $C_1=A^2=\begin{pmatrix}0&1\\0&0\end{pmatrix}\begin{pmatrix}0&1\\0&0\end{pmatrix}=\begin{pmatrix}0&0\\0&0\end{pmatrix}$이므로 $C_1=0$이지만 $A\neq0$이다.

㉡ 참 : $C_2=AB$, $C_3=BA$, $C_4=AB$에서 $C_2=C_3$이면 $AB=BA$이므로

$D_2=C_2C_3=(AB)(BA)=(AB)(AB)=ABAB$

$D_3=C_3C_4=(BA)(AB)=(AB)(AB)=ABAB$

$\therefore\ D_2=D_3$

㉢ 참 : $D_2=C_2C_3=E$, C_2C_3은 역행렬 관계에 있으므로 $C_3C_2=E=D_3$

08 $N(600, 144^2)$, $n=36$

$\overline{N}(600, (\frac{144}{\sqrt{36}})^2)=\overline{N}(600, 24^2)$

$=P(576\le\overline{X}\le636)$

$=P(\frac{576-600}{24}\le Z\le\frac{636-600}{24})$

$=P(-1\le Z\le1.5)=0.3413+0.4332$

$\therefore\ 0.7745$

X가 $\mathrm{N}(600, 144^2)$을 따를 때 $\overline{X}$는 $\mathrm{N}\left(600, \frac{144^2}{36}\right)$을 따른다. 즉, $\overline{X}$는 $\mathrm{N}(600, 24^2)$을 따른다.

$\therefore\ \mathrm{P}(576\le\overline{X}\le636)=\mathrm{P}\left(\frac{576-600}{24}\le\mathrm{Z}\le\frac{636-600}{24}\right)$

$=\mathrm{P}(-1\le\mathrm{Z}\le1.5)=0.3413+0.4332=0.7745$

09 반원의 넓이가 확률밀도 함수이므로 반원의 넓이는 1, $\frac{1}{2}\pi r^2=1$에서 $r=\sqrt{\frac{2}{\pi}}$

$\frac{1}{\sqrt{2\pi}}=\frac{1}{2}\sqrt{\frac{2}{\pi}}=\frac{1}{2}r$, x좌표가 $\frac{1}{2}r$인 반원 위의 점을 A라 할 때, 동경 OA가 x축의 양의 방향과 이루는 각은

$\frac{1}{3}\pi$이다. 따라서 $P\left(X\geq\frac{1}{\sqrt{2\pi}}\right)=\frac{1}{2}r^2\theta-\frac{1}{4}r^2\sin\theta=\frac{1}{3}-\frac{\sqrt{3}}{4\pi}$

10 ㉠ 참 : $A^2-A-2E=0=A+2E+2A+E=3A+3E=3(A+E)$

㉡ 참 : $A^2-A-2E=0$, $A(A-E)=2E$이므로 $A^{-1}=\dfrac{A-E}{2}$, $AB=AC$면 $A^{-1}AB=A^{-1}AC$

따라서 $B=C$

㉢ 반례 : $(A-E)\begin{pmatrix} x \\ y \end{pmatrix}=\begin{pmatrix} 0 \\ 0 \end{pmatrix}$, $A-E$는 역행렬이 존재하기 때문에 $x=0$, $y=0$ 이외의 해를 가질 수 없다.

11 ㉠ 참

- 갑이 당첨될 확률 $P(A)=\dfrac{2}{5}$
- 을이 당첨될 확률 $P(B)$
  - 갑이 당첨됐을 경우 : $\dfrac{2}{5}\times\dfrac{1}{4}=\dfrac{1}{10}$
  - 갑이 당첨되지 않았을 경우 : $\dfrac{3}{5}\times\dfrac{2}{4}=\dfrac{3}{10}$

  $\therefore P(B)=\dfrac{1}{10}+\dfrac{3}{10}=\dfrac{2}{5}$

㉡ 거 짓

- $P(B|A)=\dfrac{P(A\cap B)}{P(A)}=\dfrac{\frac{1}{10}}{\frac{2}{5}}=\dfrac{1}{4}$
- $P(B|A^C)=\dfrac{P(A^C\cap B)}{P(A^C)}=\dfrac{\frac{3}{10}}{\frac{3}{5}}=\dfrac{1}{2}$

$\therefore P(B|A)<P(B|A^C)$

㉢ 참

- $P(B|A)=\dfrac{P(A\cap B)}{P(A)}$
- $P(A|B)=\dfrac{P(A\cap B)}{P(B)}$

$P(A)=P(B)$이므로, $P(B|A)=P(A|B)$

12 ㉠ 빨간 공 2개, 노란 공 2개를 뽑은 후 빨간 공 1개, 노란 공 1개를 뽑을 경우

$$\frac{{}_3C_2}{{}_7C_2}\times\frac{{}_4C_2}{{}_5C_2}\times\frac{{}_1C_1\times{}_2C_1}{{}_3C_2}=\frac{1}{7}\times\frac{6}{10}\times\frac{2}{3}=\frac{2}{35}$$

㉡ 노란 공 2개, 빨간 공 2개를 뽑은 후 빨간 공 1개, 노란 공 1개를 뽑을 경우

$$\frac{{}_4C_2}{{}_7C_2}\times\frac{{}_3C_2}{{}_5C_2}\times\frac{{}_2C_1\times{}_1C_1}{{}_3C_2}=\frac{2}{7}\times\frac{3}{10}\times\frac{2}{3}=\frac{2}{35}$$

$\therefore$ ㉠ + ㉡ $=\dfrac{4}{35}$

13 B는 $A=\begin{pmatrix}1 & 0\\1 & 2\end{pmatrix}$의 역행렬이므로 $\frac{1}{2}\begin{pmatrix}2 & 0\\-1 & 1\end{pmatrix}$이다.

$$B^2=\frac{1}{2}\begin{pmatrix}2 & 0\\-1 & 1\end{pmatrix}\times\frac{1}{2}\begin{pmatrix}2 & 0\\-1 & 1\end{pmatrix}=\frac{1}{2^2}\begin{pmatrix}2^2 & 0\\-3 & 1\end{pmatrix}$$

$$B^3=\frac{1}{2^2}\begin{pmatrix}2^2 & 0\\-3 & 1\end{pmatrix}\times\frac{1}{2}\begin{pmatrix}2 & 0\\-1 & 1\end{pmatrix}=\frac{1}{2^3}\begin{pmatrix}2^3 & 0\\-7 & 1\end{pmatrix}$$

$\vdots$

$$B^n=\frac{1}{2^n}\begin{pmatrix}2^n & 0\\-2^n+1 & 1\end{pmatrix},\ a_n=\frac{-2^n+1}{2^n}$$

$$\sum_{k=1}^{10}a_k=-\sum_{k=1}^{10}1+\sum_{k=1}^{10}\frac{1}{2^k}=-10+\frac{\frac{1}{2}\left(1-\frac{1}{2^{10}}\right)}{1-\frac{1}{2}}=-10+1-\frac{1}{2^{10}}$$

$\therefore\ -9-\frac{1}{2^{10}}$

14 (가) $\lim_{n\to\infty}\frac{1}{2n^2}\sum_{k=1}^{n}k=\lim_{n\to\infty}\frac{1}{2n^2}\times\frac{n(n+1)}{2}=\frac{1}{4}$

(나) $\lim_{n\to\infty}\sum_{k=1}^{n}\frac{k^2}{4n^4}=\lim_{n\to\infty}\frac{1}{4n^4}\times\frac{n(n+1)(2n+1)}{6}=0$

(다) (가) − (나) = $\frac{1}{4}-0=\frac{1}{4}$

15 ㉠ $P(|Z|\le 1)=0.6826,\ P(0\le Z\le 1)=\frac{1}{2}0.6826=0.3413$

㉡ $P(Y\ge 17)=P(2X+1\ge 17)=P(X\ge 8)$
$=P(Z\ge 1)$
$=0.5-P(0\le Z\le 1)$
$=0.5-0.3413$

$\therefore\ P(Y\ge 17)=0.1587$

16 주어진 네 부등식을 모두 만족하는 영역은 다음의 그림과 같다. 빗금친 부분의 자연수인 좌표의 개수는 k^2이므로

$$\sum_{k=1}^{10}N(k)=\sum_{k=1}^{10}k^2=385$$

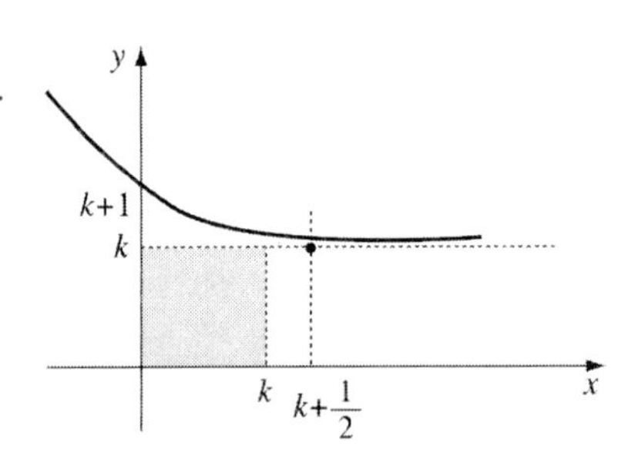

17 각 도형의 숫자들 중 가장 큰 수들만 나열하면 3, 5, 8, 12, …이다. 이는 $a_1=3$인 계차수열이므로

$b_n=n+1$

$$a_n=a_1+\sum_{k=1}^{n-1}b_k$$
$$=a_1+\sum_{k=1}^{n-1}(k+1)$$
$$=a_1+\frac{n(n-1)}{2}+n-1$$
$$\therefore a_{38}=3+\frac{38\times37}{2}+38-1=743$$

18 $f(1)=f(f(4))=f(2)=f(f(5))=f(3)=f(f(6))=f(4)=2$

$f(1)=f(2)=f(3)=2$

$$\therefore \sum_{k=1}^{20}f(k)=\sum_{k=1}^{3}2+\sum_{k=4}^{20}(k-2)=6+\sum_{k=1}^{17}(k+1)$$
$$=6+\frac{17\times18}{2}+17=176$$

19 1행 : 2^0, 2행 : 2^1, 3행 : 2^2 … 이므로 n행의 수의 개수는 $2^{(n-1)}$임을 알 수 있다. 따라서 10행의 수의 개수는 2^9개다. 10행의 맨 왼쪽 수는 $2\times10-1=19$이므로 (2^8+1)번째 수는 17, 그 위의 수는 $17-2=15$이므로 (2^8+2)번째 수는 $\frac{1}{15}$이다.

20 a, b, c가 등비수열을 이루므로 $ac=b^2$임을 알 수 있다.

㉠ 참 : $a+b=2\sqrt{ac}=2\sqrt{b^2}=2b$

㉡ 참 : $\frac{1}{f(5)}=\log_5a$, $\frac{1}{g(5)}=\log_5ar$, $\frac{1}{h(5)}=\log_5ar^2$이므로 $\log_5ar-\log_5a=\log_5r$, $\log_5ar^2-\log_5ar=\log_5r$, 즉 공차가 $\log_5r$인 등차수열이다.

㉢ 참 : $f(x_1)=g(x_2)=h(x_3)=5$, $x_1=a^5$, $x_2=a^5r^5$, $x_3=a^5r^{10}$이므로 첫째항은 a^5이고 공비가 r^5인 등비수열이다.

21 $\mathrm{P_n}(\mathrm{a},\ 1-a)$이라 하면 $\mathrm{Q_n}$은 $\overline{\mathrm{BP_n}}$의 중점이므로 $\mathrm{Q_n}\left(\frac{\mathrm{a}+1}{2},\ \frac{1-a}{2}\right)$, $\mathrm{P_{n+1}}\left(\frac{\mathrm{a}+1}{4},\ \frac{3-a}{4}\right)$이다.

$\lim_{n\to\infty}\mathrm{P_n}=\lim_{n\to\infty}\mathrm{P_{n+1}}$이므로 $a=\frac{a+1}{4}$, $a+1=4a$이다.

$a=\frac{1}{3}$, $1-a=\frac{2}{3}$이므로 점 P_n은 $\left(\frac{1}{3},\ \frac{2}{3}\right)$에 가까워진다.

22 12의 양의 약수 : {1, 2, 3, 4, 6, 12}

㉠ 두 수의 곱이 6인 경우 : (1, 6), (2, 3), ${}_2P_2\times2\times2=2\times2\times2=8$

㉡ 두 수의 곱이 12인 경우 : (1, 12), (2, 6), (3, 4), ${}_3P_2\times2\times2=6\times2\times2=24$

㉢ 두 수의 곱이 24인 경우 : (2, 12), (4, 6), ${}_2P_2\times2\times2=2\times2\times2=8$

∴ ㉠㉡㉢의 총합은 $8+24+8=40$(가지)

23

$S_1 : \left(\frac{1}{2}\right)^2\pi$, $S_2 : \left(\frac{1}{4}\right)^2\pi$, $S_3 : \left(\frac{1}{8}\right)^2\pi$

n번째 도형에서 작은 원의 넓이는 $\left(\frac{1}{2^n}\right)^2\pi = \frac{1}{4^n}\pi$, 작은 원의 개수는 $2^n - 1$이므로

$S_n = \frac{2^n - 1}{4^n}\pi = \left(\frac{1}{2^n} - \frac{1}{4^n}\right)\pi$, $\sum_{n=1}^{\infty} S_n = \left(\frac{\frac{1}{2}}{1-\frac{1}{2}} - \frac{\frac{1}{4}}{1-\frac{1}{4}}\right)\pi$

$\therefore \left(1 - \frac{1}{3}\right)\pi = \frac{2}{3}\pi$

24

$n(x_1) = \frac{1}{2}n_0$, $\log n_0 - kx_1 = \log n_0 - \log 2kx_1 = 0.3$

$n(x_2) = \frac{1}{1000}n_0$, $\log n(x_2) = \log n_0 - 3$, $\log n_0 - kx_2 = \log n_0 - 3$

따라서 $kx_2 = 3$이고 $\frac{x_2}{x_1} = \frac{kx_2}{kx_1} = \frac{3}{0.3} = 10$

25

$(n+1)^2 \leq n^2 + 3n < (n+2)^2 = n+1 \leq \sqrt{n^2+3n} < n+2$이므로

$\sqrt{n^2+3n}$ 의 소수부분은 $\sqrt{n^2+3n} - (n+1)$이다.

따라서 $\lim_{n\to\infty}\frac{10}{a_n} = \lim_{n\to\infty}\frac{10}{\sqrt{n^2+3n}-(n+1)}$

$= \lim_{n\to\infty}\frac{10 \times (\sqrt{n^3+3n}+(n+1))}{n-1} = 10 \times 2 = 20$

26

㉠ $0 \leq n < 4$일 때 : $\left[\frac{n}{4}\right] = 0$, $a_n = n$, $a_1 = 1$, $a_2 = 2$, $a_3 = 3$

㉡ $4 \leq n < 8$일 때 : $\left[\frac{n}{4}\right] = 1$, $a_n = n - 4$, $a_4 = 0$, $a_5 = 1$

이런 식으로 계속하게 되면 $24 \leq n < 25$일 때, $\left[\frac{n}{4}\right] = 6$, $a_n = n - 24$, $a_{24} = 0$, $a_{25} = 1$이 되므로

$\sum_{n=1}^{25} a_n$ 의 값은 $(1+2+3) \times 6 + 1 = 37$이 된다.

27

$A^2 = \begin{pmatrix} 1 & 3 \\ -1 & -2 \end{pmatrix}\begin{pmatrix} 1 & 3 \\ -1 & -2 \end{pmatrix} = \begin{pmatrix} -2 & -3 \\ 1 & 1 \end{pmatrix}$

$A^3 = \begin{pmatrix} -2 & -3 \\ 1 & 1 \end{pmatrix}\begin{pmatrix} 1 & 3 \\ -1 & -2 \end{pmatrix} = \begin{pmatrix} 1 & 0 \\ 0 & 1 \end{pmatrix} = E$이므로

$A^{11}\begin{pmatrix} x \\ y \end{pmatrix} = (A^3)^3 \cdot A^2\begin{pmatrix} x \\ y \end{pmatrix} = A^2\begin{pmatrix} x \\ y \end{pmatrix} = \begin{pmatrix} -2 & -3 \\ 1 & 1 \end{pmatrix}\begin{pmatrix} x \\ y \end{pmatrix} = \begin{pmatrix} 18 \\ 13 \end{pmatrix}$

$\therefore x + y = 13$

28 총 생도의 수를 x라 할 때

㉠ 6개월 전 유럽을 희망한 생도 : $0.3x$

㉡ 6개월 전 미국을 희망한 생도 : $0.5x$

㉢ 6개월 전 아시아를 희망한 생도 : $0.2x$

㉣ 3개월 전 유럽에서 변경한 생도 : $0.3x\times0.15=0.045x$

㉤ 3개월 전 미국에서 변경한 생도 : $0.5x\times0.05=0.025x$

㉥ 3개월 전 아시아에서 변경한 생도 : $0.2x\times0.35=0.07x$

여행지를 변경한 생도 1명을 택할 때 그 생도가 최초에 미국 지역을 희망했을 확률은 $\frac{\text{미국에서 변경한 생도 수}}{\text{총 변경한 생도 수}}$

지역을 변경한 총 생도의 수는 $0.045x+0.025x+0.07x=0.14x$

$\frac{0.025x}{0.14x}=\frac{25}{140}=\frac{5}{28}$, 즉 $q=5$, $p=28$이다. 따라서 $q+p=5+28=33$이다.

29 $v(t)=a\times b^{100t}$이므로 처음의 속도 $v(0)=a\times b^0=1000$, 즉 $a=1000$이다.

$v\left(\frac{1}{100}\right)=1000\times b^{100\cdot\frac{1}{100}}=50$에서 $b=\frac{1}{20}$이고 $100\sqrt{5}=1000\times b^{100p}$에서 $b^{100p}=\frac{\sqrt{5}}{10}$이다.

이 식에 로그를 취하면 $100p\log\frac{1}{20}=\log\sqrt{\frac{1}{20}}$, $100p=\frac{1}{2}$이므로 $p=\frac{1}{200}$이 된다.

따라서 $\frac{1}{p}=200$이다.

30 (가) f의 역함수가 존재하므로 일대일 대응이다.

(나) 정의역의 1, 즉 $f(1)$은 공역 1과 대응하지 않는다.

(다) 정의역의 1, 즉 $f(1)$는 공역 2와 대응하지 않는다.

따라서 (나), (다)의 $f(1)$은 3, 4, 5와 대응할 수 있기 때문에 이를 계산하면 $3\times4\neq3\times4\times3\times2\times1=72$이다.

03 2008학년도 정답 및 해설

ANSWER

01	02	03	04	05	06	07	08	09	10	11	12	13	14	15	16	17	18	19	20
⑤	①	⑤	③	①	③	④	②	④	③	②	②	④	④	④	②	②	⑤	①	①
21	**22**	**23**	**24**	**25**	**26**	**27**	**28**	**29**	**30**										
⑤	③	①	③	16	101	362	75	288	22										

01 $a^2 \cdot \sqrt[5]{b}=1$

$\sqrt[5]{b}=a^{-2} \quad \therefore b=a^{-10}$

$\log_a \frac{1}{ab}=-\log_a ab=-\log_a a \cdot a^{-10}=9$

02 A와 ABA^{-1} 는 역행렬 관계이므로 $A \cdot ABA^{-1}=ABA^{-1} \cdot A=E$이다.

따라서 $AB=E$ 이므로 A와 B는 역행렬관계이다.

$B=A^{-1}=\begin{pmatrix} 2 & 5 \\ -1 & -2 \end{pmatrix}^{-1}=\frac{1}{-4+5}\begin{pmatrix} -2 & -5 \\ 1 & 2 \end{pmatrix}=\begin{pmatrix} -2 & -5 \\ 1 & 2 \end{pmatrix}$

따라서, 행렬 B의 모든 성분의 합은 -4이다.

03 두 사건 A, B가 독립이므로

$P(A \cap B)=P(A) \cdot P(B)$

$P(A \cup B)=P(A)+P(B)-P(A \cap B)$

$=P(A)+P(B)-P(A) \cdot P(B)$

$=\frac{4}{5}$

$P(B)=P(A \cup B)-P(A \cap B^c)$

$=\frac{4}{5}-\frac{1}{3}=\frac{7}{15}$

$\frac{4}{5}=P(A)+\frac{7}{15}-\frac{7}{15}P(A)$

$\frac{8}{15}P(A)=\frac{4}{5}-\frac{7}{15}=\frac{5}{15}=\frac{1}{3}$

$\therefore P(A)=\frac{5}{8}$

04 α는 가수이므로 $0 \le \alpha < 1$이다.

식 $(\log x)^2+\alpha^2=8$ 에서 α^2의 범위가 $0 \le \alpha^2 < 1$이므로

$(\log x)^2$의 범위는 $7 < (\log x)^2 \le 8$이다.

따라서 $\log x = 2+\alpha$로 나타낼 수 있다 .

주어진 식 $(\log x)^2+\alpha^2=8$에 대입하면 $(2+\alpha)^2+\alpha^2=8$이므로 $\alpha=-1+\sqrt{3}$

따라서 $\log x = 2+(-1+\sqrt{3})=1+\sqrt{3}$

05 $a_1=2$

$$a_2a_1=\frac{1}{4}\ a_2=\frac{1}{2^3}$$

$$a_3a_2=\left(\frac{1}{4}\right)^2\ a_3=\frac{1}{2}$$

$$a_4a_3=\left(\frac{1}{4}\right)^3\ a_4=\frac{1}{2^5}$$

$$a_5a_4=\left(\frac{1}{4}\right)^5\ a_4=\frac{1}{2^3}$$

$$\vdots$$

$$a_{2n-1}=2\cdot\left(\frac{1}{4}\right)^{n-1},\ a_{2n}=\frac{1}{8}\left(\frac{1}{4}\right)^{n-1}$$

$$\therefore \sum_{n=1}^{\infty}a_{2n-1}+\sum_{n=1}^{\infty}a_{2n}=\frac{2}{1-\frac{1}{4}}+\frac{\frac{1}{8}}{1-\frac{1}{4}}=\frac{8}{3}+\frac{1}{6}=\frac{17}{6}$$

06

X	1	2	3
P(X)	$\frac{{}_4C_2}{{}_5C_3}$	$\frac{{}_3C_2}{{}_5C_3}$	$\frac{{}_2C_2}{{}_5C_3}$
	∵ 1을 뽑고 2~5 중 2개를 뽑아야 된다	∵ 2를 뽑고 3~5 중 2개를 뽑아야 된다	∵ 3을 뽑고 4~5 중 2개를 뽑아야 된다

$$E(X)=\frac{6}{10}+\frac{6}{10}+\frac{3}{10}=\frac{3}{2}$$

07 $a_n=S_n-S_{n-1}$

$=n^3+pn-(n-1)^3+p(n-1)$

$=3n^2-3n+(1+p)$

$b_n=3n^2-3n+1+p-3(n-1)^3-3(n-1)+(1+p)$

$=6n-6$

조건 (가)에 의해

$b_1=a_1$이므로 $0=1+p \Leftrightarrow p=-1$

08 해를 갖지 않도록 하려면 역행렬이 존재하지 않아야 한다.

$a(b+2)-(-2b-3)=0$

$ab+2a+2b+3=0$

$(a+2)(b+2)=1$

a, b가 정수이므로

$a=-3,\ b=-3$ 또는 $a=-1,\ b=-1$

하지만 $a=-1,\ b=-1$는 해가 무수히 많은 조건이므로

$a=-3,\ b=-3$

$\therefore\ a+b=-6$

09 $f(x)=\log_{\frac{1}{2}}(y+1)-\log_{\frac{1}{2}}(x+3)=\log_{\frac{1}{2}}\dfrac{(y+1)}{(x+3)}$ 이 최솟값을 가지려면

$\dfrac{(y+1)}{(x+3)}$는 최대가 되어야 한다.

$\dfrac{(y+1)}{(x+3)}=k$로 두면 $(y+1)=k(x+3)$이고 이 직선은 k값에 관계없이 항상 점$(-3,\ -1)$을 지난다.

원 $x^2+y^2=1$ 이 위의 직선과 접할 때 최댓값과 최솟값을 가진다.

직선이 원에 접하려면 원의 중심 $(0,\ 0)$에서 직선 $(y+1)=k(x+3)$까지의 거리가 원의 반지름 1과 같아야 한다.

따라서, $\dfrac{|3k-1|}{\sqrt{k^2+1}}=1$이므로 양변을 제곱하여 정리하면 $k=0$ or $\dfrac{3}{4}$

$k=\dfrac{3}{4}$일 때 $f(x)$가 최솟값을 가지므로 $\log_{\frac{1}{2}}\dfrac{3}{4}=m\ \ \therefore\ 2^m=\dfrac{4}{3}$

10 ㉠ $b_n=a_{n+1}-a_n$에서 $a_n=a_{n+1}-a_n\ (\because\ a_n=b_n)\Leftrightarrow a_{n+1}=2a_n$이므로

수열 a_n은 공비가 2인 등비수열이다.

㉡ 수열 $\{2^{b_n}\}$이 등비수열이라면 $2^{b_n}=b\cdot r^{n-1}$로 둘 수 있다.

양변에 밑이 2인 로그를 취하면

$b_n=\log_2 b\cdot r^{n-1}=\log_2 b+(n-1)\log_2 r$ 이므로 등차수열이다.

$b_n=a_{n+1}-a_n$이므로 수열 $\{a_n\}$은 계차수열이다.

㉢ $\{\log_2 a_n\}$이 등차수열이라면 $\log_2 a_n=a+(n-1)d$로 둘 수 있다.

이 식을 a_n에 대한 식으로 정리하면 $a_n=2^a\cdot 2^{(n-1)d}$이므로

수열 $\{a_n\}$은 등비수열이다.

$b_n=a_{n+1}-a_n=2^a\cdot(2^d-1)\cdot(2^d)^{n-1}$

따라서 수열 $\{b_n\}$은 등비수열이다.

따라서, ㉠, ㉢이 옳다.

11

㉠ 반례 : $a_n = \frac{n+1}{n,}$ $b_n = \frac{3n+1}{n,}$ $c_n = \frac{2n+1}{n}$

$\therefore \lim_{n\to\infty} c_n = 2$로 수렴하지만 $\alpha \neq \beta$

㉡ $\{c_n\}$이 수렴하지 않는다면 $a_n < b_n$ 이므로 $\alpha < \beta$

㉢ 만약 $\alpha = \beta = 0 \Rightarrow \lim_{n\to\infty} c_n = 0$ 이므로 $\{c_n\}$은 수렴

그러나 $\lim_{n\to\infty} c_n = 0$이라고 해서 $\sum_{n=1}^{\infty} c_n$이 수렴하는 것은 아니다.

반례 : $c_n = \frac{1}{n}$

12

㉠ $1 < a,\ 0 < \log_a c < 1$

$1 < c < a$

$\log_b c < \log_b a\ (\because a > 1)$

㉡ $0 < a < 1$

$0 < \log_a c < 1 \Leftrightarrow \log_a 1 < \log_a c < \log_a a$

$a < c < 1$

$\log_b a < \log_b c\ (\because b > 1)$

㉢ $0 < a < 1$

$\log_a c < 0 = \log_a 1,\ c > 1$

$\log_b c < 0,\ \log_c b < 0$

$a < b < 1$의 양변에 밑을 a로 하는 로그를 취하면

$0 < \log_a b < 1,\ \log_c b < \log_a b$

따라서 옳은 것은 ㉡이다.

13

$a - b = 1$일 경우

㉠ 1이 1, 2가 0($a=1,\ b=0$)일 확률

$\frac{1}{6} \cdot \left(\frac{4}{6}\right)^3 \cdot 4 = \frac{16}{81}$

㉡ 1이 2, 2가 1($a=2,\ b=1$)일 확률

$\left(\frac{1}{6}\right)^2 \cdot \frac{1}{6} \cdot \frac{4}{6} \cdot 6 \cdot 2 = \frac{1}{27}$

따라서, $\frac{16}{81} + \frac{1}{27} = \frac{19}{81}$

14

$a_n = {}_{2n}\mathrm{C}_2 \cdot {}_{2n-2}\mathrm{C}_2 \cdot {}_{2n-4}\mathrm{C}_2 \cdot \cdots \cdot {}_2\mathrm{C}_2 \cdot \frac{1}{n!}$

$a_{11} = {}_{22}C_2 \cdot {}_{20}C_2 \cdot \cdots \cdot {}_2C_2 \cdot \frac{1}{11!}$

$a_{10} = {}_{20}C_2 \cdot {}_{18}C_2 \cdot \cdots \cdot {}_2C_2 \cdot \frac{1}{10!}$

$\therefore \frac{a_{11}}{a_{10}} = 21$

15 (가) $\frac{b_n}{a_n}=\frac{b_{n+1}}{a_{n+1}}$

(나) 수열 $\{\sqrt{a_nb_n}\}$은 등차수열이고, 이 수열의 등차중항은

$\frac{\sqrt{a_nb_n}+\sqrt{a_{n+2}b_{n+2}}}{2}=\sqrt{a_{n+1}b_{n+1}}$ 이다.

따라서 $\sqrt{a_nb_n}+\sqrt{a_{n+2}b_{n+2}}=2\sqrt{a_{n+1}b_{n+1}}$
$=\sqrt{4a_{n+1}b_{n+1}}$

(다) 주어진 식의 양변을 제곱하면

$4a_nb_na_{n+2}b_{n+2}=a_n^2b_{n+2}^2+2a_nb_na_{n+2}b_{n+2}+a_{n+2}^2b_n^2$

$a_n^2b_{n+2}^2-2a_nb_na_{n+2}b_{n+2}+a_{n+2}^2b_n^2=0$

$(a_nb_{n+2}-a_{n+2}b_n)^2=0$

따라서 $a_{n+2}b_n=a_nb_{n+2}$

16 조건 (가)에 따르면 $\sigma>1$이므로 위쪽의 곡선이 $y=g(x)$이다.

$P(0\le z\le 1.5)-P(0\le X\le 1.5)=0.048$

확률변수 X가 정규분포 $N(0,\sigma^2)$을 따르므로

$P(0\le Z\le 1.5)-P(0\le Z\le \frac{1.5}{\sigma})=0.048$

$0.433-\mathrm{P}\left(0\le \mathrm{Z}\le \frac{1.5}{\sigma}\right)=0.048$

$P\left(0\le Z\le \frac{1.5}{\sigma}\right)=0.385$

$\frac{1.5}{\sigma}=1.2,\ \therefore\ \sigma=1.25$

17 포도송이의 무게를 확률변수 X라 하면 X는 정규분포 $N(600,\ 100^2)$을 따른다.

포도송이의 무게가 636g 이상일 확률은

$P(X\ge 636)=P\left(Z\ge \frac{636-600}{100}\right)=P(Z\ge 0.36)=0.5-0.14=0.36$

포도 100송이 중 무게가 636g이상인 포도송이의 개수 Y는 이항분포 $B\left(100,\ \frac{36}{100}\right)$를 따른다.

$m=36,\ \sigma^2=36\cdot 0.64=(4.8)^2$

따라서 확률변수 Y는 정규분포 $N[36,\ (4.8)^2]$을 따른다.

$P(X\ge 42)=P\left(Z\ge \frac{24-36}{4.8}\right)=P(Z\ge 1.25)=0.11$

18

㉠ $a_n + S_n = 1 \cdot \left(\frac{1}{2}\right)^{n-1} + 2\left\{1-\left(\frac{1}{2}\right)^n\right\} = 2$

㉡ $T_n = \left(\frac{1}{2}\right)^{n-2} = a_{n-1}$

㉢ $S_n + T_n = 2\left\{1-\left(\frac{1}{2}\right)^n\right\} + 2\left(\frac{1}{2}\right)^{n-1} = 2 + \left(\frac{1}{2}\right)^{n-1}$

$$\lim_{n\to\infty}(S_n + T_n) = \lim\left(2+\left(\frac{1}{2}\right)^{n-1}\right) = 2$$

$$\sum_{k=1}^{\infty} a_k = \sum_{k=1}^{\infty}\left(\frac{1}{2}\right)^{k-1} = \frac{1}{1-\frac{1}{2}} = 2$$

따라서 ㉠, ㉡, ㉢ 모두 옳다.

19

점 A_n, C_n의 y값이 같으므로 $\log_2 n = -\log_2 x$라 둘 수 있다.

$\therefore x = \frac{1}{n}$, $C_n\left(\frac{1}{n}, \log_2 n\right)$

$A_n(n, \log_2 n)$, $B_n(n, -\log_2 n)$이므로 $S_n = \frac{1}{2} \cdot \overline{A_nB_n} \cdot (n-1) = (n-1)\log_2 n$

$T_n = \frac{1}{2} \cdot \overline{A_nC_n} \cdot \log_2 n = \frac{1}{2}\left(n - \frac{1}{n}\right)\log_2 n$

$$\lim_{n\to\infty}\frac{T_n}{S_n} = \lim_{n\to\infty}\frac{\frac{1}{2}\cdot\frac{n^2-1}{n}\cdot\log_2 n}{(n-1)\log_2 n} = \frac{1}{2}$$

20

원뿔 옆면의 중심각은 $2\pi \cdot \frac{25}{100} = \frac{\pi}{2}$ 이므로 $\overline{AP_k} = 100 \cdot \frac{k}{n}$이고

P_k에서 최단경로를 돌아 도착하는 점을 Q_k라 하면

$\overline{P_kQ_k} = \sqrt{2} \cdot 100 \cdot \frac{k}{n} = l_k$이다.

$$S_n = \sum_{k=1}^{n} l_k = \sum_{k=1}^{n}\frac{100\sqrt{2}\,k}{n} = 50\sqrt{2}(n+1)$$

$$\therefore \lim_{n\to\infty}\frac{S_n}{n} = \lim_{n\to\infty}\frac{50\sqrt{2}(n+1)}{n} = 50\sqrt{2}$$

21

2		3		5		7		9	⋯	19	
4		4		5		7		9	⋯	19	
6		6		6		7		9	⋯	19	
8		8		8		8		9	⋯	19	
⋮											
20		20		20		20		20		⋮	

표에서 대각선을 기준으로 위쪽의 합은

$3+5\cdot2+7\cdot3+\cdots+19\cdot9=\sum_{k=1}^{9}k(2k+1)$

대각선을 기준으로 아래쪽의 합은

$2+4\cdot2+6\cdot3+\cdots+20\cdot10=\sum_{k=1}^{10}2k\cdot k$

따라서 총합은 $615+770=1385$

22

앞면이 나오는 횟수를 x, 뒷면이 나오는 횟수를 y라 하면
$x+y=5$이고 y좌표는 $x-y$이다.

자취와 직선 $y=\frac{3}{2}$가 만나려면 y좌표는 $x-y\geq2$

위의 두 조건을 만족하는 x는 4, 5

㉠ $x=4$, $\frac{5}{2^5}$

㉡ $x=5$, $\frac{1}{2^5}$

따라서 $\frac{4}{2^5}+\frac{1}{2^5}=\frac{5}{32}$

23

5개의 돌 중에서 3개를 뽑는 경우의 수 ${}_5C_3=\frac{5\cdot4}{2\cdot1}=10$

㉠ 가운데 원에 돌을 놓는 경우
- 가운데 원에 돌을 넣는 경우 : ${}_5C_3\cdot{}_3C_1$
- 나머지 4개 원 중에 2개의 원에 돌을 놓는 방법은 3가지 : ${}_5C_3\cdot{}_3C_1\cdot3=90$

㉡ 가운데 원에 돌을 놓지 않는 경우 : 나머지 4개 원 중에 3개의 원에 돌을 놓으면 ${}_5C_3\cdot3!$

따라서 $90+60=150$(가지)

24 $f(50)=a(1-b^{50})=400$

$f(100)=a(1-b^{100})=640$

두 식을 나누면 $\dfrac{a(1-b^{100})}{a(1-b^{50})}=\dfrac{640}{400}=\dfrac{8}{5}$

$1+b^{50}=1.6 \Leftrightarrow b^{50}=0.6$

$f(50)=a(1-b^{50})=400$에 대입하면 $a(1-0.6)=400 \therefore a=1000$

따라서 $f(n)=1000(1-0.6^{\frac{n}{50}})$

$1000(1-0.6^{\frac{n}{50}}) \geq 800 \quad \Leftrightarrow \quad 0.6^{\frac{n}{50}} \leq 0.2$

양변에 상용로그를 취하면

$\dfrac{n}{50}\log\dfrac{6}{10} \leq \log\dfrac{2}{10}, \quad -0.22 \cdot \dfrac{n}{50} \leq -0.7 \Leftrightarrow n \geq 159.\mathrm{xxx}$

따라서 개봉 후 160일째에 처음으로 800억을 넘어선다.

25 $1-\log_2 x=t$ 로 치환하면 $3t^2-2t-4=0$

근과 계수의 관계에 의해

$(1-\log_2\alpha)+(1-\log_2\beta)=\dfrac{2}{3}$

$\log_2\alpha\beta=\dfrac{4}{3}, \quad \therefore \alpha\beta=2^{\frac{4}{3}}$

$\therefore \alpha^3\beta^3=(2^{\frac{4}{3}})^3=16$

26 $A=\begin{pmatrix}3 & 1\\ 1 & 3\end{pmatrix} \quad S_1=8=2^3$

$A^2=\begin{pmatrix}3 & 1\\ 1 & 3\end{pmatrix}\begin{pmatrix}3 & 1\\ 1 & 3\end{pmatrix}=\begin{pmatrix}10 & 6\\ 6 & 10\end{pmatrix} \quad S_2=32=2^5$

$A^3=\begin{pmatrix}10 & 6\\ 6 & 10\end{pmatrix}\begin{pmatrix}3 & 1\\ 1 & 3\end{pmatrix}=\begin{pmatrix}36 & 28\\ 28 & 36\end{pmatrix} \quad S_3=128=2^7$

$\vdots$

$S_n=2^{2n+1} \quad S_{50}=2^{101}$

$\therefore \log_2 S_{50}=\log_2 2^{101}=101$

27 $a_1=1$

$a_2=[1]+\frac{1}{2}=\frac{3}{2}$

$a_3=\left[\frac{3}{2}\right]+\frac{2}{2}=2$

$a_4=[2]+\frac{3}{2}=\frac{7}{2}$

$a_5=\left[\frac{7}{2}\right]+\frac{4}{2}=5$

$\vdots$

$a_{2n-1}=1+\sum_{k=1}^{n-1}(2k-1)$

$a_{39}=1+\sum_{k=1}^{19}(2k-1)=362$

28 사각형 $A_nB_nB_{n+1}A_{n+1}$은 사다리꼴이므로

$$S_n=\frac{1}{2}\left\{\left(\frac{1}{n}-\frac{1}{n+1}\right)+\left(\frac{1}{n+1}-\frac{1}{n+2}\right)\right\}\cdot(n+1-n)$$

$$=\frac{1}{2}\left\{\frac{1}{n(n+1)}+\frac{1}{(n+1)(n+2)}\right\}$$

$$=\frac{1}{2}\left(\frac{1}{n}-\frac{1}{n+2}\right)$$

$$100\sum_{n=1}^{\infty}S_n=50\lim_{n\to\infty}\sum_{k=1}^{n}\left(\frac{1}{n}-\frac{1}{n+2}\right)=50\cdot\frac{3}{2}=75$$

29 마지막 줄에서 *와 #은 누를 수 없으므로 0은 반드시 눌러야 한다.

㉠ 1열 2개, 2열 0개, 3열 1개

$({}_3C_2\cdot{}_1C_0\cdot{}_1C_1)\cdot 4!=72$

㉡ 1열 1개, 2열 1개, 3열 1개

$({}_3C_1\cdot{}_2C_1\cdot{}_1C_1)\cdot 4!=144$

㉢ 1열 1개, 2열 0개, 3열 2개

$({}_3C_1\cdot{}_2C_0\cdot{}_2C_2)\cdot 4!=72$

따라서, $72+144+72=288$

30 $\log 2.52^{10n}=10n\log 2.52=4.014n=4n+0.014n$

$0.014n>\log 2 \Leftrightarrow 0.014n>0.301$

$n>\frac{0.301}{0.014}=21.5$

$\therefore n=22$

04 2009학년도 정답 및 해설

ANSWER

01	02	03	04	05	06	07	08	09	10	11	12	13	14	15	16	17	18	19	20
③	①	④	⑤	②	④	⑤	①	③	③	④	②	⑤	①	⑤	⑤	③	⑤	③	④
21	22	23	24	25	26	27	28	29	30										
②	①	②	④	81	126	165	544	28	75										

01 $a_1+a_2+a_3=a+ar+ar^2=a(1+r+r^2)$이므로

$a(1+r+r^2)=48$ …………… ㉠

$a_4+a_5+a_6=ar^3+ar^4+ar^5=ar^3(1+r+r^2)$이므로

$ar^3(1+r+r^2)=12$ …………… ㉡

㉠을 ㉡에 대입하면 $r^3=\frac{1}{4}$

$$\begin{aligned}\therefore a_7+a_8+a_9&=ar^6+ar^7+ar^8\\&=ar^6(1+r+r^2)\\&=\left(\frac{1}{4}\right)^2\cdot 48=3\end{aligned}$$

02 9의 배수는 각 자리수의 합이 9의 배수이므로 1, 2, 3으로 이루어진 4자리의 자연수 중에서 9의 배수는 (1, 2, 3, 3), (2, 2, 2, 3)의 두 가지 경우다.

$\therefore \frac{4!}{2!}+\frac{4!}{3!}=12+4=16$

03 $A^2=\begin{pmatrix}-2 & 1\\-3 & 1\end{pmatrix}$

$A^3=A^2\cdot A=\begin{pmatrix}-2 & 1\\-3 & 1\end{pmatrix}\begin{pmatrix}1 & -1\\3 & -2\end{pmatrix}=\begin{pmatrix}1 & 0\\0 & 1\end{pmatrix}=E$

따라서 $X=\{A,\ A^2,\ E\}$

P의 모든 성분의 합이 -3이므로 $P=A^2$

Q는 P의 역행렬이므로

$Q=(A^2)^{-1}=\begin{pmatrix}-2 & 1\\-3 & 1\end{pmatrix}^{-1}=\begin{pmatrix}1 & -1\\3 & -2\end{pmatrix}$

따라서 Q의 모든 성분의 합은

$1+(-1)+3+(-2)=1$

04 a, b, c의 최대공약수가 2가 되는 경우는

(2, 2, 2), (2, 2, 4), (2, 2, 6), (2, 4, 4), (2, 6, 6), (4, 4, 6), (4, 6, 6) (2, 4, 6)

$1+\frac{3!}{2!}\times 6+3!=25$(가지)이다.

따라서 구하는 확률은 $\frac{25}{6^3}=\frac{25}{216}$

05 $\begin{cases} a_{n+1}=\frac{1}{2}a_n+\frac{1}{2}b_n \\ b_{n+1}=a_n \end{cases}$ 이므로

$a_{n+2}=\frac{1}{2}a_{n+1}+\frac{1}{2}a_n$

$a_{n+2}-a_{n+1}=-\frac{1}{2}(a_{n+1}-a_n)$

$$\begin{aligned}\therefore a_n &= 10+\sum_{k=1}^{n-1}\left\{\left(\frac{11}{2}-10\right)\left(-\frac{1}{2}\right)^{k-1}\right\} \\ &= 10+9\sum_{k=1}^{n-1}\left(-\frac{1}{2}\right)^k \\ &= 10+9\cdot\frac{-\frac{1}{2}\left\{1-\left(-\frac{1}{2}\right)^{n-1}\right\}}{1-\left(-\frac{1}{2}\right)} \\ &= 7+3\cdot\left(-\frac{1}{2}\right)^{n-1}\end{aligned}$$

$\therefore b_n=a_{n-1}=7+3\cdot\left(-\frac{1}{2}\right)^{n-2}$

따라서 $\lim_{n\to\infty}(a_n+b_n)=\lim_{n\to\infty}a_n+\lim_{n\to\infty}b_n=14$

06 $A=E-B$이므로

$A^2=(E-B)^2=E-2B+B^2=-E$

$B^2-2B=-2E$

$B(B-2E)=-2E$

$\therefore B^{-1}=-\frac{1}{2}(B-2E)$

$$\begin{aligned}AB &= (E-B)B \\ &= B-B^2 \\ &= B-(2B-2E) \\ &= 2E-B\end{aligned}$$

$$\begin{aligned}\therefore (AB)^2+2B^{-1} &= (2E-B)^2-(B-2E) \\ &= 4E-4B+B^2-B+2E \\ &= 4E-4B+2B-2E-B+2E \\ &= 4E-3B \\ &= E+3(E-B) \\ &= E+3A\end{aligned}$$

07 ㉠ $f(1234)=3$, $f(0.1234)=-1$이므로

$f(1234)+f(0.1234)=2$

㉡ $\log 5034=3+\log 5.034$

$\log 0.05034=-2+\log 5.034$

$g(5034)=g(0.05034)$

㉢ $\log a=4+\log 0.0762=\log 762$

$\therefore a=762$

$\therefore f(a)=2$

따라서 옳은 것은 ㉠, ㉡, ㉢이다.

08 오른쪽으로 한 칸 이동하는 것을 a, 위로 한 칸 이동하는 것을 b라고 하면

P지점에서 Q지점까지 최단거리로 갈 때, 최대 8번 방향을 바꾸게 된다.

따라서 7번 방향을 바꾸려면 b가 두 번 이상 연속해서 나오면 안 되고, a는 두 번만 연속해서 나와야 한다.

연속해서 두 번 나오는 aa를 묶어서 하나의 문자로 보면 b와 a가 번갈아서 배열되어야 하므로 b를 먼저 배열한 $b\_b\_b\_b\_$ 또는 a를 먼저 배열한 $_b_b_b_b$사이사이에 a, a, a, aa를 배열하면 된다.

따라서 경로의 수는 $\dfrac{4!}{3!}\times 2=8$(가지)

09 $x^2=2x+n$

$x^2-2x-n=0$

$\therefore x=1\pm\sqrt{n+1}$

$\therefore A_n(1-\sqrt{n+1}, n+2-2\sqrt{n+1})$,

$B_n(1+\sqrt{n+1}, n+2+2\sqrt{n+1})$

그러므로 $\overline{A_nB_n}$의 길이는

$$a_n=\sqrt{(2\sqrt{n+1})^2+(4\sqrt{n+1})^2}=\sqrt{20n+20}$$

$$\therefore \lim_{n\to\infty}\frac{\sqrt{5n+1}}{a_n}=\lim_{n\to\infty}\frac{\sqrt{5n+1}}{\sqrt{20n+20}}=\frac{1}{2}$$

10 일정한 비율을 $r\%$, n일 후 회원 수를 a_n이라고 하면

$$a_n=20000\cdot\left(1+\frac{r}{100}\right)^n$$

7월 7일의 회원 수는

$$1.21\times 20000=20000\cdot\left(1+\frac{r}{100}\right)^6$$

$$\therefore \left(1+\frac{r}{100}\right)^6=1.21=(1.1)^2$$

그러므로 7월 4일의 회원 수는 $20000\cdot\left(1+\dfrac{r}{100}\right)^3$

따라서 3일 후 회원 수의 증가율은

$$\left(1+\frac{r}{100}\right)^3=1.1=1+\frac{10}{100}$$

$\therefore A=10$

11 4과목 중 2과목을 선택할 확률은 $\frac{1}{{}_4C_2}=\frac{1}{6}$

이항분포 $B\left(720,\ \frac{1}{6}\right)$을 따른다.

이항분포는 $n=720$이 충분히 크기 때문에 정규분포를 따른다.

$m=720\cdot\frac{1}{6}=120,\ \sigma^2=720\cdot\frac{1}{6}\cdot\frac{5}{6}=100$이므로 X는 근사적으로 정규분포 $N(120,\ 10^2)$을 따른다.

$\therefore\ P(110\le X\le 145)$

$=P\left(\frac{110-120}{10}\le Z\le\frac{145-120}{10}\right)=P(-1\le Z\le 2.5)=0.3413+0.4938=0.8351$

12 ㉠ 반례 : $a_n=\frac{1}{n^2},b_n=n$인 경우 $\lim_{n\to\infty}a_nb_n=0$이지만, $\lim_{n\to\infty}b_n=\infty$

㉡ 수열 $\{a_n-b_n\}$이 수렴할 때, 수열 $\{b_n\}$이 수렴하면 수열 $\{a_n\}$도 수렴한다.

$\lim_{n\to\infty}(a_n-b_n)=\alpha,\ \lim_{n\to\infty}b_n=\beta$라고 하면

$\lim_{n\to\infty}a_n=\lim_{n\to\infty}\{(a_n-b_n)+b_n\}=\lim_{n\to\infty}(a_n-b_n)+\lim_{n\to\infty}b_n=\alpha+\beta$

따라서 명제의 대우가 참이므로 주어진 명제도 참이다.

㉢ 반례 : $a_n=0,\ 1,\ 0,\ 1,\ \cdots$

$b_n=1,\ 0,\ 1,\ 0,\ \cdots$

$\lim_{n\to\infty}a_nb_n=0,\ \lim_{n\to\infty}a_n\ne 0$이지만 $\lim_{n\to\infty}b_n\ne 0$이다.

따라서 옳은 것은 ㉡이다.

13 $f(x)=3^{x+1}-2$

㉠ $b=3^{a+1}-2$이므로 $b+2=3^{a+1}$

$\therefore\ a=\log_3(b+2)-1$

㉡ $3^{x+1}-2=3^x$

$3^{x+1}-3^x=2$

$2\cdot 3^x=2$

$3^x=1$

$\therefore\ x=0,\ y=1$

따라서 두 함수는 한 점 (0, 1)에서 만난다.

㉢ $3^{x+1}-2<3^x$

$3^{x+1}-3^x<2$

$3^x<1$

$\therefore\ x<0$

따라서 옳은 것은 ㉠, ㉡, ㉢이다.

14 2008년 이 대학의 대학예산을 A라고 하면

2008년 이 대학의 시설투자비는 $A \cdot \frac{4}{100}$이다.

그러므로 n년 후 대학예산은 $A \cdot \left(1+\frac{12}{100}\right)^n$, n년 후 시설투자비는 $A \cdot \frac{4}{100} \cdot \left(1+\frac{20}{100}\right)^n$이다.

n년 후에 대학예산에서 시설투자비가 차지하는 비율이 6% 이상이 되려면

$$A \cdot \left(1+\frac{12}{100}\right)^n \cdot \frac{6}{100} \le A \cdot \frac{4}{100} \cdot \left(1+\frac{20}{100}\right)^n$$

$(1.12)^n \cdot 6 \le 4 \cdot (1.2)^n$

양변에 상용로그를 취하면 $n\log1.12+\log6 \le \log4+n\log1.2$

$$n \ge \frac{\log3-\log2}{\log1.2-\log1.12} = \frac{0.1761}{0.03} = 5.87$$

따라서 6년 후 부터이다.

15 (가) $k=m+1$일 때 $(m+1)^2 \cdot \frac{1}{(m+1)(2m+3)} = \frac{m+1}{2m+3}$

(나) 항이 { }밖으로 나왔으므로 주어진 식의 마지막은 m번째 항인 $\frac{1}{m(2m+1)}$이 들어가야 한다.

(다) $$\frac{m(m+3)}{12}+\frac{1}{(m+1)(2m+3)}\sum_{k=1}^{m}k^2+\frac{m+1}{2m+3}$$

$$=\frac{m(m+3)}{12}+\frac{1}{(m+1)(2m+3)}\sum_{k=1}^{m}k^2+\frac{1}{(m+1)(2m+3)}(m+1)^2$$

$$=\frac{m(m+3)}{12}+\frac{1}{(m+1)(2m+3)}\left\{\sum_{k=1}^{m}k^2+(m+1)^2\right\}$$

$$=\frac{m(m+3)}{12}+\frac{1}{(m+1)(2m+3)}\sum_{k=1}^{m+1}k^2$$

∴ (가) : $m+1$, (나) : $m(2m+1)$, (다) : k^2

16 $A=\begin{pmatrix} a & b \\ c & d \end{pmatrix}$, $B=\begin{pmatrix} p & q \\ r & s \end{pmatrix}$

㉠ $A-B=\begin{pmatrix} a-p & b-q \\ c-r & d-s \end{pmatrix}$이므로

$f(A-B)=(a-p)+(d-s)$

$f(A)-f(B)=(a+d)-(p+s)$

$f(A)-f(B)=f(A-B)$

㉡ $AB=\begin{pmatrix} a & b \\ c & d \end{pmatrix}\begin{pmatrix} p & q \\ r & s \end{pmatrix}=\begin{pmatrix} ap+br & aq+bs \\ cp+dr & cq+ds \end{pmatrix}$

$BA=\begin{pmatrix} p & q \\ r & s \end{pmatrix}\begin{pmatrix} a & b \\ c & d \end{pmatrix}=\begin{pmatrix} pa+qc & pb+qd \\ ra+sc & rb+sd \end{pmatrix}$

$$\begin{aligned} f(AB) &= (ap+br)+(cq+ds) \\ &= (pa+qc)+(rb+sd) \\ &= f(BA) \end{aligned}$$

㉢ $f(M) = f(ACA^{-1} - BCB^{-1})$

$= f(ACA^{-1}) - f(BCB^{-1})$ ⋯ ㉠에 의해

$= f(CA^{-1}A) - f(CB^{-1}B)$ ⋯ ㉡에 의해

$= f(C) - f(C) = 0$

따라서 옳은 것은 ㉠, ㉡, ㉢이다.

17 $x^3 - 1 = (x-1)(x^2+x+1) = 0$

$\omega^2 + \omega + 1 = 0,\ \omega^3 = 1$

$\omega = \dfrac{-1 \pm \sqrt{3}i}{2} \qquad \therefore a_1 = -\dfrac{1}{2}$

$\omega^2 = -\omega - 1 = \dfrac{-1 \mp \sqrt{3}i}{2} \qquad \therefore a_2 = -\dfrac{1}{2}$

$\omega^3 = 1 \quad \therefore a_3 = 1$

ω^4부터는 ω, ω^2, ω^3이 반복되어 나오므로

$\therefore a_k a_{k+1} a_{k+2} = \dfrac{1}{4}$

$\therefore \displaystyle\sum_{k=1}^{10} a_k a_{k+1} a_{k+2} = \sum_{k=1}^{10} \frac{1}{4} = 10 \times \frac{1}{4} = \frac{5}{2}$

18 $f(x) = |2^x - 2|$의 그래프는 다음과 같다.

㉠ 그래프처럼 $c > 1$일 수도 있다.

㉡ $0 < a < b < c$와 $f(a) > f(b) > f(c)$를 만족하기 위해서는 f는 감소함수이다.

즉, $0 < a < 1$이다.

따라서 이 범위 내에서 $0 < f(a) < 1$이므로 $0 < f(a) + f(b) + f(c) < 3$

㉢ $0 < a < 1$이므로 $f(x) = a$는 서로 다른 두 실근을 갖는다.

따라서 옳은 것은 ㉡, ㉢이다.

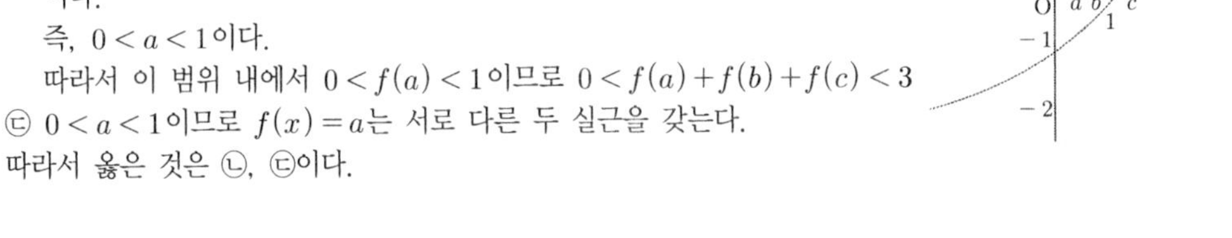

19 입교 전에 확률과 통계 과목을 배웠을 사건을 A, 통계학 성적이 A학점일 사건을 B라고 하면

$P(A) = \dfrac{6}{10}$

$P(B) = \dfrac{60}{100} \times \dfrac{20}{100} + \dfrac{40}{100} \times \dfrac{10}{100} = \dfrac{16}{100}$

$P(A|B) = \dfrac{P(A \cap B)}{P(B)} = \dfrac{\dfrac{60}{100} \times \dfrac{20}{100}}{\dfrac{16}{100}} = \dfrac{12}{16} = \dfrac{3}{4}$

20 $\log_2\left[\dfrac{f(x)}{[f(x)]}\right]=0$이므로 $\left[\dfrac{f(x)}{[f(x)]}\right]=1$

$1 \le \dfrac{f(x)}{[f(x)]} < 2$ ……………… ㉠

$\log_2 x = n+\alpha$(단, n은 정수, $0 \le \alpha < 1$)라 하면

$[f(x)]=n$이므로 ㉠에 대입하면 $1 \le \dfrac{n+\alpha}{n} < 2$

그런데, $0<x<1$이므로 $f(x)=n+\alpha<0$

즉, $n<0$ ($\because \alpha \ge 0$)

그러므로 $2n<n+\alpha \le n$, $n<\alpha \le 0$

$\therefore \alpha=0$

따라서 $f(x)$는 음의 정수 값을 갖는다.

그러므로 $x=2^{-1}, 2^{-2}, 2^{-3}, \cdots$

$\therefore a_n=\left(\dfrac{1}{2}\right)^n$

$$\therefore \sum_{n=1}^{\infty} a_n = \sum_{n=1}^{\infty}\left(\frac{1}{2}\right)^n = \frac{\frac{1}{2}}{1-\frac{1}{2}} = 1$$

21 $x=5$가 되려면

i) 5와 5보다 작은 수, 5보다 큰 수가 뽑혀야 한다.

$_4C_1 \times {_5C_1} \times 3! = 120$(가지)

ii) 5가 두 번, 5가 아닌 수가 한 번 뽑혀야 한다.

$_9C_1 \times \dfrac{3!}{2!} = 27$(가지)

iii) 5가 세 번 뽑혀야 한다. 1가지

따라서 구하는 확률은 $\dfrac{148}{10^3}=\dfrac{37}{250}$

22 $S_n = (\overline{A_nB_n}+\overline{A_{n+1}B_{n+1}}) \times \overline{B_nB_{n+1}} \times \dfrac{1}{2}$

$=\left\{\left(\dfrac{1}{2}\right)^n+\left(\dfrac{1}{2}\right)^{n+1}\right\}\times 1 \times \dfrac{1}{2}$

$=\left(\dfrac{1}{2}\right)^n \times \dfrac{3}{2} \times \dfrac{1}{2} = \dfrac{3}{4} \times \left(\dfrac{1}{2}\right)^n$

$$\therefore \sum_{n=1}^{\infty} S_n = \sum_{n=1}^{\infty}\left\{\frac{3}{4}\times\left(\frac{1}{2}\right)^n\right\} = \frac{3}{4} \times \frac{\frac{1}{2}}{1-\frac{1}{2}} = \frac{3}{4}$$

23 $a_n - b_n < 5$가 되려면 1과 6이 동시에 나오지 않아야 한다.

1을 제외한 나머지 5개의 수가 나오는 사건을 A, 6을 제외한 나머지 5개의 수가 나오는 사건을 B라 하면

$$\begin{aligned} n(A \cup B) &= n(A) + n(B) - n(A \cap B) \\ &= 5^n + 5^n - 4^n \\ &= 2 \cdot 5^n - 4^n \end{aligned}$$

$$p_n = \frac{2 \cdot 5^n - 4^n}{6^n} = 2 \cdot \left(\frac{5}{6}\right)^n - \left(\frac{2}{3}\right)^n$$

$$\therefore \sum_{n=1}^{\infty} p^n = \sum_{n=1}^{\infty} \left\{2 \cdot \left(\frac{5}{6}\right)^n - \left(\frac{2}{3}\right)^n\right\} = 2 \cdot \frac{\frac{5}{6}}{1-\frac{5}{6}} - \frac{\frac{2}{3}}{1-\frac{2}{3}} = 2 \cdot 5 - 2 = 8$$

24 주어진 도형을 $\overline{PQ}$를 기준으로 펼치면 구하려는 경우의 수는 A에서 $\overline{PQ}$를 거쳐 C으로 가는 경우의 수와 같다.

$$\therefore \frac{9!}{5!4!} = 126(\text{가지})$$

25 $ab = 12$ ……… ㉠

$bc = 8$ ……… ㉡

㉡을 ㉠으로 나누면

$\dfrac{c}{a} = \dfrac{2}{3}$이므로 $c = \dfrac{2}{3}a$

$2^a = 27$이므로 $4^c = (2^2)^{\frac{2}{3}a} = (2^a)^{\frac{4}{3}} = 27^{\frac{4}{3}} = 81$

$\therefore 4^c = 81$

26 $a_1 < a_2 < a_3 < a_4$가 되려면 서로 다른 4개의 수를 뽑아야 한다. 이때, 순서는 이미 정해져 있으므로 경우의 수는 ${}_5C_4 = 5$(가지)

따라서 구하는 확률은 $\dfrac{5}{5^4} = \dfrac{1}{125}$

$\therefore p + q = 125 + 1 = 126$

27

$$\begin{aligned} a_nA + b_nB &= \begin{pmatrix} 2a_n & 4a_n \\ a_n & 0 \end{pmatrix} + \begin{pmatrix} -3b_n & 3b_n \\ b_n & 2b_n \end{pmatrix} \\ &= \begin{pmatrix} 2a_n - 3b_n & 4a_n + 3b_n \\ a_n + b_n & 2b_n \end{pmatrix} \\ &= \begin{pmatrix} 6n - 3 \cdot 2^n & 12n + 3 \cdot 2^n \\ 3n + 2^n & 2^{n+1} \end{pmatrix} \end{aligned}$$

$\therefore b_n = 2^n,\ a_n = 3n$

$$\sum_{k=1}^{10} a_k = \sum_{k=1}^{10} 3k = 3 \cdot \frac{10 \times 11}{2} = 165$$

28

$a_{n+1}=\frac{a_n+a_{n+2}}{2}$

$2a_{n+1}=a_n+a_{n+2}$

$a_{n+2}-a_{n+1}=a_{n+1}-a_n$가 되는 등차수열이다.

$\therefore a_n=2n-1$

$\sum_{k=1}^{n}a_kb_k=S_n=(4n^2-1)2^n+1$

$a_nb_n=S_n-S_{n-1}=2^{n-1}(2n+5)(2n-1)$

$b_n=2^{n-1}(2n+5)$

$\therefore b_6=2^5\times17=544$

29

신뢰구간의 길이가 서로 같으므로 $2\times1.96\times\frac{3}{\sqrt{a}}=2\times1.96\times\frac{4}{\sqrt{b}}$

$3\sqrt{b}=4\sqrt{a}$

$9b=16a$

모두 100그루의 소나무들을 조사하였으므로

$a+b=100$

$a=36,\ b=64$

$\therefore |a-b|=|36-64|=28$

30

$2^n\le x\le2^{n+10}$의 양변에 밑이 2인 로그를 취하면 $n\le\log_2x\le n+10$

$-n\le\log_2x-2n\le-n+10$

i) $1\le n\le5$일 때

$10-n$의 절댓값이 더 크므로 $a_n=10-n$

ii) $n\ge6$일 때

$-n$의 절댓값이 더 크므로 $a_n=n$

$$\therefore \sum_{k=1}^{10}a_n=\sum_{k=1}^{5}(10-k)+\sum_{k=6}^{10}k$$

$$=50-\frac{5\times6}{2}+(6+7+8+9+10)$$

$$=75$$

05 2010학년도 정답 및 해설

ANSWER

01	02	03	04	05	06	07	08	09	10	11	12	13	14	15	16	17	18	19	20
②	③	③	③	①	④	⑤	①	④	④	②	②	②	⑤	⑤	④	④	②	③	①
21	**22**	**23**	**24**	**25**	**26**	**27**	**28**	**29**	**30**										
④	⑤	③	①	48	11	16	371	323	171										

01

$$\begin{aligned}(\sqrt[3]{-16}+\sqrt[3]{250})^3 &= \left(\sqrt[3]{(-2)^3\cdot 2}+\sqrt[3]{5^3\cdot 2}\right)^3\\ &= (-2\sqrt[3]{2}+5\sqrt[3]{2})^3\\ &= \{(-2+5)\sqrt[3]{2}\}^3=(3\sqrt[3]{2})^3\\ &= 27\cdot 2=54\end{aligned}$$

02 A그룹에서 2명, B그룹에서 2명이 동시에 상대 그룹으로 이동하는 경우는 다음과 같다.

$A\to B$	$B\to A$	이동 후 A그룹
남2	남2	남2, 여2
	남1, 여1	남1, 여3 ⋯ ①
	여2	여4
남1, 여1	남2	남3, 여1
	남1, 여1	남2, 여2
	여2	남1, 여3 ⋯ ②
남2	남2	남4
	남1, 여1	남3, 여1
	여2	남2, 여2

전체 경우의 수는 (A그룹에서 B그룹으로 이동할 2명을 뽑는 경우의 수)×(B그룹에서 A그룹으로 이동할 2명을 뽑는 경우의 수)이므로 ${}_4C_2\cdot{}_4C_2$이다.

그리고 A그룹에 남자 1명, 여자 3명인 경우의 수는 ①과 ②이다.

①번의 경우의 수는 (A그룹에서 B그룹으로 남자 2명이 가는 경우의 수)×(B그룹에서 A그룹으로 남자 1명, 여자 1명이 가는 경우의 수)이므로 ${}_2C_2\cdot({}_2C_1\cdot{}_2C_1)$이다.

②번의 경우의 수는 (A그룹에서 B그룹으로 남자 1명, 여자 1명이 가는 경우의 수)×(B그룹에서 A그룹으로 여자 2명이 가는 경우의 수)이므로 $({}_2C_1\cdot{}_2C_1)\cdot{}_2C_2$이다.

따라서 구하고자 하는 확률은 다음과 같다.

$$\frac{{}_2C_2\cdot({}_2C_1\cdot{}_2C_1)+({}_2C_1\cdot{}_2C_1)\cdot{}_2C_2}{{}_4C_2\cdot{}_4C_2}=\frac{4+4}{36}=\frac{2}{9}$$

03 무한등비수열 $\{ar^{n-1}\}$의 수렴조건은 $a=0$ or $-1<r\le 1$이다.

주어진 수열을 $\{ar^{n-1}\}$꼴로 나타내면 $\left\{\left(\frac{r^2-r}{6}\right)\left(\frac{r^2-r}{6}\right)^{n-1}\right\}$이므로 초항과 공비 모두 $\frac{r^2-r}{6}$이다.

따라서 수렴 조건은 $-1<\frac{r^2-r}{6}\le 1 \Rightarrow r^2-r+6>0$ or $r^2-r\le 6$이다.

$r^2-r+6>0$

$D=b^2-4ac=1^2-4\cdot 1\cdot 6=-23<0$이므로 r^2-r+6은 모든 실수 r에 대해 항상 성립한다.

$r^2-r\le 6$

$r^2-r-6\le 0$

$(r+2)(r-3)\le 0$

$\therefore -2\le r\le 3$ 이므로, 정수 r은 총 $3-(-2)+1=6$(개) 존재한다.

04 $S_n=1+2+\cdots+n=\frac{n(n+1)}{2}$

$S_n-1=\frac{n(n+1)}{2}-1=\frac{n^2+n-2}{2}=\frac{(n-1)(n+2)}{2}$이다.

$\therefore \frac{S_n}{S_n-1}=\frac{n(n+1)}{(n-1)(n+2)}$

$$\begin{aligned}\therefore P_n&=\frac{S_2}{S_2-1}\times\frac{S_3}{S_3-1}\times\frac{S_4}{S_4-1}\times\cdots\times\frac{S_n}{S_n-1}\\&=\frac{2\cdot 3}{1\cdot 4}\times\frac{3\cdot 4}{2\cdot 5}\times\frac{4\cdot 5}{3\cdot 6}\times\cdots\times\frac{n\cdot(n+1)}{(n-1)\cdot(n+2)}\\&=\frac{3}{1}\times\frac{n}{n+2}=\frac{3n}{n+2}\end{aligned}$$

$\therefore \lim_{n\to\infty}P_n=\lim_{n\to\infty}\frac{3n}{n+2}=3$

05 (가) ${}_rC_r={}_{r+1}C_{r+1}=1$

(나) $\sum_{i=r}^{k+1}{}_i\mathrm{C}_r=\sum_{i=r}^{k}{}_iC_r+{}_{k+1}C_r$

$={}_{k+1}C_{r+1}+{}_{k+1}C_r$

$\therefore$ (나)$={}_{k+1}C_r$

(다) ${}_nC_r=\frac{n!}{(n-r)!r!}$이므로

${}_{k+1}C_{r+1}+{}_{k+1}C_r=\frac{(k+1)!}{\{(k+1)-(r+1)\}!(r+1)!}+\frac{(k+1)!}{(k+1-r)!r!}$

$\therefore$ (다)$=\frac{(k+1)!}{(k-r)!(r+1)!}$

$\therefore$ (가)$=1$, (나)$={}_{k+1}C_r$, (다)$=\frac{(k+1)!}{(k-r)!(r+1)!}$

06

㉠ $\lim_{n\to\infty} a_n \neq 0$이면 $\sum_{n=1}^{\infty} a_n$은 발산한다.

$\lim_{n\to\infty} a_n = \frac{1}{2} \neq 0$이므로 $\sum_{n=1}^{\infty} a_n$은 발산한다.

㉡ $a_n = \sum_{k=1}^{n} \frac{1}{\sqrt{k+1}+\sqrt{k}} = \sum_{k=1}^{n}(\sqrt{k+1}-\sqrt{k}) = \sqrt{n+1}-1$

$\therefore \lim_{n\to\infty} a_n = \lim_{n\to\infty}(\sqrt{n+1}-1) = \infty$이므로 수열 a_n은 발산한다,

㉢ $|1+(a_1+a_2+\cdots+a_n)| < \frac{1}{n}$

$-\frac{1}{n} < 1+(a_1+a_2+\cdots+a_n) < \frac{1}{n}$

$\lim_{n\to\infty}\left(-\frac{1}{n}\right) \le \lim_{n\to\infty}\{1+(a_1+a_2+\cdots+a_n)\} \le \lim_{n\to\infty}\frac{1}{n}$

$0 \le \lim_{n\to\infty}\{1+(a_1+a_2+\cdots+a_n)\} \leqq 0$

$\lim_{n\to\infty}\{1+(a_1+a_2+\cdots+a_n)\} = 0$

$1+\lim_{n\to\infty}(a_1+a_2+\cdots+a_n) = 0$

$\lim_{n\to\infty}(a_1+a_2+\cdots+a_n) = -1$

$\therefore \sum_{n=1}^{\infty} a_n = \lim_{n\to\infty}(a_1+a_2+\cdots+a_n) = -1$ 이므로 $\sum_{n=1}^{\infty} a_n$는 수렴한다.

따라서 ㉠, ㉢이 옳다.

07 주어진 점화식에 의해

$b_n = a_{n+1} - a_n = \log_2((n+1)!) - \log_2(n!) = \log_2(n+1)$

㉠ $b_{15} = \log_2(1+15) = \log_2 16 = 4$

㉡ $\sum_{k=1}^{5} b_k = \log_2 2 + \log_2 3 + \log_2 4 + \log_2 5 + \log_2 6 = \log_2 720$

$2^9 < 720 < 2^{10}$ 이므로 $\log_2 2^9 < \sum_{k=1}^{5} b_k < \log_2 2^{10}$

$\therefore 9 < \sum_{k=1}^{5} b_k < 10$

㉢ $n = 2k$ (단, $k = 1, 2, 3, \cdots$)라 두면 $b_n = b_{2k} = \log_2(2k+1)$

이 때, b_n을 유리수라 가정하면 $b_n = \log_2(2k+1) = \frac{l}{m}$(단, l, m은 서로소인 자연수($m \neq 0$))이라 둘 수 있다.

즉, $2^{\frac{l}{m}} = 2k+1$, $2^l = (2k+1)^m$을 만족시키는 서로소인 정수 m, l이 반드시 존재한다.

그런데, 좌변=짝수, 우변=홀수이므로 이 등식을 만족시키는 정수 m, l은 존재하지 않는다.

$\therefore$ n이 짝수이면 b_n은 무리수이다.

따라서 ㉠, ㉡, ㉢ 모두 옳다.

08

구분	바이러스에 감염됨	바이러스에 감염되지 않음	계
감염되었다 진단됨	200×0.94=188	300×0.02=6	194
감염되지 않았다 진단됨	200×0.06=12	300×0.98=294	306
계	200	300	500

따라서 구하는 확률은 $\frac{188}{194}=\frac{94}{97}$

09 0.3캐럿짜리 다이아몬드 가격이 70만원이므로 $f(0.3)=a(b^{0.3}-1)=70 \cdots$ ①

0.6캐럿짜리 다이아몬드 가격이 210만원이므로 $f(0.6)=a(b^{0.6}-1)=210 \cdots$ ②

①÷② $=\frac{a(b^{0.3}-1)}{a(b^{0.6}-1)}=\frac{a(b^{0.3}-1)}{a(b^{0.3}-1)(b^{0.3}+1)}=\frac{1}{b^{0.3}+1}=\frac{70}{210}=\frac{1}{3}$

$b^{0.3}+1=3$

$\therefore b^{0.3}=2 \cdots$ ③

③식을 ①식에 대입하면 $a(2-1)=a=70$

$\therefore$ 1.5캐럿짜리 다이아몬드의 가격은 $f(1.5)=70(b^{1.5}-1)=70\{(b^{0.3})^5-1\}=70(32-1)=2170$

10 2009년 8월초로부터 12개월 후인 2010년 8월 초 노트북 컴퓨터의 판매가격은

$200\times(1-0.01)^{12}=200\times(0.99)^{12}=200\times0.89=178$(만원)

매월 초 적립하는 금액이 a일 때, 12개월 후의 원리합계는

$$\frac{a(1.01)\{(1.01)^{12}-1\}}{1.01-1}=101a\{(1.01)^{12}-1\}$$
$$=101a(1.13-1)=13.13a(\text{만원})$$

노트북 컴퓨터를 구매하려면 적립한 원리합계 금액이 컴퓨터 가격보다 커야 하므로

$101a\{(1.01)^{12}-1\}\geq 200\cdot(0.99)^{12}$를 만족하는 최소의 a값을 찾으면 된다.

$101a\{(1.01)^{12}-1\}\geq 200\cdot(0.99)^{12}$

$13.13a\geq 178$

$\therefore a\geq\frac{178}{13.13}=13.55$

$\therefore$ 매월 14만원 이상 적립해야 한다.

11 $\log_2 a$와 $\log_2 b$의 소수부분이 같으므로

$\log_2 a=n+\alpha$, $\log_2 b=n'+\alpha$ (단, n, n'은 정수, $0<\alpha\leq1$)

소수부분이 같으므로 두 수의 차는 정수가 된다.

$\therefore \log_2 b-\log_2 a=\log_2\frac{b}{a}=m$ (단, m은 정수)

$\frac{b}{a}=2^m \Rightarrow b=2^m a$

㉠ m이 1일 때 : $b=2a$

이 식을 만족하는 순서쌍은 (11, 22), (12, 24), ⋯ (24, 48)의 총 14쌍이 있다.

㉡ m이 2일 때 : $b=4a$

이 식을 만족하는 순서쌍은 (11, 44), (12, 24)의 2쌍이다.

따라서 $14+2=16$(개)

12 흡광도 A식을 정리하면

$$A=\log I_0-\log I=\log\frac{I_0}{I}=\log\frac{I_0}{I_0\times 10^{-acd}}=\log 10^{acd}=acd$$

$a=\dfrac{4\pi k}{\lambda}$ 이므로 $A=\dfrac{4\pi k\cdot c\cdot d}{\lambda}$

$$\therefore\ A_1=\frac{4\pi k\cdot c\cdot d_1}{\lambda_1}$$

$$A_2=\frac{4\pi k\cdot c\cdot 4d_1}{2\lambda_1}=\frac{4}{2}\cdot\frac{4\pi k\cdot c\cdot d_1}{\lambda_1}=2A_1$$

따라서, $\dfrac{A_2}{A_1}=2$

13 $A=\begin{pmatrix} a & b \\ c & -a \end{pmatrix}\Rightarrow A^2-\{a+(-a)\}A+(-a^2-bc)E=O$ ($\because$ 케일리-해밀턴 정리)

$\therefore\ A^2=(a^2+bc)E$

㉠ $a^2+bc=1$

$A^2=E$

$A^2=A^4=\cdots=A^{2008}=E$

$\therefore\ A^{2009}=A$

㉡ $A^3-2A=(a^2+bc)A-2A=(a^2+bc-2)A=O$

$a^2+bc-2=0$ or $A=O$

행렬 A의 성분은 모두 0이 아닌 실수이므로 $a^2+bc=2$

행렬 A의 $D=-(a^2+bc)=-2\neq 0$ 이므로 행렬 A는 역행렬이 존재한다.

㉢ $A^3-4A^2+4E=O$

$(a^2+bc)A-4(a^2+bc)E+4E=O$

$\therefore\ (a^2+bc)A=4(a^2+bc-1)E$

ⓐ $a^2+bc=0$

좌변은 O, 우변은 $-4E$ 따라서 모순이다.

ⓑ $a^2+bc\neq 0$이면

$$A=\frac{4(a^2+bc-1)}{a^2+bc}E=kE \text{ (단, } k\text{는 실수)}$$

즉, 좌변$=A=\begin{pmatrix} a & b \\ c & -a \end{pmatrix}$, 우변$=kE=\begin{pmatrix} k & 0 \\ 0 & k \end{pmatrix}$가 되어 $b=c=0$이어야만 한다.

그런데 문제의 조건에서 a, b, c는 모두 0이 아닌 실수라 했기 때문에 모순이다.

즉, $A^3-4A^2+4E=O$를 만족하는 실수 a, b, c는 존재하지 않는다.

따라서 옳은 것은 ㉠, ㉡이다.

14 (가) A사진이 나온 후 n초 후에 B사진이 나올 확률이 p_n이므로 C, D사진이 나올 확률도 p_n이므로

$1-(p_n+p_n+p_n)=1-3p_n$

$\therefore$ (가)$=1-3p_n$

(나) $p_{n+1}=\frac{1}{3}\{2p_n+(1-3p_n)\}=-\frac{1}{3}p_n+\frac{1}{3}$

$\therefore$ (나)$=-\frac{1}{3}p_n$

(다) $p_{n+1}=-\frac{1}{3}p_n+\frac{1}{3}$

$\left(p_{n+1}-\frac{1}{4}\right)=\frac{1}{3}\left(p_{n+1}-\frac{1}{4}\right)$이고, p_1은 A사진이 나온 1초 후 B사진이 나올 확률이므로 $\frac{1}{3}$이다.

$\therefore$ $\left(p_n-\frac{1}{4}\right)$의 첫째항 $p_1-\frac{1}{4}=\frac{1}{3}-\frac{1}{4}=\frac{1}{12}$

따라서 (가) $=1-3p_n$, (나) $=-\frac{1}{3}p_n$, (다) $=\frac{1}{12}$

15 연립방정식$\begin{cases}ax+by=p\\cx+dy=q\end{cases}$ 를 행렬로 고치면 $\begin{pmatrix}a&b\\c&d\end{pmatrix}\begin{pmatrix}x\\y\end{pmatrix}=\begin{pmatrix}p\\q\end{pmatrix}$

㉠ A의 역행렬이 존재하면, $\begin{pmatrix}x\\y\end{pmatrix}=\begin{pmatrix}a&b\\c&d\end{pmatrix}^{-1}\begin{pmatrix}p\\q\end{pmatrix}$이므로 연립방정식은 한 쌍의 근을 갖는다.

㉡ A의 역행렬 존재하지 않는다 : $ad-bc=0$, $ad-bc=0 \Leftrightarrow \frac{a}{c}=\frac{b}{d}$

B의 역행렬 존재하지 않는다 : $aq-pc=0$, $aq-pc=0 \Leftrightarrow \frac{a}{c}=\frac{p}{q}$

$\therefore$ $\frac{a}{c}=\frac{b}{d}=\frac{p}{q}$ 이므로 연립방정식은 무수히 많은 해를 갖는다.

㉢ A의 역행렬이 존재한다고 했으므로 $ad-bc\neq 0$, 그리고 $k_1\neq 0$ 또는 $k_2\neq 0$라 가정하자.(문제 조건의 대우)

ⓐ $k_1\neq 0$

$k_1\begin{pmatrix}a\\c\end{pmatrix}+k_2\begin{pmatrix}b\\d\end{pmatrix}=\begin{pmatrix}0\\0\end{pmatrix} \Rightarrow \begin{pmatrix}k_1a+k_2b\\k_1c+k_2d\end{pmatrix}=\begin{pmatrix}0\\0\end{pmatrix}$

$a=-\frac{k_2}{k_1}b \Rightarrow \frac{a}{b}=-\frac{k_2}{k_1}$ ($k_1\neq 0$이므로 양변을 나눌 수 있다)

$c=-\frac{k_2}{k_1}d \Rightarrow \frac{c}{d}=-\frac{k_2}{k_1}$ ($k_1\neq 0$이므로 양변을 나눌 수 있다)

$\therefore$ $\frac{a}{b}=\frac{c}{d} \Rightarrow ad-bc=0$이므로 문제의 전제와 모순된다.

ⓑ $k_2\neq 0$

$k_1\begin{pmatrix}a\\c\end{pmatrix}+k_2\begin{pmatrix}b\\d\end{pmatrix}=\begin{pmatrix}0\\0\end{pmatrix} \Rightarrow \begin{pmatrix}k_1a+k_2b\\k_1c+k_2d\end{pmatrix}=\begin{pmatrix}0\\0\end{pmatrix}$

$b=-\frac{k_1}{k_2}a \Rightarrow \frac{b}{a}=-\frac{k_1}{k_2}$ ($k_2\neq 0$이므로 양변을 나눌 수 있다)

$d=-\frac{k_1}{k_2}c \Rightarrow \frac{d}{c}=-\frac{k_1}{k_2}$ ($k_2\neq 0$이므로 양변을 나눌 수 있다)

$\therefore \dfrac{b}{a} = \dfrac{d}{c} \Rightarrow ad - bc = 0$이므로 문제의 전제와 모순된다.

ⓐ, ⓑ에 의해 $k_1 = k_2 = 0$이다.

따라서 옳은 것은 ㉠, ㉡, ㉢이다.

16

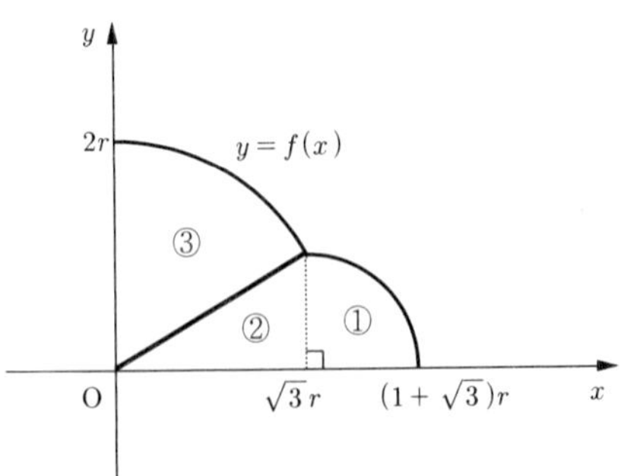

주어진 그림은 확률밀도 함수이기 때문에 x축, y축, $f(x)$로 둘러싸인 부분의 넓이는 1이다.

①+②+③=1

①의 넓이 $= \dfrac{1}{4}\pi r^2$

②의 넓이 $= \dfrac{1}{2} \cdot \sqrt{3}r \cdot r$

③의 넓이 $= \dfrac{1}{2} \cdot (2r)^2 \cdot \dfrac{\pi}{3}$(②번 삼각형의 삼각비를 사용해 ③의 중심각을 구할 수 있다)

$\therefore$ 넓이의 합$= \dfrac{1}{4} \cdot \pi \cdot r^2 + \dfrac{1}{2} \cdot \sqrt{3}r \cdot r + \dfrac{1}{2} \cdot (2r)^2 \cdot \dfrac{\pi}{3} = 1$이므로

$\therefore r^2 = \dfrac{1}{\left(\dfrac{2}{3}\pi + \dfrac{\sqrt{3}}{2} + \dfrac{\pi}{4}\right)} = \dfrac{12}{11\pi + 6\sqrt{3}}$

이 때, 구해야 하는 확률은

다음 그림의 ④+⑤의 넓이를 구하면 된다.

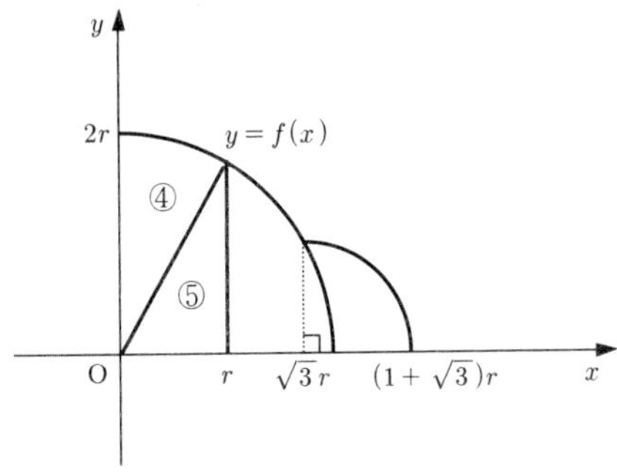

④의 넓이 $= \dfrac{1}{2} \cdot (2r)^2 \cdot \dfrac{\pi}{6}$

⑤의 넓이 $= \dfrac{1}{2} \cdot \sqrt{3}r \cdot r$

따라서 확률 $p=\frac{1}{2}\cdot(2r)^2\cdot\frac{\pi}{6}+\frac{1}{2}\cdot\sqrt{3}r\cdot r=r^2\cdot\left(\frac{\pi}{3}+\frac{\sqrt{3}}{2}\right)$

이 때, $r^2=\frac{12}{11\pi+6\sqrt{3}}$ 이므로 주어진 식에 대입하면

확률 $p=\frac{12}{11\pi+6\sqrt{3}}\cdot\left(\frac{2\pi+3\sqrt{3}}{6}\right)=\frac{4\pi+6\sqrt{3}}{11\pi+6\sqrt{3}}$

17 $A^n=a_nA+b_nE$의 양변에 A를 곱하면

$A^{n+1}=a_nA^2+b_nA=a_n(A+3E)+b_nA$
$=(a_n+b_n)A+3a_nE=a_{n+1}A+b_{n+1}E$

이를 행렬로 나타내면 $\begin{pmatrix}a_{n+1}\\b_{n+1}\end{pmatrix}=\begin{pmatrix}1&1\\3&0\end{pmatrix}\begin{pmatrix}a_n\\b_n\end{pmatrix}$

$\therefore B=\begin{pmatrix}1&1\\3&0\end{pmatrix}$ 케일리-해밀턴 정리를 이용하면 $B^2-(1+0)B+(1\cdot0-1\cdot3)E=O$

$\therefore B^2=B+3E=xB+yE$이므로 $x=1,\ y=3$

$\therefore x+y=4$

18 ① 집합A : 진수 조건에 의해 $x-1>0$, $x+5>0$이므로 $x>1$

$\log_4(x-1)\le\log_{16}(x+5)$

$\log_4(x-1)\le\frac{1}{2}\log_4(x+5)$

$\log_4(x-1)^2\le\log_4(x+5)$

$(x-1)^2\le(x+5)$

$x^2-2x+1\le x+5$

$x^2-3x-4\le0$

$-1\le x\le4$

진수조건 $x>1$ 과 $-1\le x\le4$을 동시에 만족하는 범위는 $1<x\le4$ 이다.

$\therefore A=\{1<x\le4\}$

② 집합B

$2^x=t>0$라 치환하면 집합B의 주어진 식은 $t^3-11t^2+38t-40=0$로 치환된다.

$(t-2)(t^2-9t+20)=0$

$(t-2)(t-4)(t-5)=0$

$t=2$ or 4 or 5이므로 $x=\log_2 2$ or $\log_2 4$ or $\log_2 5$

$\therefore B=\{1,\ 2,\ \log_2 5\}$

따라서 $A\cap B=\{2,\ \log_2 5\}$, 모든 원소의합$=2+\log_2 5=\log_2 20$

19 방정식의 근은 각 그래프의 교점에서 나타난다.

$y=2^{\frac{x}{2}}$ 따라서 근의 개수는 교점의 개수로 구할 수 있다.

㉠ $x<0$일 때

주어진 방정식은 $2^{\frac{x}{2}}=\log_{\sqrt{2}}(-x)$ 이다.

이와 같은 경우에는 대략의 그래프만 그려도 교점의

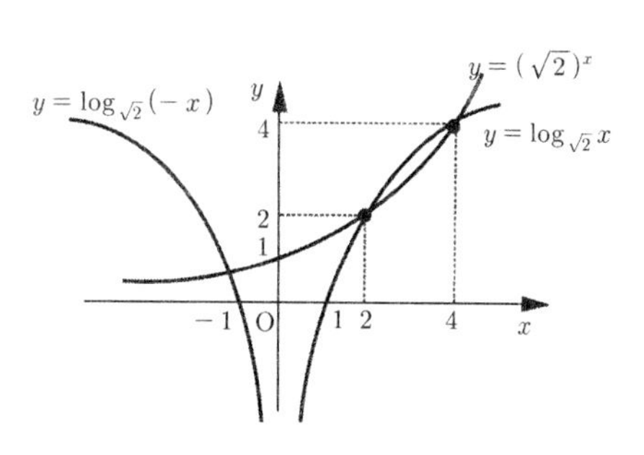

개수를 파악할 수 있다.
$x<0$인 범위에서 교점은 1개 생긴다.

㉡ $x>0$일 때

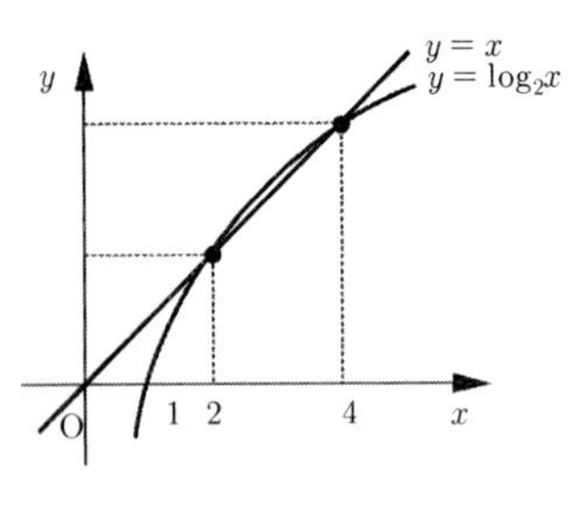

주어진 방정식은 $2^{\frac{x}{2}}=\log_{\sqrt{2}}x$이다.

그런데, $2^{\frac{x}{2}}=(\sqrt{2})^x$이므로 두 그래프는 서로 역함수 관계에 있으며 $y=x$에 대칭이다.
따라서 두 그래프의 교점 역시 $y=x$ 위에 존재한다.

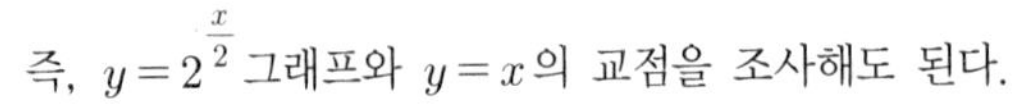

즉, $y=2^{\frac{x}{2}}$ 그래프와 $y=x$의 교점을 조사해도 된다.

$2^{\frac{x}{2}}=x \Leftrightarrow 2^x=x^2$
이 그래프는 $x=2$ 또는 4에서 만나기 때문에 교점을 2개 갖는다.
㉠, ㉡에 의해 주어진 방정식은 총 3개의 실근을 갖는다.

20

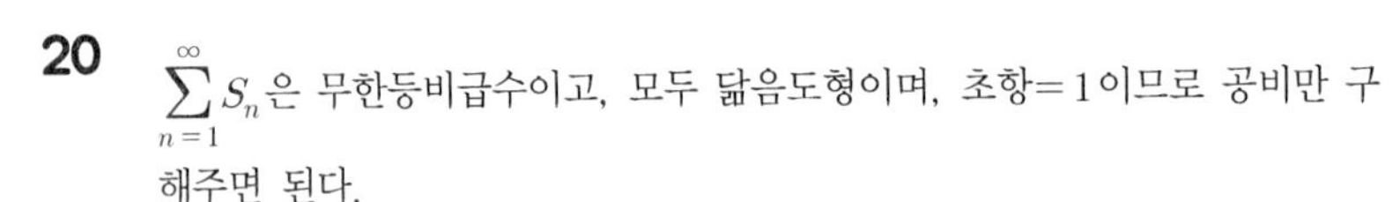

$\sum_{n=1}^{\infty}S_n$은 무한등비급수이고, 모두 닮음도형이며, 초항$=1$이므로 공비만 구해주면 된다.

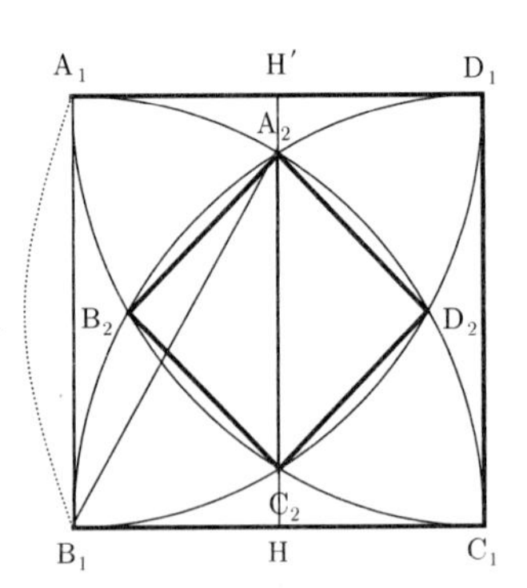

첫 번째 정사각형과 두 번째 정사각형의 넓이비{=(길이비)²}가 주어진 무한수열의 공비이다.

㉠ 두 번째 정사각형의 한 변의 길이를 a라 하면

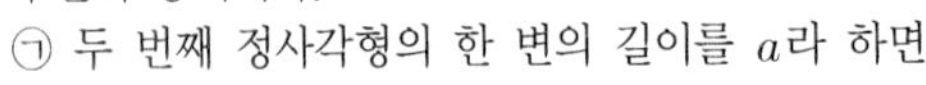

$\overline{A_2C_2}=\sqrt{2}a$

$\triangle A_2B_1H$에서 $\overline{A_2B_1}=1$(중심이 B_1인 원의 반지름), $\overline{B_1H}=\frac{1}{2}$이고

삼각비에 의해 $\overline{A_2H}=\frac{\sqrt{3}}{2}$이다.

$\overline{A_2H'}=1-\frac{\sqrt{3}}{2}=\overline{C_2H}$이므로 $\overline{A_2C_2}=1-2\cdot\left(1-\frac{\sqrt{3}}{2}\right)=\sqrt{2}a$

$\therefore\ a=\frac{\sqrt{3}-1}{\sqrt{2}}$

㉡ 길이의 닮음비는 $\frac{a}{1}=a$이므로 공비는 a^2이 된다.

$a^2=\frac{(\sqrt{3}-1)^2}{2}=2-\sqrt{3}$

$\therefore\ \sum_{n=1}^{\infty}S_n=\frac{1}{1-(2-\sqrt{3})}=\frac{1+\sqrt{3}}{2}$

21 자영업자의 하루 매출액을 확률변수 X라 하면, $X \sim N(30,\ 4^2)$을 따른다.
이 자영업자의 하루 매출액이 31만원 이상 일 확률을 구해보면

$$P(X \ge 31) = P\left(Z \ge \frac{31-30}{4}\right) = P(Z \ge 0.25) = 0.5 - P(0 \le Z \le 0.25) = 0.4$$

600일을 영업했을 때 하루 매출액이 31만 원 이상인 날의 수를 확률변수 Y라 하면 $Y \sim B(600, 0.4)$를 따른다.
600은 충분히 큰 수이므로 이 확률변수 Y는 정규분포 $N(240, 12^2)$에 근사해간다.
이 때, 기부금의 총 금액이 222000원 이상일 확률을 구하는 것은 기부 횟수가 222회 이상일 확률 $P(Y \ge 222)$을 구하는 것과 같다.

$$\therefore P(Y \ge 222) = P\left(Z \ge \frac{222-240}{12}\right) = P(Z \ge -1.5) = 0.5 + P(0 \le Z \le 1.5) = 0.93$$

22 $\mathrm{P_n}(a_n,\ b_n)$이라 두면

$\mathrm{Q_n}$은 $\mathrm{P_nC}$의 중점이므로, $\mathrm{Q_n}\left(\dfrac{a_n+2}{2},\ \dfrac{b_n}{2}\right)$

$\mathrm{R_n}$는 $\mathrm{Q_nA}$의 중점이므로, $\mathrm{R_n}\left(\dfrac{\frac{a_n+2}{2}+1}{2},\ \dfrac{\frac{b_n}{2}+\sqrt{3}}{2}\right) = \mathrm{R_n}\left(\dfrac{a_n+4}{4},\ \dfrac{b_n+2\sqrt{3}}{4}\right)$,

$\mathrm{p_{n+1}}$는 $\mathrm{R_nB}$의 중점이므로,

$$\mathrm{P_{n+1}}\left(\frac{\frac{a_n+4}{2}}{2},\ \frac{\frac{b_n+2\sqrt{3}}{2}}{2}\right) = \mathrm{P_{n+1}}\left(\frac{a_n+4}{8},\ \frac{b_n+2\sqrt{3}}{8}\right) = (a_{n+1},\ b_{n+1})$$

$$\therefore a_{n+1} = \frac{a_n+4}{8},\ b_{n+1} = \frac{b_n+2\sqrt{3}}{8}$$

이 때, $\lim\limits_{n\to\infty} a_n = \lim\limits_{n\to\infty} a_{n+1} = \alpha$, $\lim\limits_{n\to\infty} b_n = \lim\limits_{n\to\infty} b_{n+1} = \beta$이므로

$$\alpha = \frac{\alpha+4}{8} \Rightarrow \alpha = \frac{4}{7},\ \beta = \frac{\beta+2\sqrt{3}}{8} \Rightarrow \beta = \frac{2\sqrt{3}}{7}$$

$$\therefore \alpha+\beta = \frac{4+2\sqrt{3}}{7}$$

23 두 수 a, b의 최대공약수를 G, 최소공배수를 L이라 하면 $ab = LG$과 같다.
따라서 문제의 자연수 k, n에 대해 $kn = 5! \cdot 13!$라 둘 수 있다.
k, n의 최대공약수가 120이므로 $k = 120a$, $n = 120b$(단, a, b는 서로소)라 표현할 수 있다.
최소공배수는 $13! = 5!ab$이므로 이를 정리하면 $ab = 2^7 \cdot 3^4 \cdot 5 \cdot 7 \cdot 11 \cdot 13$이라 둘 수 있다.
a와 b는 서로소이므로 6종류의 소수들을 a와 b를 분배해주는 경우의 수와 같아진다.
(즉, 2가 a의 원소일지 b의 원소일지만 정해주면 그 거듭제곱은 모두 그쪽에 속해야만 한다)
6개의 원소를 두덩이로 분할하는 방법은 $(0,\ 6), (1,\ 5), (2,\ 4), (3,\ 3)$의 4종류가 있다.
$k \le n$이므로 $a \le b$이어야 하기 때문에 분할 후 순서는 고려하지 않아도 된다.

$$\therefore {}_6C_0 \cdot {}_6C_6 + {}_6C_1 \cdot {}_5C_5 + {}_6C_2 \cdot {}_4C_4 + {}_6C_3 \cdot {}_6C_3 \cdot \frac{1}{2!} = 32$$

따라서 $(k,\ n)$순서쌍의 개수는 32개이다.

24 주어진 식을 변형하면 $\left(\frac{1}{3}\right)^a=2a$, $\left(\frac{1}{9}\right)^b=b$, $\left(\frac{1}{4}\right)^c=c$로 나타낼 수 있다.

a는 $y=\left(\frac{1}{3}\right)^x$과 $y=2x$의 교점의 x좌표,

b는 $y=\left(\frac{1}{9}\right)^x$과 $y=x$와의 교점의 x좌표,

c는 $y=\left(\frac{1}{4}\right)^x$과 $y=x$와의 교점의 x좌표라 볼 수 있다.

따라서 그래프를 그려보면 대소를 쉽게 파악할 수 있다.

따라서 a, b, c의 대소는 $a<b<c$이다.

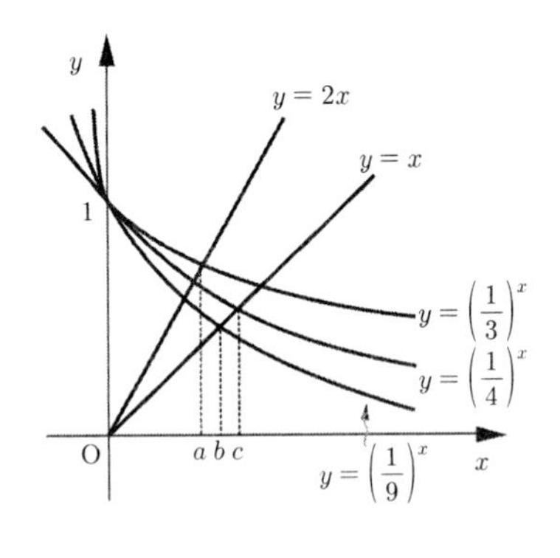

25 $(A+B)(A-B)=O$

영행렬이 아닌 두 행렬의 곱이 영행렬 이므로 $A+B$, $A-B$는 영인자이다.

영인자는 $ad-bc=0$이므로

$24-6x=0$, $x=4$

$-24+2y=0$, $y=12$

$\therefore\ xy=48$

26 $\log_{15}A=30 \Rightarrow A=15^{30}$

$\log_{45}B=15 \Rightarrow B=45^{15}$

$\therefore\ \frac{B}{A}=\frac{45^{15}}{15^{30}}=\left(\frac{45}{225}\right)^{15}=\left(\frac{1}{5}\right)^{15}$

소수점 아래 몇째 자리에서 처음으로 0이 아닌 숫자가 나오는지 알아보려면 상용로그를 취해보아야 한다.

$$\log\frac{B}{A}=15\log\frac{1}{5}=-15\cdot\log5=-15\log\frac{10}{2}$$
$$=-15(1-0.3010)=-15\cdot 0.6990=-11+0.515$$

$\therefore$ 소수점 이하 11번째 자리에서 처음으로 0이 아닌 수가 나온다.

27 A도시에서 B도시로 운행하는 고속버스의 소요시간을 확률변수 X라 하면, $X\sim N(m,\ 10^2)$을 따른다.

이 때, 크기가 n인 표본을 임의추출하여 구한 표본평균$\overline{X}$는 $\overline{X}\sim N\left\{m,\left(\frac{10}{\sqrt{n}}\right)^2\right\}$를 따른다.

$$\mathrm{P}(m-5\le\overline{X}\le m+5)$$
$$=\mathrm{P}(-5\le\overline{X}-m\le5)$$
$$=\mathrm{P}\left(\frac{-5}{\frac{10}{\sqrt{n}}}\le\frac{\overline{X}-m}{\frac{10}{\sqrt{n}}}\le\frac{5}{\frac{10}{\sqrt{n}}}\right)$$
$$=\mathrm{P}\left(-\frac{\sqrt{n}}{2}\le Z\le\frac{\sqrt{n}}{2}\right)=2\mathrm{P}\left(0\le Z\le\frac{\sqrt{n}}{2}\right)=0.9544$$

$\mathrm{P}\left(0\le Z\le\frac{\sqrt{n}}{2}\right)=0.4772=\mathrm{P}(0\le Z\le2)$ 이므로

$\therefore\ \frac{\sqrt{n}}{2}=2 \Rightarrow n=16$

28 반원 안의 수들을 군수열로 보면

(1), (2, 3, 4), (5, 6, 7, 8, 9), …와 같이 묶을 수 있다.
n군의 첫째항들의 일반항a_n은 초항이 1인 계차수열이다.

따라서 $a_n = 1 + \sum_{k=1}^{n-1}(2k-1) = (n-1)^2 + 1 = n^2 - 2n + 2$이다.

이 때, n군의 항수는 $2n-1$, 각 군안에서의 규칙은 반시계방향으로 1씩 증가하는 것이다.
따라서 n군의 k번째 항 $a_{n,k} = n^2 - 2n + 2 + k - 1$

문제에서 주어진 어두운 영역은 20군 수열 전체의 $\frac{1}{4}$ 지점에 있는 숫자이다.

20군 수열 항의 개수는 $2 \cdot 20 - 1 = 39$(개) 이므로 $\frac{1}{4}$ 지점은 19군의 10번째 항이다.

$\therefore$ n군의 k번째항 $= n^2 - 2n + 2 + k - 1$ 이므로 $20^2 - 2 \cdot 20 + 2 + 10 - 1 = 371$

29 [규칙 1]을 따라 이동하는 횟수를 a, [규칙 2]를 따라 이동하는 횟수를 b라고 한다.
총 이동 횟수에 의해 ① $a+b=5$이고
[규칙 1]로 a번 이동했을 경우의 좌표는 $(a,\ 2a)$
[규칙 2]로 b번 이동했을 경우의 좌표는 $(2b,\ b)$이므로
$(8, 7)$에 도달했다면 ② $a+2b=8$, ③ $2a+b=7$이다.
따라서 $a=2$, $b=3$이다.
[규칙 1]로 2번, [규칙 2]로 3번 이동했으므로

$(8, 7)$에 도달할 확률은 $= \frac{5!}{2!3!} \cdot \left(\frac{1}{3}\right)^2 \left(\frac{2}{3}\right)^3 = \frac{80}{243} = \frac{q}{p}$

$\therefore$ $p+q=323$

30 $[x] = k$라 두면
$k \le x < k+1$
$k^3 \le x^3 < (k+1)^3 = k^3 + 3k^2 + 3k + 1$
$k^2 \le \frac{x^3}{k} \le k^2 + 3k + 3 < k^2 + 3k + 3 + \frac{1}{k}$

$\therefore$ $[x] = n$일 때, $\frac{x^3}{[x]}$ 가 자연수가 되는 x는 총 $k^2 + 3k + 3 - (k^2) + 1 = 3k + 4$(개)가 존재한다.

$1 \le x < 10$이므로 $[x]$ 값은 $1 \le [x] < 10$이므로 1, 2, …, 9까지이다.

$\therefore$ x의 개수$= \sum_{k=1}^{9}(3k+4) = 3 \cdot 45 + 4 \cdot 9 = 171$

06 2011학년도 정답 및 해설

ANSWER

01	02	03	04	05	06	07	08	09	10	11	12	13	14	15	16	17	18	19	20
②	④	②	①	②	①	②	⑤	②	③	③	③	④	③	②	④	①	⑤	⑤	④
21	**22**	**23**	**24**	**25**	**26**	**27**	**28**	**29**	**30**										
⑤	③	①	④	16	256	228	11	142	59										

01 무한 급수가 수렴하므로

$$\lim_{n\to\infty}\left(\frac{a_n}{n}-3\right)=0,\ \lim_{n\to\infty}\frac{a_n}{n}=3$$

$$\therefore \lim_{n\to\infty}\frac{2a_n+3n-1}{a_n-1}=\lim_{n\to\infty}\frac{\frac{2a_n}{n}+\frac{3n}{n}-\frac{1}{n}}{\frac{a_n}{n}-\frac{1}{n}}=\frac{2\cdot3+3}{3}=3$$

02 $P(A\cup B)=P(A)+P(B)-P(A\cap B)$ 이므로

$0.8=0.4+0.5-P(A\cap B) \Leftrightarrow P(A\cap B)=0.1$

따라서, 그림과 같이 나타낼 수 있다.

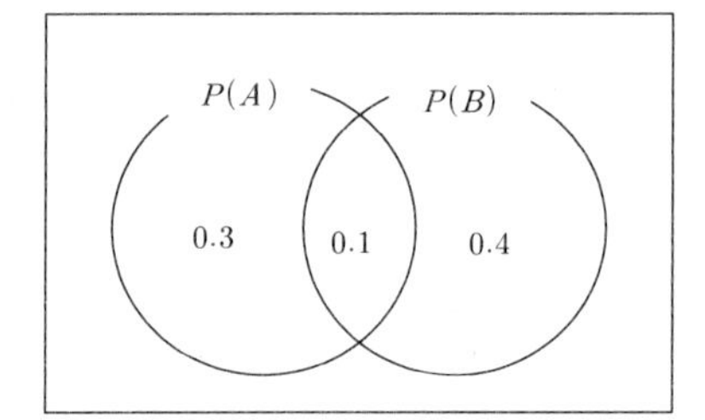

$$\begin{aligned}P(A^c|B)+P(A|B^c)&=\frac{P(A^c\cap B)}{P(B)}+\frac{P(A\cap B^c)}{P(B^c)}\\&=\frac{P(B-A)}{P(B)}+\frac{P(A-B)}{P(B^c)}\\&=\frac{0.5-0.1}{0.5}+\frac{0.4-0.1}{0.5}=\frac{7}{5}=1.4\end{aligned}$$

03 $A^3=A,\ A^4=E$ 이므로 $A^3\cdot A=A\cdot A=E$

$A^2-E=O$ 에서

케일리-해밀턴 정리에 의해 $ab+2=-1,\ \therefore ab=-3$

04 $10^{0.76}$에 상용로그를 취하면 0.76이므로 가수는 0.76이다.

$\log5<0.76<\log6$ 이므로 $\log5<\log10^{0.76}<\log6$ 이다.

따라서 정수부분은 5이다.

05 $x^n = a(a>0)$일 때 실수 x는 n이 홀수이면 1개, n이 짝수이면 2개이다.

n이 홀수면 $f(n)=1$, n이 짝수면 $f(n)=2$

$$\therefore \sum_{n=1}^{2011}(-1)^n f(n) = \{(-1+2)+(-1+2)+\cdots+(-1+2)-1\}$$
$$=1005-1=1004$$

06 수열 $\{a_n\}$은 등비수열이므로 ar^{n-1}로 둘 수 있다.

$$\sum_{k=1}^{10} ar^{n-1} = \frac{a(r^{10}-1)}{r-1}=256$$

$$\sum_{k=1}^{10}\frac{1}{ar^{n-1}} = \frac{\frac{1}{a}\left(1-\frac{1}{r^{10}}\right)}{1-\frac{1}{r}} = \frac{\frac{1}{a}\left(\frac{r^{10}-1}{r^{10}}\right)}{\frac{r-1}{r}}$$
$$=\frac{1}{ar^9}\cdot\frac{r^{10}-1}{r-1}=\frac{1}{a^2r^9}\cdot\frac{a(r^{10}-1)}{r-1}=4$$

$a^2r^9=64$ $\left(\because \frac{a(r^{10}-1)}{r-1}=256\right)$

$\therefore\ a_1a_{10}=a\cdot ar^9=a^2r^9=64$

07 수열 $\{a_n\}$은 계차수열이므로 $a_n=a_1+\sum_{k=1}^{n-1}(2k-2)$

$a_{10}=a_1+2\cdot\frac{9\cdot 10}{2}-18=100$

$\therefore\ a_1=28$

08 $f(x)=a^{x-b}$

$a_n=2\cdot 3^{n-1}$로 둘 수 있고,

$(n,\ a_n)$은 $f(x)$ 위의 점이므로 $2\cdot 3^{n-1}=a^{n-b}$

$3^{\log_3 2}\cdot 3^{n-1}=a^{n-b}$

$3^{\log_3 2+(n-1)}=a^{n-b}$

$a=3,\ b=1-\log_3 2$

$\therefore\ a+b=3+1-\log_3 2=4-\log_3 2$

09 $2^{2x}=t\ (t>0)$라 하면

$t^2+a\cdot\frac{t}{2}+10-\frac{3}{4}a>0$

대칭축 $-\frac{\frac{a}{2}}{2\cdot 1}=-\frac{a}{4}$은 음수이므로 $t>0$, $f(t)>0$을 만족하려면 $10-\frac{3}{4}a\ge 0 \Leftrightarrow a\le\frac{40}{3}$

따라서 자연수 a의 최댓값은 13이다.

10 먼저 사격한 선수만 10점을 얻는 사건을 B, 그 선수가 A인 사건을 A라 하면

$$P(A|B)=\frac{P(A\cap B)}{P(B)}$$
$$P(A\cap B)=\frac{3}{4}\cdot\frac{1}{3}=\frac{3}{12}$$
$$P(B)=\frac{3}{4}\cdot\frac{1}{3}+\frac{2}{3}\cdot\frac{1}{4}=\frac{3}{12}$$
$$\therefore P(A|B)=\frac{P(A\cap B)}{P(B)}=\frac{\frac{1}{4}}{\frac{5}{12}}=\frac{3}{5}$$

11 두 사건이 독립이면 $P(A\cap B)=P(A)\cdot P(B)$

$P(A\cap B)$는 안경을 쓴 남학생이므로 $\frac{n}{2n+310}$

$P(A)=\frac{n+180}{2n+310}$, $P(B)=\frac{n+100}{2n+310}$

$\frac{n}{2n+310}=\frac{n+180}{2n+310}\cdot\frac{n+100}{2n+310}$

$n(2n+310)=(n+180)(n+100)$

$n^2+30n-18000=0$

$(n-120)(n+150)=0$

$\therefore\ n=120(\because\ n>0)$

12 (가) $P(X\geq 58)=P\left(Z\geq\frac{58-m}{\sigma}\right)=P(Z\geq-1)=\frac{58-m}{\sigma}=-1$

(나) $P(X\geq 55)=P\left(Z\geq\frac{55-m}{\sigma}\right)=P(Z\leq 2)=P(Z\geq-2)=\frac{55-m}{\sigma}=-2$

조건 (가), (나)를 연립하면 $\begin{cases}-\sigma+m=58\\-2\sigma+m=55\end{cases}$

$\sigma=3,\ m=61$

따라서 $61+3=64$

13 $t=0,\ I=100,\ t=28,\ I=79$

$\begin{cases}100=a\log(0+7)+b\\79=a\log(28+7)+b\end{cases}$

$a\log7+b=a\log7+b+a\log5$

$0.7a=-21,\ \therefore a=-30$

$t=63$일 때 정확도 I는

$I=-30\log(63+7)+b\equiv-30\log70+b$

$=-30(\log7+1)+b=100-30=70$

14 (가) $S_2=\frac{1\cdot 2}{2+1}+\frac{2\cdot 3}{2+2}=\frac{13}{6}$

(나) $S_{m+1}-S_m=-2\left(\frac{1}{m+1}+\frac{2}{m+2}+\frac{3}{m+3}+\cdots+\frac{m}{2m}\right)+\frac{m(m+1)}{(m+1)+m}+\frac{(m+1)(m+2)}{(m+1)+m+1}$

$\therefore f(m)=\frac{m(m+1)}{2m+1}$

(다) $\frac{1}{m+m}+\frac{2}{m+m}+\cdots+\frac{m}{m+m}=\frac{\frac{m(m+1)}{2}}{2m}=\frac{m+1}{4}$

$\therefore g(m)=\frac{m+1}{4}$

$\therefore af(3)g(3)=\frac{13}{6}\cdot\frac{3\cdot 4}{6+1}\cdot\frac{3+1}{4}=\frac{26}{7}$

15 ㉠ $0\le\log(3|x|+1)<1$

$1\le 3|x|<10 \Leftrightarrow 0\le|x|<3$

㉡ $1\le\log(3|x|+1)<2$

$10\le 3|x|+1<100 \Leftrightarrow 3\le|x|<33$

$y=g(3|x|+1)$는 y축 대칭함수이므로 다음과 같은 그래프를 그릴 수 있다.

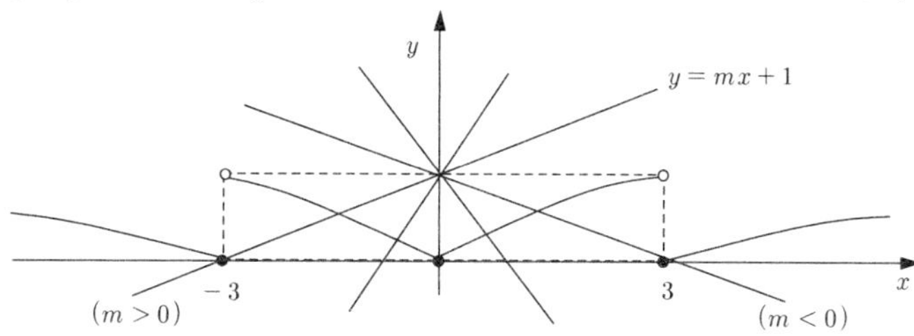

두 그래프가 서로 다른 두점에서 만날 때 기울기 m의 최댓값은 $(-3,0)$을 지날 때 가진다.

$\therefore m=\frac{1}{3}$

16 ㉠ 사과를 받은 학생이 사과를 받는 경우

처음에 사과 2개 복숭아 2개를 선택한 경우이므로

$\frac{{}_3C_2\cdot{}_2C_2}{{}_5C_4}\cdot\frac{2}{4}=\frac{3}{10}$

㉡ 복숭아를 받은 학생이 복숭아를 받는 경우

처음에 사과 3개 복숭아 1개를 선택한 경우이므로

$\frac{{}_3C_3\cdot{}_2C_1}{{}_5C_4}\cdot\frac{1}{4}=\frac{1}{10}$

$\therefore$ 구하는 확률은 $\frac{4}{10}=\frac{2}{5}$

17 그림의 어두운 원 2개를 포함하고 있는 직사각형은 모두 닮음이므로 닮음비만 구하면 공비를 알 수 있다.

직사각형의 길이비는 $\sqrt{2}:1$이므로 원의 넓이비는 $2:1$, 공비는 $\frac{1}{2}$

가장 큰 원의 반지름을 r_1이라 하면

$$\frac{1}{2}\cdot\sqrt{2}\cdot\frac{1}{2}=\frac{r_1}{2}\left(\frac{\sqrt{3}}{2}+\frac{\sqrt{3}}{2}+\sqrt{2}\right)$$

$$r_1=\frac{\sqrt{2}}{2(\sqrt{3}+\sqrt{2})}=\frac{\sqrt{6}-2}{2}$$

$$S_1=2\cdot\pi\cdot\left(\frac{\sqrt{6}-2}{2}\right)^2=(5-2\sqrt{6})\pi$$

$$\therefore\ \sum_{n=1}^{\infty}S_n=\frac{(5-2\sqrt{6})\pi}{1-\frac{1}{2}}=2(5-2\sqrt{6})\pi$$

18 (0, 1)까지 3회 이동
(0, 2)까지 3+11회 이동
(0, 3)까지 3+11+19회 이동
⋮
(0, 10)까지 3+11+19+⋯회 이동

$\therefore\ \sum_{n=1}^{10}(8n-5)$회 이동

$$\therefore\ k=8\cdot\frac{10\cdot 11}{2}-50=390$$

19 (가) 일대일 함수
(나) 정의역 = 치역
(다) $f(f(1))=1$
㉠ $f(1)=1$일 때,
나머지 2, 3, 4, 5 가 결정될 경우의 수 $4\cdot3\cdot2\cdot1=24$
㉡ $f(1)\neq1$일 때,
$f(1)=2$이면 $f(2)=1$과 같은 경우의 수가 4가지이고 함수의 개수는 $3\cdot2\cdot1=6$개이므로 24개이다.
∴ 함수의 개수는 $24+24=48$

20 ㉠ $0<a_n<b_n$ $\lim_{n\to\infty}b_n=\infty$이면 , $\lim_{n\to\infty}\frac{a_n}{{b_n}^2}=\lim_{n\to\infty}\left(\frac{a_n}{b_n}\cdot\frac{1}{b_n}\right)=0$

㉡ 반례 : 수열 $\{a_n\}=-1,\ 1,\ -1,\ 1,\cdots$, $\{a_nb_n\}=1,\ 1,\ 1,\ 1,\cdots$일 때
$\{b_n\}=-1,\ 1,\ -1,\ 1,\cdots$ 로 발산 일 수 있다.

㉢ $\lim_{n\to\infty}(n+1)a_n=1$, $\lim_{n\to\infty}(n+1)C_n=1$이므로

$$a_n=\frac{1}{(n+a)},\ b_n=\frac{1}{(n+b)}$$

$\frac{1}{(n+a)}<b_n<\frac{1}{(n+b)}$이고, $\frac{n}{(n+a)}<nb_n<\frac{n}{(n+b)}$이다.

$\therefore\ \lim_{n\to\infty}n_b=1$

따라서 옳은 것은 ㉠, ㉢이다.

21 ㉠ $X=\begin{pmatrix}1 & 0\\0 & -1\end{pmatrix}$이라 하면, $X^2=\begin{pmatrix}1 & 0\\0 & 1\end{pmatrix}$이므로 $X^2 \in M$이지만 $X \notin M$이다.

㉡ $X^2=X$

$(\mathrm{E}-\mathrm{X})^2=\mathrm{X}^2-2\mathrm{X}+\mathrm{E}=\mathrm{X}-2\mathrm{X}+\mathrm{E}=-\mathrm{X}+\mathrm{E}$

$\therefore\ E-X \in M$

㉢ $(X^m+Y^n)^2=(X^m)^2+X^mY^n+Y^nX^m+(Y^n)^2$

$=X+X^mY^n+Y^nX^m+Y$

$=X+XY-XY+Y$

$=X+Y$

$\because\ X^2=X,\ Y^2=Y,\ XY=-YX$

$X^2=X,\ X^3=X^2\cdot X=X^2=X\cdots\ \therefore\ X^m=X$

$Y^2=Y,\ Y^3=Y^2\cdot Y=Y^2=Y\cdots\ \therefore\ Y^n=Y$

따라서 옳은 것은 ㉡, ㉢이다.

22 $\overline{\mathrm{PA}}=\overline{\mathrm{AB}}$ 이므로 $\log_a x:\log_b x=2:1$이다.

$b=a^2$

$\overline{PA}=\frac{1}{3},\ \overline{CQ}=\frac{2}{3}$

점 $P\left(a^{\frac{2}{3}},\ \frac{2}{3}\right)$, 점 $Q\left(a^{\frac{4}{3}},\ \frac{2}{3}\right)$

따라서 사각형 PAQC의 넓이는 $\frac{1}{2}\left(\frac{1}{3}+\frac{2}{3}\right)\cdot(a^{\frac{4}{3}}-a^{\frac{2}{3}})=1 \Leftrightarrow (a^{\frac{4}{3}}-a^{\frac{2}{3}})=2$

$(a^{\frac{2}{3}})^2-(a^{\frac{1}{3}})^2-2=0,\ \ a^{\frac{2}{3}}=2$

$\therefore\ ab=a^3=16\sqrt{2}$

23

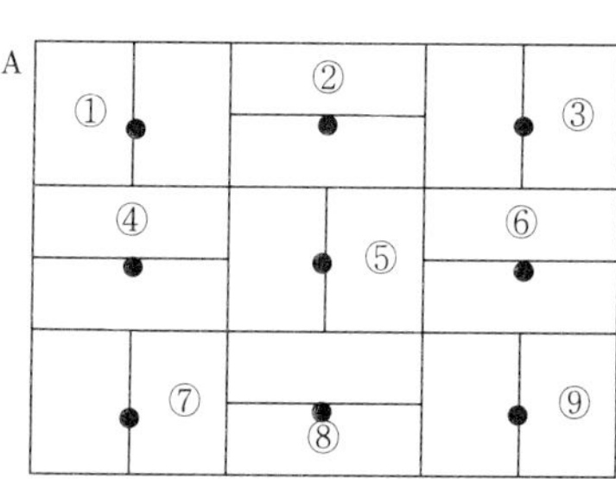

①과 ⑨, ②와 ⑧, ③과 ⑦, ④와 ⑥ 을 지나는 경우의 경로수는 같다.

①과 ⑨ : $\frac{4!}{2!2!}=6$

②와 ⑧ : $\frac{3!}{2!}=3$

③과 ⑦ : 1

④와 ⑥ : $\frac{3!}{2!}=3$

⑤ : $2\cdot 2=4$

$\therefore\ 2(6+3+1+3)+4=30$(개)

24

X가 정규분포 시 $N(100,\ 0.6^2)$을 따르고 $n=9$이므로 $\overline{X}$가 정규분포 $N(100,\ 0.2^2)$을 따른다. 전면적인 조사를 할 확률이 5% 이하이므로 신뢰도는 95% 이상이다.

표준정규분포표에 의하면 $|\overline{X}-n|=k\dfrac{\sigma}{\sqrt{n}}\le c$

$1.96\times\dfrac{0.6}{\sqrt{9}}=0.392\le c$

25 $\begin{pmatrix}-b-1 & a-8\\ 2a & 2b+2\end{pmatrix}\begin{pmatrix}x\\ y\end{pmatrix}=\begin{pmatrix}0\\ 0\end{pmatrix}$이 $x=0, y=0$ 이외의 해를 가지려면 역행렬이 존재하지 않아야 한다.

$D=(-b-1)(2b+2)-(a-8)(2a)=0$

$-2(b+1)^2-2a(a-8)=0 \Leftrightarrow a(a-8)+(b+1)^2=0$

$(a-4)^2+(b+1)^2=16$

따라서, 원의 넓이는 $S=16\pi$

$\therefore\ \dfrac{S}{\pi}=\dfrac{16\pi}{\pi}=16$

26 $0<a<\dfrac{1}{2}$이고 n이 자연수이므로

$\dfrac{1}{2}<1-a<1 \Leftrightarrow \dfrac{1}{2}<\log_4 n<1 \Leftrightarrow 2<n<4$

$n=3,\ a=1-\log_4 3$

$\log_2 m^2=4-\log_4 3 \Leftrightarrow m^2=2^{4-\log_4 3}$

$\therefore\ 3m^4=3(2^{4-\log_4 3})^2=3\cdot 2^8\cdot\dfrac{1}{3}=256$

27 네 수의 곱이 짝수인 것의 개수는 전체에서 홀수인 것의 개수를 빼면 된다.

전체 경우의 수는 $({}_5C_1\cdot{}_4C_1)\cdot({}_4C_1\cdot{}_3C_1)=5\cdot 4\cdot 4\cdot 3=240$

곱이 홀수인 경우는 a, b, c, d 모두 홀수이여야 한다. 따라서 경우의 수는 $({}_3C_1\cdot{}_2C_1)\cdot({}_2C_1\cdot{}_1C_1)=12$

$\therefore\ 240-12=228$

28 $\dfrac{a}{n(n+1)}+\dfrac{b}{(n+1)(n+2)}=\dfrac{(a+b)n+2a}{n(n+1)(n+2)}\Leftrightarrow\dfrac{2n+3}{n(n+1)(n+2)}$

$\therefore\ a=\dfrac{3}{2},\ b=\dfrac{1}{2}$

또한, $\displaystyle\lim_{n\to\infty}\sum_{k=1}^{n}\frac{1}{k(k+1)}=\lim_{n\to\infty}\sum_{k=1}^{n}\left(\frac{1}{k}-\frac{1}{k+1}\right)=1$

$\displaystyle\lim_{n\to\infty}\sum_{k=1}^{n}\frac{1}{(k+2)(k+1)}=\lim_{n\to\infty}\sum_{k=1}^{n}\left(\frac{1}{k+1}-\frac{1}{k+2}\right)=\frac{1}{2}$

$\displaystyle\sum_{n=1}^{\infty}\frac{2n+3}{n(n+1)(n+2)}=\frac{2}{3}\lim_{n\to\infty}\sum_{k=1}^{n}\frac{1}{k(k+1)}+\frac{1}{2}\lim_{n\to\infty}\sum_{k=1}^{n}\frac{1}{(k+1)(k+2)}=\frac{7}{4}$

$\therefore\ p+q=4+7=11$

29

X	3	4	5	계
P	$\frac{{}_5C_3 \cdot {}_5C_2}{{}_{10}C_5} \cdot 2 = \frac{100}{126}$	$\frac{{}_5C_4 \cdot {}_5C_1}{{}_{10}C_5} \cdot 2 = \frac{25}{126}$	$\frac{{}_5C_5}{{}_{10}C_5} \cdot 2 = \frac{1}{126}$	1

$E(X) = \frac{300+100+5}{126} = \frac{405}{126} = \frac{45}{14}$

$E(Y) = E(14X+14) = 14E(X)+14 = 59$

30 198이 적힌 바둑돌은 198행의 흰 바둑돌과 가장 가까운 4개 또는 6개의 흰색의 바둑돌에 적힌 숫자의 합이 198인 검은 바둑돌이다.

㉠ **제198행의 흰 바둑돌의 수** : 198행의 총 바둑돌 수는 199개이고 3개를 묶음으로 n회 반복하여 놓여져 있으므로 $3n = 199$, $n = 66$ 이므로 검은 바둑돌 수는 67개이다. 따라서 흰바둑돌의 수는 $199-67=132$개다.

㉡ **흰 바둑돌의 합이 198인 검은 바둑돌의 수** : 가장 가까운 4개의 흰색 바둑돌 합은 $4n+1=198$로 나타낼 수 있다. 하지만 이것을 만족하는 자연수 n은 존재하지 않는다. 가장 가까운 6개의 흰색 바둑돌 합은 $6n=198$, $n=33$이므로 제 33행에 있는 12개의 검은 바둑돌 중 양끝의 검은 바둑돌을 제외한 검은 바둑돌들이다. 따라서 10개이다.

$\therefore\ 132+10=142$

07 2012학년도 정답 및 해설

ANSWER

01	02	03	04	05	06	07	08	09	10	11	12	13	14	15	16	17	18	19	20
⑤	④	⑤	②	①	③	②	④	④	⑤	③	③	③	②	⑤	③	①	②	④	①
21	**22**	**23**	**24**	**25**	**26**	**27**	**28**	**29**	**30**										
④	①	②	③	15	145	54	60	32	28										

01

$$\frac{a_n}{b_n}=\frac{\sqrt{4n+1-2\sqrt{4n^2+2n}}}{\sqrt{2n+1-2\sqrt{n^2+n}}}$$

$$=\frac{\sqrt{(\sqrt{2n+1}-\sqrt{2n})^2}}{\sqrt{(\sqrt{n+1}-\sqrt{n})^2}}$$

$$=\frac{\sqrt{2n+1}-\sqrt{2n}}{\sqrt{n+1}-\sqrt{n}}$$

$$=\frac{\sqrt{2n+1}-\sqrt{2n}}{\sqrt{n+1}-\sqrt{n}}\times\frac{\sqrt{n+1}+\sqrt{n}}{\sqrt{n+1}+\sqrt{n}}\times\frac{\sqrt{2n+1}+\sqrt{2n}}{\sqrt{2n+1}+\sqrt{2n}}$$

$$=\frac{\sqrt{n+1}+\sqrt{n}}{\sqrt{2n+1}+\sqrt{2n}}$$

$$\lim_{n\to\infty}\frac{a_n}{b_n}=\lim_{n\to\infty}\frac{\sqrt{n+1}+\sqrt{n}}{\sqrt{2n+1}+\sqrt{2n}}$$

분모, 분자를 $\sqrt{n}$ 으로 나누면,

$$=\lim_{n\to\infty}\frac{\sqrt{1+\frac{1}{n}}+1}{\sqrt{2+\frac{1}{n}}+\sqrt{2}}$$

$$=\frac{2}{2\sqrt{2}}=\frac{\sqrt{2}}{2}$$

02

$$\alpha=\lim_{x\to-1-0}x\left(\lim_{n\to\infty}\frac{2-x^{2n}}{2+x^{2n}}\right)$$

x가 -1보다 작으므로 $n\to\infty$이면, x^{2n}은 발산한다.

즉, $\lim_{n\to\infty}\frac{2-x^{2n}}{2+x^{2n}}=-1$

따라서, $\alpha=(-1)\times(-1)=1$

마찬가지로, $\beta=\lim_{x\to 1-0} x\left(\lim_{n\to\infty}\frac{2-x^{2n}}{2+x^{2n}}\right)$

x가 1보다 작으므로 $n\to\infty$이면, x^{2n}은 0으로 수렴한다.

즉, $\lim_{n\to\infty}\frac{2-x^{2n}}{2+x^{2n}}=1$

따라서, $\beta=1\times1=1$

$\therefore\ \alpha\beta=1$

03 $f(x)=(x-p)(x-q)(x-r) \Rightarrow f'(x)=(x-q)(x-r)+(x-p)(x-r)+(x-p)(x-q)$

$f'(p)=(p-q)(p-r),\ f'(q)=(q-p)(q-r),\ f'(r)=(r-p)(r-q)$

$$\frac{p^2}{f'(p)}+\frac{q^2}{f'(q)}+\frac{r^2}{f'(r)}$$

$$=\frac{p^2}{(p-q)(p-r)}+\frac{q^2}{(q-p)(q-r)}+\frac{r^2}{(r-p)(r-q)}$$

$$=\frac{-p^2(q-r)-q^2(r-p)-r^2(p-q)}{(p-q)(q-r)(r-p)}$$

$$=\frac{-p^2q+p^2r-q^2r+q^2p-r^2p+r^2q}{-p^2q+p^2r-q^2r+q^2p-r^2p+r^2q}=1$$

04 $A=\begin{pmatrix}a & b\\ c & d\end{pmatrix}$라 하면, $A^2-2A-E=O$일 때 케일리-해밀턴의 정리에 따라 $a+d=2,\ ad-bc=-1$가 된다. 또한, $A\begin{pmatrix}1\\2\end{pmatrix}=\begin{pmatrix}3\\4\end{pmatrix}$인 조건에 따라 $a+2b=3,\ c+2d=4$이다.

$ad-bc=-1 \Rightarrow\ a(2-a)-\frac{3-a}{2}(2a)=-1 \Rightarrow a=1,\ b=1, c=2,\ d=1$

즉, $A=\begin{pmatrix}1 & 1\\ 2 & 1\end{pmatrix}$이고, $A^2=\begin{pmatrix}3 & 2\\ 4 & 3\end{pmatrix}$

모든 성분의 합은 12이다.

05 $x-y+z=7$이 되는 경우의 수를 생각해야한다.

① $x=1,\ z-y=6 \Rightarrow$가능한 경우가 없다

② $x=2,\ z-y=5 \Rightarrow (z=6,\ y=1)$

③ $x=3,\ z-y=4 \Rightarrow (z=6,\ y=2),\ (z=5,\ y=1)$

④ $x=4,\ z-y=3 \Rightarrow (z=6,\ y=3),\ (z=5,\ y=2),\ (z=4,\ y=1)$

⑤ $x=5,\ z-y=2 \Rightarrow (z=6,\ y=4),\ (z=5,\ y=3),\ (z=4,\ y=2),\ (z=3,\ y=1)$

⑥ $x=6,\ z-y=1 \Rightarrow (z=6,\ y=5),\ (z=5,\ y=4),\ (z=4,\ y=3),\ (z=3,\ y=2),\ (z=2,\ y=1)$

총 15가지 이므로 경우의 수는 $\frac{15}{6\times6\times6}=\frac{5}{72}$

06 $\frac{{}_6C_1}{k}+\frac{{}_6C_2}{k}+...+\frac{{}_6C_6}{k}=1 \Rightarrow k=63$

$m=1\times\frac{{}_6C_1}{k}+2\times\frac{{}_6C_2}{k}+3\times\frac{{}_6C_3}{k}+\cdots+6\times\frac{{}_6C_6}{k}$

$=\frac{6+2\times15+3\times20+4\times15+5\times6+6\times1}{k}$

$=\frac{192}{k}\Rightarrow mk=192$

$mk^2=192\times63=2^6\times3^3\times7=2^a\times2^b\times2^c\Rightarrow a=6,\ b=3, c=1$

$\therefore\ a+b+c=10$

07 $2^k=\left(1+8.3\frac{A(t)}{20A(t)}\right)^c \qquad \because\ P(t)=20A(t)$

양변에 자연로그를 취하면

$k\log2=c\log1.415$ ($\log1.415=0.15$이고, $\log2=0.30$이므로)

$k=\frac{1}{2}c$

08 사건 A와 사건 B가 서로 독립이다. $\leftrightarrow \mathrm{P}(A)\mathrm{P}(B)=\mathrm{P}(A\cap B)$

사건 $A\cap B$와 사건 C는 서로 배반이다. $\leftrightarrow \mathrm{P}((A\cap B)\cap C)=\varnothing$

$A\cup B\cup C=S$, $\mathrm{P}(A)=\frac{1}{2}$, $\mathrm{P}(B)=\frac{1}{3}$, $\mathrm{P}(C)=\frac{2}{3}$, $S=1$이므로,

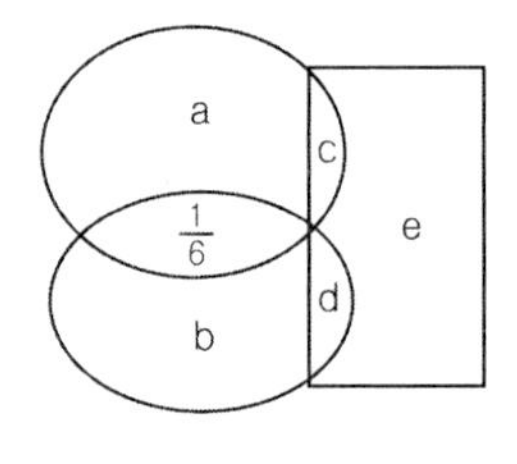

$a+c=\frac{2}{6}$, $b+d=\frac{1}{6}$, $c+d+e=\frac{2}{3}$, $a+b+c+d+e=\frac{5}{6}$

따라서, $e=\frac{2}{6}$, $c+d=\frac{2}{6}$가 된다.

$\mathrm{P}(A|C)+\mathrm{P}(B|C)=\frac{P(A\cap C)}{P(C)}+\frac{P(B\cap C)}{P(C)}=\frac{c+d}{c+d+e}=\frac{1}{2}$

09 $S=a_1-a_2+a_2-a_3+a_3-a_4...$

$=a_1-a_\infty$

a_∞는 $y=\frac{2}{n}$와 $y=x^4+x^2$ 사이의 넓이이므로 0에 수렴한다. 즉, $S=a_1$

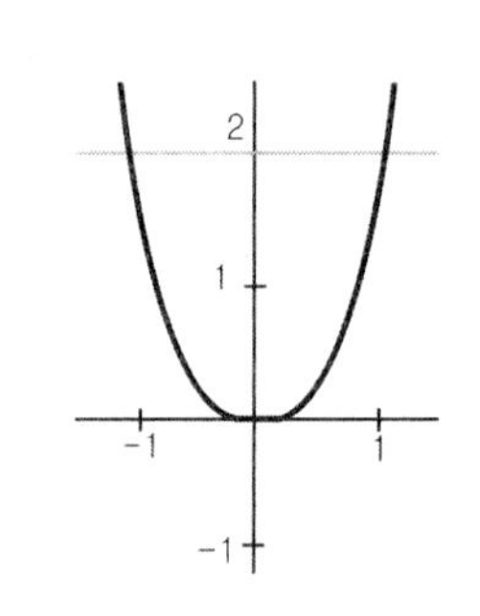

$y=x^4+x^2$과 $y=2$ 사이의 넓이 $S=4-\int_{-1}^{1}x^4+x^2dx$

$\therefore\ S=4-\frac{16}{15}=\frac{44}{15}$

10 ㉠ $f(x)g(x)$는 $x \to -1-0$로 갈 때 극한값은 1, $f(x)g(x)$는 $x \to -1+0$로 갈 때 극한값은 -1
따라서 좌우극한값이 불일치하여 극한값이 존재하지 않는다.
㉡ $f(x)g(x)$는 $x \to -1-0$로 갈 때 극한값은 1, $f(x)g(x)$는 $x \to -1+0$로 갈 때 극한값은 1
따라서 좌우극한값이 일치하여 극한값으로 1을 갖는다.
㉢ $x=-1$, 1을 제외한 모든 점에서 연속이므로 $y=f(x)g(x)$의 불연속점의 개수는 2개이다.
($x=1$에서는 극한값은 존재하지만 연속한 것은 아니다.)
∴ ㉡, ㉢

11 ㉠ $g(x)=\dfrac{f(x)-f(2)}{(x-2)}$ ($x \neq 2$이며 $g(x)$는 연속함수), $f'(2)=\lim\limits_{x\to 2}\dfrac{f(x)-f(2)}{x-2}$이다.
㉡ $(x-2)g(x)=f(x)-f(2)$를 양변을 미분하면 $(x-2)g'(x)+g(x)=f'(x)$이다.
㉢ (반례) $f(x)=-x^2$, $g(x)=\dfrac{-x^2+4}{x-2}$이고, $x=3$이면 $f'(3)=-6$, $g(3)=-5$
$g(x)>f'(x)$경우가 존재
∴ ㉠, ㉡

12 $\log_3 x=a$, $\log_2 y=b$로 치환하여 연립방정식을 정리하면
$a-b=1 \Rightarrow a=1+k \Rightarrow \alpha=3^{1+k}$
$\dfrac{1}{2}(a+1)-b=1-\dfrac{k}{2} \Rightarrow b=k \Rightarrow \beta=2^k$
$3^{1+k} \le 2^k$를 만족하는 최대의 정수는 -3

13 $S_n=\dfrac{1}{2}(2n+1)\sqrt{n+1}$, $T_n=\dfrac{1}{2}(n+1)\sqrt{n+1}$

$$\lim_{n\to\infty}\frac{S_n+T_n}{S_n-T_n}=\lim_{n\to\infty}\frac{\frac{1}{2}(2n+1)\sqrt{n+1}+\frac{1}{2}(n+1)\sqrt{n+1}}{\frac{1}{2}(2n+1)\sqrt{n+1}-\frac{1}{2}(n+1)\sqrt{n+1}}$$

$$=\lim_{n\to\infty}\frac{(2n+1)+(n+1)}{(2n+1)-(n+1)}=\lim_{n\to\infty}\frac{3n+2}{n}=3$$

14 $f(x)=-\dfrac{1}{4^n}(x-n)(x-n-1)$ $(n=0,\ 1,\ 2,\ 3,\cdots)$

$$S_n=\int_0^1 -x(x-1)dx+\int_1^2 -\frac{1}{4}(x-1)(x-2)dx+\int_2^3 -\frac{1}{4^2}(x-2)(x-3)dx+\cdots$$

$$=(1+\frac{1}{4}+\frac{1}{4^2}+\frac{1}{4^3}+\cdots)\int_0^1 -x(x-1)dx$$

$$\because \int_0^1 -x(x-1)dx=\int_1^2 -(x-1)(x-2)dx=\int_2^3 -(x-2)(x-3)dx=\cdots$$

$$=(\frac{1}{1-\frac{1}{4}})\left[-\frac{1}{3}x^3+\frac{1}{2}x^2\right]_0^1=\frac{2}{9}$$

15 □APTS의 한 변의 길이는 1이고, 중점을 연결한 마름모의 넓이는 정사각형 넓이의 반이 되므로 $a_1=\frac{1}{2}$, $a_2=\frac{1}{4}$, $a_3=\frac{1}{8}$, $\cdots$, $a_n=\frac{1}{2^n}$

B_n, D_n은 한 변의 길이가 A_n과 같고 나머지 변의 길이가 $\sqrt{3}$배 이므로 $b_n=d_n=\frac{\sqrt{3}}{2^n}$

마찬가지로 $c_n=\frac{3}{2^n}$

$$\sum_{n=1}^{\infty}(a_n-b_n+c_n-d_n)=\sum_{n=1}^{\infty}\left(\frac{4-2\sqrt{3}}{2^n}\right)=\frac{2-\sqrt{3}}{1-\frac{1}{2}}=4-2\sqrt{3}$$

$p=4,\ q=-2\Rightarrow p+q=2$

16 ㉠ AB의 역행렬이 존재한다면, A와 B행렬 각각의 역행렬이 존재해야하는데, $(A^2B^3)=O\Rightarrow(A^{-2})(A^2B^3)(B^{-2})=O\Rightarrow B=O$는 역행렬이 존재하지 않는다.
마찬가지로 $A=O$가 되면 역행렬이 존재하지 않으므로, AB의 역행렬은 존재하지 않는다.

㉡ AB = BA이려면 B = kE(k : 상수) 이거나 B를 A에 관한 다항식으로 표현할 수 있어야 한다. 그런데 B = kE이면 B는 역행렬이 존재하고 마찬가지로 B가 A에 관한 다항식이면 A가 역행렬이 존재하므로 B는 역행렬이 존재하게 된다. 이는 ㉠에서 설명한 A, B가 동시에 역행렬 존재가 불가능한 조건에 의해 AB = BA 일 수 없게 된다.

㉢ B = 2A − E이므로 B가 A에 관한 다항식으로 표현되며 AB = BA가 된다.
$(AB)^{2012}=(AB)(AB)(AB)\cdots=A^{2012}B^{2012}$ (AB = BA 이용)
$A^{2012}B^{2012}$는 나열하였을 때 $A^2B^3=O$를 포함하므로 $A^{2012}B^{2012}=O$

∴ ㉠, ㉢

17 A_n-B_n 원소가 존재하기 위해서는 $n^2+n>\frac{1}{2}n+5\Rightarrow 2n^2+2n>n+10$이어야 한다.

$(2n+5)(n-2)>0$이고, n은 자연수이므로 $n>2$이어야한다.

① n이 홀수 $(n=2m+1)$ $(m=1,\ 2,\ 3,\ \ldots,\ 9)\Rightarrow a_n=4m^2+5m-3$

② n이 짝수 $(n=2m+2)$ $(m=1,\ 2,\ 3,\ \ldots,\ 9)\Rightarrow a_n=4m^2+9m$

$$\sum_{n=1}^{20}a_n=\sum_{m=1}^{9}8m^2+14m-3=8\times\frac{9\times10\times19}{6}+14\times\frac{9\times10}{2}-3\times9$$
$=2280+630-27=2883$

18 $f(i)=(i+1)\left(\frac{[\log3^{i+1}]}{i+1}\right)=[\log3^{i+1}]$, $g(m)=\sum_{k=1}^{m}[\log3^{k+1}]+[\log3]$, $h(m)=[\log3^{m+1}]$

$f(n)+g(n)-h(n)=\sum_{k=1}^{n}[\log3^{k+1}]=9$이므로 $[\log3^{k+1}]$를 k값에 따라 계산한다.

$k=1$, $[\log3^{k+1}]=0$ $k=2$, $[\log3^{k+1}]=1$ $k=3$, $[\log3^{k+1}]=1$
$k=4$, $[\log3^{k+1}]=2$ $k=5$, $[\log3^{k+1}]=2$ $k=6$, $[\log3^{k+1}]=3$
$(0+1+1+2+2+3)=9$이므로 조건을 만족시키는 자연수 n은 6이다.

19 ㉠ $\lim_{x\to1-0} f(x)=0$, $\lim_{x\to1+0} f(x)=0$ 극한이 일치하고, $f(1)=0$극한 값과 같으므로 연속

㉡ $\lim_{x\to2-0} f(x)=\frac{1}{2}$, $\lim_{x\to2+0} f(x)=\frac{1}{3}$이므로 극한값이 불일치한다.

㉢ $\lim_{x\to\infty} f(x)=\lim_{x\to\infty}\frac{x-1}{x-k+1}(k=0,\ 1)=1$

$\therefore$ ㉠, ㉢

20 임의의 실수 x, y에 대하여 모두 만족하는 것을 이용한다.

$x=y$ 대입 후 식을 정리하면,

$f(2x)-f(0)=4f(x)+4g(x)$

$x=0$ 대입$\Rightarrow 0=4f(0)+4g(0)\Rightarrow f(0)=-1$

첫 식에 $x=0$, $y=1$ 대입하면 $0=4f(0)+4g(1)\Rightarrow g(1)=1$

$x=1$ 대입$\Rightarrow f(2)-f(0)=4f(1)+4g(1)\Rightarrow f(2)+1=4\times4+4g(1)\Rightarrow f(2)=19$

첫 식에 $x=2$를 대입하면,

$2f(2+y)-2f(2-y)=4y\{f(2)+g(y)\}\Rightarrow f(2+y)-f(2-y)=2y\{f(2)+g(y)\}$

$\Rightarrow \frac{f(2+y)-f(2)-f(2-y)+f(2)}{y}=2f(2)+2g(y)$

$\Rightarrow \frac{f(2+y)-f(2)}{(2+y)-2}+\frac{f(2-y)+f(2)}{(2-y)-2}=2f(2)+2g(y)$

양변에 $\lim_{y\to0}$을 취해주면

$\Rightarrow f'(2)+f'(2)=2f(2)+2g(0)\Rightarrow f'(2)=f(2)+g(0)=19+1=20$

$\therefore f'(2)=20$

21 $f(x)=\frac{9x^{18}}{(9+x^{2p})}+\frac{9^2x^{18}}{(9+x^{2p})^2}+\frac{9^3x^{18}}{(9+x^{2p})^3}+\cdots$ 무한 등비급수의 형태이다.

등비(r)가 $r=\frac{1}{(1+\frac{x^{2p}}{9})}$ 이고, 초항이 $\frac{9x^{18}}{(9+x^{2p})}$ 이므로

$f(x)=\frac{81x^{18}+9x^{(2p+18)}}{9x^{2p}+x^{4p^2}}$

정리하면, $f(x)=\frac{9x^{18}}{x^{2p}}$ 이 된다.

실수 전체에서 연속이기 위해서는 모든 실수 a에 대하여 $f(a)$값이 존재하고 $\lim_{x\to a} f(x)$가 존재하며, $\lim_{x\to a} f(x)=f(a)$이어야 한다. 문제에서 주어진 함수에 $x=0$을 대입하면 $f(0)=0$인데, 등비급수의 합을 정리한 식에서는 $p\ge9$에서 $f(0)\ne0$된다. 따라서, 자연수 p는 8개다.

22 접선 l의 방정식 $y=2a(x-a)+a^2$

x축과의 교점 $A=\left(\frac{1}{2}a,\ 0\right)$

직선 m의 방정식 $y=-2a\left(x-\frac{1}{2}a\right)$

y축과의 교점 $B=(0,\ a^2)$

직선 n의 방정식 $y=-\frac{1}{2a}\left(x-\frac{1}{2}a\right)$

y축과의 교점 $C=(0,\ \frac{1}{4})$

$S(a)=\frac{1}{2}\times\frac{1}{2}a\times(\frac{1}{4}-a^2)$, $S'(a)=-\frac{3}{4}a^2+\frac{1}{16} \Rightarrow S'(a)=0$, $a=\pm\frac{\sqrt{3}}{6}$

따라서 극댓값은 $a=\frac{\sqrt{3}}{6}$일 때 이므로 $S(a)=\frac{\sqrt{3}}{144}$

23 모든 $0<a<b<1$에 대하여 만족하므로 조건을 만족하는 a, b를 가정하면 쉽게 푼다.

$a=0.2$, $b=0.5$ 가정

$\mathrm{P}=(0.2,\ 1)$, $\mathrm{Q}=(0.5,\ 1)$, $\mathrm{R}=\left(\frac{1}{0.2},\ -1\right)=(5,\ -1)$, $\mathrm{S}=\left(\frac{1}{0.5},\ -1\right)=(2,\ -1)$

$\alpha=-1.11\ldots$, $\beta=-0.416\ldots$, $\gamma=-1.33\ldots$, $\delta=-0.44\ldots$

24 ㉠ $h(x)=|(2\sqrt{2})^{2x}-(2\sqrt{2})^{x+1}+2|$가 0이 되려면 $(2\sqrt{2})^{2x}-(2\sqrt{2})^{x+1}=-2$인데 $(2\sqrt{2})^x=p$로 치환하면, $p^2-2\sqrt{2}p+2=0$이 된다. $p=\sqrt{2}$일 때 유일한 한 근을 가지므로 x축과는 한 점에서 만난다.

㉡ $h(x)=|4^{2x}-4^{x+1}+2|=|(4^x-2)^2-2|$이므로 x값 조건에 따라 $h(x)$ 값이 달라진다.

㉢ $1=|a^{2x}-a^{x+1}+2|=\left|(a^x-\frac{1}{2}a)^2-\frac{1}{4}a^2+2\right|$이므로 $a=2$이면 $|(2^x-1)^2+1|$가 $|(2^x-1)^2+1|\geq 1$인 조건에 따라 오직 한 점에서만 만나게 된다.

∴ ㉠, ㉢

25 $a_{10}=a_1+9d=27 \Rightarrow d=3$

$a_{10}=a_1+27=S_{10}=\frac{10}{2}(2a_1+27) \Rightarrow a_1=-12$ ∴ $S_{10}=a_{10}=15$

26 음이 아닌 정수이므로 0, 1, 2, 3 ...이다. $\sum_{k=1}^{5}x_k=a$, $\sum_{k=6}^{10}x_k=b$라 하면, $2a+3b=8$이다.

이를 만족할 수 있는 $(a,\ b)$의 순서쌍은 (1, 2), (4, 0)이다.

① $(a,\ b)=(1,\ 2)$의 경우의 수는

a에서 0이 4개, 1이 1개 총 5개의 조합과

b에서 0이 4개, 2가 한 개인 5개 조합

0이 3개, 1이 두 개인 $\frac{5!}{2!\times 3!}=10$개 조합

총 $5\times(5+10)=75$개 조합

② $(a,\ b)=(4,\ 0)$의 경우의 수는

a에서 0이 4개, 4가 한 개인 5개 조합

0이 3개, 2가 두 개인 $\frac{5!}{2!\times 3!}=10$개 조합

0이 3개, 1이 한 개 3이 한 개인 $\frac{5!}{3!}=20$개 조합

0이 2개, 1이 두 개 2가 한 개인 $\frac{5!}{2!\times 2!}=30$개 조합

0이 1개, 1이 네 개인 5개 조합

총 $5+10+20+30+5=70$개 조합

27 $f'(x)=g(x), g'(x)=h(x)$

$f(x)+h(x)=2g(x)+x4+1 \Rightarrow f(x)-g(x)=g(x)-h(x)+x^4+1$

$\Rightarrow P(x)=P'(x)+x^4+1(P(x)=f(x)-g(x))$

$\Rightarrow P'(x)=P(x)-x^4-1$

$P(x)=x^4+ax^3+bx^2+cx+d$로 가정하고 풀면

$\Rightarrow P(x)=x^4+4x^3+12x^2+24x+25 \Rightarrow f(x)-f'(x)=x^4+4x^3+12x^2+24x+25$

$P(x)$ 구할 때와 마찬가지로

$f(x)=x^4+ax^3+bx^2+cx+d$로 가정하고 풀면

$\Rightarrow f'(x)=f(x)-x^4-4x^3-12x^2-24x-25 \Rightarrow f(x)=x^4+8x^3+36x^2+96x+121$

$f(-1)=54$

28 원의 중심점은 $(1,\ 2)$이고 직선 $y=2x$는 $(1,\ 2)$를 지나므로 삼각형 PQR은 직각삼각형이다.

$x^2+y^2-2x-4y-11=0 \Rightarrow (x-1)^2+(y-2)^2=4^2$

즉, 반지름이 4이다.

조건 $8A^2=4A+7E$를 정리하면 $A^2-\frac{1}{2}A-\frac{7}{8}E=O$이고 이는 케일리-헤밀턴 정리이다.

따라서 $\sin\alpha+\cos\beta=\frac{1}{2}$, $\sin\alpha\cos\beta-\sin\beta\cos\alpha=-\frac{7}{8}$이며, 직각삼각형이므로 $\alpha+\beta=90^\circ$이다.

$\sin\alpha+\cos(90^\circ-\alpha)=\frac{1}{2} \Rightarrow \sin\alpha=\frac{1}{4}$, $\cos\alpha=\frac{\sqrt{15}}{4}$ $(\sin^2\alpha+\cos^2\alpha=1)$

선분 PR = 지름 $\times\cos\alpha=8\times\frac{\sqrt{15}}{4}=2\sqrt{15}$

선분 QR = 지름 $\times\sin\alpha=8\times\frac{1}{4}=2$

$S=\frac{1}{2}\times 2\sqrt{15}\times 2=2\sqrt{15}$ 따라서 $S^2=60$

29 $f(1+2)=2f(1)=f(3)=10$이므로 $f(1)=5$를 구한다.

마찬가지로 $f(5)=20$, $f(7)=40$, $f(9)=80$, $f(n+10)=f(n)$이므로 10번을 기준으로 순환하므로 $\sum_{n=1}^{10} f(n)=217$을 알 수 있다.

따라서, $f(2)+f(4)+f(6)+f(8)+f(10)=217-(5+10+20+40+80)=62$

짝수항은 2배씩 증가하므로 $f(2)+2f(2)+4f(2)+8f(2)+16f(2)=62 \Rightarrow 31f(2)=62$

$f(2)=2$이다. $f(10)=16f(2)=32$이고 $f(10k)$ (k=자연수)에서 항상 같은 값을 가지므로 $f(100)=32$이다.

30 $f(x)=2x^3+k$, $g(x)=x^2+k'$라 하면 $p(x)=2x^3-x^2+k$ $(p(x)=f(x)-g(x))$는 두 개의 근을 가져야한다. 삼차함수가 두 개의 근을 가지기 위해서는 $p'(x)=6x^2-2x=0$을 이용하고, 이를 통해 $x=0$ 또는 $x=\frac{1}{3}$에서 중근을 갖는다는 것을 알 수 있다. $p(0)=p\left(\frac{1}{3}\right)=0$이 되어야하므로 이를 만족하는 $k=0$, $\frac{1}{27}$이다. 따라서 $\frac{q}{p}=\frac{1}{27}$이고 $p+q=28$이 된다.

08 2013학년도 정답 및 해설

ANSWER

01	02	03	04	05	06	07	08	09	10	11	12	13	14	15	16	17	18	19	20
②	①	⑤	④	④	④	③	③	①	②	③	②	①	⑤	②	①	⑤	②	③	⑤
21	**22**	**23**	**24**	**25**	**26**	**27**	**28**	**29**	**30**										
④	④	③	①	160	30	103	93	379	18										

01

$$\sqrt[6]{9^5}\times 24^{-\frac{2}{3}}=9^{\frac{5}{6}}\times 24^{-\frac{2}{3}}=(3^2)^{\frac{5}{6}}\times(2^3\times 3)^{-\frac{2}{3}}=3^{\frac{5}{3}}\times 2^{-2}\times 3^{-\frac{2}{3}}=2^{-2}\times 3=\frac{3}{4}$$

02 $A(X-B)=B,\quad AX-AB=B$

$AX=B+AB$

$AX=(E+A)B$

$$\begin{pmatrix}1&3\\3&8\end{pmatrix}X=\begin{pmatrix}2&3\\3&9\end{pmatrix}\begin{pmatrix}2&-1\\3&4\end{pmatrix}$$

$$X=\frac{1}{8-9}\begin{pmatrix}8&-3\\-3&1\end{pmatrix}\begin{pmatrix}13&10\\33&33\end{pmatrix}=-\begin{pmatrix}5&-19\\-6&3\end{pmatrix}=\begin{pmatrix}-5&19\\6&-3\end{pmatrix}$$

행렬X의 모든 성분의 합은 17이다.

03

$$\begin{pmatrix}k-2&3\\1&k\end{pmatrix}\begin{pmatrix}x\\y\end{pmatrix}=\begin{pmatrix}-6\\2\end{pmatrix}$$

$ad-bc=(k-2)k-3=0$

$k^2-2k-3=(k-3)(k+1)=0$

i) $k=3$ 이면 해가 무수히 많다.

ii) $k=-1$ 이면 해가 없다.

04

$$2\left(\frac{1}{2}+x\right)^4-2\left(\frac{1}{2}\right)^4=2\left\{\left(\frac{1}{2}+x\right)^4-\left(\frac{1}{2}\right)^4\right\}$$

$$=2\left\{\left(\frac{1}{2}+x\right)^2+\left(\frac{1}{2}\right)^2\right\}\left\{\left(\frac{1}{2}+x\right)^2-\left(\frac{1}{2}\right)^2\right\}=2\left(\frac{1}{4}+x+x^2+\frac{1}{4}\right)\left(\frac{1}{4}+x+x^2-\frac{1}{4}\right)=2\left(\frac{1}{2}+x+x^2\right)(x+x^2)$$

$$=2x\left(\frac{1}{2}+x+x^2\right)(1+x)$$

$$\Rightarrow \lim_{x\to 0}\frac{2\left(\frac{1}{2}+x\right)^4-2\left(\frac{1}{2}\right)^4}{x}=\lim_{x\to 0}\frac{2x\left(\frac{1}{2}+x+x^2\right)(1+x)}{x}=\lim_{x\to 0}2\left(\frac{1}{2}+x+x^2\right)(1+x)=1$$

05 모집단이 정규분포 $N(50, 10^2)$를 따르고 표본의 크기가 25이므로 표본평균 $\overline{X}$는

정규분포 $N\left(50, \frac{100}{25}\right) = N(50, 2^2)$ 이때 $Z = \frac{\overline{X} - 50}{2}$ 로 놓으면

$P(48 \le \overline{X} \le 54) = P(-1 \le Z \le 2) = P(-1 \le Z \le 0) + P(0 \le Z \le 2)$

$= P(0 \le Z \le 1) + P(0 \le Z \le 2) = 0.3413 + 0.4772 = 0.8185$

06 (1) 정회원 두 명이 4개를 (2,2) 가진다면 준회원 두 명은 6개를 (1,5), (2,4), (3,3), (4,2), (5,1) 5가지로 가질 수 있다.

(2) 정회원 두 명이 5개를 (2,3), (3,2) 가진다면 준회원 두 명은 5개를 (1,4), (2,3), (3,2), (4,1) 4가지로 가질 수 있다.

(3) 정회원 두 명이 6개를 (2,4), (3,3), (4,2) 가진다면 준회원 두 명은 4개를 (1,3), (2,2), (3,1) 3가지로 가질 수 있다.

(4) 정회원 두 명이 7개를 (2,5), (3,4), (4,3), (5,2) 가진다면 준회원 두 명은 3개를 (1,2), (2,1) 2가지로 가질 수 있다.

(5) 정회원 두 명이 8개를 (2,6), (3,5), (4,4), (5,3), (6,2) 가진다면 준회원 두 명은 2개를 (1,1) 1가지로 가질 수 있다. 따라서 전체 경우의 수는 $1 \times 5 + 2 \times 4 + 3 \times 3 + 4 \times 2 + 5 \times 1 = 35$ 가지가 된다.

07 $A\left(\frac{b}{4}, a^{\frac{b}{4}}\right)$, $B(a, a^a)$, $C(b, b^b)$, $D(1, b)$가 된다.

점 A, C의 y좌표가 같으므로

$a^{\frac{b}{4}} = b^b \cdots (1)$

점 B, D의 y좌표가 같으니까

$a^a = b \cdots (2)$

(2)를 (1)에 대입하면

$a^{\frac{b}{4}} = a^{ab}$

$\frac{b}{4} = ab, \quad a = \frac{1}{4} \Rightarrow a^2 = \frac{1}{16}$

$b = \left(\frac{1}{4}\right)^{\frac{1}{4}} = \left(\frac{1}{2}\right)^{\frac{1}{2}} \Rightarrow b^2 = \frac{1}{2}$

$a^2 + b^2 = \frac{1}{16} + \frac{1}{2} = \frac{9}{16}$

08 현재 개체수가 5000이 되면 $N = 5000$, $t = 0$을 대입해서 $\log 5000 = k$가 된다.

$\log N = k + t\log\frac{4}{5}$

$N = 10^{k + t\log\frac{4}{5}}$이 되어서 개체수가 1000 보다 작아진다고 했으므로

$10^{k + t\log\frac{4}{5}} \le 1000$ 지금으로부터 n년 후라고 했으므로 $10^{\log 5000 + n\log\frac{4}{5}} \le 10^3$

$\log 5000 + n\log\frac{4}{5} \le 3$

$3 + \log 5 + n(2\log 2 - \log 5) \le 3$

$n(2\log 2 - \log 5) \le -\log 5$

$-0.097n \le -0.699$

$n \ge \dfrac{0.699}{0.097}$

$n \ge 7.2\cdots$

따라서 8년 후가 된다.

09 점P의 시각 t에서의 위치는 $\dfrac{1}{2}\times 8\times 2k - \dfrac{1}{2}\times 2\times k = 8k - k = 7k$

$7k = \dfrac{35}{3},\quad k = \dfrac{5}{3}$

출발 후 10초 동안 점P가 움직인 거리는 $8k + k = 9k = 9\times\dfrac{5}{3} = 15$가 된다.

10 $x+y=1,\ xy=-1$이면 근과 계수와의 관계에 의해서 $t^2-t-1=0$ 이 되니까 (가)$=-1\cdots(1)$

첫째항이 x^{n-1}이고 공비가 $\dfrac{y}{x}$인 등비수열의 합

$$a_n = \frac{x^{n-1}\left\{1-\left(\frac{y}{x}\right)^n\right\}}{1-\frac{y}{x}} = \frac{\frac{x^n}{x}\left(1-\frac{y^n}{x^n}\right)}{1-\frac{y}{x}} = \frac{\frac{x^n}{x}-\frac{y^n}{x}}{1-\frac{y}{x}} = \frac{x^n-y^n}{x-y}$$

$(x-y)^2 = (x+y)^2 - 4xy = 5$

$x-y = \sqrt{5}\ (x>y)$

$x^2-y^2 = (x+y)(x-y) = \sqrt{5}$

$x^3-y^3 = (x-y)(x^2+xy+y^2) = 2\sqrt{5}$

$\cdots$

$x^n-y^n = (n-1)\sqrt{5}$

$\Rightarrow a_n = \dfrac{x^n-y^n}{x-y} = \dfrac{(n-1)\sqrt{5}}{\sqrt{5}}$

(나) $f(n) = (n-1)\sqrt{5} \Rightarrow f(3) = 2\sqrt{5}\ldots(2)$

(1)과 (2)에 의해서

$m + \{f(3)\}^2 = (-1) + (2\sqrt{5})^2$

$= (-1) + 20 = 19$가 된다

11 $a_{n+1} = a_n - 2n + 9$

$a_{n+1} - a_n = -2n + 9$

이때 $a_{n+1} - a_n = b_n$이라고 하면

$b_n = -2n + 9$이 된다.

$$a_n = a_1 + \sum_{k=1}^{n-1} b_k = a_1 + \sum_{k=1}^{n-1}(-2k+9) = 20 - 2\times\frac{(n-1)n}{2} + 9(n-1) = 20 - n^2 + n + 9n - 9$$

$= -n^2 + 10n + 11 = -(n-5)^2 + 36$

a_n의 최댓값은 36이 된다.

12 $\log_{25}(a-b)=\log_9 a=\log_{15} b=k$라고 하자.

$a-b=25^k=(5^k)^2 \Rightarrow 5^k=\sqrt{a-b}$

$a=9^k=(3^k)^2 \Rightarrow 3^k=\sqrt{a}$

$b=15^k=3^k\times 5^k=\sqrt{a}\times\sqrt{a-b}$

$b=\sqrt{a^2-ab} \Rightarrow b^2=a^2-ab$ 양변을 ab로 나누면

$\frac{b}{a}=\frac{a}{b}-1$이 된다.

$\frac{b}{a}=A$라고 하면

$A=\frac{1}{A}-1,\quad A^2+A-1=0$

근의 공식을 사용하면

$A=\frac{-1\pm\sqrt{5}}{2}\ (A>0)$

$\frac{b}{a}=A=\frac{-1+\sqrt{5}}{2}=\frac{\sqrt{5}-1}{2}$가 된다.

13 $f(x)=ax(x-3)$이라고 하면

$S(x)=\int_1^x f(t)dt=\int_1^x at(t-3)dt$

$=\int_1^x (at^2-3at)dt=\left[\frac{1}{3}at^3-\frac{3}{2}at^2\right]_1^x$

$=\frac{1}{3}ax^3-\frac{3}{2}ax^2+\frac{7}{6}a$

그래프를 보고 증감표를 구해보면

	…	-1	…	0	…
$S'(x)$	+	0	+	0	+
$S(x)$	↗	-4	↘	m	↗

$M-m=S(0)-S(3)$

$=\frac{7}{6}a-\left(9a-\frac{27}{2}a+\frac{7}{6}a\right)=6$

$\rightarrow a=\frac{4}{3}$

$S(x)=\frac{4}{9}x^3-2x^2+\frac{14}{9}$

$=(x-1)\left(\frac{4}{9}x^2-2x^2+\frac{14}{9}\right)$

이 되어서 주어진 식에 대입을 해 보면

$\lim_{x\to1}\frac{S(x)}{x-1}=\lim_{x\to1}\frac{(x-1)\left(\frac{4}{9}x^2-2x^2+\frac{14}{9}\right)}{x-1}$

$=\lim_{x\to1}\left(\frac{4}{9}x^2-\frac{14}{9}x-\frac{14}{9}\right)=-\frac{8}{3}$

14

$f(x)=\int_1^x (x^2-t)dt=\left[x^2t-\frac{1}{2}t^2\right]_1^x=x^3-\frac{3}{2}x^2+\frac{1}{2}$ 와

$y=6x-k$가 접하려면

$x^3-\frac{3}{2}x^2+\frac{1}{2}=6x-k$

$k=-x^3+\frac{3}{2}x^2+6x-\frac{1}{2}$ 이 식을 직선과 곡선으로 나누면

$g(x)=k,\ h(x)=-x^3+\frac{3}{2}x^2+6x-\frac{1}{2}$

$h'(x)=-3x^2+3x+6=-3(x-2)(x+1)$

가 되어서 증감표를 구해보면

	$\cdots$	-1	$\cdots$	2	$\cdots$
$h'(x)$	$-$	0	$+$	0	$-$
$h(x)$	↘	-4	↗	$\frac{19}{2}$	↘

$k=-4$과 $k=\frac{19}{2}$에서 접하게 되므로

양수 $k=\frac{19}{2}$가 된다.

15

$f(x)=2x+\int_0^1\{f(t)+g(t)\}dt$에서 $\int_0^1\{f(t)+g(t)\}dt=a$라 놓고,

$g(x)=3x^2+\int_0^1\{f(t)-g(t)\}dt$에서 $\int_0^1\{f(t)-g(t)\}dt=b$라 놓는다.

그러면 $f(x)=2x+a,\ g(x)=3x^2+b$

$\int_0^1\{f(x)+g(x)\}dx=\int_0^1\{x^3+x^2+(a+b)x\}dx=a$ 그러므로 $b=-2$

$\int_0^1\{f(x)-g(x)\}dx=\int_0^1\{-x^3+x^2+(a-b)x\}dx=b$ 그러므로 $a=-4$

$\therefore f(1)+g(2)=-2+10=8$

16

$$\begin{cases} x\le 0 & y=-(x+1)^2+1 \\ x=1 & y=0 \\ 1<x\le 2 & y=2x-3 \\ x>2 & y=(x-2)^2 \end{cases}$$

㉠ 함수 $f(x-1)$는 $f(x)$를 x축의 방향으로 1만큼 평행이동시킨 그래프가 되므로 $x=0$에서 연속이 된다. (참)

㉡ $f(-1)\cdot f(1)=0$

$\lim_{x\to 1+}f(x)\cdot f(-x)=-1$이므로 불연속 (거짓)

㉢ 함수 $f(x)$가 $x=3$에서 연속이 되므로 $f(f(x))$에서도 연속이 된다. (거짓)

17 $(AB)^2 = A^2B^2 \to AB = BA$ ⋯(1)

$BA = AC$ ⋯(2)

㉠ $B^2A = BBA = BAB = ACC = AC^2$ (참)

㉡ $A^2B^2 = (AB)^2$

$A^2B^2 = ABAB$ 양변에 B^{-1}을 곱하면

$A^2B^2B^{-1} = ABABB^{-1}$ $A^2B = ABA = AAC = A^2C$ (참)

㉢ $AC^2 = B^2A$ 가 ㉠에서 성립했으니까

$(AC)^{-1}AC^2 = (AC)^{-1}B^2A$

$C^{-1}A^{-1}AC^2 = C^{-1}A^{-1}BBA$

$C = C^{-1}A^{-1}BAB = C^{-1}A^{-1}ACB = B$ (참)

18 ㉠ $f(x) = |x|$라 하면

$$\lim_{h\to0}\frac{f(a+h^2)-f(a)}{h^2} = \lim_{h\to0}\frac{|a+h^2|-|a|}{h^2}$$

$$= \lim_{h\to0}\frac{|a|+h^2-|a|}{h^2} = 1$$

따라서 미분불가능이다. (거짓)

㉡ 항상 성립한다. (참)

㉢ $f(x) = |x|$라 하면

$\lim_{h\to0}\frac{h(a+h)-f(a-h)}{2h}$에서 $a=0$일 때

$\lim_{h\to0}\frac{|0+h|-|0-h|}{2h} = 0$이므로 극한값은 존재하지만

미분불가능이다. (거짓)

19 ㉠ $\int_0^1 f(x)dx = \int_0^1 (ax+b)dx = \left[\frac{1}{2}ax^2+bx\right]_0^1 = \frac{1}{2}a+b = 1$ (참)

㉡ 기울기 $a \neq 0$이므로 성립하지 않는다. (거짓)

㉢ $E(x) = \int_0^1 (ax^2+bx)dx = \frac{1}{3}a+\frac{1}{2}b$

$x = -\frac{b}{a} = 1$일 때, $b = -a$이므로 ㉠에 대입하면

$a = -2$, $b = 2$인 경우 최댓값은 $\frac{2}{3}$

$b = 0$, $a = 2$인 경우 최솟값은 $\frac{1}{3}$

∴ 최댓값과 최솟값의 합은 $\frac{2}{3}+\frac{1}{3} = 1$ (참)

20 $f'(x)=4x^3-4x=4x(x+1)(x-1)$

증감표를 그려보면

	$\cdots$	-1	$\cdots$	0	$\cdots$	1	$\cdots$
$f'(x)$	$-$	0	$+$	0	$-$	0	$+$
$f(x)$	↘		↗	k	↘		↗

$f(x)=x^4-2x^2+C$

극댓값이 k 라고 했으므로 $f(0)=k$

$\rightarrow f(x)=x^4-2x^2+k$

직선 $y=k$와의 교점을 구하면 $x^4-2x^2+k=k,\quad x^2(x^2-2)=0$

$x=\pm\sqrt{2}$ 가 되어서

$$\int_{-\sqrt{2}}^{\sqrt{2}}\{k-(x^4-2x^2+k)\}dx$$

$$=2\int_{0}^{\sqrt{2}}(-x^4+2x^2)dx$$

$$=2\left[-\frac{1}{5}x^5+\frac{2}{3}x^3\right]_0^{\sqrt{2}}=\frac{16\sqrt{2}}{15}$$

21 송신신호가 1이 되고 수신신호도 1이 되는 확률은 $0.6\times0.95=0.57$ 송신신호가 0이 되고 수신신호가 1이 되는 확률은 $0.4\times0.05=0.02$가 된다. 따라서 수신신호가 1이었을 때, 송신 신호가 1이었을 확률은

$$\rightarrow \frac{0.57}{0.02+0.57}=\frac{0.57}{0.59}=\frac{57}{59}$$

22 $\overline{OD}=1$이므로 피타고라스의 정리를 이용하면

$\overline{QD}=\sqrt{2x-x^2}$, $\overline{CD}=2\sqrt{2x-x^2}$

$T(x)=2\sqrt{2x-x^2}\cdot x$

$\overline{OB}=1$이므로 피타고라스의 정리를 이용하면

$\overline{PB}=2\sqrt{x-x^2}$, $\overline{AB}=4\sqrt{x-x^2}$

$S(x)=\frac{1}{2}\left(2\sqrt{2x-x^2}+4\sqrt{x-x^2}\right)x$

$$\lim_{x\to+0}\frac{2\sqrt{2x-x^2}\cdot x}{\left(\sqrt{2x-x^2}+2\sqrt{x-x^2}\right)x}$$

$$=\lim_{x\to+0}\frac{2\sqrt{2-x}}{\sqrt{2-x}+2\sqrt{x-x^2}}$$

$$=2(\sqrt{2}-1)$$

23 $a_1=0 \cdots (1)$, $b_1=2$라고 했으므로

$a_2=a_1+\frac{b_1}{2}=0+1=1$

$b_2=b_1-\frac{b_1}{2}=2-1=1$

$a_3=a_2-\frac{a_2}{3}=1-\frac{1}{3} \cdots (2)$

$b_3=b_2+\frac{a_2}{3}=1+\frac{1}{3}=\frac{4}{3}$

$a_5=a_4-\frac{a_4}{5}=1-\frac{1}{5} \cdots (3)$

$\vdots$

$a_1,\ a_3,\ a_5,\ \cdots$

$=0,\ 1-\frac{1}{3},\ 1-\frac{1}{5},\ \cdots$

$=0,\ 1-\frac{1}{2\times1+1},\ 1-\frac{1}{2\times2+1},\ \cdots$

$a_{41}=1-\frac{1}{2\times20+1}=\frac{40}{41}=\frac{q}{p}$

$p=40,\ q=41 \Rightarrow p+q=41+40=81$이 된다.

24 F_1의 둘레의 길이 $l_1=6\pi\times\frac{1}{3}\times2=4\pi$

F_2의 둘레의 길이를 구하기 위해 반지름의 길이를 x라 하면 $\left(\frac{3}{2}\right)^2+\left(\frac{x}{2}\right)^2=(3-x)^2$

$x^2-8x+9=0,\ x=4\pm\sqrt{16-9}$

그런데 $x<3$이므로 $x=4-\sqrt{7}$

그러므로 공비 $r=\frac{4-\sqrt{7}}{3}$

$\therefore \sum_{n=1}^{\infty} l_n=\frac{4\pi}{1-\frac{4-\sqrt{7}}{3}}=2\pi(\sqrt{7}+1)$

25 이항정리의 일반항은 ${}_nC_r a^{n-r} b^r$이 되니까

$\left(x^2+\frac{2}{x}\right)^6$의 일반항은

${}_6C_r(x^2)^{6-r}\left(\frac{2}{x}\right)^r={}_6C_r x^{12-2r}\times2^r\times x^{-r}$

$={}_6C_r\,2^r x^{12-3r}$이 된다.

x^3의 계수가 되려면 $12-3r=3,\quad r=3$

따라서 x^3의 계수는

${}_6C_3 2^3=\frac{6\times5\times4}{3\times2\times1}\times8=160$이 된다.

26 $\log_2(x+y-4)+\log_2(x+y) \le \log_2 2+\log_2 x+\log_2 y$

$\log_2(x+y-4)(x+y) \le \log_2 2xy$

밑이 1보다 크면 부등호 방향은 그대로

$\to (x+y-4)(x+y) \le 2xy$

$x^2+y^2-4x-4y \le 0$

$(x-2)^2+(y-2)^2 \le 8$이 되어서

중심이 $(2,2)$이고, 반지름의 길이는 $2\sqrt{2}$가 되는 원의 내부가 된다.

구하고자 하는 최댓값을 k라고 하면 $7y-x=k$가 된다.

k가 최댓값이 되려면 원과 직선이 접해야 하니까 중심에서 직선까지의 거리와 반지름의 길이는 같아야 한다.

$d=\dfrac{|2-14+k|}{\sqrt{1+49}}$가 되어서

$\dfrac{|k-12|}{5\sqrt{2}}=2\sqrt{2}$

$|k-12|=20$

i) $k-12=20,\quad k=32$

ii) $k-12=-20,\quad k=-8$

최댓값은 $k=32$가 된다.

27 $a_n=3, 1, 2, 3, 1, 2, \cdots$ 로 나열되면

$$\sum_{n=1}^{\infty}\frac{a_n}{10^n}=\frac{3}{10}+\frac{1}{10^2}+\frac{2}{10^3}+\frac{3}{10^4}+\frac{1}{10^5}+\frac{2}{10^6}+\cdots$$

$$=\left(\frac{3}{10}+\frac{3}{10^4}+\cdots\right)+\left(\frac{1}{10^2}+\frac{1}{10^5}+\cdots\right)+\left(\frac{2}{10^3}+\frac{2}{10^6}+\cdots\right)$$

$$=3\times\frac{\frac{1}{10}}{1-\frac{1}{10^3}}+\frac{\frac{1}{10^2}}{1-\frac{1}{10^3}}+2\times\frac{\frac{1}{10^3}}{1-\frac{1}{10^3}}$$

$$=\frac{300}{999}+\frac{10}{999}+\frac{2}{999}=\frac{312}{999}$$

$$\sum_{n=1}^{\infty}\frac{a_n}{10^n}=\frac{104}{333}=\frac{312}{999}$$

$$\sum_{n=1}^{\infty}\frac{a_n}{5^n}=\frac{3}{5}+\frac{1}{5^2}+\frac{2}{5^3}+\frac{3}{5^4}+\frac{1}{5^5}+\frac{2}{5^6}+\cdots$$

$$=\left(\frac{3}{5}+\frac{3}{5^4}+\cdots\right)+\left(\frac{1}{5^2}+\frac{1}{5^5}+\cdots\right)+\left(\frac{2}{5^3}+\frac{2}{5^6}+\cdots\right)$$

$$=3\times\frac{\frac{1}{5}}{1-\frac{1}{5^3}}+\frac{\frac{1}{5^2}}{1-\frac{1}{5^3}}+2\times\frac{\frac{1}{5^3}}{1-\frac{1}{5^3}}$$

$$=\frac{75}{124}+\frac{5}{124}+\frac{2}{124}=\frac{82}{124}=\frac{41}{62}=\frac{q}{p}$$

$p=62,\ q=41 \Rightarrow p+q=103$

28 이길 수 있는 확률은 $\frac{1}{2}$

확률변수 X에 대해서 나타내면

X	4	5	6	7	합계
$P(X)$	$\frac{1}{8}$	$\frac{1}{4}$	$\frac{5}{16}$	$\frac{5}{16}$	1

$$P(X=4)={}_4C_4\left(\frac{1}{2}\right)^4=\frac{1}{8}$$

$$P(X=5)={}_4C_3\left(\frac{1}{2}\right)^4\times\frac{1}{2}=\frac{1}{4}$$

$$P(X=6)={}_5C_3\left(\frac{1}{2}\right)^5\times\frac{1}{2}=\frac{5}{16}$$

$$P(X=7)={}_6C_3\left(\frac{1}{2}\right)^6\times\frac{1}{2}=\frac{5}{16}$$

$$E(X)=\frac{4}{8}+\frac{5}{4}+\frac{30}{16}+\frac{35}{16}=\frac{93}{16}$$

$$\therefore\ E(16X)=16E(X)=16\times\frac{93}{16}=93$$

29 $a_1=1$

$a_2=21=20+a_1$

$a_3=422=400+a_2+a_1$

$a_4=8444=8000+a_3+a_2+a_1$

⋮

$$\frac{a_1}{20}=\frac{1}{20}$$

$$\frac{a_2}{20^2}=\frac{20+a_1}{20^2}=\frac{1}{20}+\frac{a_1}{20^2}$$

$$\frac{a_3}{20^3}=\frac{400+a_2+a_1}{20^3}=\frac{1}{20}+\frac{a_2+a_1}{20^3}$$

⋮

$$\frac{a_n}{20^n}=\frac{1}{20}+\frac{a_{n-1}+a_{n-2}+\cdots+a_1}{20^n}$$

그러므로 $a_n=2^{n-1}\times10^{n-1}+2^{n-2}\sum_{k=1}^{n-1}10^{k-1}$

$$=\frac{1}{20}\times20^n+\frac{1}{4}\times2^n\frac{10^{n-1}-1}{10-1}$$

$$\frac{a_n}{20^n}=\frac{1}{20}+\frac{1}{4}\times\frac{1}{9\cdot10}-\frac{1}{4\cdot9}\times\left(\frac{1}{10}\right)^n$$

$$\lim_{n\to\infty}\frac{a_n}{20^n}=\frac{1}{20}-\frac{1}{18\cdot20}=\frac{19}{360}$$

따라서 $p+q=379$

30 $x=0,\ y=0 \Rightarrow f(1)=h(0)=1$

$x=0,\ y=1 \Rightarrow f(1)=h(1)=1$

그러므로 $h(x)=1$

$x=-1,\ y=1 \Rightarrow f(0)=-g(1)+h(0)=-1$

그러므로 $f(x)=2x-1$

$x=1,\ y=-1 \Rightarrow f(0)=g(-1)+h(0)-1=g(-1)+1$

$g(-1)=-2,\ g(1)=2$

그러므로 $g(x)=2x$

$\therefore \int_0^3 \{f(x)+g(x)+h(x)\}dx=\int_0^3 4x dx=\left[2x^2\right]_0^3=18$

09 2014학년도 정답 및 해설

ANSWER

01	02	03	04	05	06	07	08	09	10	11	12	13	14	15	16	17	18	19	20
④	①	⑤	①	②	③	③	④	①	①	③	④	②	②	②	⑤	③	④	⑤	⑤
21	22	23	24	25	26	27	28	29	30										
②	52	10	45	14	33	24	29	230	13										

01 $\log_3\sqrt{8}\times\log_2 9$

$=\frac{3}{2}\log_3 2\times 2\log_2 3$

$=3$

02 $A^2-2AB=A(A-2B)$

$=\begin{pmatrix}4&6\\2&0\end{pmatrix}\left(\begin{pmatrix}2&0\\0&2\end{pmatrix}\right)$

$=2\begin{pmatrix}4&6\\2&0\end{pmatrix}=\begin{pmatrix}8&12\\4&0\end{pmatrix}$

$\therefore 8+12+4=24$

03 $\int_{-2}^{2}xdx=0$이고, $\int_{-2}^{2}(|x|+2)dx=2\int_{0}^{2}(x+2)dx$

따라서 $\int_{-2}^{2}(x+|x|+2)dx=2\int_{0}^{2}(x+2)dx=2\left[\frac{1}{2}x^2+2x\right]_0^2=12$

04 점$A(2,\ 0)$에서 두 곡선이 만나므로 $-(2)^2+4=2\cdot 2^2+2a+b$, $2a+b+8=0$ ⋯⋯⋯⋯ ㉠

각 함수의 도함수는 $y'=-2x$, $y'=4x+a$이고, 점$A(2,\ 0)$에서의 접선의 기울기가 같으므로

$-4=8+a$, $a=-12$

㉠에서 $b=16$

따라서 $a+b=4$

05 $x\to-1-0$일 때, $f(x)\to+0$이고, $f(x)\to+0$일 때, $f(f(x))\to1$이다. 마찬가지로, $x\to+0$일 때, $f(x)\to1-0$이고, $f(x)\to1-0$일 때, $f(f(x))\to-2$이다. 따라서 $1-2=-1$

06 $\lim_{x\to2}\frac{f(x)+1}{x-2}=3$ 에서 $\lim_{x\to2}(x-2)=0$이므로, $\lim_{x\to2}(f(x)+1)=0$ 즉, $f(2)=-1$

따라서 $\lim_{x\to2}\frac{f(x)-f(2)}{x-2}=f'(2)=3$

$\lim_{x\to2}\frac{g(x)-3}{x-2}=1$에서 $\lim_{x\to2}(g(x)-3)=0$이므로 $g(2)=3$

따라서 $\lim_{x\to2}\frac{g(x)-g(2)}{x-2}=g'(2)=1$

$\lim_{x\to2}\frac{f(x)g(x)-f(2)g(2)}{x-2}=(f(x)g(x))'(2)=f'(2)g(2)+f(2)g'(2)=3\times3+(-1)\times1=8$

07 세공장에서 임의로 선택한 제품이 A공장, B공장, C공장 제품인 사건을 각각 A, B, C라 하고, 불량한 제품인 사건을 E라 하면,

$P(A)=\frac{30}{100}$, $P(B)=\frac{20}{100}$, $P(C)=\frac{50}{100}$, $P(E|A)=\frac{2}{100}$, $P(E|B)=\frac{3}{100}$, $P(E|C)=\frac{a}{100}$

구하고자 하는 확률은 $P(C|E)$이므로

$P(C|E)=\frac{P(C\cap E)}{P(E)}=\frac{P(C\cap E)}{P(A\cap E)+P(B\cap E)+P(C\cap E)}$이고

$P(A\cap E)=P(A)P(E|A)=\frac{60}{10000}$, $P(B\cap E)=P(B)P(E|B)=\frac{80}{10000}$,

$P(C\cap E)=P(C)P(E|C)=\frac{50a}{10000}$

그러므로 $P(C|E)=\frac{\frac{50a}{10000}}{\frac{60+80+50a}{10000}}=\frac{50a}{140+50a}$

$=\frac{15}{29}$

따라서 $50a\times29=15\times(140+50a)$를 풀면 $a=3$

08 $\log x=3+\log1.2-\log d$에서 $\log x=\log10^3+\log1.2-\log d=\log\frac{1200}{d}$이다. 시정거리 $x\geq3000$이기 위해서는 $\log x\geq\log3000$이고, 따라서 $\log\frac{1200}{d}\geq\log3000$이어야 한다. 로그부등식을 풀면 $\frac{1200}{d}\geq3000$, 즉 $d\leq\frac{12}{30}=0.4$이다. 그러므로 먼지농도의 최댓값 d_1은 0.4이다.

09 $a_n=\int_0^1x^n(x-1)dx=\int_0^1(x^{n+1}-x^n)dx=\left[\frac{1}{n+2}x^{n+2}-\frac{1}{n+1}x^{n+1}\right]_0^1=\frac{1}{n+2}-\frac{1}{n+1}$

따라서 $\sum_{n=1}^{10}a_n=\sum_{n=1}^{10}\left(\frac{1}{n+2}-\frac{1}{n+1}\right)=\left\{\left(\frac{1}{3}-\frac{1}{2}\right)+\left(\frac{1}{4}-\frac{1}{3}\right)+\cdots+\left(\frac{1}{11}-\frac{1}{10}\right)+\left(\frac{1}{12}-\frac{1}{11}\right)\right\}$

$=-\frac{1}{2}+\frac{1}{12}=-\frac{5}{12}$

10 (가)에서 $b^2 = ac$ ⋯⋯⋯ ㉠

(나)에서의 $ab = c$식과 ㉠을 이용하면 $\frac{b^2}{ab} = \frac{ac}{c}$ 이므로 $\frac{b}{a} = a$, 즉 $b = a^2$이다.

(나)에서 $ab = c$이므로 $c = a \cdot a^2 = a^3$ ⋯⋯ ㉡이고,

(다)에 ㉠, ㉡을 대입하면 $a + 3b + c = a + 3a^2 + a^3 = -3$이 되고, $a^3 + 3a^2 + a + 3 = (a+3)(a^2+1) = 0$이므로 $a = -3$ 다시 ㉠, ㉡에서 $b = 9$, $c = -27$ 이므로, $a + b + c = -21$

11 원 C_1의 중심을 $(a, 0)$이라 할 때, 점 $P_1(1, 1)$에서의 접선의 기울기는 2이므로 접선의 방정식은 $y - 1 = 2(x-1)$, 즉 $2x - y - 1 = 0$이다. 원의 중심$(a, 0)$에서 접선에 이르는 거리가 원의 반지름과 같아야 하므로,

$\frac{|2a-1|}{\sqrt{5}} = r$ ⋯⋯⋯ ㉠이 되어야 하고, 점 $P_1(1, 1)$은 원 C_1 위에 있으므로 $(a-1)^2 + 1 = r^2$ ⋯⋯ ㉡이다.

㉠을 ㉡에 대입하면, $(a-1)^2 + 1 = \frac{|2a-1|^2}{5}$

$a^2 - 6a + 9 = 0$

$\therefore a = 3$

12 원 C_n의 중심을 $(a_n, 0)$, 반지름을 r_n이라 하면, 점 $P_n(n, n^2)$에서의 접선의 기울기는 $2n$이므로 접선의 방정식은 $y - n^2 = 2n(x-n)$, 즉 $2nx - y - n^2 = 0$이다. 원의 중심에서 접선에 이르는 거리는 원의 반지름과 같아야 하므로

$\frac{|2na_n - n^2|}{\sqrt{4n^2+1}} = r_n$ ⋯⋯ ㉠

$P_n(n, n^2)$은 원 C_n 위의 점이므로 $(n - a_n)^2 + n^4 = r_n^2$ ⋯⋯ ㉡

㉠을 ㉡에 대입하면, $(n-a_n)^2 + n^4 = \frac{|2na_n - n^2|^2}{4n^2+1}$,

$(4n^2+1)a_n^2 - 2n(4n^2+1)a_n + (4n^2+1)(n^2+n^4) = 4n^2a_n^2 - 4n^3a_n + n^4$,

$a_n^2 - 2n(2n^2+1)a_n + 4n^6 + 4n^4 + n^2 = 0$,

$a_n^2 - 2n(2n^2+1)a_n + n^2(2n^2+1)^2 = 0$,

$\left(a_n - n(2n^2+1)\right)^2 = 0$,

$\therefore a_n = n(2n^2+1)$.

㉡에서 $r_n^2 = (n - a_n)^2 + n^4$

$= \left(n - n(2n^2+1)\right)^2 + n^4$

$= 4n^6 + n^4$

원 C_n의 넓이 $S(n) = \pi r_n^2 = \pi(4n^6 + n^4)$이고,

따라서 $\lim_{n\to\infty} \frac{S(n)}{n^6} = \lim_{n\to\infty} \frac{\pi(4n^6+n^4)}{n^6} = 4\pi$

13 $x^2+x+1=x-1$ 방정식을 풀면 $x^2=-2$이므로 해가 없다. 즉, $B\cap C=\varnothing$이다.

그리고 $A\cap B\neq\varnothing$, $A\cap C\neq\varnothing$ 이기 위해서는 $n(A)\geq 2$이어야 하고, 이는 $\begin{pmatrix} a-1 & 1 \\ 1 & 1 \end{pmatrix}\begin{pmatrix} x \\ y \end{pmatrix}=\begin{pmatrix} ab \\ b \end{pmatrix}$가 2개 이상의 서로 다른 실근을 가져야 하므로 $\begin{pmatrix} a-1 & 1 \\ 1 & 1 \end{pmatrix}$의 역행렬이 존재하면 안 된다. 즉 $D=a-1-1=0$ 그러므로 $a=2$이다.

이때, $\begin{pmatrix} 1 & 1 \\ 1 & 1 \end{pmatrix}\begin{pmatrix} x \\ y \end{pmatrix}=\begin{pmatrix} 2b \\ b \end{pmatrix}$는 2개 이상의 서로 다른 실근, 즉 부정의 해를 가져야 하므로, $b=0$이어야 한다. 따라서 $a+b=2$

14 주사위를 72번 던질 때, 3의 배수가 나오는 횟수를 Y라 하면 확률변수 Y는 이항분포$B\left(72, \frac{1}{3}\right)$를 따른다. 이때 점 A의 좌표 X는 $X=3Y-2(72-Y)=3Y-144$이고, $P(X\geq 11)=P(5Y-144\geq 11)=P(Y\geq 31)$

시행횟수가 상당히 크므로 확률변수 Y는 정규분포$N(24, 4^2)$을 따른다고 볼 수 있으므로 표준화 $Z=\frac{Y-24}{4}$를 이용하면 $P(Y\geq 31)=P\left(Z\geq\frac{1}{4}\right)$이고 표준정규분포를 이용하면 확률은 $P\left(Z\geq\frac{1}{4}\right)=0.5-0.4599=0.0401$이다.

15 ㉠ $\lim\limits_{x\to 1-0}(f(x)+g(x))=2+0=2$, $\lim\limits_{x\to 1+0}(f(x)+g(x))=2+0=2$, 그리고 $f(1)+g(1)=0+2=2$

따라서 $\lim\limits_{x\to 1}(f(x)+g(x))=f(1)+g(1)$이므로 함수 $f(x)+g(x)$는 $x=1$에서 연속이다. (참)

㉡ $\lim\limits_{x\to 1-0}f(x)g(x)=2\times 0=0$, $\lim\limits_{x\to 1+0}f(x)g(x)=2\times 0=0$, 그리고 $f(1)g(1)=0\times 2=0$

따라서 함수 $f(x)g(x)$는 $x=1$에서 연속이다. (참)

㉢ $\lim\limits_{x\to 1+0}\frac{f(x)+ax}{g(x)+bx}=\frac{2+a}{0+b}=\frac{a+2}{b}$, $\lim\limits_{x\to 1-0}\frac{f(x)+ax}{g(x)+bx}=\frac{2+a}{0+b}=\frac{a+2}{b}$, $\frac{f(1)+a}{g(1)+b}=\frac{0+a}{2+b}=\frac{a}{b+2}$이고,

함수가 $x=1$에서 연속이므로 $\frac{a+2}{b}=\frac{a}{b+2}$이다. $(a+2)(b+2)=ab$에서 $a+b=-2$ (거짓)

16 ㉠ $A-B=E$에서 양변에 A를 곱하면 $A^2-AB=A$이고 $A^2=A$이므로 $A-AB=A$, 즉 $AB=O$이다. (참)

㉡ A의 역행렬이 존재한다고 가정하면 $A^2-A=O$에서 양변에 A^{-1}을 곱하면 $A-E=O$, 즉 $A=E$이 되어 $A\neq E$에 모순이다. (참)

㉢ $A-B=E$에서 $A=B+E$가 되고 $A+B=2A-E$이다. $A^2-A=O$에서 양변에 $\frac{1}{4}E$를 더하면,

$A^2-A+\frac{1}{4}E=\frac{1}{4}E$, $\frac{1}{4}(2A-E)(2A-E)=\frac{1}{4}E$, 즉 $(2A-E)(2A-E)=E$이므로 $A+B=2A-E$의 역행렬이 존재한다. (참)

17

$$a_{n+1}-2\sum_{k=1}^{n}\frac{a_k}{k}=2^{n+1}(n^2+n+2)\cdots\cdots ㉠$$

$$a_n-2\sum_{k=1}^{n-1}\frac{a_k}{k}=2^n(n^2-n+2)\cdots\cdots\cdots ㉡$$

㉠에서 ㉡를 빼면, 좌변은 $a_{n+1}-a_n-\frac{2}{n}a_n$이고 우변은 $2^{n+1}(n^2+n+2)-2^n(n^2-n+2)$
$=2^n(n^2+3n+2)$
$=2^n(n+1)(n+2)$

따라서 $a_{n+1}-\frac{n+2}{n}a_n=2^n(n+1)(n+2)\cdots\cdots$㉢이고, ㈎에 알맞은 식은 $f(n)=2^n(n+1)(n+2)$이다.

$b_n=\frac{a_n}{n(n+1)}$이라 하고 ㉢에서 양변을 $(n+1)(n+2)$로 나누면 $\frac{a_{n+1}}{(n+1)(n+2)}-\frac{a_n}{n(n+1)}=2^n$,

$b_{n+1}-b_n=2^n\ (n\geq 2)$가 된다.

따라서 ㈏에 알맞은 식 $g(n)=2^n$이다. $n\geq 2$일 때, $b_n=b_2+\sum_{k=2}^{n-1}2^k=0+\frac{4(2^{n-2}-1)}{2-1}=2^2-4$이므로

㈐에 알맞은 식 $h(n)=2^n-4$이다.

따라서 $\frac{f(4)}{g(5)}+h(6)=\frac{2^4\times5\times6}{2^5}+2^6-4=75$

18

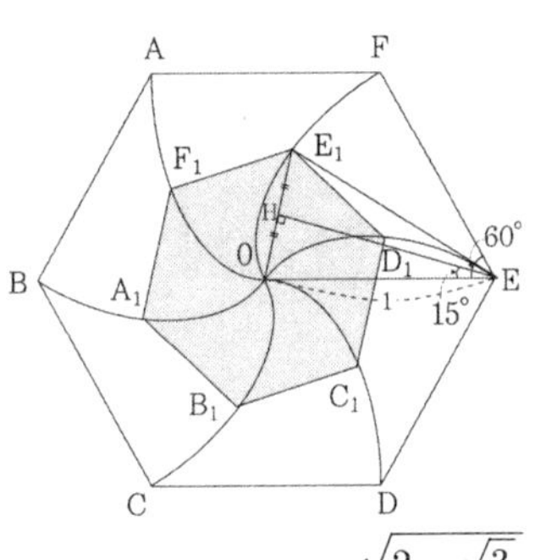

$\overline{OH}=1\times\sin15°=\frac{\sqrt{2-\sqrt{3}}}{2}$

$\overline{OE_1}=\sqrt{2-\sqrt{3}}$

정육각형 $A_nB_nC_nD_nE_nF_n$의 한 변의 길이를 a_n이라 하면

a_n은 초항 $a_1=1$이고 공비 $r=\sqrt{2-\sqrt{3}}$ 인 등비수열이다.

$S_n=\frac{1}{2}\times(a_n)^2\times\frac{\sqrt{3}}{2}\times6=\frac{3\sqrt{3}}{2}\times(a_n)^2$이므로

$$\sum_{n=1}^{\infty}S_n=\frac{3\sqrt{3}}{2}\sum_{n=1}^{\infty}(a_n)^2$$
$$=\frac{\frac{3\sqrt{3}}{2}(2-\sqrt{3})}{1-(2-\sqrt{3})}$$
$$=\frac{9-3\sqrt{3}}{4}$$

19 두 곡선 $y=x^3$, $y=-x^3+2x$의 교점 A를 구하면 $x^3=-x^3+2x$, 즉 $2x^3-2x=0$에서 $x=0, -1, 1$이 되고 따라서 교점 A의 x좌표는 1이다. 사각형 $OBAC$의 넓이는 삼각형 OBC와 삼각형 BAC 넓이의 합이므로 사각형 $OBAC$의 넓이를 $f(k)$라 하면,

$$f(k)=\frac{1}{2}\overline{BC}\times k+\frac{1}{2}\overline{BC}\times(1-k)$$
$$=\frac{1}{2}\overline{BC}$$
$$=\frac{1}{2}(-2k^3+2k)\ (0<k<1)$$

$f'(k)=\frac{1}{2}(-6k^2+2)=-(3k^2-1)=0$에서 $k=\frac{\sqrt{3}}{3}$일 때, $f(k)$는 극대이면서 최대가 된다.

따라서 $k=\frac{\sqrt{3}}{3}$

20 2^k은 정수이므로 $f(2^k)=2^k$이고,

따라서 $\sum_{k=1}^{10}f(2^k)=\sum_{k=1}^{10}2^k=\frac{2(2^{10}-1)}{2-1}=2^{11}-2$

그리고 $2^1\le k<2^2$, $1\le \log_2 k<2$이므로 $f(\log_2 k)=1$

$2^2\le k<2^3$, $2\le \log_2 k<3$이므로 $f(\log_2 k)=2$

$\vdots$

$2^9\le k<2^{10}$, $9\le \log_2 k<10$이므로 $f(\log_2 k)=9$

$k=2^{10}$일 때, $f(\log_2 k)=10$

따라서 $\sum_{k=2}^{1024}f(\log_2^k)=\sum_{k=1}^{9}k(2^{k+1}-2^k)+10$

$$=\sum_{k=1}^{9}k2^k+10.$$

$\sum_{k=1}^{9}k2^k=S$라면, $S=1\cdot2+2\cdot2^2+3\cdot2^3+\cdots+9\cdot2^9$

$$2S=1\cdot2^2+2\cdot2^3+\cdots+8\cdot2^9+9\cdot2^{10}$$
$$S-2S=2+2^2+2^3+\cdots+2^9-9\cdot2^{10}$$
$$-S=\frac{2(2^9-1)}{2-1}-9\cdot2^{10}$$ 이므로,
$$S=8\cdot2^{10}+2=2^{13}+2$$

결국 구하는 값은 $2^{11}-2+2^{13}+2+10=5\times2^{11}+10=10250$

21 자연수 n에 대하여 $n(A)=k$, $k=0, 1, \cdots, n$이고 $n(B)=l$, $l=0, 1, \cdots, n-k$라면, 집합 C는 $S(n)-(A\cup B)$의 원소를 반드시 포함하여야 하며, 이 때 집합 A의 경우의 수 ${}_nC_k$ 각각에 대해 집합 B의 경우의 수는 ${}_{n-k}C_l$ 이고 집합 C의 경우의 수는 $A\cup B$의 부분집합의 수와 같아서 2^{k+l}이다.

그러므로
$$\begin{aligned} a_n &= \sum_{k=0}^{n}\left\{{}_nC_k \sum_{l=0}^{n-k} {}_{n-k}C_l\ 2^{k+l}\right\} \\ &= \sum_{k=0}^{n} {}_nC_k 2^k \sum_{l=0}^{n-k} {}_{n-k}C_l\ 2^l \\ &= \sum_{k=0}^{n} {}_nC_k 2^k (1+2)^{n-k} \\ &= \sum_{k=0}^{n} {}_nC_k 2^k 3^{n-k} \\ &= (2+3)^n \\ &= 5^n \end{aligned}$$

따라서, $\displaystyle\sum_{n=1}^{\infty}\frac{1}{a_n}=\sum_{n=1}^{\infty}\left(\frac{1}{5}\right)^n=\frac{\frac{1}{5}}{1-\frac{1}{5}}=\frac{1}{4}$

22 행렬 A에서 성분 중 1의 개수는 각 꼭짓점의 차수의 합과 같고, 차수의 합은 변의 개수의 2배이므로 $a=12\times 2=24$ 행렬 A의 성분 중 0의 개수는 A의 성분개수에서 1의 성분의 개수를 뺀 것과 같으므로 $b=10\times 10-24=76$ 따라서 $b-a=52$

23 로그방정식의 밑을 같게 하면, $\log_2(3x^2+7x)=\log_2 2+\log_2(x+1)=\log_2 2(x+1)$이고, 밑이 같으므로 진수가 같아야 한다. 즉, $3x^2+7x=2(x+1)$, $3x^2+5x-2=0$에서 $x=-2$ 또는 $x=\frac{1}{3}$이다. 하지만 로그의 진수 조건 $3x^2+7x>0, x+1>0$으로부터 $x>0$이므로, 구하는 해 $x=\frac{1}{3}$만 해당된다. 따라서 $p=3, q=1$이므로 $p^2+q^2=10$

24 방정식의 해가 자연수 x, y, z이므로 $x\geq 1, y\geq 1, z\geq 1$이어야 하며 따라서 주어진 방정식은 $x+3y+3z=25$를 만족시키는 음이 아닌 정수의 순서쌍(x, y, z)의 개수와 같다.

1) $z=0$인 경우, $x+3y=25$를 만족시키는 (x, y)순서쌍 개수는 $y=0, 1, \cdots, 8$ 인 경우로 9쌍이
2) $z=1$인 경우, $x+3y=22$이고 이때 (x, y)순서쌍 개수는 $y=0, 1, \cdots, 7$인 경우로 8쌍이다. 똑같은 방법으로
3) $z=8$인 경우, $x+3y=1$이고 이때 (x, y)순서쌍 개수는 $y=0$으로 1가지뿐이다.

따라서 구하고자 하는 순서쌍 (x, y, z)개수는 $9+8+7+\cdots+1=45$이다.

25 $\int_{-2}^{2} f(x)dx = \int_{-2}^{2}(x^3+2x^2-3x+4)dx$

$$= 2\int_{0}^{2}(2x^2+4)dx$$

$$= 2\left[\frac{2}{3}x^3+4x\right]_0^2$$

$$= 2\left(\frac{16}{3}+8\right) = \frac{80}{3}$$

따라서 $f(-a)+f(a)=4a^2+8=\frac{80}{3}$ 에서 $a^2=\frac{14}{3}$ 이므로 $3a^2=14$

26 주어진 식$=\lim_{n\to\infty}\frac{4}{n}\sum_{k=1}^{n} f\left(1+\frac{k}{2n}\right)$

$$= \lim_{n\to\infty}\sum_{k=1}^{n} f\left(1+\frac{(\frac{3}{2}-1)k}{n}\right)\frac{\left(\frac{3}{2}-1\right)}{n}8$$

이때, $\Delta x = \frac{\frac{3}{2}-1}{n}$, $x_k = 1+\frac{\frac{3}{2}-1}{n}k$ 라면$=8\lim_{n\to\infty}\sum_{k=1}^{n} f(x_k)\Delta x$

$$= 8\int_{1}^{\frac{3}{2}} f(x)dx$$

$$= 8\left[x^3+x^2+x\right]_1^{\frac{3}{2}}$$

$$= 8\left(\frac{27}{8}+\frac{9}{4}+\frac{3}{2}-3\right)$$

$$= 33$$

27 임의로 선택한 3개의 동전 중, 앞면 동전과 뒷면 동전 개수를 각각 a, b라 하면 $(a,b)=(3,0),(2,1),(1,2),(0,3)$ 의 경우가 있다. 앞면이 나온 동전의 개수를 확률변수 X라 하면, X는 (a,b) 각각에 대해 $0, 2, 4, 6$이 될 수 있고 이때, X의 확률분포는

X	0	2	4	6
$P(X)$	$\frac{{}_3C_3}{{}_7C_3}$	$\frac{{}_3C_2\times{}_4C_1}{{}_7C_3}$	$\frac{{}_3C_1\times{}_4C_2}{{}_7C_3}$	$\frac{{}_4C_3}{{}_7C_3}$

즉,

X	0	2	4	6
$P(X)$	$\frac{1}{35}$	$\frac{12}{35}$	$\frac{18}{35}$	$\frac{4}{35}$

따라서 $E(X)=\frac{0+24+72+24}{35}=\frac{120}{35}$

그러므로 $E(7X)=7E(X)=24$

28 ㈏에서 모든 실수 x에 대하여 $f(-x)=f(x)$이므로 $f(x)$는 y축 대칭인 함수이다. 또한 (다)에서 모든 실수 x에 대하여 $f(1-x)=f(1+x)$이므로 $f(x)$는 $x=1$대칭함수이다. $f(x)$의 그래프는 다음과 같다.

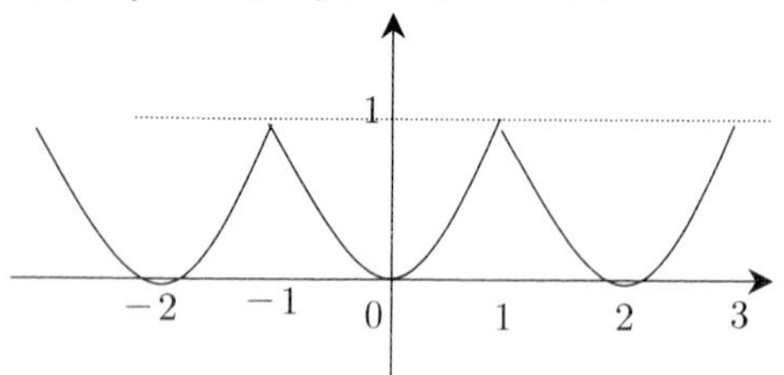

이제, $a_1+2a_2+3a_3+\cdots+6a_6+7a_7-(a_1+2a_2+3a_3+\cdots+6a_6)=7a_7$이므로

$$\begin{aligned} a_7 &= \frac{1}{7}\left\{\int_{-7}^{7} f(x)dx - \int_{-6}^{6} f(x)dx\right\} \\ &= \frac{1}{7}\left(7\int_{-1}^{1} f(x)dx - 6\int_{-1}^{1} f(x)dx\right) \\ &= \frac{1}{7}\int_{-1}^{1} f(x)dx \\ &= \frac{2}{7}\int_{0}^{1} f(x)dx \\ &= \frac{2}{7}\left[\frac{1}{3}x^3+x\right]_0^1 \\ &= \frac{8}{21} \end{aligned}$$

따라서 $p=21$, $q=8$이므로 $p+q=29$이다.

29 a_n은 공차가 -3인 등차수열이므로 $a_n-a_{n+1}=3\ (n=1,2,\cdots)$

한편, $b_{2k}=(a_1-a_2)+(a_3-a_4)+\cdots+(a_{2k-1}-a_{2k})$

$=3+3+\cdots+3$

$=3k$

$b_{2k-1}=a_1-(a_2-a_3)-(a_4-a_5)+\cdots+(a_{2k-2}-a_{2k-1})$

$=20-3(k-1)$

$=-3k+23$이므로,

$$\begin{aligned} \sum_{k=1}^{20} b_k &= \sum_{k=1}^{10} b_{2k-1} + \sum_{k=1}^{10} b_{2k} \\ &= \sum_{k=1}^{10}(-3k+23) + \sum_{k=1}^{10} 3k \\ &= -\sum_{k=1}^{10} 3k + \sum_{k=1}^{10} 23 + \sum_{k=1}^{10} 3k \\ &= 23\times 10 \\ &= 230 \end{aligned}$$

30 자연수 n에 대하여 $f(n)$은 음이 아닌 정수이고, $g(n)$은 $0 \le g(n) < 1$이어야 한다. 점 $P_n(f(n), g(n))$이 주어진 부등식 영역에 속하기 위해서는 x좌표 $f(n)$은 $0, 1$ 두 경우가 있다.

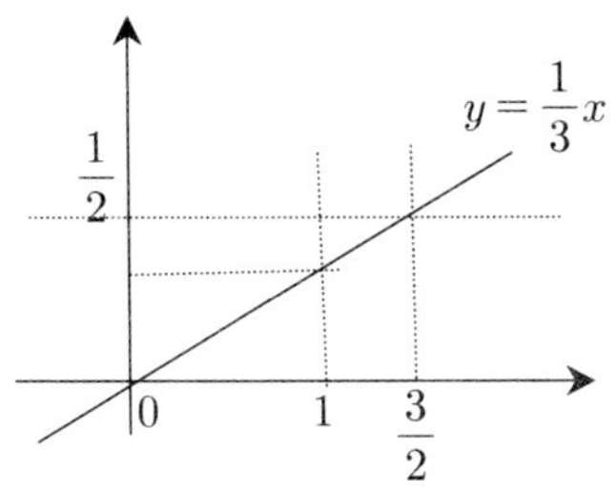

1) $f(n)=0$인 경우 y좌표 $g(n)$은 $0 \le g(n) \le \frac{1}{2}$이여야 한다. 이때, $\log n = f(n)+g(n) = g(n)$이고,

따라서 $0 \le \log n \le \frac{1}{2} \Rightarrow \log 1 \le \log n \le \frac{1}{2} < \log 3.2$ 이므로 $n=1,\ 2,\ 3$

$\Leftrightarrow 1 \le n \le 3$

2) $f(n)=1$인 경우, y좌표 $g(n)$은 $\frac{1}{3} \le g(n) \le \frac{1}{2}$이어야 한다. 이때, $\log n = f(n)+g(n) = 1+g(n)$이고,

$1+\frac{1}{3} \le \log n \le 1+\frac{1}{2}$이다.

상용로그표에 의하면 $\log 2.1 < \frac{1}{3} < \log 2.2$이고, $\log 3.1 < \frac{1}{2} < \log 3.2$이므로

$1+\log 2.1 < 1+\frac{1}{3} < 1+\log 2.2 \Leftrightarrow \log 21 < 1+\frac{1}{3} < \log 22$

$1+\log 3.1 < 1+\frac{1}{2} < 1+\log 3.2 \Leftrightarrow \log 31 < 1+\frac{1}{2} < \log 32$

다시 말하면, $1+\frac{1}{3} = \log 21.\triangle\triangle\triangle$, $1+\frac{1}{2} = \log 31.\triangle\triangle\triangle$이므로,

$\log 21.\triangle\triangle\triangle \le \log n \le \log 31.\triangle\triangle\triangle$이고 따라서 $22 \le n \le 31$이 된다. 이때, n의 개수는 10개가 된다
1), 2)에 의해 찾고자 하는 자연수 n의 개수는 $3+10=13$이다.

10 2015학년도 정답 및 해설

ANSWER

01	02	03	04	05	06	07	08	09	10	11	12	13	14	15	16	17	18	19	20
②	①	④	④	⑤	③	⑤	④	③	①	③	②	③	①	②	⑤	②	④	⑤	①
21	**22**	**23**	**24**	**25**	**26**	**27**	**28**	**29**	**30**										
②	28	14	71	18	90	251	25	88	992										

01

$$(\log_6 4)^2 + (\log_6 9)^2 + 2\log_6 4 \log_6 9$$
$$= (\log_6 4 + \log_6 9)^2$$
$$= (\log_6 36)^2$$
$$= 4$$

02

$$2A^2 + AB = A(2A+B) = \begin{pmatrix} -2 & 1 \\ 1 & -1 \end{pmatrix}\begin{pmatrix} -1 & 0 \\ 1 & -1 \end{pmatrix} = \begin{pmatrix} 3 & -1 \\ -2 & 1 \end{pmatrix}.$$

따라서 모든 성분의 합은 1이다.

03 등차수열의 공차를 d라고 하면

$s - p = 3d = 9 \quad \therefore d = 3$

그러므로 $r = 1 + 3d = 10$이다.

04

$$P(A^c \cap B) = P(A^c)P(B|A^c) = P(A^c) \times \frac{3}{7} = \frac{1}{5} \quad \therefore P(A^c) = \frac{7}{15}.$$

그러므로 $P(A) = 1 - P(A^c) = \frac{8}{15}$이다.

05

확률변수 X에 대해 모든 확률의 합은 1이므로 $\frac{1}{14} + 6a + \frac{3}{7} + a = 1$, 즉 $a = \frac{1}{14}$이다.

그리고 $E(X) = 0 \times \frac{1}{14} + 1 \times 6a + 2 \times \frac{3}{7} + 3 \times a$

$= \frac{6}{14} + \frac{6}{7} + \frac{3}{14}$

$= \frac{3}{2}$이다.

06 삼차함수 $f(x)$가 극값을 가지지 않기 위해서는 $f'(x) \geq 0$이어야 한다.

$f'(x) = 3x^2 + 2ax + a + 6 \geq 0$

$\frac{D}{4} = a^2 - 3a - 18 \leq 0$

$\therefore -3 \leq a \leq 6$

그러므로 이를 만족하는 정수 a의 개수는 10이다.

07 등식

$abc = 1024 = 2^{10}$

에서 자연수 a, b, c는 2의 거듭제곱 꼴이므로

$a = 2^x$, $b = 2^y$, $c = 2^z$ (단, x, y, z는 음이 아닌 정수)라 하면,

$x + y + z = 10$

을 만족하여야 한다. 순서쌍 (a, b, c)의 개수는 음이 아닌 정수해 x, y, z의 개수와 같으므로

${}_3H_{10} = {}_{12}C_{10} = {}_{12}C_2 = 66$이다.

08 상품의 수요량이 9배로 증가하고 공급량이 3배로 증가하면 판매가격 P'은

$$\begin{aligned}\log_2 P' &= C + \log_3 9D - \log_9 3S \\ &= C + \log_3 D - \log_9 S + \log_3 9 - \log_9 3 \\ &= \log_2 P + \frac{3}{2}\text{이다.}\end{aligned}$$

따라서 $\log_2 P' - \log_2 P = \frac{3}{2}$에서 $\frac{P'}{P} = 2^{\frac{3}{2}}$이고

그러므로 $P' = 2\sqrt{2}P$이다. 따라서 $k = 2\sqrt{2}$이다.

09 주어진 조건 ㉠에서 $x \to \infty$일 때 극한값이 1이고 분모가 x^2이므로

$f(x) - 2g(x) = x^2 + ax + b \quad \cdots\cdots (1)$

이여야 한다. 마찬가지로 조건 ㉡에서는

$f(x) + 3g(x) = x^3 + cx^2 + dx + e \cdots (2)$

이여야 한다. $(2)-(1)$로부터 $g(x) = \frac{1}{5}x^3 + \cdots$이고, $3 \times (1) - (2)$로부터 $f(x) = \frac{2}{5}x^3 + \cdots$이므로

$f(x) + g(x) = \frac{3}{5}x^3 + \cdots$이다.

따라서 $\lim_{x \to \infty} \frac{f(x) + g(x)}{x^3} = \lim_{x \to \infty} \frac{\frac{3}{5}x^3 + \cdots}{x^3} = \frac{3}{5}$이다.

10 주어진 식에 $x=1$을 대입하면

$a+b+1=0$ …… (1)

주어진 식을 x에 대하여 미분하면

$$2x\int_1^x f(t)\,dt+x^2f(x)-x^2f(x)=4x^3+3ax^2+2bx$$

$$\therefore \int_1^x f(t)\,dt=2x^2+\frac{3}{2}ax+b \ \cdots\cdots (*)$$

이 식에 다시 $x=1$을 대입하면

$\frac{3}{2}a+b+2=0$ …… (2)

따라서 (1), (2)을 연립해서 풀면 $a=-2$, $b=1$이 되고, $(*)$을 x에 대하여 미분하면 $f(x)=4x-3$이 된다. 그러므로 $f(5)=17$이다.

11 ㉠ $\lim_{x\to1-0}f(x)=1$, $\lim_{x\to1+0}g(x)=1$ 이므로 $\lim_{x\to1-0}f(x)+\lim_{x\to1+0}g(x)=2$ (참)

㉡ $x\to+0$일 때, $t=f(x)\to+0$이고 $t\to+0$일 때, $g(t)\to1$이므로 $\lim_{x\to+0}g(f(x))=1$ (거짓)

㉢ $x\to1+0$일 때 $f(x)\to0$, $g(x)\to1$이어서 $\lim_{x\to1+0}f(x)g(x)=0$.

$x\to1-0$일 때 $f(x)\to1$, $g(x)\to0$이어서 $\lim_{x\to1-0}f(x)g(x)=0$.

$x=1$일 때 $f(1)g(1)=0$. 따라서 $f(x)g(x)$는 $x=1$에서 연속이다. (참)

12 $a_1=S_1=\frac{2}{3}$이고,

$$a_{2n-1}=S_{2n-1}-S_{2n-2}\ (n\ge2)$$
$$=\frac{2}{n+2}-\frac{2}{n}\text{이다.}$$

따라서 $\sum_{k=1}^{n}a_{2k-1}=a_1+\sum_{k=2}^{n}a_{2k-1}=a_1+\sum_{k=2}^{n}2\left(\frac{1}{k+2}-\frac{1}{k}\right)$

$$=\frac{2}{3}+2\left\{\left(\frac{1}{4}-\frac{1}{2}\right)+\left(\frac{1}{5}-\frac{1}{3}\right)+\left(\frac{1}{6}-\frac{1}{4}\right)+\cdots+\left(\frac{1}{n+1}-\frac{1}{n-1}\right)+\left(\frac{1}{n+2}-\frac{1}{n}\right)\right\}$$
$$=\frac{2}{3}+2\left(-\frac{5}{6}+\frac{1}{n+1}+\frac{1}{n+2}\right)$$

그러므로 $\sum_{n=1}^{\infty}a_{2n-1}=\lim_{n\to\infty}\sum_{k=1}^{n}a_{2k-1}=\lim_{n\to\infty}\left\{\frac{2}{3}+2\left(-\frac{5}{6}+\frac{1}{n+1}+\frac{1}{n+2}\right)\right\}=-1$ 이다.

13 직사각형 넓이 S_k는

$S_k=(k+1-k)(2^k+4-(k+1))=2^k-k+3$이므로

$$\sum_{k=1}^{8}S_k=\sum_{k=1}^{8}(2^k-k+3)$$
$$=\sum_{k=1}^{8}2^k-\sum_{k=1}^{8}k+\sum_{k=1}^{8}3$$
$$=\frac{2(2^8-1)}{2-1}-\frac{8\times9}{2}+8\times3$$
$$=498\text{이다.}$$

14 $Y=aX$이므로

$P(X \le 18)+P(aX \ge 36)=1$

$P(X \le 18)+P(X \ge \frac{36}{a})=1$

$\therefore 18=\frac{36}{a} \quad \therefore a=2$

그리고

$P(X \le 28)=P(Y \ge 28)$

$P(X \le 28)=P(X \ge 14)$

이고 확률변수 X가 정규분포를 따르므로

$E(X)=\frac{28+14}{2}=21$이다.

따라서 $E(Y)=E(aX)=aE(X)=2\times 21=42$가 된다.

15 규칙에 따르면

$A_1(1,2)$, $B_1(3,1)$

$A_2(2,4)$, $B_2(5,2)$

$A_3(3,6)$, $B_3(7,3)$

⋮ ⋮

그러므로 $A_n(n,2n)$, $B_n(2n+1,n)$이 되어

$\overline{A_nB_n}=\sqrt{(n+1)^2+n^2}=\sqrt{2n^2+2n+1}$ 이다.

따라서 $\lim_{n\to\infty}\frac{\overline{A_nB_n}}{n}=\lim_{n\to\infty}\frac{\sqrt{2n^2+2n+2}}{n}=\sqrt{2}$ 이다.

16 함수 $f(x)=-x(x-4)$에 대하여 함수 $g(x)=-(x-2)(x-6)$와의 교점의 x좌표는 3이다. 대칭성에 의해 $S_1=S_3$이고

$S_1=\int_0^3 f(x)dx-\int_2^3 g(x)dx$

$=\int_0^3\{-x(x-4)\}dx-\int_2^3\{-(x-2)(x-6)\}dx$

$=9+\frac{5}{3}=\frac{22}{3}$ 이고

$S_2=2\int_2^3 g(x)\,dx=2\int_2^3\{-(x-2)(x-6)\}\,dx=\frac{10}{3}$ 이므로

$\frac{S_2}{S_1+S_3}=\frac{5}{22}$ 이다.

17 삼각형 ABC는 이등변삼각형이므로 $\angle AM_1B=90^\circ$ 이고 $\overline{B_1C_1}//\overline{BC}$이므로 $\angle B_1M_2M_1=\angle C_1M_2M_1=90^\circ$ 이다. 또한 $\overline{B_1M_2}=\overline{C_1M_2}$이므로 직각삼각형 $B_1M_2M_1$과 직각삼각형 $C_1M_2M_1$은 합동이며 각각 직각이등변삼각형이다. 따라서 $\overline{B_1M_1}=\overline{C_1M_1}$이므로 삼각형 $B_1M_1C_1$은 직각이등변삼각형이다. $\overline{BM_1}=3$, $\overline{AM_1}=4$이고 $\overline{AM_2}=x$라 하면 $\overline{M_1M_2}=4-x$, 직각삼각형 AB_1M_2와 직각삼각형 ABM_1은 닮음도형이므로 $\overline{B_1M_2}=\frac{3}{4}x$이다.

따라서 $4-x=\frac{3}{4}x \quad \therefore x=\frac{16}{7}$

삼각형 ABC와 삼각형 AB_1C_1의 닮음비는

$\overline{BC}:\overline{B_1C_1}=6:\frac{24}{7}=1:\frac{4}{7}$이고 면적비는 $1:\frac{16}{49}$이다.

한편 $S_1=\frac{1}{2}\frac{3}{4}x(4-x)=\frac{144}{49}$이고 따라서 수열 S_n은 첫째항이 $S_1=\frac{144}{49}$이고

공비가 $r=\frac{16}{49}$인 등비수열이므로 $\sum_{n=1}^{\infty}S_n=\frac{S_1}{1-r}=\frac{\frac{144}{49}}{1-\frac{16}{49}}=\frac{48}{11}$이 된다.

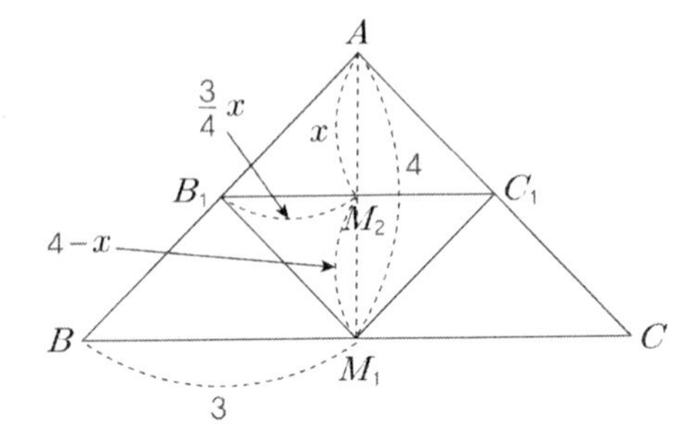

18 1사분면에 있는 곡선위의 점 $P(a, b)$에서의 접선의 방정식은

$y-b=(a^2-1)(x-a)$이고 y축과 만나는 점 Q의 y좌표는 $-a^3+a+b$이다. 점 R의 y좌표가 b이므로

$\overline{OQ}:\overline{OR}=3:1$으로부터

$a^3-a-b=3b$ …… (1)이고

점 $P(a, b)$는 곡선 위의 점이므로

$b=\frac{1}{3}a^3-a$ …… (2)이다.

이제 (1), (2)을 연립해서 풀면 $a=3,\ b=6$이 되고 따라서 $ab=18$이다.

19 $(A+2B)(2A-B)=E$이므로

$2A^2-AB+4BA-2B^2=E$ …… (1)

또한 교환법칙이 성립하여 $(2A-B)(A+2B)=E$이므로

$2A^2+4AB-BA-2B^2=E$ …… (2)이다.

(1)−(2)하면 $-5AB+5BA=O$이고 $AB=O$이므로

$BA=O \quad \therefore AB=BA=O$이고

$2A^2-2B^2=E$ …… (3)이다.

㉠ $BA=O$ (참)

㉡ (3)에서 $(A+B)2(A-B)=E$이므로 $(A+B)^{-1}=2(A-B)$ (참)

㉢ $A^2+B^2=\frac{1}{2}E$일 때, (3)과 연립하면 $A^2=\frac{1}{2}E$가 되어 A^{-1}이 존재한다.

$AB=O$이므로 A^{-1}을 양변에 곱하면 $B=O$이다. (참)

20 점 B_n의 좌표가 (a_n, a_nb_n)이므로

$\overline{OB_n} = \sqrt{a_n^2 + a_n^2b_n^2} = a_n\sqrt{1+b_n^2}$

이어서 (가)에 해당하는 수는 $p=1$이다.

한편,

$$\begin{aligned} a_{n+1} &= a_n + 2r_n \\ &= a_n + 2\frac{a_n\left(b_n - 1 + \sqrt{1+b_n^2}\right)}{2} \\ &= a_n\left(1 + b_n - 1 + \sqrt{1+b_n^2}\right) \\ &= \left(b_n + \sqrt{1+b_n^2}\right) \times a_n \end{aligned}$$

이므로 (나)에 알맞은 식은

$f(n) = b_n + \sqrt{1+b_n^2}$ 이다.

$b_n = \frac{1}{2}\left(n+1-\frac{1}{n+1}\right)$이므로

$1+b_n^2 = 1+\frac{1}{4}\left\{(n+1)^2 - 2 + \frac{1}{(n+1)^2}\right\} = \frac{1}{4}\left\{(n+1)+\frac{1}{(n+1)}\right\}^2$ 이고,

따라서 $\sqrt{1+b_n^2} = \frac{1}{2}\left(n+1+\frac{1}{n+1}\right)$이므로

결국 $f(n) = n+1$이다.

이제 $a_{n+1} = (n+1)a_n$으로부터

$a_n = na_{n-1} = n(n-1)a_{n-2} = \cdots = n(n-1)(n-2)\cdots 2a_1 = 2\times n!$이므로

(다)에 알맞은 식은 $g(n) = 2\times n!$이다.

따라서 $p+f(4)+g(4) = 1+5+2\times 4! = 54$이다.

21 원 C_{40}의 중심$(41, -40)$은 4사분면에 있고 반지름은 40이다. 원 C_{4n}의 중심의 좌표가 $(4n+1, -4n)$이므로 원 C_{40}은 4사분면 영역에 있다. 따라서 중심이 원 C_{40}의 내부에 있는 원들은 중심이 4사분면에 있는 C_{4n}들이어야 한다. 중심이 원 C_{40}의 내부에 있기 위해서는 중심사이의 거리가 원 C_{40}의 반지름인 40보다 작아야 하므로

$\overline{C_{4n}C_{40}} = \sqrt{(4n+1-41)^2+(4n-40)^2} < 40$

이여야 한다. 이 부등식을 풀면

$\sqrt{2}|4n-40| < 40$

$\therefore 10-5\sqrt{2} < n < 10+5\sqrt{2}$

$\therefore n = 3, 4, \cdots, 16, 17$

그러므로 원 C_n중에서 원 C_{40}의 내부에 있는 원의 개수는 15개다.

22 다항함수 $f(x)$가 $\lim_{x\to 2}\frac{f(x)-3}{x-2} = 4$을 만족하므로 $f(2)=3$이다. 또한 $f'(2) = \lim_{x\to 2}\frac{f(x)-f(2)}{x-2} = 4$이므로

$g'(x) = 2xf(x) + x^2f'(x)$에서

$g'(2) = 2\times 2\times f(2) + 2^2f'(2) = 28$이 된다.

23 그래프의 각 꼭짓점 사이의 연결 관계를 나타내는 행렬의 모든 성분의 합은 그래프의 변의 개수의 2배와 같고, 조건을 만족하면서 변의 개수가 최대가 되는 경우는 아래 그래프와 같다.

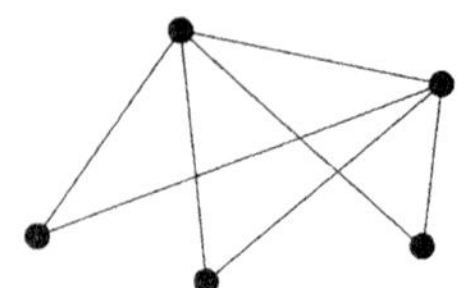

따라서 행렬의 모든 성분의 합의 최댓값은 $7\times 2=14$이다.

24 신뢰도 95%로 추정한 모평균 m에 대한 신뢰구간의 길이가 $b-a=2\times 1.96\times \frac{1.2}{\sqrt{n}}$이므로

$2\times 1.96\times \frac{1.2}{\sqrt{n}}\le 0.56$
$\sqrt{n}\ge 8.4$
$\therefore n\ge 70.96$
그러므로 이를 만족하는 자연수 n의 최솟값은 71이다.

25 수열 $\{b_n\}$을 $b_n=a_{2n-1}+a_{2n}$이라 하고 첫째항부터 제 n항까지의 합을 S_n이라 한다면 $S_n=\sum_{k=1}^{n}b_k=2n^2-n$으로부터
$b_n=S_n-S_{n-1}\ (n\ge 2)$
$\quad =4n-3$
이때,
$b_5=a_9+a_{10}=17$
$b_6=a_{11}+a_{12}=21$
이므로
$a_9+a_{10}+a_{11}+a_{12}=38$
$\therefore a_9+a_{12}=38-(a_{10}+a_{11})$
$\qquad =38-20$
$\qquad =18$

26 $B=A^{-1}BA$에서
$AB=AA^{-1}BA=BA,$
$BA^{-1}=A^{-1}BAA^{-1}=A^{-1}B,$

이고, 다시
$B^{-1}AB=B^{-1}BA=A$
$B^{-1}A=AB^{-1}$
이다. 따라서
$(A^{-1})^nBA^n=(A^{-1})^nA^nB=B$
$B^nA(B^{-1})^n=B^n(B^{-1})^nA=A$
이므로
$X_n=A+B$
이다. 그러므로 $X_1+X_2+\cdots+X_{10}=10(A+B)$이고 이 행렬의 모든 성분의 합은 $10\times 9=90$이다.

27 주사위를 4번 던지고 난 후에 주머니 A에 검은 구슬이, 주머니 B에는 흰 구슬이 각각 한 개씩 남아있으려면 주머니 A에서 두 번 모두 흰 구슬을, 주머니 B에서 두 번 모두 검은 구슬을 꺼내야 한다. 주머니 A, B에서 각각 두 번씩 구슬을 꺼내는 확률은 주사위를 4번 던질 때 3의 배수가 2번 나오는 확률과 같으므로 ${}_4C_2 \times \left(\frac{1}{3}\right)^2\left(\frac{2}{3}\right)^2$이다. 그리고 주머니 A에서 흰 구슬을 두 번 꺼내는 확률은 $\frac{2}{3}\times\frac{1}{2}$, 주머니 B에서 검은 구슬을 두 번 꺼내는 확률은 $\frac{2}{3}\times\frac{1}{2}$이므로 구하고자 하는 확률은

$$\frac{q}{p} = {}_4C_2 \times \left(\frac{1}{3}\right)^2\left(\frac{2}{3}\right)^2 \times \left(\frac{2}{3}\times\frac{1}{2}\right)\times\left(\frac{2}{3}\times\frac{1}{2}\right) = \frac{8}{243}$$

따라서 $p+q=243+8=251$이다.

28 점 $A\left(t, \frac{1}{2}t^2\right)$ $(t>0)$에 대해 점 C의 x좌표는 t이고 점 D의 x좌표는

$$-x+10=\frac{1}{2}t^2$$

으로부터 $10-\frac{1}{2}t^2$이다. 따라서 직사각형 $ACDB$의 넓이 $f(t)$는

$$f(t)=\left(10-\frac{1}{2}t^2-t\right)\times\frac{1}{2}t^2$$

$$=-\frac{1}{4}t^4-\frac{1}{2}t^3+5t^2$$

한편,

$$f'(t)=-t^3-\frac{3}{2}t^2+10t$$

$$=-\frac{t}{2}(2t^2+3t-20)$$

$$=-\frac{t}{2}(t+4)(2t-5)$$

이므로, $t=\frac{5}{2}$에서 넓이 $f(t)$는 극대이면서 최대이다. 따라서 $10t=10\times\frac{5}{2}=25$이다.

29 구간 $[1, 3]$을 n등분 했을 때 $x_k=1+\frac{2}{n}k$이고,

이때 $A_k=\frac{1}{2}\times x_k\times f(x_k)$이다.

따라서 $\lim_{n\to\infty}\frac{4}{n}\sum_{k=1}^{n}A_k = \lim_{n\to\infty}\frac{4}{n}\sum_{k=1}^{n}\frac{1}{2}\left(1+\frac{2}{n}k\right)f\left(1+\frac{2}{n}k\right)$

$$=\lim_{n\to\infty}\sum_{k=1}^{n}\left(1+\frac{2}{n}k\right)f\left(1+\frac{2}{n}k\right)\frac{2}{n}$$

$$=\int_1^3 xf(x)\,dx$$

$$=\int_1^3 x(-4x^2+12x+16)\,dx$$

$$=88$$

30 세 점 A_1, A_k, A_m이 한 직선 위에 있으므로 A_k의 x좌표와 A_m의 x좌표는 다르다. 따라서 두 자연수 k, m이 10보다 크고 1000보다 작으므로 $f(k)=1$, $f(m)=2$이고,

$\log k = 1+\alpha$
$\log m = 2+\beta$

라 하면 $A_0(0,0)$, $A_k(1,\alpha)$, $A_m(2,\beta)$이다. 선분 $\overline{A_0A_1}$의 기울기와 선분 $\overline{A_1A_2}$의 기울기가 같으므로

$\alpha = \beta - \alpha \quad \therefore \beta = 2\alpha$이다.

그러므로

$2\log k - \log m = 0$
$\log k^2 - \log m = 0$
$\log \dfrac{k^2}{m} = 0$
$\therefore k^2 = m$

두 자리 자연수로서 제곱하여 세 자리 자연수를 넘지 않은 최대 자연수 $k=31$이고 이때 $m=k^2=961$이므로 $k+m$의 최댓값은 $31+961=992$이다.

11 2016학년도 정답 및 해설

ANSWER

01	02	03	04	05	06	07	08	09	10	11	12	13	14	15	16	17	18	19	20
③	④	⑤	①	④	①	②	④	②	③	②	⑤	①	⑤	⑤	①	③	⑤	④	③
21	22	23	24	25	26	27	28	29	30										
②	18	10	21	15	121	16	495	12	23										

01 $\log_4 72-\log_2 6=\log_4 8+\log_4 9-\log_2 6$

$$=\frac{3}{2}\log_2 2+\log_2 3-\log_2 2-\log_2 3$$

$$=\frac{1}{2}$$

02 $AB+A=A(B+E)=\begin{pmatrix}2 & -1\\0 & 1\end{pmatrix}\begin{pmatrix}1 & 3\\1 & -1\end{pmatrix}=\begin{pmatrix}1 & 7\\1 & -1\end{pmatrix}$ 이므로 $(1,\ 2)$성분은 7이다.

03 함수 $f(x)=x^3+2x^2+13x+10$에 대하여 $f'(x)=3x^2+4x+13$이므로 $f'(1)=3+4+13=20$이다.

04 $\lim_{x\to 1+0}f(x)=-1$, $\lim_{x\to 2-0}f(x)=1$이므로 $\lim_{x\to 1+0}f(x)-\lim_{x\to 2-0}f(x)=-1-1=-2$이다.

05 두 사건 A, B가 독립이므로 A^c, B역시 독립이다.

$$P(A\cup B)=P(A)+P(B)-P(A\cap B)$$

$$=P(A)+P(B)-P(A)P(B)=\frac{5}{6}\quad\cdots(1)$$

$$P(A^c\cap B)=P(A^c)P(B)$$

$$=(1-P(A))P(B)$$

$$=P(B)-P(A)P(B)=\frac{1}{3}\quad\cdots(2)$$

$(1)-(2)$하면 $P(A)=\frac{1}{2}$이고 (2)에서 $P(B)=\frac{2}{3}$이다.

06 홀수 항들과 짝수 항들은 각각 공차가 2인 등차수열이므로

$$\begin{aligned}\sum_{k=1}^{10} a_k &= \sum_{k=1}^{5} a_{2k-1} + \sum_{k=1}^{5} a_{2k} \\ &= \frac{5(2+4\times2)}{2} + \frac{5(2p+4\times2)}{2} \\ &= 25+5(p+4)=70\end{aligned}$$

$\therefore p=5$

07 임의로 선택한 9개 사과의 무게의 평균을 $\overline{X}$라 하면 $\overline{X}$는 정규분포 $N(350,\ 10^2)$을 따른다.

이때, 표준화 $Z=\dfrac{\overline{X}-350}{10}$을 적용하면

$$\begin{aligned}P(345 \le \overline{X} \le 365) &= P(-0.5 \le Z \le 1.5) \\ &= P(0 \le Z \le 0.5)+P(0 \le Z \le 1.5) \\ &= 0.1915+0.4332 \\ &= 0.6247\end{aligned}$$

08 온도가 각각 0°, 50°일 때의 증기압 P_1, P_2에 대해 주어진 식에 대입해서 풀면

$$\log P_1 = k - \frac{1000}{0+250}$$

$$\log P_2 = k - \frac{1000}{50+250}$$

$$\log P_1 - \log P_2 = \frac{2}{3}$$

$$\therefore \frac{P_1}{P_2} = 10^{\frac{2}{3}}$$

09 $\displaystyle\sum_{n=1}^{\infty}\left(\frac{a_n}{3^n}-4\right)=2$이므로 $\displaystyle\lim_{n\to\infty}\left(\frac{a_n}{3^n}-4\right)=0$, 즉 $\displaystyle\lim_{n\to\infty}\frac{a_n}{3^n}=4$이다.

따라서 $\displaystyle\lim_{n\to\infty}\frac{a_n+2^n}{3^{n-1}+4}=\lim_{n\to\infty}\frac{\frac{a_n}{3^n}+\left(\frac{2}{3}\right)^n}{\frac{1}{3}+\frac{4}{3^n}}=\frac{4+0}{\frac{1}{3}+0}=12$

10 연립방정식에서 밑이 10인 상용로그로 밑변환하면

$$\begin{cases}\dfrac{\log y}{\log x}=\dfrac{3\log 2}{\log 3} \\ 4\times\dfrac{\log x}{\log 2}\times\dfrac{\log y}{\log 3}=3\end{cases}$$

첫 번째 식에서 $\log y=\dfrac{3\log 2}{\log 3}\times\log x$ 이고 이를 두 번째 식에 대입하면

$$4\times\frac{\log x}{\log 2}\times 3\times\frac{\log 2}{\log 3}\times\frac{\log x}{\log 3}=3$$

$$\therefore (\log x)^2=\frac{(\log 3)^2}{4}$$

$$\therefore \log x=\pm\frac{\log 3}{2}=\pm\log\sqrt{3}$$

$\alpha>1$이므로 $x=\alpha=\sqrt{3}$ 이고 따라서 $\log y=\dfrac{3\times\log 2}{\log 3}\times\dfrac{\log 3}{2}=\log 2^{\frac{3}{2}}$ 에서 $y=\beta=2^{\frac{3}{2}}=2\sqrt{2}$ 이다.

그러므로 $\alpha\beta=2\sqrt{6}$ 이다.

11 $n=1$이면 $f(x)=x^2-6x+7$, $g(x)=x+1$이고 이 두 함수 그래프의 교점의 x좌표를 구하면 $x=1, 6$이다.
이때, 두 곡선 및 y축으로 둘러싸인 부분의 넓이는

$$\int_0^1\{f(x)-g(x)\}dx=\int_0^1(x^2-7x+6)dx=\frac{17}{6}$$

12 두 곡선의 교점을 구하기 위해 방정식 $x^2-6x+7=x+n$을 풀면,
$x^2-7x+7-n=0$의 두 근을 α, β라 할 때,
$\alpha+\beta=7$, $\alpha\beta=7-n$
두 교점 $(\alpha,\ 7-\alpha)$, $(\beta,\ 7-\beta)$ 사이의 거리 a_n은

$$a_n=\sqrt{(\alpha-\beta)^2+(7-\alpha-7+\beta)^2}=\sqrt{2}\sqrt{(\alpha-\beta)^2}$$

$$(\alpha-\beta)^2=(\alpha+\beta)^2-4\alpha\beta=4n+21$$

$$a_n^2=2(4n+21)$$

따라서 $\displaystyle\sum_{n=1}^{10}a_n^2=\sum_{n=1}^{10}2(4n+21)=860$이다.

13 인접행렬 M에 대해 M^2행렬의 대각선 성분은 각 꼭짓점의 차수, 즉 꼭짓점에 연결된 변의 개수와 같다.
따라서 차수가 짝수인 것의 개수는 $b=1$이다.
그리고 인접행렬 M의 성분 중 1의 개수는 차수의 합과 같으므로 $a=4+3+3+3+3=16$이다.
따라서 $a+b=17$이다.

14 삼차방정식 $2x^3+ax^2+6x-3=t$는 최소한 실근 1개가 존재하고 함수 $g(t)$의 치역은 음이 아닌 정수이므로,
함수 $g(t)$가 실수 전체의 집합에서 연속이 되기 위해서는 $g(t)=1$, 즉 방정식의 실근이 오직 1개여야만 한다.
이는 함수 $f(x)=2x^3+ax^2+6x-3$이 증가함수이어야 하고 따라서 모든 실수 x에 대해
$f'(x)\geq 0$이어야 한다.
$f'(x)=6x^2+2ax+6\geq 0$일 조건은

$$\frac{D}{4}=a^2-36\leq 0$$

$$\therefore -6\leq a\leq 6$$

그러므로 정수 a의 개수는 13이다.

15 ㉠ (참) $AB-A+B=O$ 에서 $(A+E)(B-E)=-E$이므로 교환법칙에 의해 $(B-E)(A+E)=-E$, 즉 $BA-A+B=O$이 성립한다. 따라서 $AB=BA$이다. 그리고 $(A+E)^{-1}=-B+E$이다.

㉡ (참) $AB=A-B$이므로 두 번째 식에서 $2(A-B)+2B=A^2$, 즉 $A^2-2A=O$이다.
$(A-3E)(A+E)=-3E$이므로 $A-3E$의 역행렬이 존재한다.
즉, $(A-3E)^{-1}=-\frac{1}{3}(A+E)$이다. 또한 $(A+E)^{-1}=-\frac{1}{3}(A-3E)$이기도 하다.

㉢ (참) $(A+E)^{-1}=-B+E=-\frac{1}{3}(A-3E)$이므로 $A=3B$이다. 따라서 $(A+B)^2=16B^2$이 된다.

16 각 과정에서 얻어지는 도형들은 닮음이기 때문에 닮음비를 구해본다. 처음 정사각형과 두 번째 얻어지는 정사각형의 닮음비는 직각삼각형 $A_1B_1M_1$과 직각삼각형 $B_2A_2B_1$의 닮음비와 같다. 변 A_2B_2의 길이를 a라 하면 변 B_1B_2의 길이는 $1-\frac{a}{2}$이므로 $\overline{A_1B_1}:\overline{A_1M_1}=\overline{B_2A_2}:\overline{B_2B_1}$으로부터

$2:1=a:1-\frac{a}{2}$이고 따라서 $a=1$이다.

그러므로 닮음비는 $2:a=1:\frac{1}{2}$이고 면적비는 $1:\frac{1}{4}$이므로 원들의 넓이는 공비가 $\frac{1}{4}$인 등비수열을 이룬다.

그림 R_1에서의 내접원의 반지름을 r이라 한다면 $\frac{1}{2}\times2\times1=\frac{1}{2}r(2+1+\sqrt{5})$로부터 $r=\frac{2}{3+\sqrt{5}}$이다.

따라서 $S_1=2\times\pi\times\left(\frac{2}{3+\sqrt{5}}\right)^2=(7-3\sqrt{5})\pi$이어서

$$\lim_{n\to\infty}S_n=\frac{(7-3\sqrt{5})\pi}{1-\frac{1}{4}}=\frac{4(7-3\sqrt{5})\pi}{3}$$

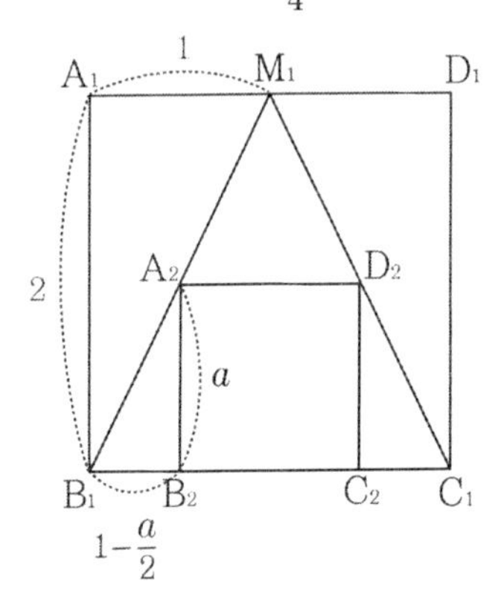

17 모든 실수 x에 대해 $f(x+2)=f(x)+2$이므로 $2\le x\le4$인 구간에서의 함수 $f(x)$는, $0\le x\le2$에서의 곡선을 x축 방향으로 2만큼 y축 방향으로 2만큼 평행 이동한 것과 같다. $f(0)=0$, $f(2)=f(0)+2=2$이고 같은 논리를 적용하여 함수 $f(x)$의 그래프를 그리면 아래 그림과 같다. $f(2)=2$로부터 $a=\frac{1}{2}$이고, 정적분 $\int_1^7 f(x)\,dx$는 정적분 $\int_0^2 f(x)dx$을 3배 한 것과 한 변의 길이가 2인 정사각형 3개의 넓이, 그리고 가로가 1이고 세로가 6인 직사각형의 넓이의 합과 같다.

$$\begin{aligned}\int_1^7 f(x)dx &= 3\int_0^2 f(x)dx+3\times4+6\\ &=3\int_0^2 \frac{1}{2}x^2dx+18\\ &=22\end{aligned}$$

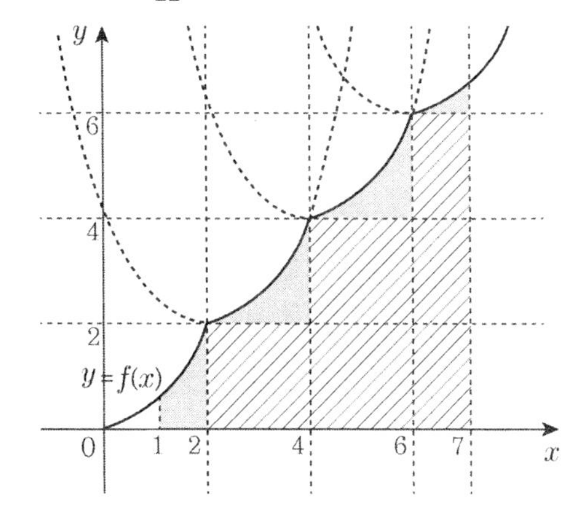

18 점 A의 좌표를 $(a,\ b)$라 하면 점 A와 B는 직선 $y=x$에 대하여 대칭이므로 점 B의 좌표는 $(b,\ a)$이다.

따라서 $\begin{cases} b=2^{a-1}+1 \\ a=\log_2(b+1) \end{cases}$을 만족한다.

두 번째 식으로부터 $b+1=2^a$이므로 첫 번째 식과 연립해서 풀면 $a=2,\ b=3$이 된다.

한편 점 C의 x좌표는 y좌표가 b일 때이므로 $b=\log_2(x+1)$로부터 점 C의 좌표는 $(2^{b-1},\ b)$, 즉 $(7, 3)$이다.

따라서 삼각형 ABC의 무게중심의 좌표는 $\left(\dfrac{2+3+7}{3},\ \dfrac{3+2+3}{3}\right)$, 즉 $\left(4,\ \dfrac{8}{3}\right)$이다.

따라서 $p=4,\ q=\dfrac{8}{3}$으로 $p+q=\dfrac{20}{3}$이다.

19 $(*)$ 양변에 2를 더하면

$$\begin{aligned}a_{n+1}+2 &=-\frac{3a_n+2}{a_n}+2\\ &=-\frac{3a_n+2-2a_n}{a_n}\\ &=-\frac{a_n+2}{a_n}\end{aligned}$$

이므로 (가)에 알맞은 수는 $p=2$이다. 위 식에서 역수를 취하면

$$\frac{1}{a_{n+1}+2}=-\frac{a_n}{a_n+2}=-\frac{(a_n+2)-2}{a_n+2}=\frac{2}{a_n+2}-1$$

$b_n=\dfrac{1}{a_n+2}$이라 하면 위 식은

$b_{n+1}=2b_n-1$

따라서 (나)에 알맞은 수는 $q=1$이다. 이 때, 수열 $\{b_n\}$의 일반항은

$$\begin{aligned} b_n &= b_1 + \sum_{k=1}^{n-1}(b_2-b_1)2^{k-1} \\ &= 3 + \sum_{k=1}^{n-1}(5-3)2^{k-1} \quad (\because b_2 = 2b_1 - 1 = 5) \\ &= 3 + \frac{2(2^{n-1}-1)}{2-1} \\ &= 2^n + 1 \end{aligned}$$

따라서 (다)에 알맞은 식은 $f(n)=2^n+1$이다. 그러므로 $p\times q\times f(5)=2\times 1\times 33=66$이다.

20 시행을 3번 반복한 결과 2개의 앞면(H)과 3개의 뒷면(T)이 나오게 되는 경우를 그려보면 아래 그림과 같다.

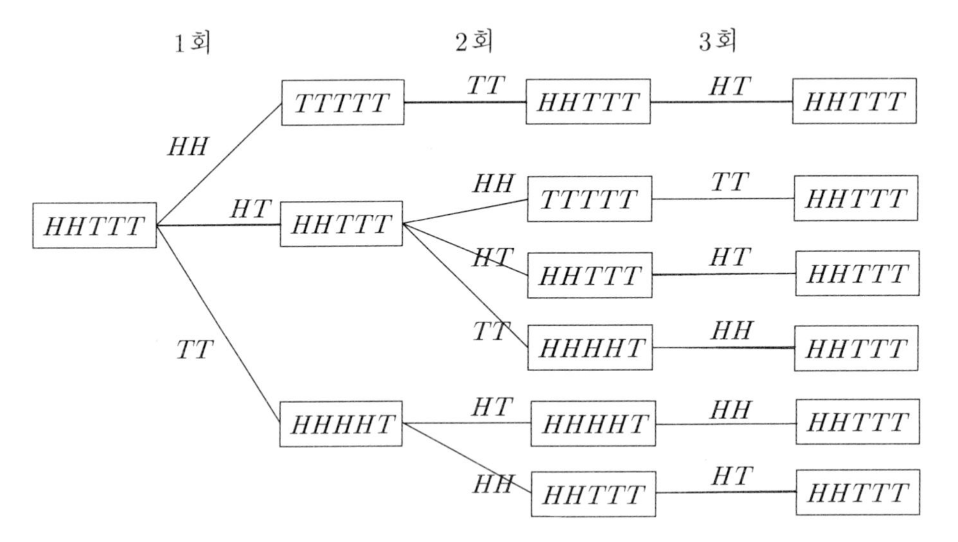

선택한 순서가 $HH-TT-HT$인 경우의 확률은 $\frac{{}_2C_2}{{}_5C_2}\times\frac{{}_5C_2}{{}_5C_2}\times\frac{({}_2C_1\times{}_3C_1)}{{}_5C_2}=\frac{60}{1000}$이다.

선택한 순서가 $HT-HH-TT$인 경우의 확률은 $\frac{({}_2C_1\times{}_3C_1)}{{}_5C_2}\times\frac{{}_2C_2}{{}_5C_2}\times\frac{{}_5C_2}{{}_5C_2}=\frac{60}{1000}$이다.

선택한 순서가 $HT-HT-HT$인 경우의 확률은 $\frac{({}_2C_1\times{}_3C_1)}{{}_5C_2}\times\frac{({}_2C_1\times{}_3C_1)}{{}_5C_2}\times\frac{({}_2C_1\times{}_3C_1)}{{}_5C_2}=\frac{216}{1000}$이다.

선택한 순서가 $HT-TT-HH$인 경우의 확률은 $\frac{({}_2C_1\times{}_3C_1)}{{}_5C_2}\times\frac{{}_3C_2}{{}_5C_2}\times\frac{{}_4C_2}{{}_5C_2}=\frac{108}{1000}$이다.

선택한 순서가 $TT-HT-HH$인 경우의 확률은 $\frac{{}_3C_2}{{}_5C_2}\times\frac{({}_4C_1\times{}_1C_1)}{{}_5C_2}\times\frac{{}_4C_2}{{}_5C_2}=\frac{72}{100}$이다.

선택한 순서가 $TT-HH-HT$인 경우의 확률은 $\frac{{}_3C_2}{{}_5C_2}\times\frac{{}_4C_2}{{}_5C_2}\times\frac{({}_2C_1\times{}_3C_1)}{{}_5C_2}=\frac{108}{1000}$이다.

그러므로 구하고자 하는 확률은 $\frac{60}{1000}+\frac{60}{1000}+\frac{216}{1000}+\frac{108}{1000}+\frac{72}{1000}+\frac{108}{1000}=\frac{78}{125}$이다.

21 함수 $f(x)$을 $f(x)=x^3+ax^2+bx+c\ (c>0)$이라 하면

$f'(x)=3x^2+2ax+b$

점 $A(0, c)$에서의 접선과 직선 $m: y=x$가 서로 수직이므로 $f'(0)=b=-1$이 된다. 점 A에서의 접선의 방정식은 $y=-x+c$이고, 점 B의 좌표를 구하기 위해 $x^3+ax^2+bx+c=-x+c$을 풀면

$x^3+ax^2=0$

$\therefore x=0, -a$

점 B의 좌표는 $(-a, a+c)$이고 $f'(-a)=1$이므로 $3a^2-2a^2+b=1$, 즉 $a=\pm\sqrt{2}$이다.

그런데 점 B는 직선 m 위의 점이므로 $-a=a+c$, $\therefore c=-2a\ (c>0)$이므로 $a=-\sqrt{2}$, $c=2\sqrt{2}$이다.

$f(x)=x^3-\sqrt{2}x^2-x+2\sqrt{2}$

$f'(x)=3x^2-2\sqrt{2}x-1$

점 C의 x좌표를 구하기 위해 $x^3-\sqrt{2}x^2-x+2\sqrt{2}=x$을 풀면 $x=\sqrt{2}, -\sqrt{2}$이므로 이때 점 B의 x좌표는 $\sqrt{2}$, 점 C의 x좌표는 $x=-\sqrt{2}$이다. 따라서 점 C에서의 접선의 기울기는 $f'(-\sqrt{2})=6+4-1=9$이다.

22 이차방정식 $x^2-kx+72=0$의 두 근 α, β에 대해 $\alpha+\beta=k$, $\alpha\beta=72$이고, $\alpha, \beta, \alpha+\beta$가 등차수열을 이루므로 $2\beta=\alpha+(\alpha+\beta)$, $\therefore \beta=2\alpha$이다. 그러므로 $2\alpha^2=72$, $k=3\alpha$로부터 $\alpha=6$, $k=18\ (k>0)$이다.

23 주머니에서 첫 번째 꺼낸 공이 흰 공인 사건을 A, 두 번째 꺼낸 공이 흰 공인 사건을 E라 하면

$P(A|E)=\dfrac{P(A\cap E)}{P(E)}$

두 번째 꺼낸 공이 흰 공인 경우는, 첫 번째 공이 흰 공이면서 두 번째 공도 흰 공인 경우와 첫 번째 공이 검은 공이고 두 번째 공이 흰 공인 경우로 생각할 수 있다.

$$\begin{aligned} P(E) &= P(A\cap E)+P(A^c\cap E) \\ &= P(A)P(E|A)+P(A^c)P(E|A^c) \\ &= \frac{2}{5}\times\frac{1}{4}+\frac{3}{5}\times\frac{2}{4} \\ &= \frac{8}{20} \end{aligned}$$

그러므로 $P(A|E)=\dfrac{\frac{2}{20}}{\frac{8}{20}}=\dfrac{1}{4}$이다. 따라서 $p=\dfrac{1}{4}$, $40p=10$이 된다.

24 함수 $f(x)=3x^2+4x$에 대하여 주어진 무한급수를 정적분으로 고쳐 계산한다.

$$\begin{aligned} \lim_{n\to\infty}\sum_{k=1}^{n} f\left(1+\frac{2k}{n}\right)\frac{1}{n} &= \frac{1}{2}\lim_{n\to\infty}\sum_{k=1}^{n} f\left(1+\frac{(3-1)k}{n}\right)\frac{3-1}{n} \\ &= \frac{1}{2}\int_1^3 f(x)\,dx \\ &= 21 \end{aligned}$$

25 확률밀도함수 $f(x)$에 대해 $\int_0^4 f(x)\,dx=1$이므로

$\int_0^4 f(x)\,dx=\int_0^1 \frac{1}{2}x\,dx+\int_1^4 a(x-4)\,dx=\frac{1}{4}-\frac{9}{2}a=1$

$\therefore a=-\frac{1}{6}$

이때,

$$\begin{aligned} E(X) &= \int_0^4 xf(x)\,dx \\ &= \int_0^1 x\left(\frac{1}{2}x\right)dx + \int_1^4 x\left\{-\frac{1}{6}(x-4)\right\}dx \\ &= \frac{10}{6} \end{aligned}$$

따라서 $E(6X+5) = 6E(X)+5 = 15$이다.

26

주사위를 5번 던졌을 때 5이상의 눈금이 나온 횟수를 변수 X라 하면 확률변수 X는 이항분포 $B\left(5, \frac{1}{3}\right)$을 따른다. 이때, 4이하의 눈금이 나온 횟수는 $5-X$이므로 점 A의 수직선 좌표는 $2X-2(5-X)=4X-10$이고 점 B의 수직선 좌표는 $-X+(5-X)=-2X+5$이다. 두 점 사이의 거리 $|6X-15|$가 3 이하가 될 확률은

$$\begin{aligned} P(|6X-15| \le 3) &= P(-3 \le 6X-15 \le 3) \\ &= P(2 \le X \le 3) \\ &= P(X=2)+P(X=3) \\ &= {}_5C_2\left(\frac{1}{3}\right)^2\left(\frac{2}{3}\right)^3 + {}_5C_3\left(\frac{1}{3}\right)^3\left(\frac{2}{3}\right)^2 \\ &= \frac{40}{81} \end{aligned}$$

그러므로 $\frac{q}{p} = \frac{40}{81}$ $\quad \therefore p+q=121$이다.

27

수열 $\{b_n\}$은 수열 $\{a_n\}$의 계차수열이므로 $a_n = a_1 + \sum_{k=1}^{n-1} b_k$, 즉 $\sum_{k=1}^{n-1} b_k = a_n - a_1$로부터

$$T_{4n} = \sum_{k=1}^{4n} b_k = a_{4n+1} - a_1 = 2^{2n+2} - 3 - a_1$$

$$T_{2n-1} = \sum_{k=1}^{2n-1} b_k = a_{2n} - a_1 = 4^{n-1} + 2^n - a_1$$

따라서 주어진 극한값은

$$\begin{aligned} \lim_{n\to\infty}\frac{T_{4n}}{T_{2n-1}} &= \lim_{n\to\infty}\frac{4\,4^n - 3 - a_1}{\frac{1}{4}4^n + 2^n - a_1} \\ &= \lim_{n\to\infty}\frac{4 - \frac{3+a_1}{4^n}}{\frac{1}{4} + \left(\frac{2}{4}\right)^n - \frac{a_1}{4^n}} \\ &= 16 \end{aligned}$$

28 15개의 의자를 배치하는 경우의 수로 생각해 봤을 때, 먼저 이웃하지 않아야 할 의자 4개를 일렬로 배치한다. 그런 다음 각각의 의자 사이와 양 끝 의자 옆에 나머지 의자 11개를 배치하면 되는데 이 때 이웃하지 않아야 할 의자 사이에는 적어도 1개의 의자가 있어야 한다. 이는 아래 그림에서처럼 왼쪽부터 빈칸에 놓이게 되는 의자 수를 순서대로 a, b, c, d, e라 할 때,

$a+b+c+d+e=11\ (b\ge1,\ c\ge1,\ d\ge1)$

을 만족하는 음이 아닌 정수의 순서쌍의 개수와 같다. 이는 다시

$a+b+c+d+e=8$

을 만족하는 음이 아닌 정수의 순서쌍의 개수와 같고 이는 서로 다른 5개에서 8개를 뽑는 중복조합의 경우의 수와 같다. 그러므로 ${}_5H_8={}_{12}C_8={}_{12}C_4=495$이다.

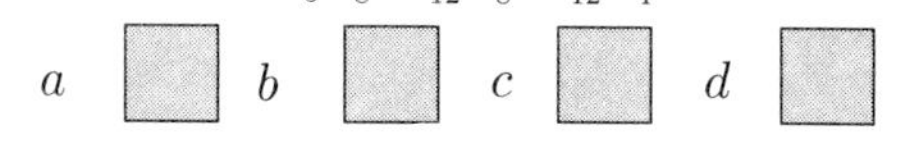

29 직선 $y=x+1$과 직선 $y=-x+2n+1$의 교점은 $(n,\ n+1)$이고, 직선 $y=-x+2n+1$는 $(2n-1,\ 2)$을 지나며 직선 $y=\dfrac{x}{n+1}$은 $(n+1,\ 1)$을 지난다.

영역 내에 있는 좌표가 모두 자연수인 점의 개수는 $x=k\ (1\le k\le n)$일 때 k개이고, $x=l\ (n+1\le l\le 2n-2)$일 때 $-l+2n-1$개 이므로,

$$a_n=\sum_{k=1}^{n}k+\sum_{l=n+1}^{2n-2}(-l+2n-1)$$
$$=\frac{n(n+1)}{2}+\frac{(n-2)(n-1)}{2}$$

따라서 $a_n=133$이 되는 n의 값은 $n=12$이다.

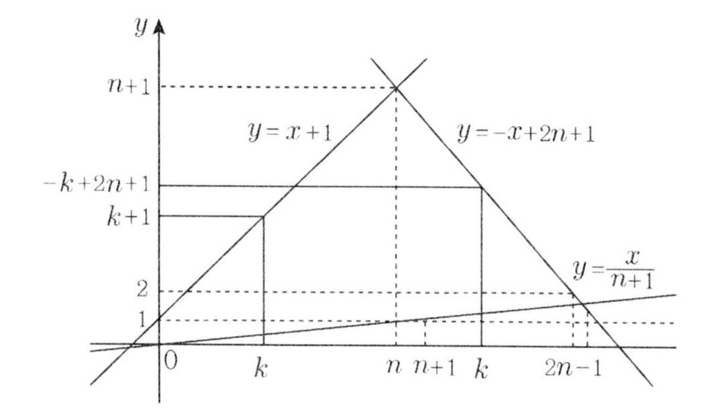

30 $1 < x < 10^5$인 x에 대해 $0 < \log x < 5$이다.

$\log x = n + \alpha\ (0 \le \alpha < 1)$라고 하면 $f(x) = n,\ g(x) = \alpha$이며,

$\log 2x = n + \alpha + \log 2$

$\log 3x = n + \alpha + \log 3$

$\sum_{k=1}^{3} f(kx) = 3f(x)$에서 $f(x) + f(2x) + f(3x) = 3f(x)$, 즉 $f(2x) + f(3x) = 2f(x) = 2n$이 되므로

$f(2x) = f(3x) = n$이어야 한다. 따라서 $\alpha + \log 3 < 1\quad \therefore \alpha < 0.5229$을 만족한다.

$\log x^2 = 2\log x = 2n + 2\alpha$

$\log x^3 = 3\log x = 3n + 3\alpha$

$\log x^4 = 4\log x = 4n + 4\alpha$

$\log x^5 = 5\log x = 5n + 5\alpha$

$\log x^{10} = 10\log x = 10n + 10\alpha$

$\sum_{k=1}^{5} g(x^k) = g(x^{10}) + 2$에서

$0 \le \alpha < \frac{1}{10}$이면 $\alpha + 2\alpha + 3\alpha + 4\alpha + 5\alpha = 10\alpha + 2\quad \therefore \alpha = \frac{2}{5}$이므로 성립하지 않는다.

$\frac{1}{10} \le \alpha < \frac{2}{10}$이면 $\alpha + 2\alpha + 3\alpha + 4\alpha + 5\alpha = 10\alpha - 1 + 2\quad \therefore \alpha = \frac{1}{5}$이므로 성립하지 않는다.

$\frac{2}{10} \le \alpha < \frac{3}{10}$이면 $\alpha + 2\alpha + 3\alpha + 4\alpha + 5\alpha - 1 = 10\alpha - 2 + 2\quad \therefore \alpha = \frac{1}{5}$이므로 성립한다.

⋮ ⋮

$\frac{4}{10} \le \alpha < \frac{5}{10}$이면 $\alpha + 2\alpha + 3\alpha + 4\alpha + 5\alpha - 4 = 10\alpha - 4 + 2\quad \therefore \alpha = \frac{2}{5}$이므로 성립한다.

⋮ ⋮

위에서 보듯이 $\log x$가 (가)조건을 만족하는 경우는 $\alpha = \frac{1}{5},\ \frac{2}{5}$ 두 가지 경우이고 이때 지표 n은 각각에 대해 $n = 0, 1, 2, 3, 4$이다.

이를 만족시키는 모든 실수 x을 곱한 값이 A이고 그 때 $\log A$는 이들 지표와 가수들을 모두 합한 값과 같다.

$\log A = \left(\frac{1}{5} + \frac{2}{5}\right) \times 5 + 2 \times (0 + 1 + 2 + 3 + 4) = 23$

12 2017학년도 정답 및 해설

ANSWER

01	02	03	04	05	06	07	08	09	10	11	12	13	14	15	16	17	18	19	20
⑤	①	②	③	④	①	②	④	①	⑤	②	①	③	②	③	⑤	④	③	①	③
21	22	23	24	25	26	27	28	29	30										
⑤	19	21	13	90	24	72	168	195	35										

01 $\left(2^{\frac{1}{3}} \times 2^{-\frac{4}{3}}\right)^{-2} = \left(2^{\frac{1}{3}-\frac{4}{3}}\right)^{-2} = \left(2^{-1}\right)^{-2} = 2^2 = 4$

02 주어진 식에서 분모, 분자를 3^n으로 나누면 $\lim_{n\to\infty}\left(\frac{2}{3}\right)^n = 0$이므로

$\lim_{n\to\infty}\frac{3^n+2^{n+1}}{3^{n+1}-2^n} = \lim_{n\to\infty}\frac{1+2\left(\frac{2}{3}\right)^n}{3-\left(\frac{2}{3}\right)^n} = \frac{1}{3}$이다.

03 $E(X) = n \times \frac{1}{4} = 5$로부터 $n = 20$이다.

04 조건 p, q의 진리집합을 각각 P, Q라고 할 때, p가 q이기 위한 충분조건이 되기 위해서는 $P \subset Q$이어야 한다.
집합 $P = \{x \mid (x-2)(x-a) \le 0\}$, $Q = \{x \mid -3 \le x \le 5\}$에 대하여

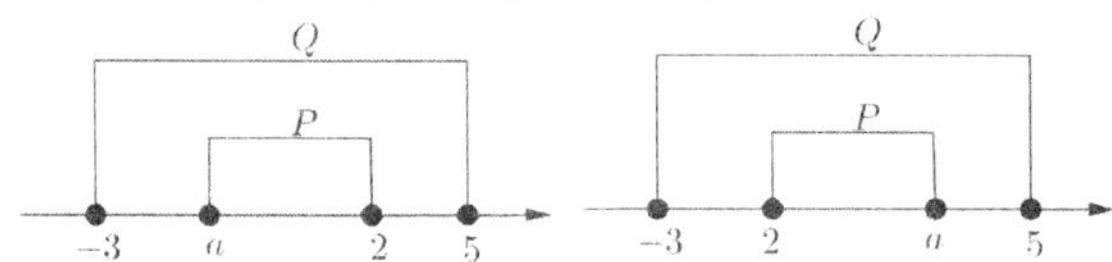

그림에서처럼 $a < 2$인 경우 $-3 \le a < 2$이고, $a > 2$인 경우 $2 < a \le 5$이여야 한다. $a = 2$이면 $P = \{2\}$이고 $P \subset Q$가 되므로 따라서 a의 범위는 $-3 \le a \le 5$이고 이때 정수 a의 개수는 9개다.

05 $\lim_{x\to 1-} f(x) = 2$이고, $x \to 0+$일 때 $t = x-2 \to -2+$이고 따라서 $\lim_{x\to 0+} f(x-2) = \lim_{t\to -2+} f(t) = -1$이다.
그러므로 주어진 극한은 $2-1=1$이다.

06 $A=\{2, 4, 6\}$, $B=\{2, 3, 5\}$에 대하여 $A\cap B=\{2\}$, $B\cap A^c=\{3, 5\}$이므로

$P(B|A)=\dfrac{n(A\cap B)}{n(A)}=\dfrac{1}{3}$, $P(B|A^c)=\dfrac{n(B\cap A^c)}{n(A^c)}=\dfrac{2}{3}$이다.

따라서 $P(B|A)-P(B|A^c)=\dfrac{1}{3}-\dfrac{2}{3}=-\dfrac{1}{3}$이다.

07 $\log_3 a=\dfrac{1}{\log_b 27}=\log_{27}b=\log_{3^3}b=\dfrac{1}{3}\log_3 b=\log_3 b^{\frac{1}{3}}$에서 $a=b^{\frac{1}{3}}$, 즉 $b=a^3$이 성립한다.

$\log_a b^2+\log_b a^2=\log_a a^6+\log_{a^3}a^2=6+\dfrac{2}{3}=\dfrac{20}{3}$이다.

08 함수 $f(x)=x(x-3)(x-a)$에 대하여 $f'(x)=3x^2-(2a+6)x+3a$이므로

$f'(0)=3a$, $f'(3)=9-3a$이다. 두 접선이 수직이므로 $f'(0)\times f'(3)=-1$, 즉 $3a(9-3a)=-1$

로부터 $9a^2-27a-1=0$이 성립한다. 따라서 실수 a의 값의 합은 근과 계수의 관계로부터 $\dfrac{27}{9}=3$이다.

09 확률변수 X에 대하여

$P(X=0)=\dfrac{{}_5C_4}{{}_8C_4}=\dfrac{5}{70}$, $P(X=1)=\dfrac{{}_3C_1\times{}_5C_3}{{}_8C_4}=\dfrac{30}{70}$

$P(X=2)=\dfrac{{}_3C_2\times{}_5C_2}{{}_8C_4}=\dfrac{30}{70}$, $P(X=3)=\dfrac{{}_3C_3\times{}_5C_1}{{}_8C_4}=\dfrac{5}{70}$

이고 X의 확률분포표는 다음과 같다.

X	0	1	2	3
$P(X=x)$	$\dfrac{5}{70}$	$\dfrac{30}{70}$	$\dfrac{30}{70}$	$\dfrac{5}{70}$

따라서 $E(X)=0\times\dfrac{5}{70}+1\times\dfrac{30}{70}+2\times\dfrac{30}{70}+3\times\dfrac{5}{70}=\dfrac{3}{2}$이다.

10 집합 P의 원소 개수는 집합 A에서 3개의 원소를 뽑는 중복순열의 수와 같다.

이때 $x_1=9$인 경우의 수는 ${}_5\Pi_2=5^2=25$,

$x_1=7$, $x_2=9$인 경우의 수는 5,

$x_1=7$, $x_2=7$인 경우의 수는 5,

$x_1=7$, $x_2=5$인 경우의 수는 5

이다. 따라서 41번째로 큰 원소는 $x_1=7$, $x_2=3$, $x_3=9$, 즉 $\dfrac{7}{10}+\dfrac{3}{10^2}+\dfrac{9}{10^3}$이다.

그러므로 $a=7$, $b=3$, $c=9$이고 $a+b+c=19$이다.

11 8명의 학생을 임의로 3명, 3명, 2명씩 3개조로 나누는 경우의 수는 $\frac{{}_8C_3\times{}_5C_3\times{}_2C_2}{2!}=280$이다. 두 학생 A, B가 같은 조에 속하는 경우는 6명의 학생을 1명, 3명, 2명씩 3개조로 나눈 다음 1명이 속한 조에 두 학생 A, B를 넣는 경우와 두 학생 A, B 한 조와 6명을 3명, 3명씩 2개조로 나누는 경우가 있다.

(1) 6명의 학생을 1명, 3명, 2명씩 3개조로 나누는 경우의 수

$${}_6C_1\times{}_5C_3\times{}_2C_2=60$$

(2) 6명을 3명, 3명씩 2개조로 나누는 경우의 수

$$\frac{{}_6C_3\times{}_3C_3}{2!}=10$$

따라서 A, B가 같은 조에 같은 조에 속할 확률은 $\frac{60+10}{280}=\frac{1}{4}$이다.

12 위장크림 1개의 무게를 확률변수 X라 하면 $P(X\geq 50)=0.1587$이다.

$P(X\geq 50)=P\left(Z\geq \frac{50-m}{\sigma}\right)=0.5-P\left(0\leq Z\leq \frac{50-m}{\sigma}\right)=0.1587$으로부터

$P\left(0\leq Z\leq \frac{50-m}{\sigma}\right)=0.3413$, 즉 $\frac{50-m}{\sigma}=1$이다. 이때 임의추출한 4개의 무게의 평균을 $\overline{X}$라 하면 $\overline{X}$는 정규분포 $N\left(m,\left(\frac{\sigma}{2}\right)^2\right)$을 따른다. 따라서

$$P(\overline{X}\geq 50)=P\left(Z\geq \frac{2(50-m)}{\sigma}\right)=P(Z\geq 2)=0.5-P(0\leq Z\leq 2)=0.0228$$이다.

13 주어진 부등식은 $x^4-4x^3-2x^2+12x\geq a$라 할 수 있고 이때 $f(x)=x^4-4x^3-2x^2+12x$라 하면 함수 $f(x)$의 그래프는 직선 $y=a$보다 위에 있어야 한다.

$f'(x)=4(x-1)(x+1)(x-3)$으로부터 함수 $f(x)$는 $x=-1$에서 극솟값 -9, $x=1$에서 극댓값 7, $x=3$에서 극솟값 -9를 갖고 그래프는 다음과 같다. 따라서 모든 실수 x에 대하여 부등식이 성립하기 위해서는 $a\leq -9$이므로 a의 최댓값은 -9이다.

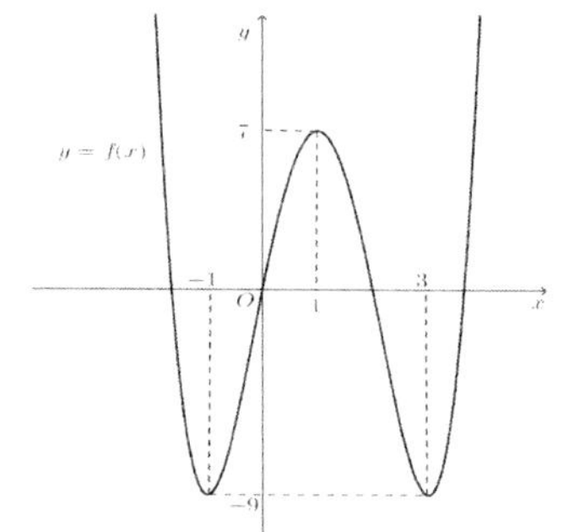

14 $(f\circ g\circ f)(x)=x+1$에 대하여 $f(a)=2$라면 $(f\circ g\circ f)(a)=f(g(2))=f(3)=5=a+1$ 이므로 $a=4$, 즉 $f(4)=2$이다.

$g(3)=3$, $f(b)=3$이라고 하면 $(f\circ g\circ f)(b)=f(3)=5=b+1$로부터 $b=4$, 즉 $f(4)=3$이 되어 $f(4)=2$와 모순이다. 따라서 (나)에서 $g(4)=4$이어야 한다.

$f(c)=4$라고 하면 $(f\circ g\circ f)(c)=f(4)=2=c+1$이 되어 $c=1$, 즉 $f(1)=4$이다.

따라서 $(f\circ g\circ f)(3)=f(g(5))=4$로부터 $g(5)=1$이다.

두 함수의 대응관계를 나타낸 그림은 다음과 같다.

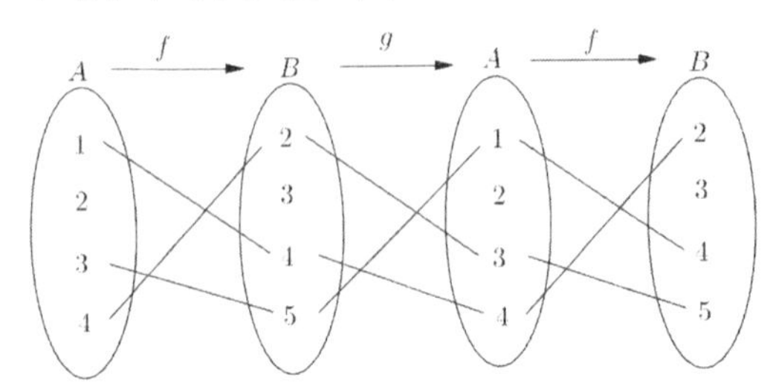

한편, 함수 $f\circ g\circ f$는 일대일 함수이므로 $f(2)=3$, $g(3)=2$이어야 하므로 $f(1)+g(3)=4+2=6$이다.

15 첫째항을 a, 공비를 $r\,(r>0)$이라 하면

$S_6-S_3=\dfrac{a(1-r^6)}{1-r}-\dfrac{a(1-r^3)}{1-r}=\dfrac{a(1-r^3)}{1-r}\times r^3=6$ ……㉠

$S_{12}-S_6=\dfrac{a(1-r^{12})}{1-r}-\dfrac{a(1-r^6)}{1-r}=\dfrac{a(1-r^6)}{1-r}\times r^6=\dfrac{a(1-r^3)}{1-r}\times r^3\times r^3(1+r^3)=72$ ……㉡

㉠을 ㉡에 대입하면 $r^3(1+r^3)=12$로부터 $r^3=3$이다.

한편 ㉠에서 $\dfrac{a(1-r^3)}{1-r}\times r^3=\dfrac{a(1-r)}{1-r}(1+r+r^2)\times r^3=3a(1+r+r^2)=6$으로부터 $a(1+r+r^2)=2$ 이다.

따라서 $a_{10}+a_{11}+a_{12}=ar^9+ar^{10}+ar^{11}=r^9a(1+r+r^2)=27\times2=54$이다.

16 $\lim\limits_{n\to\infty}\sum\limits_{k=1}^{n}f\left(\dfrac{k}{n}\right)\dfrac{1}{n}=\int_0^1 f(x)\,dx$, $\lim\limits_{n\to\infty}\sum\limits_{k=1}^{n}f\left(1+\dfrac{k}{n}\right)\dfrac{1}{n}=\int_1^2 f(x)\,dx$ 이므로 이차함수 $f(x)$ 의 축은 $x=1$ 이다.

$f(x)=x^2+mx-8=\left(x+\dfrac{m}{2}\right)^2-8-\dfrac{m^2}{4}$에서 축은 $x=-\dfrac{m}{2}$이므로 $m=-2$, 즉 $f(x)=x^2-2x-8$이다.

$g'(x)=f(x)=(x+2)(x-4)$ 에 대하여 함수 $g(x)$는 $x=4$에서 극솟값을 갖는다. 따라서 $\alpha=4$이다.

17 (i) $N=15$인 경우

5가 적힌 구슬이 3회, 4이하의 수가 적힌 구슬 중 한 개가 1회 나올 경우의 수는 5, 5, 5, 4(이때 4는 4이하의 수를 의미함)을 일렬로 나열하는 경우의 수와 같아서 확률은 $\dfrac{4!}{3!}\times\left(\dfrac{1}{5}\right)^3\dfrac{4}{5}=\dfrac{16}{625}$ 이므로 $p=16$이다.

(ii) $N=14$인 경우

5가 적힌 구슬이 2회, 4가 적힌 구슬이 1회, 3이하의 수가 적힌 구슬 중 한 개가 1회 나올 경우의 수는 5, 5, 4, 3(이때, 3은 3이하의 수를 의미함)을 일렬로 나열하는 경우의 수와 같아서 확률은

$\dfrac{4!}{2!}\times\left(\dfrac{1}{5}\right)^2\times\dfrac{1}{5}\times\dfrac{3}{5}=\dfrac{36}{625}$ 이므로 $q=36$이다.

따라서 $N\geq 14$ 일 확률은 $\dfrac{1}{625}+\dfrac{16}{625}+\dfrac{6}{625}+\dfrac{36}{625}=\dfrac{59}{625}$ 이므로 $r=59$이다.

그러므로 $p+q+r=16+36+59=111$ 이다.

18 그림에서와 같이 직사각형 $OBAC$ 의 내부에서 연립부등식 $\begin{cases} y \le f(x) \\ y \ge k \end{cases}$ 를 만족시키는 영역의 넓이를 S_3 라 하면, $S_2+S_3=S_1+S_3$ 이다. S_2+S_3 는 가로의 길이가 3, 세로의 길이가 $4-k$ 인 직사각형의 넓이이므로 $S_2+S_3=3\times(4-k)$ 이고, S_1+S_3 은 곡선 $y=f(x)$ 와 x축, y축, 그리고 $x=3$ 에 의해 둘러싸인 부분의 넓이이므로 $S_1+S_3=\int_0^3 f(x)\,dx=3$ 이다. 따라서 $3\times(4-k)=3$ 으로부터 $k=3$ 이다.

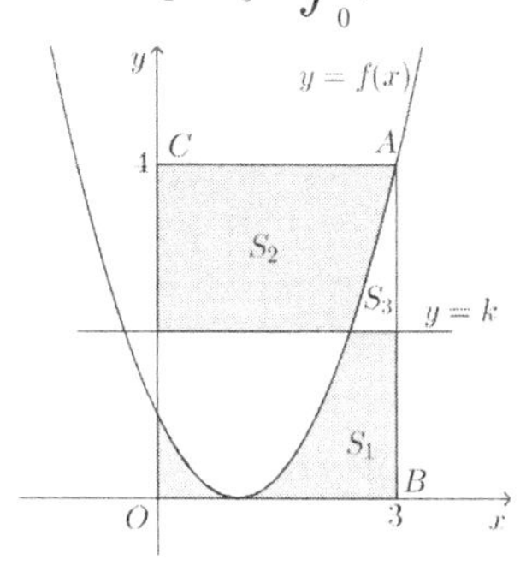

19 점 F에서 선분 MN 에 내린 수선의 발을 P 라 하면 $\overline{FP}=3$, $\overline{MF}=6$ 이므로 $\angle FMN=30^\circ$ 이다.

그림 R_2 에서의 정사각형의 한 변의 길이를 $2x$ 라 하면, 그림에서처럼 $\frac{x}{3-x}=\frac{\sqrt{3}}{3}$ 이 성립한다.

이때 $x=\frac{3\sqrt{3}-3}{2}$ 이고 정사각형의 한 변의 길이는 $2x=3\sqrt{3}-3$이다.

따라서 도형들의 닮음비는 $6:3\sqrt{3}-3=1:\frac{\sqrt{3}-1}{2}$ 이고 면적의 비는 $1^2:\left(\frac{\sqrt{3}-1}{2}\right)^2=1:\frac{2-\sqrt{3}}{2}$ 이다.

즉, 도형들의 면적들은 공비가 $\frac{2-\sqrt{3}}{2}$ 인 등비수열을 이룬다.

R_1 의 넓이 S_1 은 부채꼴 MNF 의 넓이에서 삼각형 MNQ 의 넓이를 뺀 것의 4 배와 같으므로

$S_1=4\times\left\{36\pi\times\frac{30}{360}-\frac{1}{2}\times6\times\sqrt{3}\right\}=4(3\pi-3\sqrt{3})$ 이다.

따라서 $\lim_{n\to\infty}S_n=\frac{S_1}{1-\frac{2-\sqrt{3}}{2}}=8\sqrt{3}(\pi-\sqrt{3})$ 이다.

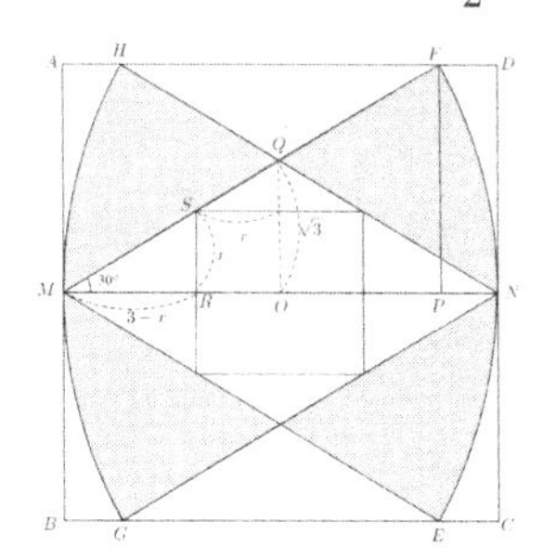

20 ㉠ 직선 $y=x+k$ 와 곡선 $y=-x^2+9$ 가 만나는 교점의 x 좌표는 방정식 $-x^2+9=x+k$,

즉 $x^2+x+k-9=0$ 의 두 근과 같다. 두 교점의 x 좌표를 각각 x_1, x_2 라 한다면 $x_1+x_2=-1$ 이므로 선분 PQ의 중점의 x 좌표는 $\frac{x_1+x_2}{2}=-\frac{1}{2}$ 이다. 따라서 참

ⓛ $k=7$ 일 때, $x^2+x-2=0$ 으로부터 $x=-2$, 1이므로 P, Q 의 x 좌표는 각각 1, -2 이다. 선분 OR을 밑변으로 하면, 삼각형 ORQ의 넓이와 삼각형 OPR의 넓이의 비는 높이의 비와 같아서 삼각형 ORQ의 넓이와 삼각형 OPR의 넓이의 비는 $2:1$ 이다. 그러므로 참

ⓒ 삼각형 OPQ의 넓이는 삼각형 ORQ의 넓이와 삼각형 OPR의 넓이의 합과 같으므로 P, Q의 x 좌표를 각각 x_1, x_2 $(x_1>0,\ x_2<0)$ 라 하면 넓이 $S=\frac{1}{2}\times\overline{OR}\times(x_1-x_2)$ 이다.

방정식 $x^2+x+k-9=0$ 에서 $x_1+x_2=-1$, $x_1x_2=k-9$ 이고,

따라서 $x_1-x_2=\sqrt{(x_1+x_2)^2-4x_1x_2}=\sqrt{37-4k}$ 이다.

그러므로 $S=\frac{1}{2}\times k\times\sqrt{37-4k}=\frac{1}{2}\sqrt{-4k^3+37k^2}$ 에서 넓이 S의 최대가 되는 k의 값은 함수 $f(k)=-4k^3+37k^2$ $(3<k<9)$ 가 최대가 되는 k의 값과 같다.

$f'(k)=-2k(6k-37)$ 에서 $f(k)$는 $k=\frac{37}{6}$ 에서 극대이면서 최대이다. 따라서 거짓

21 함수 $f(x)$는 연속함수이므로 함수 $g(x)$가 실수 전체의 집합에서 연속이 되기 위해서는 $x=a$ 에서 연속이면 된다. $x=a$ 에서 함수 $g(x)$가 연속이려면 $f(a)=t-f(a)$, 즉 $f(a)=\frac{t}{2}$ 이어야 한다.

실수 t 에 대하여 이를 만족하는 실수 a 의 개수 $h(t)$는 결국 방정식 $f(x)=\frac{t}{2}$ 의 실근의 개수와 같고 이는 곡선 $y=f(x)$ 와 $y=\frac{t}{2}$ 와의 교점의 개수와 같다.

곡선 $y=f(x)$ 의 그래프는 그림과 같다.

$h(t)=3$ 을 만족시키는 실수 t 는 $-5<\frac{t}{2}<27$, 즉 $-10<t<54$ 이므로 정수 t 의 개수는 63개다.

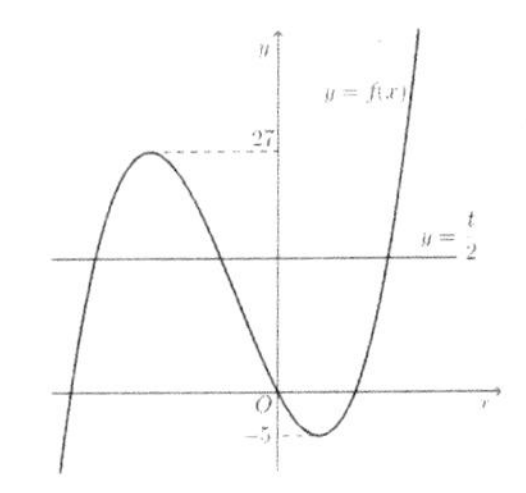

22 등차수열 $\{a_n\}$ 의 첫째항을 a, 공차를 d 라 하면 $a_5=a_3+2d=1+2d=7$ 에서 $d=3$ 이다.
$a_3=a+2d=a+6=1$ 에서 $a=-5$ 이므로 $a_9=a+8d=-5+24=19$ 이다.

23 $g^{-1}(3)=a$ 라고 하면 $g(a)=3$, 즉 $\sqrt{2a+1}=3$ 으로부터 $a=4$ 이다.
따라서 $(f\circ g^{-1})(3)=f(g^{-1}(3))=f(4)=21$ 이다.

24 이차함수 $f(x)=ax^2+bx+c$에 대하여

(가)에서 $\lim_{n\to\infty}\frac{ax^2+bx+c}{2x^2-x-1}=\frac{a}{2}=\frac{1}{2}$이므로 $a=1$, 즉 $f(x)=x^2+bx+c$이다.

(나)에서 $x\to1$일 때 분모가 0이므로 분자 또한 0이 되어야 하므로 $1+b+c=0$, 즉 $c=-b-1$이 된다.

이때 $\lim_{x\to1}\frac{x^2+bx-b-1}{2x^2-x-1}=\lim_{x\to1}\frac{(x-1)(x+b+1)}{(x-1)(2x+1)}=\frac{b+2}{3}=4$로부터 $b=10$이다.

그리고 $c=-b-1$에서 $c=-11$이 되어 $f(x)=x^2+10x-11$이므로 $f(2)=13$이다.

25 방정식 $(x+y+z)(s+t)=49$가 되는 경우는 $x+y+z=7$, $s+t=7$인 경우뿐이다.

따라서 이를 만족하는 자연수 x, y, z, s, t의 순서쌍의 개수는 ${}_3H_4\times{}_2H_5=90$이다.

26 세 국가 A, B, C을 신청한 사관생도들의 집합을 편의상 A, B, C라 하면

$n(A\cup B\cup C)=70$, $n(A\cup B)=43$, $n(B\cup C)=51$, $n(A\cap C)=0$이고 $n(A\cap B\cap C)=0$이다.

$n(A\cup B\cup C)=n(A)+n(B)+n(C)-n(A\cap B)-n(B\cap C)=70\cdots\cdots$ ㉠

$n(A\cup B)=n(A)+n(B)-n(A\cap B)=43\cdots\cdots$ ㉡

$n(B\cup C)=n(B)+n(C)-n(B\cap C)=51\cdots\cdots$ ㉢

에서 ㉡을 ㉠에 대입하면 $n(C)-n(B\cap C)=27$이고, ㉢을 ㉠에 대입하면 $n(A)-n(A\cap B)=19$이 된다.

이를 벤 다이어그램으로 나타내면 다음과 같다. 따라서 $n(B)=70-(19+27)=24$이다.

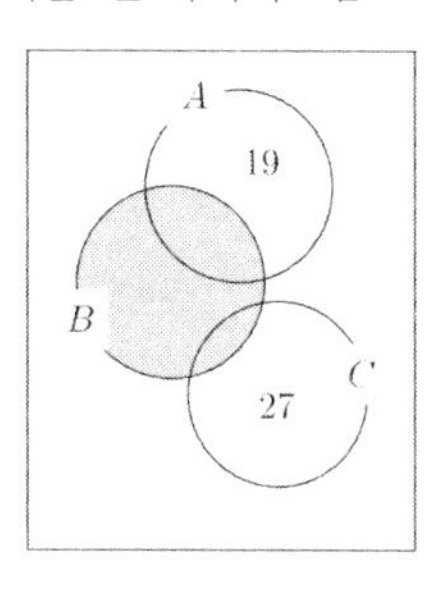

27 그림과 같이 5개의 영역을 A, B, C, D, E라고 하면 D의 색은 B와 같은 색인 경우와 다른 색인 경우가 있다.

(1) B와 D가 같은 색일 때의 경우의 수는 A에 칠할 수 있는 경우가 4이고 B에는 3, C에는 2, 그리고 E에는 B, C와 다른 색이어야 하므로 2가지여서 $4\times3\times2\times1\times2=48$이다.

(2) B와 D가 다른 색일 때의 경우의 수는 A에 4가지, B에 3가지, C에 2가지, D에 1가지, 그리고 E에는 A와 같은 색이여야 하므로 1가지, 따라서 $4\times3\times2\times1\times1=24$이다.

그러므로 모든 경우의 수는 $48+24=72$이다.

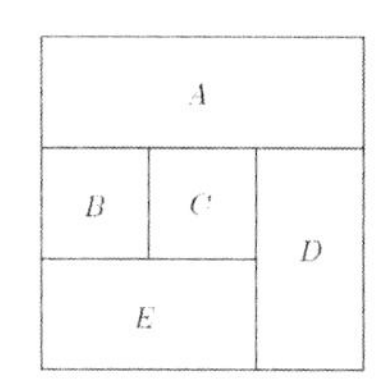

28 두 집합 A, B에 대하여 $A \cup B = \{1, 2, 3, 4, 5, 6, 7, 8\}$, $A \cap B = \{3, 4, 5\}$이다.
임의의 집합 Y의 부분집합의 개수를 $m(Y)$라 하면,
조건을 만족시키는 집합 X의 개수는 $m(A \cup B) - m(A) - m(B) + m(A \cap B)$이다.
따라서 집합 X의 개수는 $2^8 - 2^5 - 2^6 + 2^3 = 168$이 된다.

29 원과 곡선이 제1사분면에서 만나는 점을 P, Q라 하고 선분 PQ가 직선 $y=x$와 만나는 점을 R이라 할 때, 선분 PR의 길이를 a라 하면 선분 OR의 길이는 $2a$이다.
이때 선분 OP의 길이가 n이므로 $(2a)^2 + a^2 = n^2$으로부터 $a = \dfrac{n}{\sqrt{5}}$이고 $2a = \dfrac{2}{\sqrt{5}}n$이 된다.
한편 직선 PQ는 기울기가 -1이므로 직선 PQ의 방정식을 $y = -x + b$라 하면 원점 O에서 직선 PQ에 이르는 거리가 $2a$이므로 $\dfrac{|b|}{\sqrt{2}} = \dfrac{2n}{\sqrt{5}}$으로부터 $b = \dfrac{2\sqrt{10}}{5}n$이 된다.
점 P의 좌표를 $(x_1, -x_1+b)$라고 하면 x_1은 방정식 $-x+b = \dfrac{k}{x}$, 즉 $x^2 - bx + k = 0$의 근이 되어
$x_1^2 - bx_1 + k = 0$, 즉 $x_1^2 - bx_1 = -k$을 만족한다. 이때 선분 OP의 길이가 n이므로
$\overline{OP}^2 = x_1^2 + (-x_1+b)^2 = 2(x_1^2 - bx_1) + b^2 = -2k + b^2 = n^2$에서 $k = \dfrac{b^2 - n^2}{2} = \dfrac{3}{10}n^2$이 된다.
이제 $f(n) = \dfrac{3}{10}n^2$이므로 $\displaystyle\sum_{n=1}^{12} f(n) = \sum_{n=1}^{12} \frac{3}{10}n^2 = \frac{3}{10}\,\frac{12 \times 13 \times 25}{6} = 195$이다.

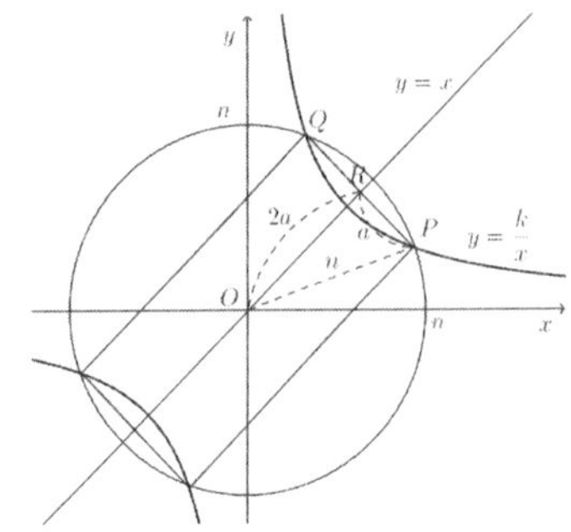

30 함수 $f(x)$는 모든 실수 x에 대하여 $f(-x)=-f(x)$ 이므로 원점대칭인 함수이므로

$$f(x)=\begin{cases} x^2-2x & (x\geq 0) \\ -x^2-2x & (x\leq 0) \end{cases}$$

이때 함수 $g(x)$는 다음과 같다.

$$g(x)=\begin{cases} f(x+1) & -\frac{3}{2}\leq x\leq 0 \\ -1 & 0\leq x\leq 1 \\ f(x) & x\leq -\frac{3}{2},\ x\geq 1 \end{cases}$$

따라서 두 곡선으로 둘러싸인 부분은 그림과 같은데 $y=f(x)$, $x=-\frac{1}{2}$ 그리고 x축으로 둘러싸인 부분의 넓이와, $y=f(x)$, $x=0$, $x=1$, $y=-1$으로 둘러싸인 부분의 넓이는 각각 A, B의 넓이와 같다.

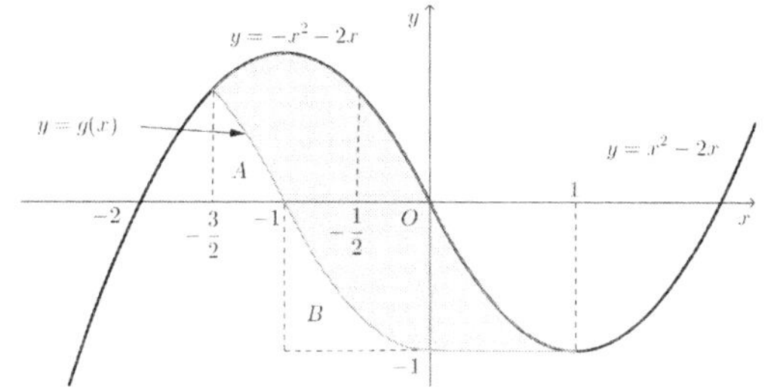

그러므로 두 곡선으로 둘러싸인 부분의 넓이 S는 아래 그림과 같이

$$S=\int_{-\frac{3}{2}}^{-\frac{1}{2}} f(x)\,dx+1=\int_{-\frac{3}{2}}^{-\frac{1}{2}} \{-x^2-2x\}\,dx+1=\frac{11}{12}+1=\frac{23}{12}$$ 이다.

따라서 $p=12$, $q=23$이며 $p+q=35$이다.

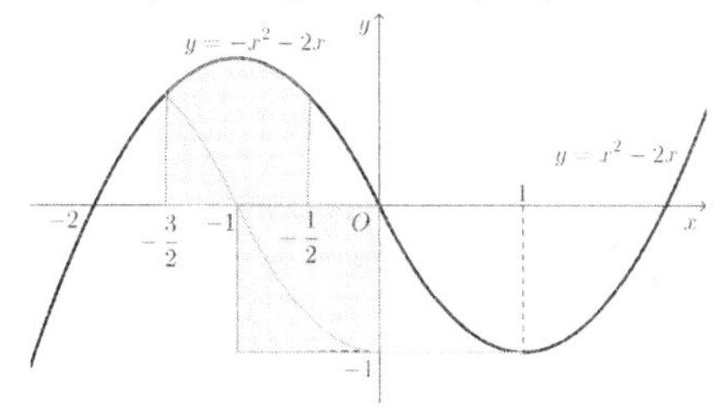

13 2018학년도 정답 및 해설

ANSWER

01	02	03	04	05	06	07	08	09	10	11	12	13	14	15	16	17	18	19	20
⑤	②	②	③	⑤	③	②	④	④	①	①	④	③	⑤	⑤	④	③	①	②	①
21	**22**	**23**	**24**	**25**	**26**	**27**	**28**	**29**	**30**										
②	72	24	12	4	13	17	64	191	36										

01 $A^C \cap B = B - A = \{3, 5\}$이므로 모든 원소의 합은 8이다.

02 주어진 극한에서 분모, 분자를 4^n으로 나누면 $\lim_{n\to\infty}\left(\frac{3}{4}\right)^n = 0$이므로

$$\lim_{n\to\infty}\frac{3\times 4^n + 3^n}{4^{n+1} - 2\times 3^n} = \lim_{n\to\infty}\frac{3+\left(\frac{3}{4}\right)^n}{4-2\times\left(\frac{3}{4}\right)^n} = \frac{3}{4}$$

03 $\lim_{h\to 0}\frac{f(1+3h)-f(1)}{2h} = \lim_{h\to 0}\frac{f(1+3h)-f(1)}{3h}\times\frac{3}{2} = \frac{3}{2}\times f'(1)$이므로

$\frac{3}{2}\times f'(1) = 6 \quad \therefore f'(1) = 4$ 이다.

04 서로 독립인 두 사건 A, B에 대하여 두 사건 A, B^C 또한 독립이므로

$P(A\cap B^C) = P(A)\times P(B^C) = P(A)\times(1-P(B))$이다. $P(A) = \frac{1}{3}$이므로

$\frac{1}{3}\times(1-P(B)) = \frac{1}{5}$에서 $P(B) = \frac{2}{5}$이다.

05 곡선 $y = x^3 - 4x$ 에 대하여 $y' = 3x^2 - 4$ 이고 점 $(-2, 0)$ 에서의 접선의 기울기는 $x = -2$ 에서의 미분계수와 같으므로 접선의 기울기는 $3\times(-2)^2 - 4 = 8$ 이다.

06 함수 $y = f^{-1}(x)$의 그래프가 점 $(2, 1)$에 대하여 대칭일 때, 함수 $y = f(x)$의 그래프는 점 $(1, 2)$에 대하여 대칭이다.

$f(x) = \frac{bx+1}{x+a} = \frac{1-ab}{x+a} + b$에서 점근선 $x = -a$, $y = b$의 교점이 $(1, 2)$이므로 $a = -1$, $b = 2$ $\quad \therefore a + b = 1$

이다.

07 함수 $y=f(x)$의 그래프에서 살펴보면 $\lim_{x\to1+}f(x)=-3$, $\lim_{x\to-2-}f(x)=1$이므로

$\lim_{x\to1+}f(x)+\lim_{x\to-2-}f(x)=-3+1=-2$이다.

08 $\log6=\log2+\log3=a\cdots\cdots$㉠

$\log15=\log3+\log5=\log3+1-\log2=b\cdots\cdots$㉡

에서 ㉠−㉡ 하면 $2\log2-1=a-b$ $\therefore \log2=\frac{a-b+1}{2}$이다.

09 먼저 파란 공 2개, 노란 공 2개를 일렬로 나열하는 경우의 수는 $\frac{4!}{2!2!}=6$이다. 이때

빈 자리 ✓◯✓◯✓◯✓◯✓ 5개에서 서로 다른 3개를 선택하여 빨간 공을 넣는 경우의 수는 ${}_5C_3=10$이다.

따라서 빨간 공끼리 이웃하지 않도록 나열하는 경우의 수는 $6\times10=60$이다.

10 함수 $f(x)$가 $x=2$에서 연속이므로 $\lim_{x\to2}f(x)=f(2)$ 이어야 한다.

$\lim_{x\to2}f(x)=\lim_{x\to2}\frac{\sqrt{x+7}-a}{x-2}$ 에서 $\sqrt{2+7}-a=0$ $\therefore a=3$이고,

이때 $\lim_{x\to2}\frac{\sqrt{x+7}-3}{x-2}=\lim_{x\to2}\frac{x-2}{(x-2)(\sqrt{x+7}+3)}=\frac{1}{6}$ 이므로 $b=\frac{1}{6}$ 이다.

따라서 $ab=3\times\frac{1}{6}=\frac{1}{2}$ 이다.

11 일대일 대응 $f(x)$가 $f(6)-f(4)=f(2)$, $f(6)+f(4)=f(8)$이므로

$f(4)=\frac{f(8)-f(2)}{2}$, $f(6)=\frac{f(2)+f(8)}{2}$ 이어야 하고, 또한 $f(6)>f(4)$, $f(8)>f(2)$이다. 이를 만족시키는 함수 $f(x)$는 그림과 같다.

따라서 $f(6)=6$, $f^{-1}(4)=2$이고, $(f\circ f)(6)+f^{-1}(4)=6+2=8$ 이다.

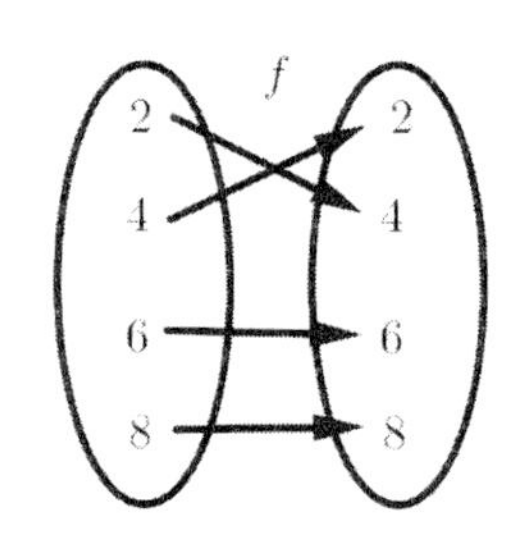

12 함수 $y=\sqrt{ax}$ 의 그래프가 점 $(-2,\ 2)$을 지나므로 $2=\sqrt{-2a}$ 에서 $a=-2$이다.

이 함수의 그래프를 y축의 방향으로 b만큼 평행이동한 함수는 $y=\sqrt{-2x}+b$이고, 다시 이 함수의 그래프를 x축에 대칭이동한 함수의 그래프는 $y=-\sqrt{-2x}-b$이다. 이 그래프가 점 $(-8,\ 5)$를 지나므로

$5=-\sqrt{16}-b$ $\therefore b=-9$이다. 그러므로 $ab=(-2)\times(-9)=18$이다.

13 고등학교의 수학 점수를 확률변수 X라 하면 X는 정규분포 $N(67, 12^2)$을 따른다. 성취도가 A 또는 B일 확률은 $P(X \geq 79)$이므로 $Z=\dfrac{X-67}{12}$를 이용하면

$P(X \geq 79)=P\left(Z \geq \dfrac{79-67}{12}\right)=P(Z \geq 1)=0.5-P(0 \leq Z \leq 1)=0.5-0.3413=0.1587$ 이다.

14 원점을 출발한 두 점 P, Q의 시각 t에서의 속도 $f(t)$, $g(t)$에 대하여 시각 t에서의 각각의 위치는 $x_P=\int_0^t (t^2+t)\,dt=\dfrac{1}{3}t^3+\dfrac{1}{2}t^2$, $\quad x_Q=\int_0^t 5t\,dt=\dfrac{5}{2}t^2$이다.

두 점이 만나는 시각은 $\dfrac{1}{3}t^3+\dfrac{1}{2}t^2=\dfrac{5}{2}t^2$, $t^2(t-6)=0 \quad \therefore t=0,\ 6$이고, 출발 후 처음으로 만나는 시각은 $t=6$이다. 따라서 $t=0$에서 $t=6$까지 점 P가 움직인 거리는

$\int_0^6 |f(t)|\,dt=\int_0^6 |t^2+t|\,dt=\int_0^6 (t^2+t)\,dt=\left[\dfrac{1}{3}t^3+\dfrac{1}{2}t^2\right]_0^6=90$ 이다.

15 $\lim\limits_{n\to\infty}\dfrac{1}{n^2}\sum\limits_{k=1}^{n} kf\left(\dfrac{k}{2n}\right)=\lim\limits_{n\to\infty}\sum\limits_{k=1}^{n}\dfrac{k}{n}f\left(\dfrac{1}{2}\dfrac{k}{n}\right)\dfrac{1}{n}=\int_0^1 xf\left(\dfrac{x}{2}\right)dx$ 이므로 함수 $f(x)=4x^2+ax$에 대하여

$\int_0^1 xf\left(\dfrac{x}{2}\right)dx=\int_0^1 x\left(x^2+\dfrac{a}{2}x\right)dx=\int_0^1\left(x^3+\dfrac{a}{2}x^2\right)dx=\dfrac{a}{6}+\dfrac{1}{4}$ 이다.

따라서 $\dfrac{a}{6}+\dfrac{1}{4}=2 \quad \therefore a=\dfrac{21}{2}$이다.

16 $A\cap X\neq\varnothing$, $B\cap X\neq\varnothing$을 모두 만족시키는 부분집합 X의 개수는 전체 부분집합의 개수에서 $A\cap X=\varnothing$ 또는 $B\cap X=\varnothing$이 되는 부분집합 X의 개수를 뺀 것과 같다.

$A\cap X=\varnothing$을 만족시키는 부분집합 X의 개수는 $2^{7-3}=2^4=16$이고

$B\cap X=\varnothing$을 만족시키는 부분집합 X의 개수는 $2^{7-4}=2^3=8$이고

$(A\cup B)\cap X=\varnothing$을 만족시키는 부분집합 X의 개수는 $2^{7-5}=4$이므로

구하고자 하는 부분집합 X의 개수는 $2^7-(16+8-4)=108$이다.

17 길이가 2인 선분 OM을 $3:1$로 외분하는 점이 C이므로 선분 OC의 길이는 3이고 따라서 정사각형 $OECD$의 한 변의 길이는 $\dfrac{3\sqrt{2}}{2}$이다. 따라서 계속하여 만들어지는 반원들은 서로 닮음 도형이고 이때 닮음비는 $4:\dfrac{3\sqrt{2}}{2}=1:\dfrac{3\sqrt{2}}{8}$이고, 면적의 비는 $1:\dfrac{9}{32}$이다. 즉 도형들의 면적들은 공비가 $\dfrac{9}{32}$인 등비수열이고, 또한 도형의 개수는 공비가 2인 등비수열이므로 그림 R_n에 색칠되어 있는 부분의 넓이 S_n은 공비가 $\dfrac{9}{32}\times 2=\dfrac{9}{16}$인 등비수열이다.

한편 S_1은 정사각형 $OECD$의 넓이에서 부채꼴의 넓이를 뺀 것과 같다. 정사각형 $OECD$의 넓이는 $\left(\dfrac{3\sqrt{2}}{2}\right)^2=\dfrac{9}{2}$ 이고, 정사각형 내부에 있는 부채꼴은 반지름의 길이가 2이고 $\angle DOE=90^\circ$이므로 넓이는 π이다. 따라서 S_1의 넓이는 $\dfrac{9}{2}-\pi$이므로

$$\lim_{n\to\infty} S_n = \frac{\frac{9}{2}-\pi}{1-\frac{9}{16}} = \frac{72-16\pi}{7}$$ 이다.

18 5회 시행에서 A, B 상자에 공 1개씩 넣은 횟수를 x, B, C 상자에 공 1개씩 넣은 횟수를 y, C, D 상자에 공 1개씩 넣은 횟수를 z 라 하면 $a=x$, $b=x+y$, $c=y+z$, $d=z$이고, $x+(x+y)+(y+z)+z=10$, 즉 $x+y+z=5$이다. 따라서 순서쌍 (a, b, c, d)의 개수는 방정식 $x+y+z=5$을 만족하는 음이 아닌 정수해의 순서쌍 (x, y, z)의 개수와 같다. 따라서 ${}_3H_5=21$이다.

19 확률변수 X가 k 일 확률은 짝수가 적혀 있는 $n-1$장의 카드에서 k장의 카드를 택하고 홀수가 적혀 있는 n장의 카드에서 $(\boxed{3}-k)$장의 카드를 택하는 경우의 수를 전체 경우의 수로 나눈 값이다. 따라서

$$P(X=2)=\frac{{}_{n-1}C_2\times{}_nC_1}{{}_{2n-1}C_3}=\frac{\frac{(n-1)(n-2)}{2}\times n}{\frac{(2n-1)(2n-2)(2n-3)}{6}}=\boxed{\frac{3n(n-2)}{2(2n-1)(2n-3)}}$$ 이다.

$$E(X)=\sum_{k=0}^{3}\{kP(X=k)\}=\frac{1}{2(2n-1)(2n-3)}\{3n(n-1)+2\times3n(n-2)+3\times(n-2)(n-3)\}$$
$$=\frac{6(n-1)(2n-3)}{2(2n-1)(2n-3)}$$
$$=\frac{\boxed{3(n-1)}}{2n-1}$$

그러므로 $a=3$, $f(n)=\dfrac{3n(n-2)}{2(2n-1)(2n-3)}$, $g(n)=3(n-1)$이고,

$a\times f(5)\times g(8)=3\times\dfrac{5}{14}\times21=\dfrac{45}{2}$ 이다.

20 $f(2)=f'(2)=0$으로부터 삼차함수 $f(x)=(x-2)^2(x-\alpha)$라 할 수 있다.

$f'(x)=3x^2-2(\alpha+4)x+4\alpha+4=3\left(x-\dfrac{\alpha+4}{3}\right)^2-\dfrac{(\alpha+4)^2}{3}+4\alpha+4$ 에서 $f'(x)$의 최솟값이 -3이므로

$-\dfrac{(\alpha+4)^2}{3}+4\alpha+4=-3$이고 이를 풀면 $\alpha=-1,\ 5$이다.

$\alpha=-1$일 때, $f(x)=(x-2)^2(x+1)$이고 이때 $f(6)=112$이다.

$\alpha=5$일 때, $f(x)=(x-2)^2(x-5)$이고 이때 $f(6)=16$이다.

그러므로 $f(6)$의 최댓값은 112, 최솟값은 16이고 이들의 합은 128이다.

21 ㉠ $\displaystyle\lim_{x\to1-}\frac{g(x)}{x-1}=\lim_{x\to1-}\frac{(x-1)^2f(x)}{x-1}=\lim_{x\to1-}(x-1)f(x)=0$ 따라서 참.

㉡ $n=1$ 일 때, $g(x)=\begin{cases}(x-1)(x^2+1) & (x\ge1)\\ (x-1)^2(x^2+1) & (x<1)\end{cases}$에 대하여

$g'(x)=\begin{cases}3x^2-2x+1 & (x\ge1)\\ 2(x-1)(2x^2-x+1) & (x<1)\end{cases}$ 이다.

모든 실수 x에 대하여 $2x^2-x+1\ge0$이므로 $x>1$일 때 $g'(x)>0$, $x<1$일 때 $g'(x)<0$이므로 함수 $g(x)$는 $x=1$에서 극솟값을 가진다. 따라서 참.

㉢ 함수 $g(x)=\begin{cases}(x-1)\left(x^2+\dfrac{1}{n}\right) & (x \geq 1)\\ (x-1)^2\left(x^2+\dfrac{1}{n}\right) & (x<1)\end{cases}$ 에 대하여

$g'(x)=\begin{cases}3x^2-2x+\dfrac{1}{n} & (x \geq 1)\\ 2(x-1)\left(2x^2-x+\dfrac{1}{n}\right) & (x<1)\end{cases}$ 이다. $x>1$일 때 $g'(x)>0$ 이고

$x<1$일 때 $2x^2-x+\dfrac{1}{n} \geq 0$이면 $g'(x)<0$이 되어 함수 $g(x)$는 $x=1$에서 극솟값을 가진다.

따라서 함수 $g(x)$가 극대 또는 극소가 되는 x 의 개수가 1인 경우는 이차방정식 $2x^2-x+\dfrac{1}{n}=0$의 판별식 $D=1-\dfrac{8}{n} \leq 0$, 즉 $n \leq 8$이어야 한다. 따라서 거짓.

22 확률변수 X가 이항분포 $B\left(300,\ \dfrac{2}{5}\right)$을 따를 때, 분산 $V(X)=300\times\dfrac{2}{5}\times\dfrac{3}{5}=72$이다.

23 등차수열 $\{a_n\}$의 첫 항을 a_1, 공차를 d라 하면 $a_2=a_1+d=14$, $a_4+a_5=2a_1+7d=23$이다. 연립해서 풀면 $a_1=15$, $d=-1$이므로 $a_7+a_8+a_9=3a_1+21d=45-21=24$ 이다.

24 곡선 $y=x^3$ 과 y 축 및 직선 $y=8$ 로 둘러싸인 부분의 넓이는 그림에서처럼 직사각형의 넓이에서 곡선 $y=x^3$ 과 x 축 및 직선 $x=2$로 둘러싸인 부분의 넓이를 뺀 것과 같다.

그러므로 넓이는 $16-\displaystyle\int_0^2 x^3\,dx=12$이다.

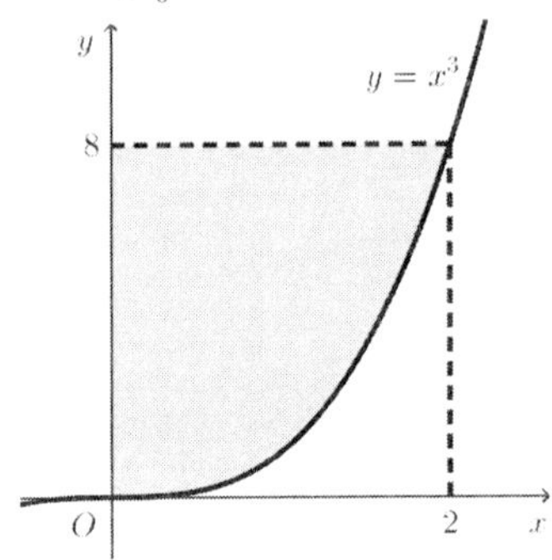

25 $\left(x^n+\dfrac{1}{x}\right)^{10}$ 의 전개식에서의 일반항은

${}_{10}C_r(x^n)^{10-r}x^{-r}={}_{10}C_r\,x^{10n-nr-r}$ $(r=0,1,2,\cdots,10)$이고 이때 상수항은 $10n-nr-r=0$ 일 때이며 그 값은 ${}_{10}C_r$ 이다. ${}_{10}C_r=45$ 에서 $r=2$ 또는 $r=8$ 이다.

$r=2$ 일 때, $10n-2n-2=0$에서 $n=\dfrac{1}{4}$이 되고,

$r=8$ 일 때, $10n-8n-8=0$에서 $n=4$ 이므로 자연수 $n=4$이다.

26 명제 '어떤 실수 x 에 대하여 p 이고 q 이다.'가 거짓이 되는 경우를 수직선에 나타내면 그림과 같다.

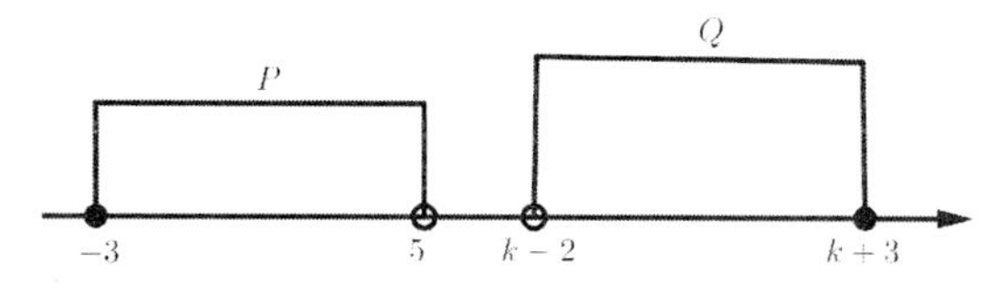

[그림1]

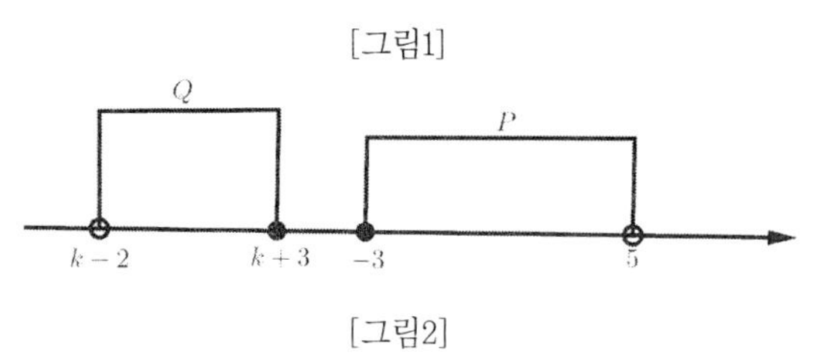

[그림2]

[그림1]인 경우 $k-2 \geq 5$, 즉 $k \geq 7$ 이고, [그림2]인 경우 $k+3 < -3$, 즉 $k < -6$이다.
그러므로 주어진 명제가 참이기 위해서는 $-6 \leq k < 7$ 이므로 정수 k 의 개수는 13개다.

27 정육각형의 6 개의 꼭짓점 중 3 개를 선택하여 만든 삼각형은 그림에서처럼 세 가지 경우이다. [그림1]과 같은 한 변의 길이가 $\sqrt{3}$ 인 정삼각형의 넓이는 $\frac{3\sqrt{3}}{4}$ 이고, [그림2]와 같은 이등변삼각형의 넓이는 $\frac{\sqrt{3}}{4}$ 이며, [그림3]과 같은 직각삼각형의 넓이는 $\frac{\sqrt{3}}{2}$ 이다.

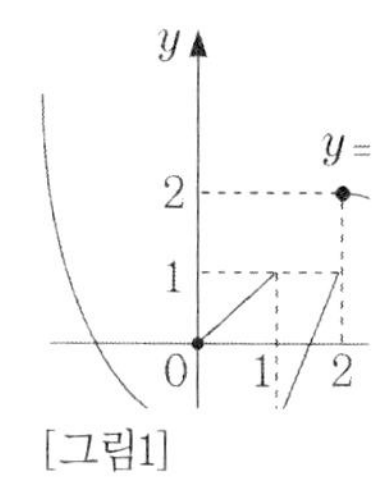

[그림1]

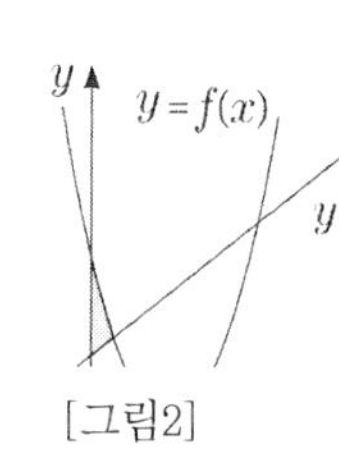

[그림2]

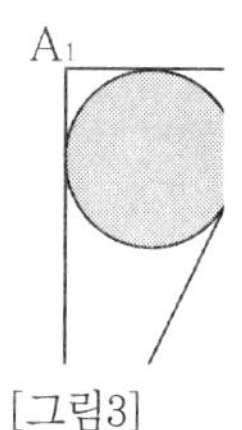

[그림3]

그러므로 삼각형의 넓이가 $\frac{\sqrt{3}}{2}$ 이상일 확률은 [그림1] 또는 [그림3]과 같은 삼각형을 선택할 확률과 같다.
[그림2]와 같은 삼각형의 경우의 수는 6가지이므로
구하고자 하는 확률은 $1-\frac{6}{{}_6C_3}=\frac{7}{10}$ 이므로
$p=10,\ q=7 \quad \therefore p+q=17$ 이다.

28
$n^{\frac{4}{k}}$ 의 값이 자연수가 되는 경우는
(1) n 이 거듭제곱의 수가 아닌 경우 k 가 4 의 약수일 때이다. 이때 $f(n)=3$ 이다.
(2) n 이 $n=\square^2$ 처럼 제곱수인 경우 k는 8의 약수일 때이다. 이때 $f(n)=4$ 이다.
이와 같이 생각해 보면

n 이 $n=\square^6$ 처럼 6 제곱의 수인 경우 k 는 24의 약수로 이때 $f(n)=8$ 이다. 따라서 $f(n)=8$ 이 되는 최솟값은

$2^6 = 64$ 이다.

29 곡선 $y = \frac{1}{k}x^2$ 이 점 $P_n(n, 2n)$을 지나는 경우는 $2n = \frac{1}{k}n^2$ $\quad \therefore k = \frac{n}{2}$ 이고 점 $Q_n(2n, 2n)$을 지나는 경우는 $2n = \frac{1}{k}(2n)^2$ $\therefore k = 2n$이므로 선분 P_nQ_n과 만나기 위해서는 $\frac{n}{2} \le k \le 2n$이어야 한다.

n 이 짝수, 즉 $n = 2m$ (m 은 자연수)인 경우 $m \le k \le 4m$ 이고 이때 $a_{2m} = 3m+1$이고,

n이 홀수, 즉 $n = 2m-1$(m은 자연수)인 경우 $m - \frac{1}{2} \le k \le 4m-2$ $\therefore m \le k \le 4m-2$이고 이때 $a_{2m-1} = 3m-1$이다.

따라서 $\sum_{n=1}^{15} a_n = \sum_{m=1}^{7} a_{2m} + \sum_{m=1}^{8} a_{2m-1} = \sum_{m=1}^{7} (a_{2m} + a_{2m-1}) + a_{15} = \sum_{m=1}^{7} (6m) + 15 = 191$ 이다.

30 함수 $y = f(x)$ 의 그래프는 [그림1]과 같이 $x = -1$ 에서 극댓값 9, $x = 0$에서 극솟값 4, $x = 2$에서 극댓값 36을 갖는다.

$0 < a < 4$ 이면 함수 $g(x) = |f(x) - a|$ 의 그래프는 [그림2]와 같고 이때 $y = b$와의 교점이 4개이면서 함수 $|g(x) - b|$가 미분가능하지 않는 실수의 개수가 4인 경우는 존재하지 않는다. 만약 $y = b_1$또는 $y = b_2$인 경우 미분불가능한 점이 6개이기 때문이다.

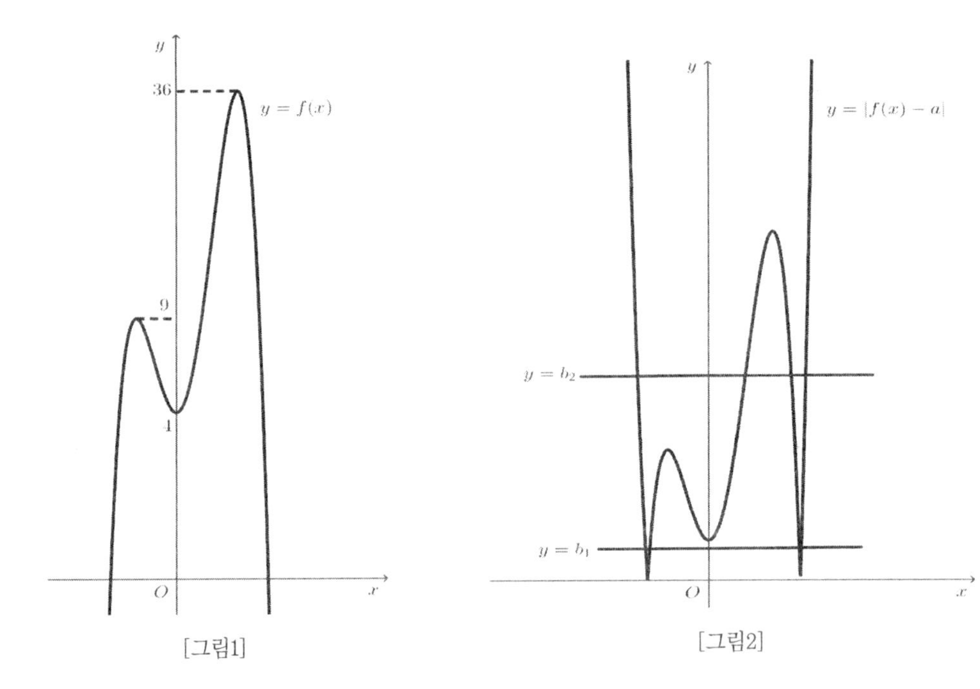

[그림1] [그림2]

함수 $g(x) = |f(x) - a|$에서 미분불가능한 점이 2 개이고 아울러 $|g(x) - b|$ 에서 미분불가능한 점이 2개이면 조건을 만족하므로

이를 위해 $a = \frac{\text{극댓값} + \text{가장 작은 극솟값}}{2} = \frac{36+4}{2} = 20$이면 함수 $y = g(x)$의 그래프는 [그림3]과 같다.

이때 $b = 16$이면 $y = g(x)$의 그래프와 $y = b$와의 교점이 4개이면서 함수 $|g(x) - b|$가 미분불가능한 점이 4개가

된다. 따라서 $a=20$, $b=16$ $\therefore a+b=36$이다.

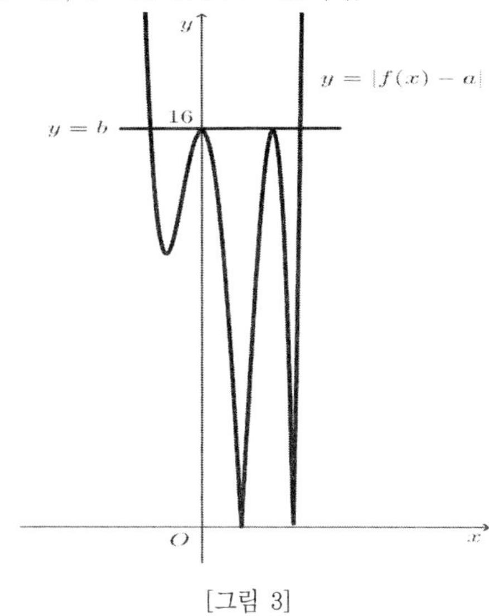

[그림 3]

14 2019학년도 정답 및 해설

ANSWER

01	02	03	04	05	06	07	08	09	10	11	12	13	14	15	16	17	18	19	20
⑤	①	③	⑤	⑤	②	④	③	②	③	④	①	④	②	③	④	①	②	②	①
21	22	23	24	25	26	27	28	29	30										
③	15	135	8	16	29	31	42	49	21										

01 함수 $f(x)=(x^2+2x)(2x+1)$ 에 대하여 $f'(x)=(2x+2)(2x+1)+(x^2+2x)\times 2$ 이므로
$f'(1)=4\times 3+3\times 2=18$ 이다.

02 $\lim_{n\to\infty}\frac{an^2+2}{3n(2n-1)-n^2}=\lim_{n\to\infty}\frac{an^2+2}{5n^2-3n}=\frac{a}{5}$ 에서 $\frac{a}{5}=3$ $\therefore a=15$ 이다.

03 자연수 7 을 3 개의 자연수로 분할하는 방법의 수는

$$\begin{aligned}7&=5+1+1\\&=4+2+1\\&=3+3+1\\&=3+2+2\end{aligned}$$

에서 4 이다.

(다른풀이) $P(7,3)=P(4,1)+P(4,2)+P(4,3)$
$=1+2+1$
$=4$

04 $\lim_{h\to 0}\frac{f(1+2h)-3}{h}=3$ 에서 $f(1)=3$ 이고

$\lim_{h\to 0}\frac{f(1+2h)-f(1)}{2h}\times 2=2f'(1)$ 에서 $2f'(1)=3$ $\therefore f'(1)=\frac{3}{2}$ 이다.

그러므로 $f(1)+f'(1)=3+\frac{3}{2}=\frac{9}{2}$ 이다.

05 등비수열 $\{a_n\}$ 의 공비를 $r\ (r>0)$ 이라 하면

$a_2a_4=2a_5$ 에서 $a_1^2r^4=2a_1r^4$ $\therefore a_1=2$ 이고,

$a_5=a_4+12a_3$ 에서 $2r^4=2r^3+12\times 2r^2$, 즉 $r^2-r-12=0$ $\therefore r=4\ (\because r>0)$ 이다.

이때 $a_{10}=2\times 4^9=2^{19}$ 이고 따라서 $\log_2 a_{10}=\log_2 2^{19}=19$ 이다.

06 $P(A \cup B) = P(A) + P(B) - P(A \cap B)$ 에서 $P(A \cap B) = \frac{1}{2} + \frac{2}{5} - \frac{4}{5} = \frac{1}{10}$ 이다.

이때 $P(B|A) = \frac{P(A \cap B)}{P(A)} = \frac{\frac{1}{10}}{\frac{1}{2}} = \frac{1}{5}$ 이다.

07 $a_1 = 20$ 일 때 $a_2 = \frac{20+2}{2} = 11,\ a_3 = \frac{11-1}{2} = 5,\ a_4 = \frac{5-1}{2} = 2,\ a_5 = \frac{2+2}{2} = 2, \cdots$

이므로 $\sum_{k=1}^{10} a_k = a_1 + a_2 + a_3 + (a_4 + a_5 + \cdots + a_{10}) = 20 + 11 + 5 + 2 \times 7 = 50$ 이다.

08 연속확률변수 X 의 확률밀도함수를 $f(x)$ 라 하면

$$f(x) = \begin{cases} \frac{1}{4}x & (0 \le x \le 2) \\ -\frac{1}{4}x + 1 & (2 \le x \le 4) \end{cases}$$

이다. 이때

$P\left(\frac{1}{2} \le X \le 3\right) = \int_{\frac{1}{2}}^{3} f(x)\,dx = \int_{\frac{1}{2}}^{2} \frac{1}{4}x\,dx + \int_{2}^{3} \left(-\frac{1}{4}x + 1\right) dx = \left[\frac{1}{8}x^2\right]_{\frac{1}{2}}^{2} + \left[-\frac{1}{8}x^2 + x\right]_{2}^{3} = \frac{27}{32}$ 이다.

09 등차수열 $\{a_n\}$ 의 공차를 d 라고 하면

$S_5 = \frac{5(2a_1 + 4d)}{2} = 5(a_1 + 2d)$ 이고 $5(a_1 + 2d) = a_1$ 에서 $2a_1 + 5d = 0$ $\cdots$ ㉠

$S_{10} = \frac{10(2a_1 + 9d)}{2} = 5(2a_1 + 9d)$ 이고 $5(2a_1 + 9d) = 40$ 에서 $2a_1 + 9d = 8$ $\cdots$ ㉡

㉠과 ㉡의 식을 연립해서 풀면 $a_1 = -5,\ d = 2$ 이고 이때 $a_{10} = a_1 + 9d = -5 + 18 = 13$ 이다.

10 표본평균 $\overline{X}$ 는 정규분포 $N\left(85, \left(\frac{3}{2}\right)^2\right)$ 을 따르고, 이때

$P(\overline{X} \ge k) = P\left(Z \ge \frac{k-85}{\frac{3}{2}}\right) = 0.0228$ 에서 $\frac{k-85}{\frac{3}{2}} = 2 \quad \therefore k = 88$ 이다.

11 $\lim_{x \to 0+} \frac{g(x)}{f(x)} = \frac{g(0)}{-1}$ 이므로 $\frac{g(0)}{-1} = 1 \quad \therefore g(0) = -1$ 이다.

한편 $x \to 1-$ 일 때 $t = x - 1 \to 0-$ 이고, $t \to 0-$ 일 때 $f(t) \to 1$ 이므로

$\lim_{x \to 1-} f(x-1)g(x) = 1 \times g(1)$ 에서 $g(1) = 3$ 이다.

$g(x) = x^2 + ax + b$ 라고 하면 $g(0) = b = -1$ 이고 이때 $g(1) = a = 3$ 이므로

$g(x) = x^2 + 3x - 1$ 이다. 따라서 $g(2) = 9$ 이다.

12 일차함수 $f(x)=ax+b$ 에 대하여 유리함수

$y=\frac{f(x)+5}{2-f(x)}=\frac{-\{f(x)-2\}+3}{-f(x)+2}=\frac{3}{-f(x)+2}-1=\frac{3}{-ax-b+2}-1$ 의 점근선은

$x=\frac{-b+2}{a}$, $y=-1$ 이므로 $\frac{-b+2}{a}=4 \quad \therefore b=-4a+2$ 이다.

$f(1)=a+b=5$ 이므로 $-3a+2=5 \quad \therefore a=-1,\ b=6$ 에서 $f(x)=-x+6$ 이고 $f(2)=4$ 이다.

13 이차방정식 $x^2+ax-8=0$ 의 두 근을 $\alpha,\ \beta\ (\alpha<\beta)$ 라고 하면 $\alpha+\beta=-a,\ \ \alpha\beta=-8$ 이다. 조건 $\sim p$ 의 진리집합 $P^C=\{x \mid \alpha \le x \le \beta\}$ 과

조건 q 의 진리집합 $Q=\{x \mid -b+1 \le x \le b+1\}$ 에 대하여 $\sim p$ 가 q 이기 위한 필요충분조건이 되기 위해서는 $P=Q$, 즉 $\alpha=-b+1,\ \ \beta=b+1$ 이어야 한다.

$\alpha+\beta=-a$ 에서 $-a=2 \quad \therefore a=-2$ 이고 $\alpha\beta=-8$ 에서 $1-b^2=-8 \quad \therefore b=3\ (\because b>0)$ 이다.

따라서 $b-a=5$ 이다.

14 $\int_0^1 f(x)\,dx=a$ 라고 하면 $f(x)=\frac{3}{4}x^2+a^2$ 이고,

$a=\int_0^1 f(x)\,dx=\int_0^1\left(\frac{3}{4}x^2+a^2\right)dx=\left[\frac{1}{4}x^3+a^2x\right]_0^1=a^2+\frac{1}{4}$ 에서 $a=\frac{1}{2}$ 이다.

이때 $f(x)=\frac{3}{4}x^2+\frac{1}{4}$ 이고 $\int_0^2 f(x)\,dx=\int_0^2\left(\frac{3}{4}x^2+\frac{1}{4}\right)dx=\left[\frac{1}{4}x^3+\frac{1}{4}x\right]_0^2=\frac{5}{2}$ 이다.

15 $A\cup X=X$ 로부터 $A\subset X$ 이고, $B-A=\{5,6\}$ 과의 교집합 $(B-A)\cap X=\{6\}$ 으로부터 집합 X 는 3, 4, 6 은 반드시 포함하고 5 는 포함하지 않아야 한다. 이런 조건을 만족시키면서 $n(X)=5$ 인 집합 X 의 개수는 1, 2, 7, 8 에서 두 개의 수를 뽑는 경우의 수와 같으므로 ${}_4C_2=6$ 이다.

16 삼차함수 $y=n(x^3-3x^2)+k$ 의 그래프가 x 축과 만나는 점의 개수는

방정식 $n(x^3-3x^2)+k=0$ 또는 $x^3-3x^2=-\frac{k}{n}$ 의 실근의 개수와 같다. 다시 이 삼차 방정식의 실근의 개수는 $y=x^3-3x^2$ 의 그래프와 $y=-\frac{k}{n}$ 의 그래프의 교점의 개수와 같으므로 그림에서처럼 $-4<\frac{-k}{n}<0$, 즉 $0<k<4n$ 이다. 이를 만족하는 정수 k 의 개수는 $a_n=4n-1$ 이고

따라서 $\sum_{n=1}^{10}a_n=\sum_{n=1}^{10}(4n-1)=4\frac{10\times 11}{2}-10=210$ 이다.

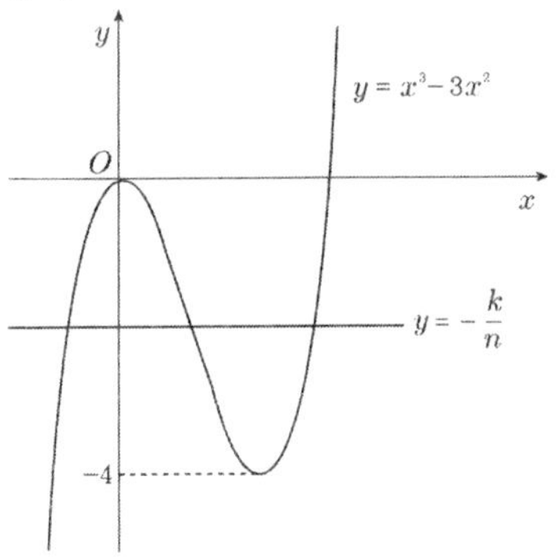

17 점 $B(-1, 7)$ 가 $y=a\sqrt{x+5}+b$ 위에 있으므로 $7=a\sqrt{4}+b$ $\quad\therefore 2a+b=7 \cdots$ ㉠

선분 BC 와 직선 $y=x$ 와의 교점을 H 라 하면 $\overline{BH}=\dfrac{|-1-7|}{2}=4\sqrt{2}$ 이고 따라서 $\overline{BC}=8\sqrt{2}$ 이다.

삼각형 ABC 의 넓이가 64 이고 선분 BC 와 선분 AH 는 서로 수직이므로 선분 AH 의 길이는 $8\sqrt{2}$ 이다. 점 H 는 직선 BC 와 직선 $y=x$ 와의 교점인데 직선 BC 의 방정식은 $y=-x+6$ 이어서 $-x+6=x$ $\quad\therefore x=3$ 으로부터 점 H 의 좌표는 $(3, 3)$ 이다.

점 A 의 좌표를 (k, k) 라고 하면 $\overline{AH}=\sqrt{2(k-3)^2}=8\sqrt{2}$ 로부터 $k=11$ 이므로 점 A 의 좌표는 $(11, 11)$ 이다. 점 A 는 $y=a\sqrt{x+5}+b$ 위에 있으므로

$11=a\sqrt{16}+b$ $\quad\therefore 4a+b=11 \cdots$ ㉡

두 식 ㉠, ㉡을 연립해서 풀면 $a=2,\ b=3$ 이고 이때 $ab=6$ 이다.

18 1) 상자 A 에 흰색 탁구공이 1 개인 경우의 수는

i) 상자 B 또는 C 에 흰색 탁구공이 2 개인 경우와 ii) 상자 B, C 에 흰색 탁구공이 각각 1 개씩 있는 경우의 수와 같다.

ii) B 또는 C 를 택하는 경우의 수 2, 각각의 경우에 대하여 주황색 탁구공을 흰색 탁구공이 들어있는 상자에 1 개씩 넣고 나머지 2 개를 세 상자에 넣는 경우의 수 ${}_3H_2=6$, 그래서 $2\times6=12$

iii) 상자 A, B, C 에 각각 주황색 탁구공 1 개씩 넣고, 나머지 1 개를 세 상자에 넣는 경우의 수는 3 이다. 따라서 상자 A 에 흰색 탁구공이 1 개인 경우의 수는 $12+3=15$ 이다.

2) 상자 A 에 흰색 탁구공이 2개인 경우의 수는 나머지 1 개의 흰색 탁구공을 상자 B, C 에 넣는 경우의 수 2, 각각의 경우에 대하여 흰색 탁구공이 들어있는 두 상자에 주황색 탁구공 1 개를 각각 넣고 나머지 2 개의 주황색 탁구공을 세 상자에 넣는 경우의 수 ${}_3H_2=6$, 그러므로 $2\times6=12$ 이다.

3) 상자 A 에 흰색 탁구공이 3 개인 경우의 수는 주황색 탁구공 1 개를 상자 A 에 넣고 나머지 3 개를 세 상자에 넣는 경우의 수 ${}_3H_3=10$ 이다.

그러므로 조건을 만족시키는 경우의 수는 $15+12+10=37$ 이다.

19 그림과 같이 정사각형 $A_nB_nC_nD_n$, $A_{n+1}B_{n+1}C_{n+1}D_{n+1}$ 의 한 변의 길이를 각각 a_n, a_{n+1} 라고 하면 선분 A_nD_n 의 중점 M_n 에 대하여 $\overline{M_nD_{n+1}}=\dfrac{a_n}{2}-\dfrac{\sqrt{2}}{2}a_{n+1}$ 이고 따라서 직각삼각형 $A_nD_{n+1}M_n$ 에서

$$(a_{n+1})^2=\left(\frac{a_n}{2}\right)^2+\left(\frac{a_n}{2}-\frac{\sqrt{2}}{2}a_{n+1}\right)^2$$

$$(a_{n+1})^2+\sqrt{2}\,a_na_{n+1}-(a_n)^2=0$$

$$\therefore a_{n+1}=\frac{\sqrt{2}(\sqrt{3}-1)}{2}a_n$$

따라서 매 그림에서 생성되는 도형의 길이는 공비가 $\dfrac{\sqrt{2}(\sqrt{3}-1)}{2}$ 인 등비수열이고 이때 도형의 넓이는 공비가 $\left(\dfrac{\sqrt{2}(\sqrt{3}-1)}{2}\right)^2=2-\sqrt{3}$ 인 등비수열이다.

따라서 $a_1=2$, $a_2=\sqrt{2}(\sqrt{3}-1)$ 이고, $S_1=4\times\frac{\sqrt{3}}{4}\times a_2^2=8\sqrt{3}-12$ 이므로

$\lim_{n\to\infty}S_n=\frac{S_1}{1-(2-\sqrt{3})}=\frac{8\sqrt{3}-12}{\sqrt{3}-1}=6-2\sqrt{3}$ 이다.

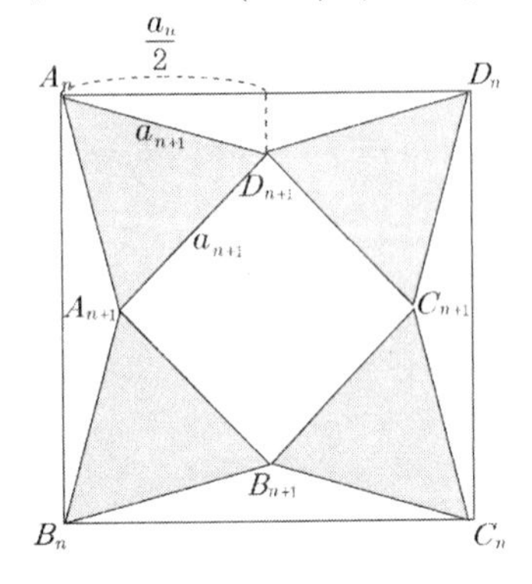

20 (ii) B 또는 C를 붙이는 경우

B 또는 C 를 붙이면 상하좌우 모양이 다 다르므로 나머지 4 개의 스티커를 붙일 위치를 정하는 경우의 수는 $4!=24$ 이다. 그러므로 (가) 에서 $a=24$ 이다.

(iii) D를 붙이는 경우

나머지 4 개의 스티커를 붙일 위치를 정하는 경우의 수는, A 의 위치를 정하는 경우의 수는 그림에서처럼 2, 각각에 대하여 나머지 B, C, E 의 위치를 정하는 경우의 수는 $3!=6$ 이므로 $2\times6=12$ 이다. 따라서 (나) 에서 $b=12$ 이다.

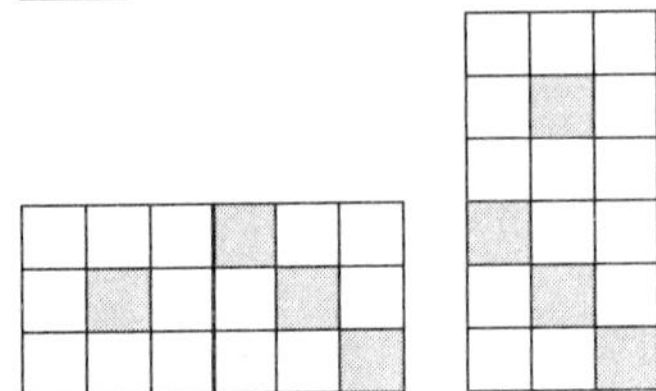

이 각각에 위치에 대하여 A 를 붙이는 경우의 수는 1, B 를 붙이는 경우의 수는 4, C 를 붙이는 경우의 수는 4, E 를 붙이는 경우의 수는 1 이므로 4 개의 스티커를 붙이는 경우의 수는 $1\times4\times4\times1=16$ 이다. 따라서 (다) 에서 $c=16$ 이다.

그러므로 $a+b+c=24+12+16=52$ 이다.

21 합성함수 $y=(g\circ f)(x)$ 의 그래프와 x 축과의 교점의 개수는 방정식 $g(f(x))=0$ 의 실근의 개수와 같다. 함수 $g(x)=(x+1)(x-4)$ 에 대하여 $g(f(x))=0$ 의 실근의 개수는 $f(x)=-1$ 또는 $f(x)=4$ 의 실근의 개수와 같다.

ㄱ $k=2$ 일 때, $f(x)=x|x-2|$ 의 그래프는 그림과 같고 이때 $f(x)=-1$ 또는 $f(x)=4$ 의 실근의 개수는 2 개이므로 $h(2)=2$ 이다. 따라서 참.

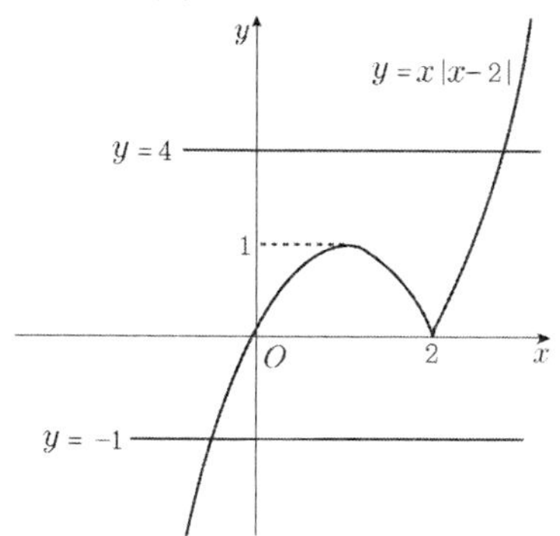

ㄴ 자연수 k 에 대하여 $f(x)=x|x-k|$ 의 그래프는 그림과 같고 $f(x)=-1$ 또는 $f(x)=4$ 의 실근의 개수가 4 인 경우는 $\frac{k^2}{4}>4$, 즉 $k>4$ 이어야 하므로 자연수 k 의 최솟값은 5 이다. 따라서 거짓.

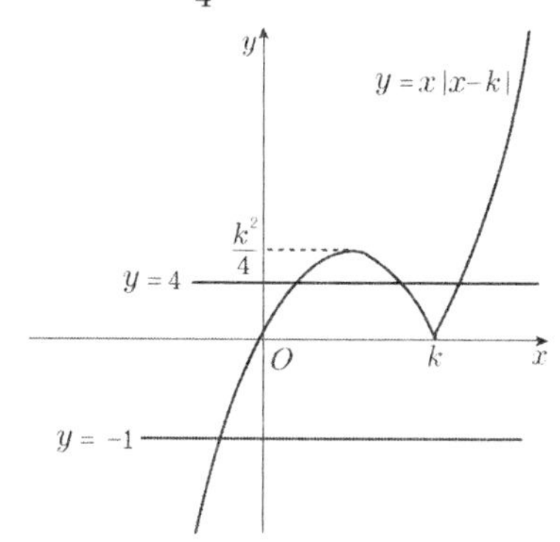

ㄷ $k<0$ 일 때, $y=f(x)$ 의 그래프는 그림과 같다. 이때 $h(k)=3$ 이 되기 위해서는 $-\frac{k^2}{4}=-1$, 즉 $k=-2$ 이다.

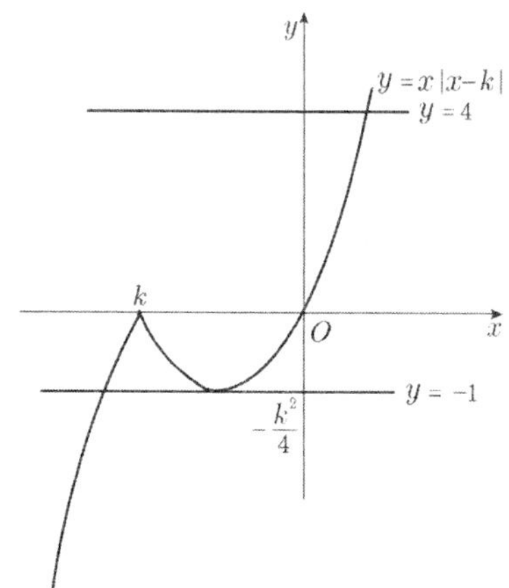

한편 $k>0$ 일 때, $y=f(x)$ 의 그래프는 그림과 같다. 이때 $h(k)=3$ 이 되기 위해서는 $\frac{k^2}{4}=4$, 즉 $k=4$ 이다.

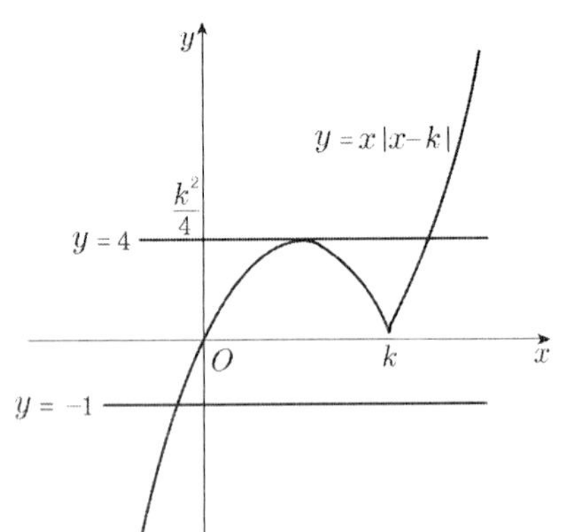

따라서 $h(k)=3$ 을 만족시키는 실수 $k=-2,\ 4$ 이므로 이들의 합은 2 이다. 따라서 참.

22 $\sqrt{3\sqrt[4]{27}}=\sqrt{3\,3^{\frac{3}{4}}}=\sqrt{3^{\frac{7}{4}}}=3^{\frac{7}{8}}$ 이므로 $\frac{q}{p}=\frac{7}{8}$ $\therefore p+q=15$

23 $\left(3x^2+\frac{1}{x}\right)^6$ 의 전개식의 일반항은 ${}_6C_r(3x^2)^{6-r}\left(\frac{1}{x}\right)^r={}_6C_r3^{6-r}x^{12-3r}$ $(r=0,1,\cdots,6)$ 이고 상수항은 $r=4$ 일 때 ${}_6C_4\,3^2=135$ 이다.

24 $\sum_{k=1}^{10}(2k+1)^2a_k-4\sum_{k=1}^{10}k(k+1)a_k=\sum_{k=1}^{10}a_k$ 에서 $\sum_{k=1}^{10}a_k=100-4\times23=8$

25 함수 $f(x)$ 가 실수 전체의 집합에서 연속일 때 $x=6$ 에서도 연속이다.

$\lim_{x\to6}f(x)=f(6)$, 즉 $\lim_{x\to6}\frac{x^2-8x+a}{x-6}=b$ 에서 $6^2-8\times6+a=0$ $\therefore a=12$ 이고

$\lim_{x\to6}\frac{x^2-8x+12}{x-6}=\lim_{x\to6}\frac{(x-2)(x-6)}{x-6}=\lim_{x\to6}(x-2)=4$ 에서 $b=4$ 이다.

그러므로 $a+b=12+4=16$ 이다.

26 확률변수 X 의 확률질량함수가 $P(X=x)={}_{25}C_xp^x(1-p)^{25-x}$ $(x=0,1,2,\cdots,25)$ 이므로 확률변수 X 는 이항분포 $B(25,p)$ 를 따른다.

$E(X)=25p,\quad V(X)=25p(1-p)$ 에서 $25p(1-p)=4$ $\therefore p=\frac{1}{5}$ 이고

$E(X^2)=V(X)+\{E(X)\}^2=4+25=29$ 이다.

27 곡선 $y=x^3+x-3$ 에 대하여 $y'=3x^2+1$ 이고 점 $(1, -1)$ 에서의 접선의 기울기는 4 이므로 접선의 방정식은 $y=4x-5$ 이다. 이 곡선과 접선의 교점의 x 좌표는 $x^3+x-3=4x-5$ 에서 $x=-2, 1$ 이므로 두 곡선으로 둘러싸인 부분의 넓이는 그림에서처럼

$\int_{-2}^{1}\{x^3+x-3-(4x-5)\}dx=\int_{-2}^{1}(x^3-3x+2)dx=\left[\frac{1}{4}x^4-\frac{3}{2}x^2+2x\right]_{-2}^{1}=\frac{27}{4}$ 이다.

따라서 $p=4,\ q=27\quad \therefore p+q=31$ 이다.

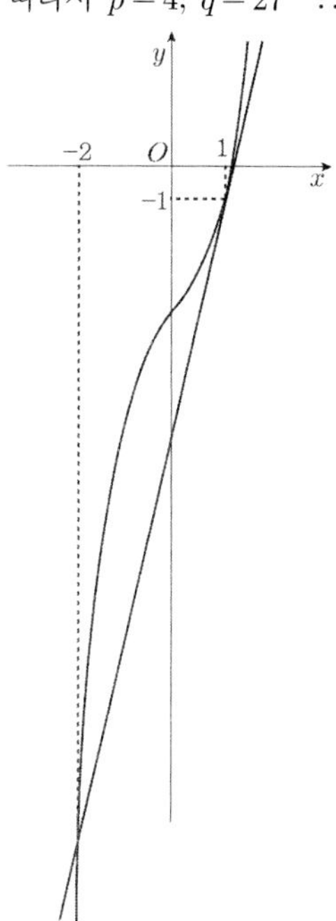

28 (가)의 $\lim_{x\to-2}\frac{1}{x+2}\int_{-2}^{x}f(t)\,dt=f(-2)$ 에서 $f(-2)=12$.

(나)의 앞의 극한에서 $t=\frac{1}{x}$ 로, 뒤의 극한에서 $x+1=t$ 로 각각 치환하면

$\lim_{x\to\infty}xf\left(\frac{1}{x}\right)+\lim_{x\to0}\frac{f(x+1)}{x}=\lim_{t\to0}\frac{f(t)}{t}+\lim_{t\to1}\frac{f(t)}{t-1}=1$ 이다.

$f(0)=0,\ \ f(1)=0$ 이고

이때 $\lim_{t\to0}\frac{f(t)-f(0)}{t-0}+\lim_{t\to1}\frac{f(t)-f(1)}{t-1}=f'(0)+f'(1)$ 에서

$f'(0)+f'(1)=1$ 이다.

삼차함수 $f(x)=ax^3+bx^2+cx+d$ 라고 하면 $f'(x)=3ax^2+2bx+c$ 이고

$f(-2)=-8a+4b-2c+d=12,$
$f(0)=d=0,$
$f(1)=a+b+c+d=0,$
$f'(0)+f'(1)=3a+2b+2c=1$

을 연립해서 풀면 $a=1,\ b=3,\ c=-4,\ d=0$ 이고 $f(x)=x^3+3x^2-4x$ 이므로 $f(3)=42$ 이다.

29 1) A, B 가 1 열에 앉는 경우: C, D 가 2 열과 3 열에 따로 앉는 경우의 수는 2, 각각에 대하여 E, F 가 2 열과 3 열에 따로 앉는 경우의 수는 2, 각각에 대하여 자리 바꿔 앉는 경우의 수는 $2\times2\times2=8$ 이므로 경우의 수는 $2\times2\times8=32$ 이다.

2) A, B 가 2 열 또는 3 열에 앉는 경우: A, B 가 2 열 또는 3 열에 앉는 경우의 수는 2, 각각에 대하여 C, D 가 따로 앉는 경우의 수는 2, 각각에 대하여 F 는 1 열에 앉고 E 는 나머지 열에 앉는 경우의 수는 1, 각각에 대하여 자리 바꿔 앉는 경우의 수는 $2\times2\times2=8$, 그러므로 총 경우의 수는 $2\times2\times1\times8=32$ 이다.

한편 6 명의 학생이 임의로 앉는 경우의 수는 $6!=720$ 이므로 구하는 확률은 $\frac{q}{p}=\frac{32+32}{720}=\frac{4}{45}$ 이다.

그러므로 $p=45$, $q=4$ $\therefore p+q=49$ 이다.

30 주어진 조건을 만족시키는 사차함수 $y=f(x)$ 와 이때의 함수 $y=g(t)$ 의 그래프는 그림과 같다.

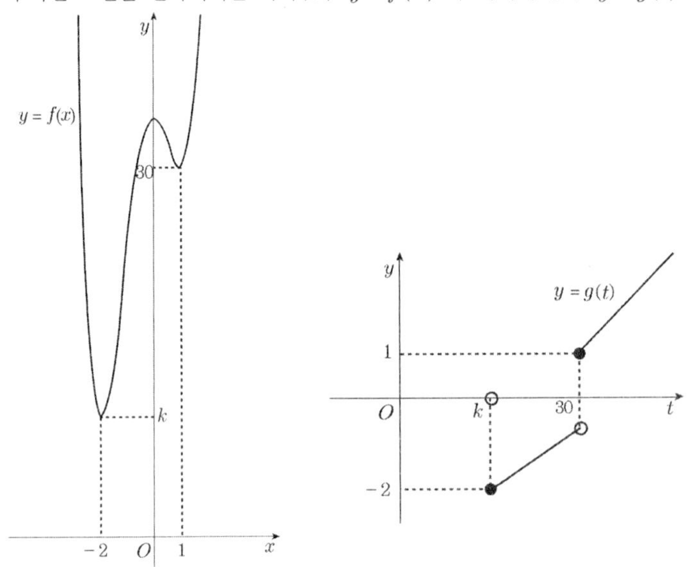

즉 $f(x)$ 는 $x=-2,\ 0,\ 1$ 에서 극값을 가지며 $f(-2)=k$, $f(1)=30$ 이다.

$f'(x)=4x(x+2)(x-1)$ 에 대하여 $f(x)=x^3+\frac{4}{3}x^3-4x^2+C$ (단, C 는 적분상수) 이고,

$f(1)=30$ 으로부터 $C=\frac{95}{3}$ 이다. 이때 $f(-2)=16-\frac{32}{3}-16+\frac{95}{3}=21$ 이므로 $k=21$ 이다.

15 2020학년도 정답 및 해설

ANSWER

01	02	03	04	05	06	07	08	09	10	11	12	13	14	15	16	17	18	19	20
④	①	①	③	④	③	②	⑤	②	④	⑤	①	②	③	④	⑤	⑤	①	③	②
21	**22**	**23**	**24**	**25**	**26**	**27**	**28**	**29**	**30**										
⑤	23	375	7	30	25	50	81	17	21										

1 $A^C \cap B^C = (A \cup B)^C = \{2, 4\}$ 이므로 원소의 합은 $2+4=6$ 이다.

2 $\sqrt[3]{36} \times \left(\sqrt[3]{\dfrac{2}{3}}\right)^2 = \sqrt[3]{36} \times \sqrt[3]{\dfrac{4}{9}} = \sqrt[3]{36 \times \dfrac{4}{9}} = \sqrt[3]{2^4} = 2^{\frac{4}{3}}$ 이므로 $a = \dfrac{4}{3}$ 이다.

3 $\lim\limits_{x \to -1+} f(x) = 1,\ \lim\limits_{x \to 0-} f(x) = 0$ 이므로 $1+0=1$ 이다.

4 네 개의 수 $6, a, 15, b$ 가 이 순서대로 등비수열을 이룰 때 $a^2 = 6 \times 15,\ 15^2 = ab$ 를 만족시킨다. 이때 $\dfrac{b}{a} = \dfrac{ab}{a^2} = \dfrac{15^2}{6 \times 15} = \dfrac{15}{6} = \dfrac{5}{2}$ 이다.

5 합성함수 $g \circ f$ 가 항등함수이므로

$(g \circ f)(1) = 1 \quad \therefore g(f(1)) = g(4) = 1$ 이고 이를 그림으로 나타내면 다음과 같다.

$(g \circ f)(3) = 3 \quad \therefore g(f(3)) = g(6) = 3$

$(g \circ f)(5) = 5 \quad \therefore g(f(5)) = g(2) = 5$

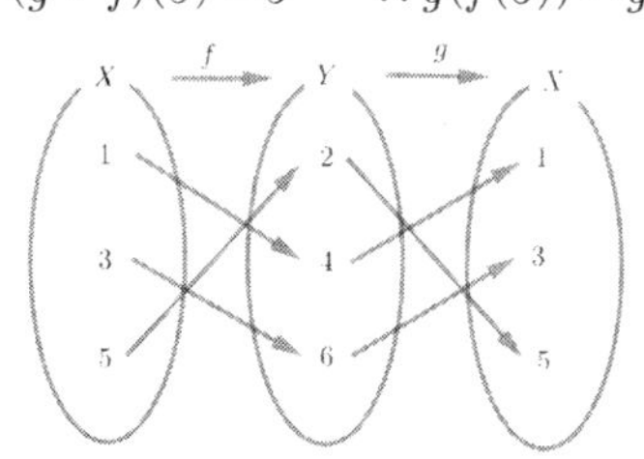

이때 $g(6) = 3,\ (f \circ g)(4) = f(g(4)) = f(1) = 4$ 이므로 구하는 값은 $3+4=7$ 이다.

6 $P(A^C \cup B) = P(A^C) + P(B) - P(A^C \cap B)$
$= 1 - P(A) + P(B) - \{P(B) - P(A \cap B)\}$
$= 1 - P(A) + P(A \cap B)$

이므로 $\frac{2}{3} = 1 - P(A) + \frac{1}{6} \quad \therefore P(A) = \frac{1}{2}$ 이다.

7 연속확률변수 X 의 확률밀도함수를 $f(x)$ 라고 하면 $\int_0^2 f(x)\,dx = 1$ 에서

$a \times \frac{3}{4a} + \frac{1}{2} \times (2-a) \times \frac{3}{4a} = 1 \quad \therefore a = \frac{6}{5}$ 이고

이때 $f(x) = \begin{cases} \frac{5}{8} & \left(0 \le x \le \frac{6}{5}\right) \\ -\frac{25}{32}x + \frac{25}{16} & \left(\frac{6}{5} \le x \le 2\right) \end{cases}$ 이고 그래프는 그림과 같다.

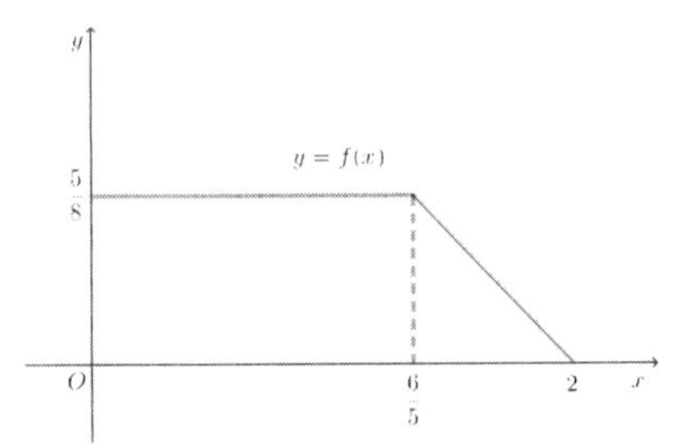

이때 $P\left(\frac{1}{2} \le X \le 2\right) = 1 - P\left(0 \le X \le \frac{1}{2}\right) = 1 - \frac{1}{2} \times \frac{5}{8} = \frac{11}{16}$ 이다.

8 다항함수 $f(x)$ 에 대하여 $\lim_{h \to 0} \frac{f(1+h)-3}{h} = 2$ 이므로 $f(1) = 3,\ f'(1) = 2$ 이다.
함수 $g(x) = (x+2)f(x)$ 에 대하여 $g'(x) = f(x) + (x+2)f'(x)$ 이므로
$g'(1) = f(1) + 3 \times f'(1) = 3 + 3 \times 2 = 9$ 이다.

9 두 곡선의 교점의 x 좌표는 $x^2 = (x-4)^2$ 에서 $x = 2$ 이다.
$S_1 = \int_0^2 \{(x-4)^2 - x^2\}dx = \int_0^2 (-8x+16)dx = \left[-4x^2 + 16x\right]_0^2 = 16$
$S_2 = \int_2^4 \{x^2 - (x-4)^2\}dx = \int_2^4 (8x-16)dx = \left[4x^2 - 16x\right]_2^4 = 16$
이므로 $S_1 + S_2 = 16 + 16 = 32$ 이다.

10 $P(X=3) = {}_5C_3\, p^3(1-p)^2,\ P(X=4) = {}_5C_4\, p^4(1-p)$ 이므로 $P(X=3) = P(X=4)$ 에서

${}_5C_3 p^3(1-p)^2 = {}_5C_4 p^4(1-p) \quad \therefore p = \frac{2}{3}$ 이다.

이때 $E(X) = 5 \times p = 5 \times \frac{2}{3} = \frac{10}{3}$ 이므로 $E(6X) = 6E(X) = 6 \times \frac{10}{3} = 20$ 이다.

11 함수 $y=x-a$ 는 실수 전체의 집합에서 연속이고 함수 $f(x)$ 는 $x\neq 1$ 인 실수 전체의 집합에서 연속이므로 함수 $(x-a)f(x)$ 가 실수 전체의 집합에서 연속이 되려면 $x=1$ 에서 연속이어야 한다.

$\lim_{x\to 1-} g(x)=\lim_{x\to 1-}(x-a)a=(1-a)a$,

$\lim_{x\to 1+} g(x)=\lim_{x\to 1+}(x-a)(x+3)=(1-a)\times 4$,

$g(1)=(1-a)\times 4$

에서 $a(1-a)=4(1-a)$ $\quad\therefore a=1$ 또는 4이다.

따라서 모든 실수 a 의 값의 합은 $1+4=5$ 이다.

12 조건 p 의 진리집합 $P=\{a-7,\ -2a+18\}$ 와 조건 q 의 진리집합 Q 에 대하여 p 가 q 이기 위한 충분조건이 되기 위해서는 $P\subset Q$ 이여야 한다. 즉 $x=a-7,\ -2a+18$ 은 조건 q: $x(x-a)\leq 0$ 을 만족시켜야 한다.

i) $x=a-7$ 에 대하여 $(a-7)(a-7-a)\leq 0$ 에서 $a\geq 7$ 이고

ii) $x=-2a+18$ 에 대하여 $(-2a+18)(-2a+18-a)\leq 0$에서 $6(a-9)(a-6)\leq 0$, 즉 $6\leq a\leq 9$ 이다.

그러므로 $7\leq a\leq 9$ 이고 이를 만족하는 정수 a 는 $a=7, 8, 9$ 이다. 따라서 이들의 합은 24 이다.

13 모평균 m 에 대한 신뢰도 95% 의 신뢰구간이 $a\leq m\leq 6.49$ 이므로

신뢰구간의 길이 $l=2\times 1.96\times \dfrac{1.5}{\sqrt{36}}=6.49-a$ 에서 $a=5.51$ 이다.

14

$a_1=4$ 이고 $a_{n+1}=\begin{cases}\dfrac{a_n}{2-a_n} & (a_n>2)\\ a_n+2 & (a_n\leq 2)\end{cases}$ 에 대하여

$a_1=4,\ a_2=\dfrac{4}{2-4}=-2,\ a_3=-2+2=0,\ a_4=0+2=2,\ a_5=2+2=4, \cdots$ 이므로

$a_{4n-3}=4,\ a_{4n-2}=-2,\ a_{4n-1}=0,\ a_{4n}=2\ (n=1, 2, 3, \cdots)$ 이다.

$\sum_{k=1}^{4}a_k=4,\ \sum_{k=1}^{8}a_k=8$, $\sum_{k=1}^{12}a_k=12$ 이고 $\sum_{k=1}^{9}a_k=\sum_{k=1}^{8}a_k+a_9=8+4=12$ 이므로

$\sum_{k=1}^{m}a_k=12$ 를 만족시키는 m 의 최솟값은 9 이다.

15

$9^a=2^{\frac{1}{b}}$ 에서 $9^{ab}=2$ $\quad\therefore 2ab=\log_3 2$ 이고

$(a-b)^2=(a+b)^2-4ab=\log_3 64-2\log_3 2=\log_3 16$ 이다.

$\left(\dfrac{a-b}{a+b}\right)^2=\dfrac{(a-b)^2}{(a+b)^2}=\dfrac{\log_3 16}{\log_3 64}=\dfrac{4\log_3 2}{6\log_3 2}=\dfrac{2}{3}$ 이므로 $\dfrac{a-b}{a+b}=\sqrt{\dfrac{2}{3}}=\dfrac{\sqrt{6}}{3}$ 이다.

16 1 부터 6 까지의 자연수가 각각 하나씩 적혀 있는 6 장의 카드를 일렬로 나열할 때, 서로 이웃하는 두 카드에 적힌 수를 곱하여 만들어지는 5 개의 수가 모두 짝수가 되는 경우는

1) 홀수, 짝수, 홀수, 짝수, 홀수, 짝수
2) 짝수, 홀수, 짝수, 홀수, 짝수, 홀수
3) 홀수, 짝수, 짝수, 홀수, 짝수, 홀수
4) 홀수, 짝수, 홀수, 짝수, 짝수, 홀수

이다. 이 각각의 경우의 수는 모두 $3!\times 3!=36$ 이므로 구하는 경우의 수는 $4\times 36=144$ 이다.

17 함수 $f(x)$ 가 집합 X 에서 X 로의 일대일대응이 되려면 그림과 같이 곡선 $y=-\dfrac{1}{x-a}+b$ 의 점근선은 $y=\dfrac{4}{3}$ 이 되어야 하고 또한 점 $(3,0)$ 을 지나야 한다. 따라서 $b=\dfrac{4}{3}$ 이고 $0=-\dfrac{1}{3-a}+b$ 에서 $a=\dfrac{9}{4}$ 이다. 그러므로 $a+b=\dfrac{9}{4}+\dfrac{4}{3}=\dfrac{43}{12}$ 이다.

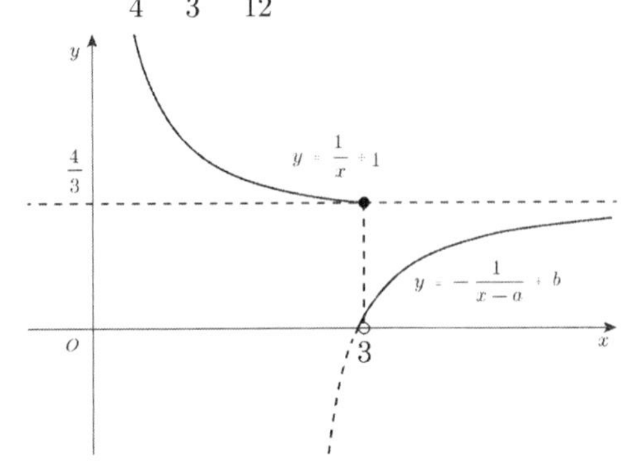

18 그림에서처럼 선분 A_2B_2 의 길이를 a 라 하면 두 직각삼각형 $A_1B_1A_2$ 와 E_1B_1H 는 닮음비가 $4:3$ 인 닮음 도형이므로 선분 A_1A_2 의 길이는 $\overline{A_1A_2}=\dfrac{4}{3}$ 이다.

$\overline{A_1B_1}=4$ 이고 직각삼각형 $A_1B_1A_2$ 에서 $\overline{A_2B_1}=\sqrt{16-\dfrac{16}{9}}=\dfrac{8\sqrt{2}}{3}$ 이다. $\overline{A_1A_2}=\overline{B_1B_2}=\dfrac{4}{3}$ 이므로 $a=\dfrac{8\sqrt{2}}{3}-\dfrac{4}{3}$ 이다. 그러므로 정사각형 $A_1B_1C_1D_1$ 과 정사각형 $A_2B_2C_2D_2$ 의 닮음비는 $4:\dfrac{8\sqrt{2}-4}{3}=1:\dfrac{2\sqrt{2}-1}{3}$ 이므로 면적의 비는 $1:\dfrac{9-4\sqrt{2}}{9}$ 이다.

따라서 $\lim\limits_{n\to\infty}S_n=\dfrac{4\times\dfrac{1}{2}\times\pi}{1-\dfrac{9-4\sqrt{2}}{9}}=\dfrac{9\sqrt{2}\,\pi}{4}$ 이다.

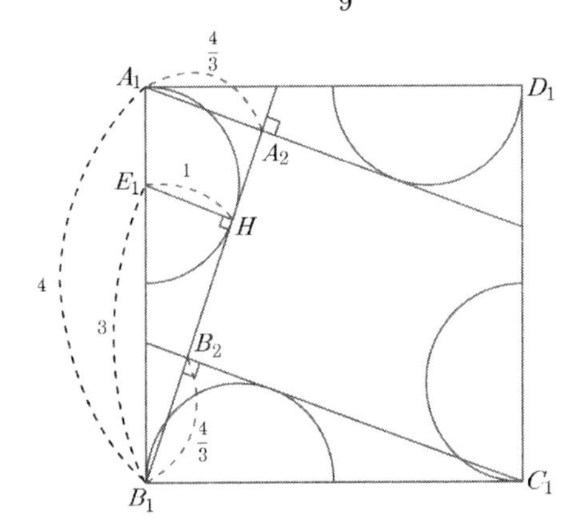

19 방정식 $a+b+c=3n$ 을 만족시키는 자연수 a, b, c 의 순서쌍의 개수는

${}_3H_{3n-3}={}_{3n-1}C_{3n-3}={}_{3n-1}C_2=\dfrac{(3n-1)(3n-2)}{2}$ 이므로 (가)에 알맞은 식은 $\dfrac{(3n-1)(3n-2)}{2}$ 이다.

$n(A^C)$ 의 값을 구하기 위해 자연수 k $(1\le k\le n)$ 에 대하여 $a=k$ 인 경우 방정식 $b+c=3n-k$ 를 만족시키는 자연수 b, c 의 순서쌍 (b, c) 중 $b\ge k,\ c\ge k$ 인 순서쌍의 개수는

${}_2H_{3n-3k}={}_{3n-3k+1}C_{3n-3k}={}_{3n-3k+1}C_1=3n-3k+1$ 이므로 (나)에 알맞은 식은 $3n-3k+1$ 이다.

그리고 $n(A^C)=\sum_{k=1}^{n}(3n-3k+1)=n(3n+1)-\dfrac{3}{2}n(n+1)=\dfrac{n(3n-1)}{2}$ 이다.

따라서 구하는 확률은

$$P(A)=1-P(A^C)=1-\frac{\frac{n(3n-1)}{2}}{\frac{(3n-1)(3n-2)}{2}}=1-\frac{n}{3n-2}$$ 이므로

(다)에 알맞은 식은 $1-\dfrac{n}{3n-2}$ 이다.

그러므로 (가)의 식에 $n=2$ 를 대입하면 $p=\dfrac{5\times4}{2}=10$,

(나)의 식에 $n=7,\ k=2$ 를 대입하면 $q=21-6+1=16$,

(다)의 식에 $n=4$ 를 대입하면 $r=1-\dfrac{4}{12-2}=\dfrac{3}{5}$ 이므로 $p\times q\times r=10\times16\times\dfrac{3}{5}=96$ 이다.

20 함수 $g(x)=\begin{cases}f(x) & (f(x)\ge a)\\ 2a-f(x) & (f(x)<a)\end{cases}$ 에 대하여 $y=2a-f(x)$ 는 함수 $y=f(x)$ 를 직선 $y=a$ 에 대하여 대칭이동한 것으로 그래프는 그림과 같다.

따라서 (가)에서 함수 $f(x)$ 는 $f(x)=(x-4)(x-\alpha)^3+a$ 라 할 수 있다.

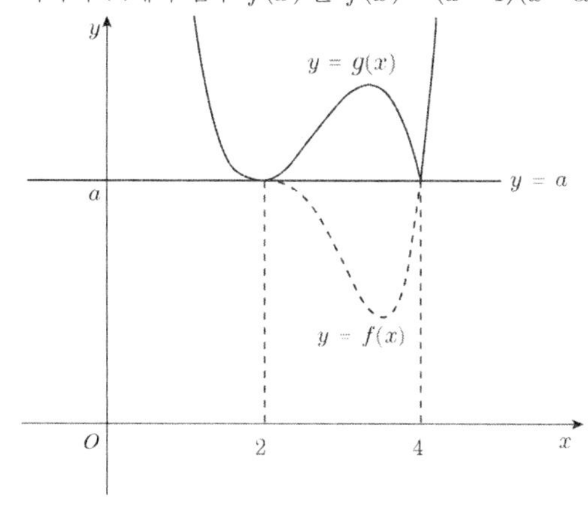

㈏에서 함수 $h(x)=g(x)-f(x)$ 는 $h(x)=\begin{cases} 0 & (x<\alpha,\ x>4) \\ 2a-2f(x) & (\alpha \le x \le 4) \end{cases}$ 이고 $y=h(x)$ 의 그래프는 그림과 같다.

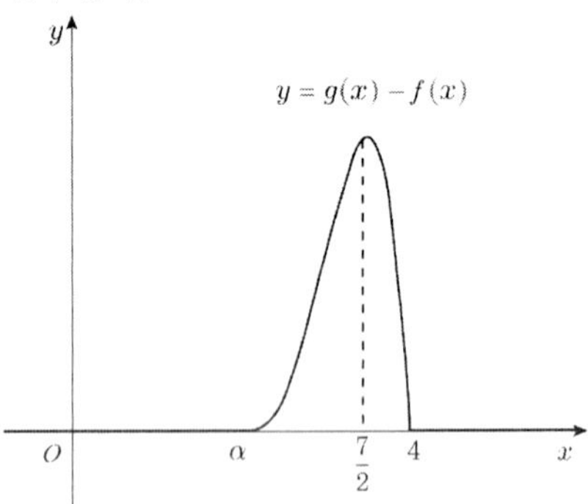

$h'(x)=\begin{cases} 0 \\ -2f'(x) \end{cases}$ 에 대하여

$h'\left(\frac{7}{2}\right)=0$ 으로부터 $f'\left(\frac{7}{2}\right)=0$ 이고 $h\left(\frac{7}{2}\right)=2a-2f\left(\frac{7}{2}\right)=2a$ 으로부터 $f\left(\frac{7}{2}\right)=0$ 이다.

$f'(x)=(x-\alpha)^2(4x-\alpha-12)$ 에서 $f'\left(\frac{7}{2}\right)=\left(\frac{7}{2}-\alpha\right)^2(2-\alpha)=0 \quad \therefore \alpha=2$ 이고

$f\left(\frac{7}{2}\right)=\left(\frac{7}{2}-4\right)\left(\frac{7}{2}-2\right)^3+a=0 \quad \therefore a=\frac{27}{16}$ 이다

그러므로 $f(x)=(x-4)(x-2)^3+\frac{27}{16}$ 이고 $f\left(\frac{5}{2}\right)=\frac{3}{2}$ 이다.

21 함수 $g(x)$ 가 실수 전체의 집합에서 연속이므로 $x=-a,\ a$ 에서도 연속이여야 한다.

$f(a)=(a-2)^3=am+n,\ \ f(-a)=(-a-2)^3=-am+n$ 으로부터 $m=a^2+12 \ \cdots$ (*)

㉠ $a=1$ 일 때, (*)에서 $m=13$ 이므로 ㉠은 참.

㉡ $f'(x)=3(x-2)^2$ 에서 $f'(a)=m$, 즉 $m=3(a-2)^2$ 이다. (*)에서 $a=6 \ \therefore m=48$ 이므로 ㉡은 참.

㉢ $f(a)-2af'(a)=-5a^3+18a^2-12a-8$ 이고, $n-ma=(-a-2)^3$ 이므로

부등식 $-5a^3+18a^2-12a-8>(-a-2)^3$ 을 풀면 $4a^3-24a^2<0,\ 4a^2(a-6)<0 \quad \therefore a<6$ 이다.

따라서 자연수 a 의 개수는 5이므로 ㉢은 참.

22

$$\lim_{n\to\infty}\frac{a\times 3^{n+2}-2^n}{3^n-3\times 2^n}=\lim_{n\to\infty}\frac{a\times 3^2-\left(\frac{2}{3}\right)^n}{1-3\times\left(\frac{2}{3}\right)^n}=9a$$ 이므로 $9a=207 \quad \therefore a=23$ 이다.

23 두 점 $A_n(n,n^2),\ B_n(n,-2n)$ 에 대하여 $\overline{A_nB_n}=n^2+2n$ 이므로

$$\sum_{n=1}^{9}\overline{A_nB_n}=\sum_{n=1}^{9}(n^2+2n)=\frac{9\times10\times19}{6}+2\times\frac{9\times10}{2}=375$$ 이다.

24 두 곡선이 점 $(2, 3)$ 에서 만나므로 $f(2)=3$ 이고$f^{-1}(2)=3$ 으로부터 $f(3)=2$ 이다.
무리함수 $f(x)=\sqrt{ax+b}$ 에 대하여 $\sqrt{2a+b}=3$, 즉 $2a+b=9$ 와 $\sqrt{3a+b}=2$, 즉 $3a+b=4$ 를 연립해서 풀면 $a=-5,\ b=19$ 이므로 $f(x)=\sqrt{-5x+19}$ 이다.
그러므로 $f(-6)=7$ 이다.

25 이차함수 $f(x)$ 에 대하여 조건에서 $f(0)=0$, $\lim_{x\to0}\frac{f(x)}{x}=f'(0)$ 이고
$\lim_{x\to1}\frac{f(x)-x}{x-1}=\lim_{x\to1}\frac{f(x)-x-(f(1)-1)}{x-1}=f'(1)-1$ 에서 $f(1)=1,\ f'(0)=f'(1)-1$ 이 성립한다.
$f(x)=ax^2+bx+c$ 라면 $f'(x)=2ax+b$ 이고 조건으로부터
$c=0,\ a+b=1,\ b=2a+b-1 \quad \therefore a=\frac{1}{2},\ b=\frac{1}{2}$ 이므로 $f'(x)=x+\frac{1}{2}$ 이다.
그러므로 $60\times f'(0)=60\times\frac{1}{2}=30$ 이다.

26 두 눈의 수를 차례로 $a,\ b$ 라 하면 두 눈의 최대공약수가 1 인 경우의 수는
$a=1,\ \ b=1, 2, \cdots, 6$
$a=2,\ \ b=1, 3, 5$
$a=3,\ \ b=1, 2, 4, 5$
$a=4,\ \ b=1, 3, 5$
$a=5,\ \ b=1, 2, 3, 4, 6$
$a=6,\ \ b=1, 5$
이므로 23 가지이고, 이 중 두 눈의 수의 합이 8 인 경우의 수는 $a=3, b=5$ 또는 $a=5, b=3$ 두 가지이므로 구하는 확률은 $\frac{2}{23}$ 이다.
따라서 $p=23,\ q=2 \quad \therefore p+q=25$ 이다.

27 $(2x-1)\int_1^x f(t)\,dt=x^3+ax+b$ 으로부터 $x=1$ 일 때 $a+b+1=0$, $x=\frac{1}{2}$ 일 때 $\frac{a}{2}+b+\frac{1}{8}=0$ 으로부터 $a=-\frac{7}{4},\ b=\frac{3}{4}$ 이다.
$(2x-1)\int_1^x f(t)\,dt=x^3-\frac{7}{4}x+\frac{3}{4}=\frac{1}{4}(2x-1)(x-1)(2x+3)$ 에서 $\int_1^x f(t)\,dt=\frac{1}{4}(x-1)(2x+3)$ 이고
이 식을 x 에 대하여 미분하면 $f(x)=\frac{1}{4}(4x+1)$ 이다.
그러므로 $40\times f(1)=40\times\frac{1}{4}\times5=50$ 이다.

28 검은 공이 1 개, 2 개, 3 개가 들어 있는 상자 안에 들어가는 흰 공의 개수를 각각 a, b, c 라 하면 순서쌍 (a, b, c) 의 경우는 $(2, 1, 3), (2, 4, 0), (5, 1, 0)$ 이다.
$(2, 1, 3)$ 의 경우의 수는 ${}_6C_2\times{}_4C_1\times{}_3C_3=60$ 가지이고
$(2, 4, 0)$ 의 경우의 수는 ${}_6C_2\times{}_4C_4=15$ 가지이고
$(5, 1, 0)$ 의 경우의 수는 ${}_6C_5\times{}_1C_1=6$ 가지이므로
구하는 경우의 수는 $60+15+6=81$ 이다.

29 $a_n < 0$ 인 자연수 n 의 최솟값을 m 이라 할 때,
$a_1,\ a_1-d, \cdots, a_{m-2}, a_{m-1}, a_m, a_{m+1}, a_{m+2}, \cdots$ 라고 할 때
$a_{m-2}=a_{m-1}+d,\ \ a_m=a_{m-1}-d,\ a_{m+1}=a_{m-1},\ a_{m+2}=a_{m-1}-d, \cdots$ 이다.
(가)에서 $a_{m-2}+a_{m-1}+a_m=3 \qquad 3a_{m-1}=3 \quad \therefore a_{m-1}=1$
(나)에서 $a_1+a_{m-1}=-9(a_m+a_{m+1}) \quad a_1+1=-9(2-d) \quad \therefore a_1-9d=-19 \cdots$ ㉠
한편 $a_{m-1}=a_1+(m-2)(-d)=1$ 에서 ㉠과 연립해서 풀면 $d=\dfrac{20}{11-m}$ 이다.
(다)에서 $\displaystyle\sum_{k=1}^{m-1} a_k=\frac{(m-1)(a_1+1)}{2}=45 \quad \therefore (m-1)(a_1+1)=90$ 에서
$9(m-1)(d-2)=90 \quad \therefore (m-1)(d-2)=10 \cdots$ ㉡
㉡에서 $(m-1)\left(\dfrac{20}{11-m}-2\right)=10,\ \ m^2+3m-54=0 \quad \therefore m=6$ 이다. 이때 ㉡에서 $d=4$ 이고 ㉠에서
$a_1=17$ 이다.

30 그림과 같은 함수 $y=h(x)$ 의 그래프에 대하여 (가), (나)로부터
$f(2)=2,\ f'(2)=1,\ \ f(3)=g(3),\ \ f'(3)=g'(3),\ \ \ g(4)=k,\ g'(4)=1$ 이 성립한다.

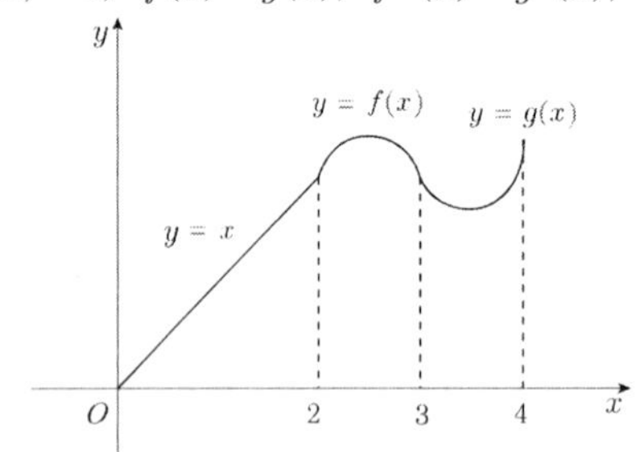

함수 $f(x)=ax^2+bx+c$ 라면 $f'(x)=2ax+b$ 이고
$\begin{cases}4a+2b+c=2\\4a+b=1\end{cases}$ 으로부터 $c=4a,\ b=1-4a$ 이므로
$f(x)=ax^2+(1-4a)x+4a$ 이다.
함수 $g(x)=px^2+qx+r$ 라면 $g'(x)=2px+q$ 이고
$\begin{cases}f(3)=g(3) & \Rightarrow 3+a=9p+3q+r\\ f'(3)=g(3) & \Rightarrow 2a+1=6p+q\\ g'(4)=1 & \Rightarrow 8p+q=1\end{cases}$ 으로부터 $r=14p,\ \ q=1-8p,\ \ a=-p$ 이므로
$g(x)=-ax^2+(1+8a)x-14a$ 이다.
(다)에서 $\displaystyle\int_0^4 h(x)\,dx=\int_0^1 x\,dx+\int_2^3 f(x)dx+\int_3^4 g(x)\,dx=8+2a=6$ 이므로 $a=-1$ 이다.
따라서 $f(x)=-x^2+5x-4,\ \ g(x)=x^2-7x+14$ 이다.
(가)에서 $h\left(\dfrac{13}{2}\right)=h\left(\dfrac{13}{2}-4\right)+k=h\left(\dfrac{5}{2}\right)+k=f\left(\dfrac{5}{2}\right)+g(4)=\dfrac{9}{4}+2=\dfrac{17}{4}$ 이므로
$p=4,\ q=17 \quad \therefore p+q=21$ 이다.

MEMO

MEMO